炼油装置技术问答丛书

催化裂化装置技术问答

(第三版)

陶旭海　主编

中国石化出版社

内 容 提 要

本书从生产实际出发，以问答的形式详细介绍了催化裂化装置操作人员应知应会的基本原理、操作技术和分析处理事故的基本方法。本书的主要内容包括：原料与产品、催化剂与助剂、反应再生系统、分馏系统、吸收稳定系统、三机系统、余热回收系统、仪表与控制、常用设备、环境保护与清洁生产。

本书主要供催化裂化装置管理人员、技术人员和操作人员使用，也可供相关院校师生参考。

图书在版编目(CIP)数据

催化裂化装置技术问答 / 陶旭海主编 .—3 版.
—北京：中国石化出版社，2020. 12（2023. 3 重印）
（炼油装置技术问答丛书）
ISBN 978-7-5114-6066-0

Ⅰ. ①催… Ⅱ. ①陶… Ⅲ. ①催化裂化-裂化装置-问题解答 Ⅳ. ①TE966-44

中国版本图书馆 CIP 数据核字（2020）第 235005 号

中国石化出版社出版发行
地址：北京市东城区安定门外大街 58 号
邮编：100011 电话：(010)57512500
发行部电话：(010)57512575
http://www.sinopec-press.com
E-mail:press@sinopec.com
北京柏力行彩印有限公司印刷
全国各地新华书店经销
*
710×1000 毫米 16 开本 23.75 印张 441 千字
2021 年 1 月第 3 版 2023 年 3 月第 2 次印刷
定价：78.00 元

前　　言

近20年来，随着“安全稳定长周期”运行要求不断提升、环保标准不断提升、产品质量不断提升，随着加工水平、材料技术和控制技术的不断提高，我国不断地深化催化裂化技术的研发和实践，催化裂化技术得到了长足的进步，涌现了一批新的催化裂化工艺技术、新的催化裂化催化剂和助剂，催化裂化装置在原油加工过程中继续发挥着举足轻重的作用。

为了满足广大读者的需要，应中国石化出版社之约，作者对2003年由中国石化出版社出版的《催化裂化装置技术问答》(第二版)进行了适当的修订和完善，对章节内容进行了调整，主要内容包括：原料与产品、催化剂与助剂、反应再生系统、分馏系统、吸收稳定系统、三机系统、余热回收系统、仪表与控制、常用设备、环境保护与清洁生产。修订删除了过时的内容，补充内容使书稿更加充实完善，力图适应催化裂化技术的发展形势要求。

本书由陶旭海任主编，姚昱晖任副主编。胡跃梁、梁建伟、李海、林涛、张华、周志猛、郭明晖、沈富春、王盛洁、沈柳红参与编写。全书由陶旭海统稿。由于编者知识所限，书中不妥之处，敬请读者指正。

本书在编写过程中参考和引用了大量的石油化工书籍、公开发表的文献和内部学习材料，在此一并表示感谢。

陶旭海

写于中国石化上海高桥石油化工有限公司

2020年4月26日

目　　录

第一章　原料与产品

☞ 1. 催化裂化原料的来源有哪些?

(1) 直馏减压馏分油。减压塔侧线350~550℃馏出油(VGO)是最常用的原料。石蜡基原油的VGO较好，环烷基原油的VGO较差。

(2) 延迟焦化馏出油。焦化分馏塔侧线的320~500℃馏出油(CGO)也以催化裂化为主要加工途径。这种原料氮含量和芳烃含量高，不属于理想的原料，通常其掺炼比例为15%~25%。现在大部分经过加氢处理，这样不仅可以提高掺炼比例，而且产品收率和质量能得到改善。

(3) 常压渣油。硫、重金属含量和残炭低的蒸馏装置常压塔底渣油(AR)，可直接作为原料，如大庆原油、中原原油和东南亚地区一些原油的常压渣油。

(4) 减压渣油。除某些原油外，常减压蒸馏装置减压塔底渣油(VR)一般不单独作为原料，而是与馏分油掺合在一起或者经过加氢脱硫(VRDS)方能作为进料。

(5) 脱沥青油。为满足原油深度加工的要求并避免直接加工AR或VR带来的不利因素，采用丙烷或丁烷的溶剂脱沥青工艺，从减压渣油中提取60%以上的脱沥青油(DAO)作为原料，已成为炼油厂加工流程的一个组成部分。DAO的重金属含量和沥青质含量远低于VR，改善了原料质量。

(6) 其他。润滑油酮苯脱蜡蜡膏和蜡下油、糠醛精制抽出油，催化裂化回炼油经芳烃抽提后的抽余油、高温热解重油、减黏裂化重油、页岩油、动植物油和废塑料。

(7) 加氢处理的重油。为满足日益提高的质量和环保标准，将上述原料先进行加氢处理或加氢脱硫，然后再进催化裂化装置，可以显著改善原料裂化性能，有利于提高目的产品收率和产品质量，同时降低了再生烟气的硫、氮氧化物排放，有利于环境保护。

☞ 2. 催化裂化的产品有哪些?

催化裂化的产品有气体(包括干气和液化气)、汽油、轻循环油(轻柴油LCO)，有的装置还生产油浆(澄清油DO)以及中间产品重循环油(回炼油HCO)。

(1) 气体。包括干气和液化气。干气富含乙烷、乙烯、甲烷和氢，还含有生产过程带入的氮气和二氧化碳。由于吸收稳定系统操作条件的限制，干气中还有一定量的丙烷、丙烯和少量较重的烃类。液化气主要组分是C_3和C_4，还含有少量的C_5。除作为燃料外，气体是十分宝贵的化工原料。

(2) 汽油。催化裂化汽油是车用汽油的主要组分，而且车用汽油中的烯烃和硫主要是由催化汽油带入，因此如何最经济地降低催化裂化汽油中的烯烃和硫含量是清洁汽油生产的首要课题。

(3) 轻循环油(轻柴油)。是车用柴油的主要组成部分，但是需要进行精制，以降低硫、氮含量和提升十六烷值。还可作为船用燃料油的调和组分，以及生产高辛烷值汽油的原料。

(4) 重循环油(回炼油)。可作为回炼油循环到反应器再进行裂化，或作为渣油加氢脱硫装置的稀释油。

(5) 油浆(澄清油)。重油催化裂化为降低反应生焦率，提高处理能力，进行外甩油浆操作。油浆中含有大量的带短侧链稠环芳烃，因此经净化脱除催化剂颗粒后，既可作为炼油装置(如延迟焦化、常减压、丙烷脱沥青装置)原料掺炼，也可以作为生产炭黑、针状焦、碳纤维、橡胶软化剂及填充油、塑料增塑剂、重交通道路沥青及导热油等化工产品的优质原料。各产品对油浆固体含量要求见表 1-1。

表 1-1 各化工产品对油浆原料固体含量要求

产 品	固体含量/(μg/g)	产 品	固体含量/(μg/g)
炭 黑	<500	碳纤维	<20
橡胶填充剂	<500	加氢裂化原料	<20
针状焦	<100	燃料油调和组分	<200

☞ 3. 渣油有什么特点?

渣油与馏分油性质差异对比如表 1-2 所示。

表 1-2 渣油与馏分油性质对比

项目	相对分子质量	运动黏度/(mm^2/s)	残炭/%	S/%	N/(μg/g)	(Ni+V)/(μg/g)
VGO	250~500	1	<2	0.2~3.5	~1000	0~2
VR	500~3500	3~20	>3	0.2~5.0	1000~3000	5~60

渣油的特点是以下元素含量较高:

(1) 金属。渣油中的金属含量大大高于减压瓦斯油，其中 Ni、V 的影响特别重要，因为 Ni、V 能以高浓度存在并且对催化剂性能有害。沉积于催化剂上的 Ni 引起非选择性裂化，导致较高的氢和 C_1~C_4气体产率，并使催化剂上沉积较多的焦炭。V 会进入分子筛中，并起破坏性反应。Ni、V 通常以卟啉和环烷酸盐状分子存在。另外，渣油中的 Na 通常是由于脱盐不好而存在。Na 会中和催化剂的酸性中心，并在高温时使晶体结构倒塌。

（2）硫。硫以硫醇、硫化物、噻吩和其他有机硫化物状态存在。硫含量的增加会增加操作成本，这是由于为了满足产品规格要求并遵守环保法规，需要增加原料和产品的处理设备。

（3）氮。重质原料油中的氮多于减压瓦斯油。中性氮化物有咔唑、吲哚、吡咯。它们不那么牢固地吸附于酸性中心，对催化剂的裂化性影响不大。碱性氮化合物有吡啶、喹啉，极易吸附于酸性中心，使活性降低、生焦增加。

（4）氧。与硫、氮一样，氧含量随沸点的上升而增加，多在胶质中出现。

4. 原料和产品性质表征方法有哪些？

催化裂化原料和产品性质主要是通过样品的密度、馏程、黏度、残炭、苯胺点、折光指数、元素组成、相对分子质量以及烃类组成等一系列参数来表征。

对于馏分油，最常见的也是最重要的两项表征参数就是馏分油的密度和馏程，其他的表征参数可以通过对其密度和馏程进行回归得到经验关联式而计算出来。对于渣油原料，最常见的也是最重要的表征参数就是原料的密度、氢含量、残炭和重金属含量。

5. 什么是四组分分析？

四组分分析用来测定渣油中的沥青质、饱和烃、芳香烃和胶质的含量。

渣油试样用正庚烷沉淀出沥青质。试样用正庚烷在回流温度下分离出不溶物作为沥青质，可溶物中的饱和烃、芳烃和胶质用氧化铝吸附色谱法进行分离。冲洗溶剂石油醚可使饱和烃流出吸附柱，苯可使芳烃流出吸附柱。胶质含量以减差法求得。

6. 原料中的硫和再生烟气中的 SO_2 排放量有什么关系？

催化裂化再生烟气中的 SO_2 排放量与原料中的硫含量有直接的关系，具体数据见表 1-3。

表 1-3　催化裂化再生烟气中 SO_2 排放量与原料中硫含量的关系

原料硫含量/%	焦炭硫含量/%	烟气中 SO_2 含量/(μg/g)
0.08	0.29	240
0.10	0.27	185
0.11	0.32	230
0.21	0.49	470
0.40	1.00	850
0.70	1.60	1000
0.85	1.90	1550
1.00	2.00	1850
3.10	4.00	3400

☞ **7. 原料中的氮对产物中氮的分布有何影响？**

研究结果表明，氮在反应过程中可转化成氨气和少量氰化物，原料中的氮约有5%转化为氨，在轻燃料气中也有一定量的氨，这部分氮约占原料氮的3%。以有机氮的形式存在于液体产品中的氮占原料氮的50%左右，而且一般都浓集在重馏分中。约35%～40%的氮转化到焦炭中，焦炭中的氮在催化剂再生过程中转化为NO_x和N_2，主要是N_2(原料中30%～40%的氮转化为分子氮)，混杂在烟气中。

催化裂化产物中氮的分布受原料中氮含量、氮类型、催化剂活性和反应条件等多种因素的影响。以重油为原料时，催化裂化装置的氮平衡与常规原料不同，生成的氨很少，一般可忽略；液体产品中的氮占原料氮的5%～25%；焦炭中的氮占原料氮的80%～95%。采用同一催化剂，进料氮含量增加，液体产品中氮含量一般也增加。对于给定原料，转化率提高将导致液体产品中氮含量减少。液体产品氮含量分析表明，大部分含氮化合物存在于重馏分澄清油和轻循环油中。例如，对一中试装置所得液体产品进行分馏，产品中氮分布(占液体产品总氮)为汽油中3%、轻循环油中17%、澄清油中80%。对于同一原料，焦炭产率增加，焦炭中极性氮含量增加，非极性氮含量降低，催化剂表面的氮炭比降低。大多数含氮分子在裂化的初级阶段就转化为焦炭；转化率提高，烃焦相对于氮焦的浓度增加，非极性氮焦逐步转化为极性氮焦，焦炭的相对分子质量增大，芳香性增强，与催化剂表面结合更加紧密。

☞ **8. 原料中的硫对环境有何影响？**

原料中的硫对环境的影响是多方面的。在再生器中，随焦炭携带进来的硫被氧化成SO_2和SO_3，排放出来污染大气。再生烟气中的SO_x与原料中的硫含量有关，其量约为总硫的8%～10%。在反应器中，随裂化反应一起发生的脱硫反应产生大量硫化氢，其余的硫分配到产品中，硫化氢占总硫相当大一部分，因此对催化裂化装置气体分离系统有很大影响。

降低催化裂化装置SO_x排放量，有四种方案可供选择：①原料预加氢脱硫；②烟气脱硫处理；③催化剂/助剂脱硫技术；④引进部分低硫原油。

☞ **9. 原料中的硫对产品收率有何影响？**

原料中的硫对产品选择性有不利影响。原料油中硫含量增加，干气产率增加，干气中硫含量也增加。

裂化气体中的硫化氢产率主要取决于原料中的硫含量、转化率以及催化剂类型。在转化率70%左右的情况下，原料中的硫大致有40%～60%转化成硫化氢，在使用降SO_x催化剂或降SO_x添加剂的情况下，硫化氢的收率比上述数值还高一些。

☞ 10. 原料中的硫对产品质量有何影响？

硫含量是催化裂化产品的一个重要质量指标。硫及其衍生物的存在，将导致产品中一些重要指标达不到要求。干气中硫化氢超标，将严重影响产品使用质量。LPG中硫化氢超标，则严重影响下游装置的正常生产。

现在的汽油、柴油硫含量指标均为10μg/g，催化裂化汽油和柴油均需要进行精制后，才能作为车用汽油和柴油的调和组分。

☞ 11. 原料中的硫对设备的腐蚀有何影响？

加工硫含量高的原料油时，生成的大量硫化氢与液相水共存(或水蒸气在露点以下)时，对金属产生湿硫化氢腐蚀($Fe+H_2S \rightarrow FeS+H_2\uparrow$)。

分馏、吸收、解吸和稳定系统的设备在运行中金属表面生成腐蚀产物FeS膜。FeS膜是一种松散的腐蚀产物，易脱落，无保护作用。温度越高，腐蚀越快。装置停工和用蒸汽吹扫过程中，FeS与湿空气中的氧反应生成连多硫酸，从而腐蚀速度加快。硫醇也能直接与铁生成松散的硫醇铁[$2RSH+Fe \rightarrow (RS)_2Fe+H_2\uparrow$]。二硫化物、噻吩与金属不直接作用，但受热分解生成的硫化氢同样对设备造成腐蚀。因此，重油催化裂化装置的分馏塔顶油气冷却系统、吸收稳定系统的设备腐蚀严重。

☞ 12. 什么叫初馏点、干点、闪点、凝点和自燃点？

当油品在恩氏蒸馏设备中进行加热蒸馏时，最先汽化蒸馏出来的是一些沸点低的烃类分子。流出第一滴冷凝液时的气相温度称为初馏点。

蒸馏过程烃类分子按其沸点高低的次序逐渐蒸出，气相温度也逐渐升高，蒸馏到最后，达到的最高气相温度称为终馏点或干点。

闪点(或称闪火点)是指可燃性液体(如烃类及石油产品)的蒸气同空气的混合物在接近火焰时，能发生短暂闪火的最低温度。

油品的凝点是在一定的仪器中，在一定的试验条件下，油品失掉流动性时的温度。而所谓丧失流动性，也完全是条件性的。当油品冷却到某一温度，并将贮油的试管倾斜成45°，若1min后，肉眼看不出管内液面位置有所移动，此时油品就被看作是凝固了。产生这种现象的最高温度，就称为此油品的凝点。

如果将油品预先加热到很高温度，然后使之与空气接触，则无须引火，油品即可能因剧烈的氧化而产生火焰，自行燃烧，这就是油品的自燃。能发生自燃的最低油温，称为自燃点。

☞ 13. 什么叫MON、RON和抗爆指数？

汽油的抗爆性用辛烷值表示。评定辛烷值的方法有马达法和研究法两种，评定用的发动机转速分别为900r/min和600r/min。马达法辛烷值(MON)表示高转速时汽油的抗爆性，研究法辛烷值(RON)表示低转速时汽油的抗爆性。上述两种辛烷值都不能全面地反映车辆运行中燃料的抗爆性能，因此提出了计算车辆运行中抗爆性能的经验关系通式：抗爆指数$=K_1 \cdot \text{RON}+K_2 \cdot \text{MON}+K_3$。$K_1$、$K_2$、$K_3$为系数，对不同类型的车辆是不同的，这与发动机的运转特性和运转条件有关，它们都是通过典型的道路试验来确定的。一般简化式，采用总车辆的平均抗爆性能，通常$K_1=0.5$，$K_2=0.5$，$K_3=0$，即：抗爆指数$=0.5\times(\text{RON}+\text{MON})$。

☞ 14. 汽油的初馏点和10%馏出温度说明了什么？

汽油的初馏点和10%馏出温度，说明了汽油在发动机中的启动性能。如10%馏出温度过高，在冬季严寒地区使用这种汽油时，汽车启动就有困难。

☞ 15. 汽油的50%馏出温度说明了什么？

汽油的50%馏出温度说明了汽油在发动机中的加速性能。若这一馏出温度过高，当发动机由低速骤然变为高速而需要加大油门增加进油量时，燃料就会来不及完全汽化，使燃烧不完全，甚至燃烧不起来，发动机就不能发出需要的功率。50%点温度对发动机的启动、预热也有较大的影响。

☞ 16. 汽油的90%馏出温度和干点说明了什么？

90%馏出温度和干点说明了汽油在发动机中蒸发完全的程度。这个温度过高，说明重质成分过多，其结果是降低发动机的功率和经济性。

☞ 17. 分馏系统操作对汽油烯烃含量有什么影响？

由于汽油烯烃主要集中在C_5、C_6、C_7和C_8组分中，C_9以后的组分烯烃很少，因此汽油终馏点提高，相应的烯烃含量降低。汽油终馏点降低约20℃，相应的汽油烯烃增加3.2%~6.1%。

调节分馏塔顶循环量以适当提高汽油90%馏出点或终馏点，有利于增加汽油收率，降低汽油烯烃含量。

☞ 18. 为什么要规定柴油的350℃馏出量？

馏分组成较轻的燃料的蒸发速度快，这对于高速柴油机是有利的。馏分较重的燃料因喷入燃烧室后，未能很快汽化和形成可燃混合物，因而燃烧将在膨胀行程中继续进行。而且未蒸发的油滴还会裂解产生一部分气体烃和难于燃烧的炭粒，使积炭量和燃料消耗量增加，经济性降低。因此，从改善启动性能考虑，以使用馏分组成较轻的燃料为宜。但是，馏分组成太轻也是有害的，因为在自燃开始的瞬间，如果所有喷出的燃料都同时燃烧，结果使燃烧第二阶段——急燃期压力增长率过大，容易引起发动机爆震。所以，燃料的着火落后期过长及使用过轻的燃料都将容易引起爆震。各种柴油机的馏分组成是根据柴油机的转速和使用条件决定的。我国统一标准规定，轻柴油(适用于1000r/min以上的高速柴油机)的馏程为300℃馏出量不小于50%，350℃馏出量不小于85%~95%。

☞ 19. 什么叫十六烷值？

十六烷值是评定柴油抗爆性的指标。它采取与标准燃料对比的办法，规定纯正十六烷的十六烷值为100，纯α-甲基萘的十六烷值为0。两者以不同的比例混合起来，可以得到十六烷值为0~100的不同抗爆性等级的标准燃料，并在一定结构的单缸试验上与待测柴油作对比。

☞ 20. 轻柴油中各种烃类的十六烷值规律是怎样的？

（1）正构烷的十六烷值在各族烃中最高，并随链长的增长而增加。

（2）异构烷的十六烷值比正构烷低，链的分支越多，其十六烷值越低。

（3）正构烯烃的十六烷值仅略次于正构烷，支链的影响与烷烃类似。

（4）无侧链的环烷烃的十六烷值低于正构烷和正构烯。无侧链的芳烃，尤其是稠环芳烃，其十六烷值在各族烃中最低。

（5）环烷和芳烃带有长侧链时可以提高其十六烷值。当侧链有分支时，其十六烷值相应降低一些。

☞ 21. 为什么催化轻柴油的十六烷值比直馏柴油低？

由轻柴油中各族烃类十六烷值的规律可知，直馏柴油的十六烷值最高，而催化柴油中含有较多的多环芳烃，所以其十六烷值较低。石蜡基原油的柴油十六烷值比环烷基柴油的高。

☞ 22. 掺炼渣油对轻柴油质量有什么影响？

随着催化裂化进料中渣油量的增加，轻柴油质量变差，主要表现在：胶质升高、油品安定性变差、颜色变深、十六烷值降低等几方面。

☞ 23. 加工重油时，焦炭和氢气的产率为什么会升高？

重油中的有机金属化合物、残炭、硫及氮的含量均比直馏蜡油高。当重油进行催化裂化时，重油在催化剂的作用下进行脱碳和脱重金属，并堆积于催化剂的表面。这些重金属本身就是脱氢反应的催化剂，加速了脱氢生焦过程，使氢气、焦炭产率上升，轻质油的产率降低。

☞ 24. 如何控制汽油收率？

汽油是催化裂化的目的产品之一，一般希望汽油收率高一些，有的装置还采用了汽油收率优化控制，控制汽油收率的常用手段有：反应温度（适宜的剂油比）、回炼比和催化剂活性。一般来讲，反应温度高，催化剂活性高，回炼比低，可使汽油收率增加。常规的方法是由操作工选择适宜的反应温度、回炼比和催化剂活性，然后采用定值控制。采用催化裂化数学模型时，可由计算机根据原料油性质，计算出最佳的反应温度、回炼比和催化剂活性等工艺条件，然后由操作工进行定值控制。最新的计算机汽油收率优化控制系统，根据数学模型或专家经验，在线优化汽油收率，已取得了显著的效果。

☞ 25. 轻、重柴油质量如何控制？

轻柴油凝点主要是通过改变一中段回流取热量(包括回流量、回流温度)、控制抽出层下塔盘气相温度来调节的。必要时可改变或调节两抽出口的开度以及重柴油排放量。

重柴油的凝点常靠改变其抽出量来调节。当重柴油抽出量减少时，其下段内回流量随即增大，因此重柴油会变轻，凝点也降低。

柴油规格要求其闪点不低于65℃，生产控制不低于67℃。闪点低，是因为柴油(主要是轻柴油)中含有少量属于汽油的轻组分，这在柴油抽出层塔盘的气液平衡条件下总是存在的。为此，把馏出的柴油送入汽提塔，靠塔下部吹水蒸气，使轻组分汽化。除调节水蒸气量外，还可通过调节汽提塔液面(改变汽化空间或停留时间)来控制闪点。

☞ 26. 粗汽油质量如何控制？

调节塔顶循环回流取热量以调节塔顶温度，保证汽油干点合格。一般先调节顶回流返塔温度和顶回流量。当顶循环回流量不足时，可打冷回流补充。必要时还可调节各段循环回流的取热比例，控制塔上部负荷。

☞ 27. 汽油蒸气压对辛烷值有什么影响？

汽油中丁烷含量直接影响汽油的蒸气压。汽油的MON及RON均随着蒸气压的升高而增加，其中RON增加的幅度更为显著。丁烷不仅本身具有高的RON及MON，而且有高的调和辛烷值。汽油蒸气压每增加10kPa，RON值可增加0.9。

☞ 28. 影响汽油蒸气压的主要组分是什么？

一般来说，$C_5 \sim C_{11}$是汽油组分，但还带入少量的C_4组分。查纯烃蒸气压图可知，40℃时，纯烃蒸气压数值如下，C_4^0：0.39MPa，C_5^0：0.12MPa；$C_{4-1}^{=}$：0.16MPa，反$C_{4-2}^{=}$：0.12MPa，顺$C_{4-2}^{=}$：0.11MPa，$C_{5-1}^{=}$：0.04MPa。可见在某一温度下，同种烃类的C_4蒸气压比C_5高许多。因此，在稳定塔底以C_4^0为轻关键组分。稳定塔称为脱丁烷塔。影响汽油蒸气压的主要组分是C_4。

☞ 29. 为什么要控制汽油蒸气压？如何控制？

汽油馏程中规定10%馏出温度不高于某一数值，这虽能保证启动性能，但10%馏出温度过低时将导致供油系统中产生气阻现象，而生成气阻的倾向和汽油的饱和蒸气压有着密切关系，因此在产品标准中还规定了汽油蒸气压这项指标。

通过调节稳定塔压力、回流比、进料位置以及塔底重沸器返塔气相温度来控制汽油蒸气压。

对于蒸馏过程，低操作压力、大回流比、高操作温度以及较高的进料位置对于重组分的蒸出是有利的。因此，必须采用合适的操作温度、压力、回流比及进料位置，以使稳定汽油蒸气压在一定的范围，还要考虑到液态烃携带C_5的可能。

近年来，人们已先后开发出稳定汽油蒸气压的计算机开环指导和闭环控制系统。所谓开环指导，即根据操作参数，依据一定的数学模型，将稳定汽油蒸气压计算出来，供操作人员参考。所谓闭环控制，就是将蒸气压计算值和设定值进行比较，然后将偏差信号转化为电流信号，去控制稳定塔底重沸器的返塔气相温度，从而使稳定汽油蒸气压保持在设定值附近。

☞ 30. 停气压机后，稳定汽油蒸气压能合格吗？

停气压机后，稳定汽油蒸气压也能保持合格。其方法是：

（1）切断富气进吸收系统。

（2）切断干气去瓦斯管网，维持吸收塔压力，保证稳定进料泵不抽空。

（3）稳定塔压力自控。

（4）稳定塔顶回流罐液面自控，多余液态烃出装置。

（5）将分馏塔顶油气冷凝器的冷却温度尽量降低，以保证粗汽油的蒸气压比控制指标高。

（6）控制好解吸塔及稳定塔底温度，保证稳定汽油蒸气压合格。

（7）另一个办法是粗汽油直接进入稳定塔，而不进吸收、解吸塔，然后调整稳定塔操作条件，维持塔底温度。塔顶分离器控制压力，排放不凝气。

☞ 31. 稳定塔进料位置对汽油蒸气压有什么影响？

稳定塔进料位置往上，提馏段板数增加，有利于控制汽油蒸气压，但对控制液态烃中C_5含量不利。稳定塔进料位置往下，精馏段板数增加，有利于控制液态烃中的C_5含量，而不利于汽油蒸气压的控制。因此，一般催化裂化稳定塔均有两个以上进料口，在生产中，可根据实际情况加以调整。

☞ 32. 稳定塔回流比对液态烃的质量有什么影响？

回流比过小，分馏效果差，液化气会带大量重组分（C_5、C_6等）；回流比过大，要保证塔底汽油合格，就要增大塔底加热量，会受到热源不足的控制，而且还会增大塔顶液化气冷凝器的负荷，降低冷凝效果，使不凝气增多，液化气产量减少。因而一般要根据液态烃质量情况，选用合适的回流比。

☞ 33. 液态烃中为什么会含有C_5？有什么危害？

在稳定塔中C_4为塔底轻关键组分，C_5为塔顶的重关键组分。由轻重关键组分的定义，C_5是全部或大部分进入塔底产品中的最轻组分，因此总有少量C_4在稳定汽油中，同样总有少量C_5被蒸到塔顶留在液态烃中。

液态烃如作燃料用，则因C_5不易汽化而造成瓦斯带油。如作化工原料用，则会使目的产品（C_3、C_4）的收率下降，而且使预分馏塔的塔底负荷增加。液态烃中C_5含量高还会使汽油收率降低。

☞ 34. 为什么催化裂化汽油比热裂化汽油的辛烷值高？

将烃类的催化裂化与热裂化工艺进行比较，可知前者属正碳离子反应，后者属自由基反应，故前者的异构化反应及氢转移反应与后者相比尤其突出。因此，催化汽油与热裂化汽油中，前者含有较多异构烷烃及不带侧链的芳烃；而后者虽然烯烃较多，但异构物少，芳烃更少，即使有芳烃，也是苯环上留有 1~2 个碳的短侧链。所以催化汽油辛烷值要比热裂化汽油的高。

☞ 35. 掺炼渣油对气体和汽油产品的质量有什么影响？

随着催化裂化进料中掺入减压渣油量的增加，催化剂上重金属含量增多，催化裂化气体中氢气增加，氢/甲烷增大。为避免过多的氢气生成，需加入一定量的金属钝化剂，以减少催化裂化催化剂被金属镍污染所产气体中的氢气含量。

随着催化裂化进料掺入渣油量的增加，密度增加，汽油辛烷值相应增加。

☞ 36. 稳定系统操作对汽油烯烃含量有什么影响？

吸收稳定系统操作中，适当提高稳定塔底和塔顶温度，使汽油深度稳定，降低汽油中气体含量，特别是降低 $C_4^=$ 含量，有利于汽油中轻烯烃含量的下降。

☞ 37. 硫对机动车污染物的影响是什么？

硫是自然存在于汽油中的一种有害物质。研究结果表明，如果将汽油中的硫含量从 450μg/g 降低到 50μg/g，则汽车尾气中的 NO_x 平均减少 9%，CO 平均减少 19%，HC 平均减少 18%，有毒物平均减少 16%。汽油和柴油中的硫在高温燃烧时生成硫的氧化物，不仅可以转变成酸腐蚀损坏发动机部件，而且排出机外散逸在空气中还会形成酸雨，污染环境，破坏生态平衡。此外，硫还会使催化转化器中的催化剂中毒，使催化剂活性下降，甚至失效。柴油中的硫对微粒(PM)的排放有很大的影响。硫从 500μg/g 减少到 30μg/g，将使轻负荷车的 PM 排放减少 7%，使重负荷车的 PM 排放减少 4%。

☞ 38. 芳烃对机动车污染物的影响是什么？

芳香烃类化合物是汽油中的高辛烷值组分之一，可以很好地提高汽油的抗爆性。但芳烃的燃烧会导致尾气中有毒物质的排放，增加发动机燃烧室的沉积，并使尾气排放增加。研究结果表明，如果将汽油中的芳烃含量从 45%降低到 20%，可使 1989 年车型的汽车尾气中的 CO 平均减少 13%，HC 平均减少 6%，有毒物平均减少 28%。

☞ 39. 苯对机动车污染物的影响是什么？

苯主要来自催化重整汽油，它是已知的人类致癌物质，限制汽油中的苯含量是控制苯排放最有效的手段，世界各国都对汽油中的苯含量进行了严格的控制。

☞ 40. 烯烃对机动车污染物的影响是什么？

烯烃主要来自催化裂化汽油，是不饱和烃类化合物，具有比较好的抗爆性。但烯烃的稳定性差，容易堵塞发动机喷嘴，在发动机进气阀及燃烧室中生成沉积物，影响汽车的排放及使用性能。此外，烯烃的挥发性较强，容易蒸发排放进入大气，加速对流层臭氧的生成，形成光化学烟雾。研究结果表明，如果将汽油中的烯烃含量从20%降低到5%，则汽车尾气中的NO_x平均减少9%，HC平均减少6%，有毒物减少30%，对流层的臭氧减少70%，即降低光化学反应性。

柴油中的烯烃影响氧化安定性和色度，形成胶质和沉积物，也是排放NO_x的主要来源。

☞ 41. 蒸气压及T_{50}、T_{90}对机动车污染物的影响是什么？

蒸气压是影响蒸发排放的主要因素。研究结果表明，如果将汽油的蒸气压降低6.89kPa，则尾气中的CO平均减少9%，HC平均减少4%，汽车的总蒸发排放平均减少34%。

降低50%馏出温度T_{50}和90%馏出温度T_{90}，有助于减少HC的排放及降低臭氧浓度。研究结果表明，如果将汽油的50%馏出温度从110℃降低到82℃，则汽车尾气中的HC平均减少40%；如果将汽油的90%馏出温度从171℃降低到132℃，则汽车尾气中的HC平均减少40%。

☞ 42. 催化汽油降烯烃的主要措施有哪些？

（1）采取优化操作条件，催化汽油烯烃体积含量可降低8~10个百分点；

（2）采取降烯烃催化剂，催化汽油烯烃体积含量可降低8~10个百分点；

（3）采用MIP、FDFCC和TSRFCC等新技术，催化汽油烯烃体积含量可降低15~20个百分点；

（4）采用催化汽油加氢异构脱硫降烯烃（RIDOS）技术，催化汽油烯烃体积含量可降低20个百分点左右；

（5）用精馏方法将C_5馏分分出，叔碳烯烃醚化生产TAME，仲碳烯烃作烷基化原料；也可把催化裂化汽油低于100℃的馏分（C_5~C_7烯烃）醚化，既可降低烯烃含量，又可提高汽油的辛烷值。

☞ 43. 催化汽油降硫的主要措施有哪些？

（1）应用催化裂化脱硫催化剂和助剂，降硫幅度在15%~50%不等；

（2）采用选择性加氢脱硫技术，如RSDS-Ⅱ、RSDS-Ⅲ、OCT-MD、OCT-ME、Prime-G^+等，汽油脱硫率可达93%以上；

（3）采用RIDOS技术等，汽油硫含量可降至20~50μg/g以下；

（4）采用汽油吸附脱硫（S Zorb）技术，可使汽油硫含量降至10μg/g以下；

（5）对催化裂化原料进行加氢处理（如蜡油加氢、渣油加氢等），也可降低汽油硫含量，但会增加能耗和操作费用。

第二章　催化剂与助剂

☞ 1. 何谓"沸石"？

1756年，瑞典矿物学家克隆斯特在选矿时发现一种低密度、软性的矿石，这种矿石有一种特殊性质，即在水中煮沸时会冒泡，因此称之为"沸石"。其传统概念是一种多孔的晶体硅铝酸盐，具有一定均匀的空腔和孔道，在脱水之后，可以使不同分子大小的物质通过或不通过，起到筛选不同分子物质的作用，故又称"分子筛"。

☞ 2. 何谓ZSM－5分子筛？

ZSM-5分子筛是美国Mobile oil公司于20世纪60年代末合成出来的一种含有机胺阳离子的新型沸石分子筛，孔径在0.5nm，属于中孔沸石，见图2-1。

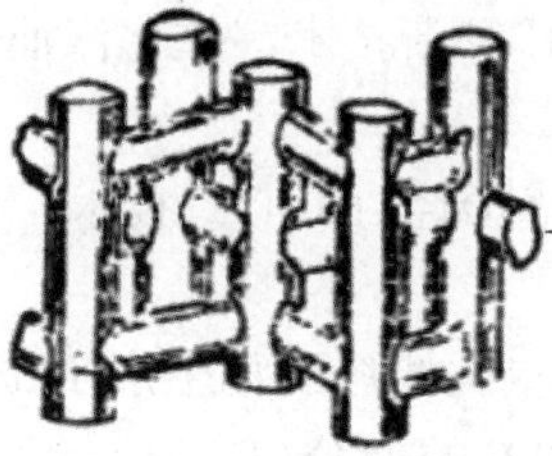

图2-1　ZSM-5分子筛示意图

☞ 3. 我国催化裂化催化剂进展情况如何？

20世纪60年代，分子筛催化剂的研发成功给催化裂化催化剂的发展带来了一次重大突破；80年代超稳Y型分子筛和ZSM-5分子筛在催化裂化催化剂中的使用，大大提高了催化裂化汽油的辛烷值和轻烯烃产品收率。

我国催化裂化催化剂，1986～1989年主要采用超稳Y型分子筛，1987～1992年主要采用大表面积的稀土氢Y型催化剂，在1993～1995年主要采用改性的超稳Y型催化剂，1995年至今采用的也是不同程度改性的超稳Y型催化剂。

☞ 4. 国外催化裂化催化剂进展情况如何？

Grace Davison公司在20世纪60年代发明了USY分子筛用于催化裂化，随后又研发了CREY、Z-14、Z-14G、Z-14J、CSSN、Z-17等改性分子筛，该公司研制的Impact系列催化剂是重油催化裂化催化剂最重要的技术进步之一。

Albemarle(雅宝，收购原 Akzo-Nobel 公司)采用全面调控分子筛的铝分布的研究思想和技术开发了高 Si/Al 比的 ADZ 超稳分子筛，在此基础上开发了 Resolve 系列降硫助剂。

BASF 采用分子筛原位晶化制备技术，与半合成工艺相比，原位晶化催化剂具有独特的抗重金属污染能力，活性指数高，水热稳定性、结构稳定性好等，并且催化剂的抗磨损能力强，对塔底油有较高的裂化能力。

☞ 5. 什么叫催化剂滑落？什么叫滑落系数？

对于一个气/固垂直管道输送系统，催化剂颗粒是被流化介质带上去的，它的上行速度总是比气体的速度低，这种现象叫作催化剂的滑落。而气体线速与催化剂线速之比，叫作滑落系数。

☞ 6. 什么叫催化剂的骨架密度、颗粒密度和堆积密度？

颗粒骨架本身所具有的密度，即颗粒的质量与骨架实体所占体积之比叫作催化剂的骨架密度，又称真实密度。

把微孔体积计算在内的单个颗粒的密度，叫作催化剂颗粒密度。

催化剂堆积时，把微孔体积和颗粒间的空隙体积计算在内的密度叫作催化剂的堆积密度。按测定方法的不同又可分成三种情况：

（1）松动状态。催化剂装入量筒内经摇动后，待催化剂刚刚全部落下时，立即读取的体积所计算得到的密度，叫作充气密度或疏松密度。

（2）沉降状态。上述量筒中的催化剂静置 2min 后，由读取的体积所计算得到的密度，叫作沉降密度或自由堆积密度。

（3）密实状态。将量筒中的催化剂在桌子上振动数次至体积不再变时，由读取的体积所计算得到的密度，叫作压紧密度或紧密堆积密度。

☞ 7. 什么叫催化剂的孔体积？

单位质量催化剂所含有的空隙体积称为孔体积。通常是以 1g 催化剂上所有孔隙的体积来表示。测定方法有水滴测定法和四氯化碳吸附法两种。水滴测定法的测定值大于四氯化碳吸附法测定值，其关系为：

$$V_{孔CCl_4}=0.833V_{孔H_2O}-0.0766$$

式中 $V_{孔CCl_4}$——以四氯化碳吸附法测得的孔体积；

$V_{孔H_2O}$——以水滴定法测得的孔体积。

☞ 8. 什么叫催化剂的比表面积？

单位质量催化剂内外表面积之和，叫作催化剂的比表面积。新鲜催化剂的比表面积一般为 $300m^2/g$，有的甚至高达 $500\sim700m^2/g$；平衡催化剂的比表面积约为 $100m^2/g$。

☞ 9. 什么叫催化剂的平均孔径？

催化剂的孔体积与比表面积的比值称为平均孔径，用 nm 表示。

$$平均孔径=\frac{V_{孔}}{S_A}$$

式中 $V_{孔}$——催化剂的孔体积，mL/g；

S_A——催化剂的比表面积，m^2/g。

新鲜催化剂的孔径约为4.0~8.0nm。在使用过程中，催化剂受高温及水蒸气的影响，孔径增大到9.0~12.5nm。

☞ 10. 什么叫催化剂的选择性？

将进料转化为目的产品的能力，称为选择性。一般常用目的产物产率(汽油或汽油加柴油)和转化率之比，或以目的产物与非目的产物(焦炭)的产率之比来表示。

☞ 11. 什么叫催化剂的污染指数？

污染指数表示催化剂被重金属污染的程度。其定义是：

$$污染指数=0.1\times(Fe+Cu+14Ni+4V)$$

式中 Fe——催化剂上的铁含量，μg/g；

Ni——催化剂上的镍含量，μg/g；

Cu——催化剂上的铜含量，μg/g；

V——催化剂上的钒含量，μg/g。

☞ 12. 什么叫催化剂的磨损指数？

将一定量的微球催化剂放在特定的仪器中，用高速气流冲击4h后，所生成的小于15μm的细粉质量占大于15μm的催化剂质量的百分数即为磨损指数。

☞ 13. 什么叫催化剂的微反活性？

采用微型反应器来评价分子筛催化剂的活性，称为微反活性测定法，它测得的活性数据就是分子筛催化剂的微反活性。石油化工科学研究院建立的微反活性测定方法的操作条件如下：

反应温度	460℃
标准原料油	大港油
重时空速	$16h^{-1}$
馏程	235~337℃
剂油比	3.2
微反活性的计算	100-(>204℃液体占进料的质量分数)
进料量	1.56g
催化剂量	5g

☞ **14. 什么叫催化剂的水热稳定性？如何测定它？**

催化裂化催化剂在再生器中，在高温下接触到少量水蒸气（10%～15%左右），会逐渐失去活性，因而存在催化剂耐高温水热处理的问题。我们把催化剂耐高温水蒸气处理的能力叫作催化剂的水热稳定性。它的测定方法是：在实验条件下，将催化剂在高温下经水蒸气处理，使其性能近似于装置中平衡催化剂的水平，然后用与反应装置相接近的条件，通入标准原料油，测定产物中汽油加气体的收率。分子筛催化剂是在800℃，通水蒸气处理4h或17h。

☞ **15. 催化裂化催化剂的主要性能是什么？**

催化裂化催化剂性能评定主要包括催化剂的活性、比表面积、选择性、稳定性、抗重金属能力、粒度分布和抗磨损性能六个方面。

☞ **16. 催化裂化新鲜催化剂的化学组成分析有哪些？**

催化裂化新鲜催化剂的化学组成分析包括：灼烧减量、Al_2O_3含量、Na_2O含量、SO_4^{2-}含量、Fe_2O_3含量和RE_2O_3含量。

☞ **17. 催化裂化平衡催化剂的化学组成分析有哪些？**

催化裂化平衡催化剂的化学组成分析包括：Ni含量、Cu含量、V含量、Fe含量、Na_2O含量和碳含量。

☞ **18. 催化裂化新鲜催化剂的灼烧减量表示什么？**

催化裂化新鲜催化剂的灼烧减量表示：催化剂经高温灼烧后跑损的水分以及挥发性盐分的量。

☞ **19. 催化裂化新鲜催化剂的物理性质分析有哪些？**

催化裂化新鲜催化剂的物理性质分析包括：粒度、比表面积、孔体积、密度和磨损指数。

☞ **20. 催化裂化平衡催化剂的物理性质分析有哪些？**

催化裂化平衡催化剂的物理性质分析包括：粒度、比表面积、孔体积和密度。

☞ **21. 什么叫催化剂热崩？它跟什么因素有关？**

水碰到高温催化剂迅速汽化，而使催化剂颗粒崩裂的现象叫作催化剂热崩，它主要和再生温度、补入再生器的新鲜催化剂中水含量、反应-再生系统的蒸气水含量及稀相喷水有关。

☞ **22. 催化剂失活的种类有哪些？**

主要分为三类：①催化剂的烧结或水热失活；②吸附毒物失活；③结焦失活。

☞ 23. 催化剂活性过高有什么不好？

催化剂活性越高，转化率就越高。随着转化率的提高，汽油的选择性急剧下降，而生成了大量的气体和焦炭。

大量的气体将使原设计的气压机、吸收稳定系统以及气体处理装置超负荷运行，甚至严重破坏平稳操作，损坏设备。

大量的焦炭将增加再生器的焦炭负荷，这样就会受到主风机功率和再生温度的限制。由于主风机的限制，就必须降低进料量，这样虽然提高了转化率，但降低了汽油的净产量。如果主风机功率有余地，而且线速也在许可范围内，但需在再生温度限制下进行操作，则必须降低反应温度以控制再生温度，从而使转化率大大下降。

控制催化剂活性过高的最简单、最廉价的方法就是降低再生器的燃烧强度，使再生催化剂碳含量增加。但是增加再生剂碳含量，会造成：

（1）选择性降低，从而使生焦率增高，汽油产率下降；

（2）如用降低过剩氧含量的方法，则烟气中 CO 含量增高，使环保出现问题（除非使用 CO 锅炉）；

（3）对于某些独特的催化剂，将大幅度降低其抗金属污染能力。

总之，对于每个催化装置，都有一个能最大限度地提高催化裂化装置的经济效益的最佳催化剂活性。如高于这个最佳活性，通常要调整装置的操作条件，以适应较高的活性，但是要造成明显的经济损失。

☞ 24. 渣油催化裂化对催化剂有些什么要求？

催化剂的选择是催化裂化的重要一环，对渣油催化裂化尤为关键。理想的渣油催化裂化催化剂应满足以下一些要求：

（1）抗金属污染。催化剂是金属沉积和分散并形成活性（或较小活性）的基础。一般来说，高比表面积且含游离氧化铝的催化剂是抗金属能力低的催化剂。因此，要求渣油催化裂化催化剂比表面积小。通过减少比表面积，使金属在担体上分布不均而降低金属的污染作用，提高催化剂的抗金属能力。

（2）焦炭和氢气选择性。渣油催化剂能减少生焦的原因，一是催化剂颗粒孔径大，二是用新的氢转移性能差的分子筛（如超稳 Y 型分子筛催化剂）。也就是说前者可以减少油在孔内的滞留时间，防止通往其他活性中心的通道堵塞，且防止油在高温时缩合；后者可以抑制油缩合为多环化合物。因此渣油裂化时，最好选用孔径大的超稳 Y 型分子筛催化剂。

对任何系列的催化剂来说，焦炭产率及其选择性（焦炭产率/转化率）都随活性增加而上升。由于焦炭产率高会引起再生温度上升，在再生器没有取热设施时，会限制渣油的进料量，因而要求催化剂的焦炭选择性要小一些。

（3）水热稳定性。因为渣油裂化生焦多，使再生温度升高，典型的再生温度为690~760℃，比馏分油催化裂化再生温度高100~140℃。因此，催化剂在高温和水蒸气存在下的稳定性就成为一个重要的性质。要求催化剂在经受高温后，能保持较高的平衡活性。若催化剂水热稳定性不好，为了保证渣油高温操作所需求的活性，则催化剂补充量就要增加。超稳Y型分子筛催化剂的水热稳定性比稀土Y型分子筛催化剂的差。一般采用两段再生技术，使第二段再生在高温和几乎没有水蒸气存在的条件下操作。

(4) 耐磨性能。由于渣油裂化焦炭产率增加，导致主风量增加，再生器负荷增加，线速增加，从而加大催化剂之间、催化剂与器壁、构件之间的机械磨损；加上烟气量增大，催化剂随烟气损失相应增加。为了降低催化剂损耗，要求催化剂加大密度，提高机械强度。在渣油催化裂化中，使用高密度催化剂是今后的趋势。

(5) 重油转化能力。用于渣油催化裂化的催化剂，还必须有较高的重油转化能力。一是要求较高的担体活性，二是要求担体有一定的孔分布。一般重油的分子直径在5~10nm，因此，要求担体上2~20nm的二级孔必须占一定的比例，才能使重油的大分子进入孔内，并与分子筛接触进行反应。

(6) 良好的汽提性能。渣油含有一些高沸点难于汽化的化合物，不可避免会吸附在催化剂的孔隙里，同时在反应过程中也会生成一些缩合物黏附于催化剂颗粒之间，再加上孔内吸附的油气，这些都需尽可能脱除。平衡剂的孔体积一般为0.25mL/g(250L/kg)左右，百万吨级的催化裂化装置催化剂的循环量每小时数百吨，由此可以想象，如果汽提不好，携带的碳氢化合物被烧为焦炭，其量是可观的。

对催化剂的汽提性能影响最大的是催化剂的孔结构。细孔多的催化剂，特别是有缩口的孔难于汽提；分子筛含量太高也不利汽提；此外，含有高强酸的催化剂具有对极性化合物较强的吸附力，也影响汽提速率。

☞ 25. 催化裂化催化剂的组分是什么？

沸石裂化催化剂是由沸石均匀分散于基质(载体)中而成。目前工业裂化催化剂中常用的沸石是Y型沸石，常用的基质是高岭土与铝溶胶、硅溶胶等形成的半合成基质。裂化催化剂的特性取决于沸石与基质的性质，其中沸石的催化特性是主要的，但基质的作用也不容忽视，尤其是在渣油裂化催化剂中具有更重要的作用。

☞ 26. HY、REY和REHY裂化催化剂与硅铝裂化催化剂相比有何特点？

(1) 高的裂化活性。REY和REHY裂化催化剂的裂化活性远高于硅铝裂化催化剂，目前应用的REY工业催化剂仅需1~4s的接触时间即可完成全部裂化反应。裂化活性高的原因可能是由于沸石的活性中心密度较大(比硅铝约大50倍)及反应物在沸石孔内的有效浓度较大(也约大50倍)的综合效果。有人认为还可能和沸石孔内存在的高静电场，易于使C—H键极化，有助于生成正碳离子这一因素有关。

(2) 优良的选择性。在馏分油裂化中，REY和REHY沸石催化剂与硅铝催化剂相比，具有汽油收率高、生炭量及气体量低、汽油中烯烃量少、芳烃量多等特点。这是由于沸石催化剂具有较强的氢转移能力，能将裂化汽油中的烯烃饱和成烷烃，同时将环烷烃脱氢转化成芳烃。由于氢转移反应速度大于汽油二次裂化生成气态烃的反应速度，而使汽油产率提高、气体量及生炭量降低。烯烃饱和使汽油安定性变好，但由于烯烃量减少而使汽油辛烷值降低。

(3) 高的热稳定性及水热稳定性。热稳定性，特别是水热稳定性是裂化催化剂赖以维持平衡催化剂活性和稳定操作的极其重要的因素。沸石催化剂的热稳定性及水热稳定性优于硅铝催化剂，是因为NaY晶体比无定形硅铝具有较高的稳定性，而且进行稀土交换后，在方钠石笼内形成$[RE—OH—RE]^{5+}$阳离子起稳定作用，使REY的稳定性进一步提高(NaY及REY的差热分析法晶体崩塌温度分别为850~860℃及870~880℃)。

(4) 较高的抗重金属能力。存在于裂化原料中，特别是渣油裂化原料中的重金属，如镍、钒、钠等，对裂化催化剂有减活作用。镍主要是影响选择性，它促进脱氢及缩聚等反应，生成氢气及焦炭，并增加干气量。在这方面，钒的作用约仅为镍的1/4，而其主要影响是破坏沸石晶体及沸石中稳定离子$[RE—OH—RE]^{5+}$的RE—O键，使沸石催化剂失活。钠的存在可使催化剂的酸性中心中毒，并可促进钒的破坏作用。沸石催化剂具有更多的活性中心，其抗重金属性能优于硅铝催化剂。

(5) 受碳含量的影响较大。硅铝催化剂生成的焦炭较分散，而沸石催化剂因裂化反应主要在沸石上进行，生成的焦炭多集中在沸石上，因而焦炭对催化剂的活性和选择性的影响较大。为了充分发挥沸石催化剂的性能，其再生催化剂上的碳含量应保持在0.2%以下，最好在0.05%以下，而硅铝再生催化剂的碳含量可允许高达0.5%。

☞ 27. 超稳Y型沸石(USY)比Y型沸石的性能有什么变化？

超稳Y型沸石(USY)比Y型沸石的性能有以下变化：

(1) 热稳定性及水热稳定性提高；

(2) 氢转移能力降低，汽油中烯烃含量增加，汽油辛烷值提高；

(3) 焦炭产率降低，改善了焦炭选择性；

(4) 裂化活性降低，汽油收率降低，相应柴油收率提高，总液体收率增加。

☞ 28. 催化剂中的基质有什么作用？

在催化剂中基质的作用有：对沸石组分起分散作用，使沸石的性能得到充分发挥；起保护作用，在再生和裂化时作为吸热体从沸石中携出热量；作为贮钠所，降低沸石的钠含量从而提高沸石的稳定性。基质的酸性中心，有中和碱氮保护沸石免受中毒的作用。

基质为裂化催化剂提供流化过程所需的形状、粒度和必要的机械强度。当采用低表面积、大孔径的基质时，能改善催化剂的汽提性能，有助于降低剂油比焦。当采用强酸性中心数少的基质时能控制过度裂化，有助于降低催化焦。采用低比表面积基质还能改善催化剂的水热稳定性。

渣油裂化催化剂的基质需有一定的活性，并应具有足够大的孔径，以便使那些不易进入沸石孔道的长链重油分子，能预先在基质上裂化成较小分子，再进入沸石笼进行选择性裂化。高活性基质能使重循环油产率降低、轻循环油(轻柴油)产率提高、转化率提高。高活性基质(如活性 Al_2O_3)还有捕集重金属钒的能力，以阻止钒迁移到沸石上而导致催化剂失活。但基质活性过高会导致生炭量增加。

用超稳 Y 型沸石制备高辛烷值催化剂时，也需要用合适的基质组成和结构与之匹配，才能更好地发挥作用。有报道认为，裂化催化剂的沸石组分起提高研究法辛烷值的作用，而基质组分则起提高马达法辛烷值的作用。

☞ 29. 稀土 Y 型沸石的制备流程是怎样的？

NaY 沸石制备成稀土 Y(REY)型沸石的离子交换典型流程见图 2-2。

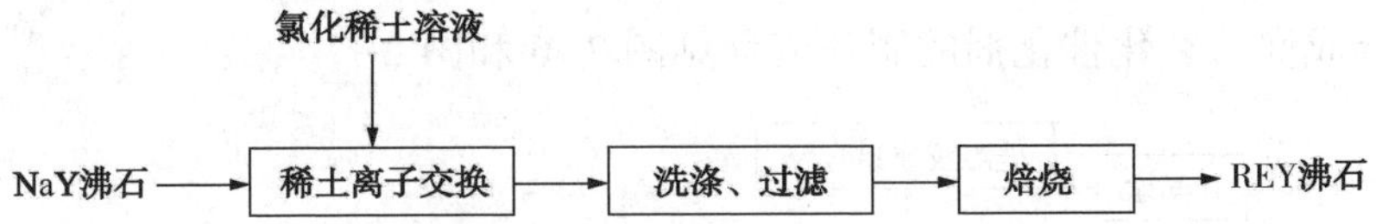

图 2-2　REY 沸石制备的典型流程

☞ 30. 超稳 Y 型沸石的制备流程是怎样的？

制备超稳 Y 型沸石的流程有两种，初期采用水热脱铝，后来又开发成功化学法脱铝。

(1) 水热法制备超稳 Y 型沸石。

在水热法制备超稳 Y 型沸石过程中，先将 NaY 沸石与 $(NH_4)_2SO_4$ 溶液进行离子交换，然后在焙烧炉中高温水蒸气气氛下进行脱铝和稳定化，其流程如图 2-3 所示。

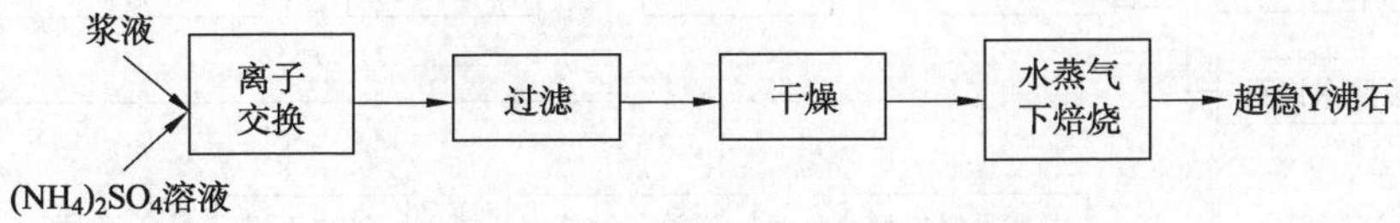

图 2-3　超稳 Y 型沸石制备的典型流程

(2) 水热-化学法制备超稳 Y 型沸石。

水热-化学法制备低稀土含量、稳定、脱铝的高硅 Y 型沸石已在工业上应用，效果非常好。其工艺流程如图 2-4 所示。

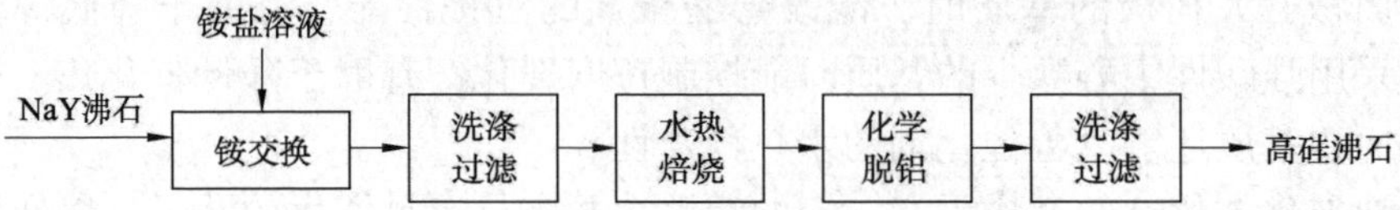

图 2-4　水热-化学法制备 USY 典型流程

☞ 31. ZRP 沸石的制备流程是怎样的?

ZRP 沸石的合成与改性流程如图 2-5 所示。

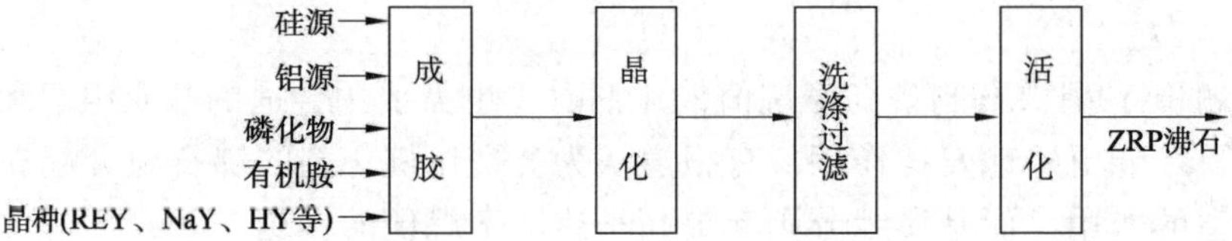

图 2-5　ZRP 沸石制备流程

☞ 32. 半合成 Y 型沸石裂化催化剂的制备流程是怎样的?

半合成沸石裂化催化剂的制备流程见图 2-6 和图 2-7。

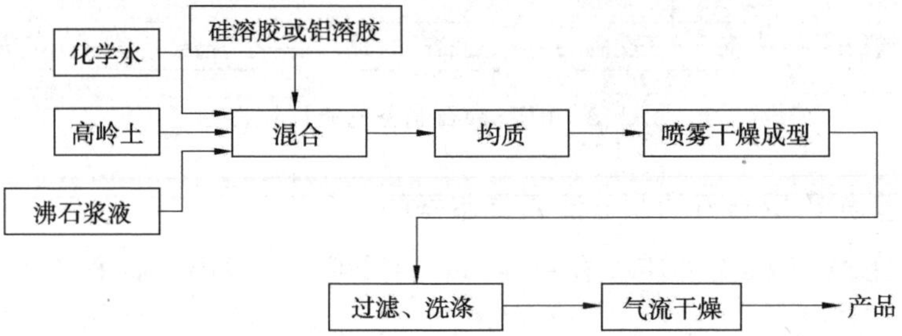

图 2-6　半合成裂化催化剂的制备流程

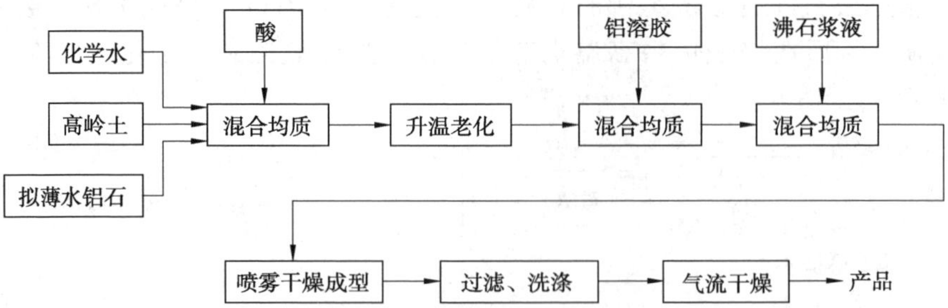

图 2-7　半合成沸石裂化催化剂的制备流程(双铝黏结剂)

☞ 33. 全白土型裂化催化剂制备的工艺流程是怎样的？

全白土型裂化催化剂制备的工艺流程见图2-8。

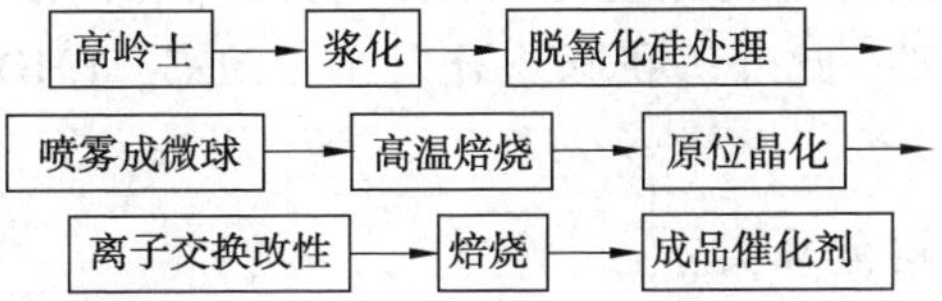

图2-8　全白土型裂化催化剂制备工艺流程

在制备高岭土浆液时加入一定量的碱性物质作为分散剂。调节浆液的固含量到35%左右。通过脱石英装置，使浆液中高岭土的石英含量降至1%以下。在加入一定量的增固剂后喷雾干燥。高岭土微球的筛分可通过浆液固含量、喷雾压力和喷嘴孔径进行调整。

高温焙烧的目的，其一是使高岭土发生化学转化，生成足够量的活性氧化硅作为原位晶化的硅源，并使其中部分氧化铝钝化，以保证原位晶化时生成硅铝比较高的Y型沸石；其二是使喷雾的微球达到理想的耐磨强度。由于焙烧高岭土球是原位晶化的主要原料，其性质对晶化结果带来直接的影响，所以高温焙烧是催化剂制备过程中的技术关键之一。

LB型催化剂的原位晶化是将焙烧高岭土球置于碱性介质中，在晶化助剂作用下进行晶化。晶化温度、晶化时间、投料的Na_2O/SiO_2和H_2O/Na_2O的值均要控制在一定范围，晶化罐的结构应该合理，否则会产生大量P型杂晶和钠菱沸石等孔体积较大、强度差的杂质。晶化产物的质量应达到：结晶度18%，硅铝比4.8，磨损指数2.0。铵和稀土交换的pH及温度是重要条件，交换后的焙烧温度600℃，焙烧时间1.0~1.5h。

☞ 34. 国产提高汽油辛烷值的催化裂化催化剂有哪些？

国产提高汽油辛烷值的催化裂化催化剂主要品种见表2-1。

表2-1　国产汽油辛烷值的催化裂化催化剂

牌　号	活性组分	反应性能及特点
DOCR-1	PSRY(改性USY)、REUSY、ZRP-3	石蜡基原料，兼顾液化气和汽油，可较大幅度提高RON和MON
DOCP	PSRY(改性USY)、REUSY、ZRP-5	石蜡基原料，兼顾柴油收率，少产液化气，可较大幅度提高RON和MON

☞ 35. 国产降烯烃的催化裂化催化剂有哪些？

中国石化石油化工科学研究院(RIPP)根据反应对分子筛性能的要求，通过分子筛改性技术，精确调变分子筛的酸性，对 Y 分子筛和 ZRP 分子筛进行了改性，开发出 GOR 系列降烯烃重油催化剂。中国石油兰州化工研究中心在研究催化反应中烯烃的生成和转化规律的基础上，改善氢转移活性和选择性，研发出 LBO 系列降烯烃催化剂。此外，我国还开发了 DODC、LHO、CDC、LDO 等汽油降烯烃重油催化剂。

☞ 36. 助剂按形态可分几类？

助剂从形态上分为固体、液体和气体，绝大多数是固体，少数是液体，个别是气体。

☞ 37. 助剂与主剂的关系如何？有什么优点？

主催化剂能解决 FCC 过程中的一些主要问题，但并不能解决所有问题。特别是在面对不断变化的原料性质和产品方案、装置的稳定运转与操作优化以及日益严格的环保法规等诸多要求时，有必要采用助剂对主剂的功能进行补充和完善。

使用助剂的优点主要包括：①用量少；②见效快；③操作灵活简便；④无须装置改造和设备投资。

☞ 38. 什么叫汽油辛烷值助剂？

汽油辛烷值助剂是一种能提高催化裂化汽油辛烷值的助剂。国产的汽油辛烷值的助剂有 CHO-1、CHO-2、CHO-4 和 CA-1。使用 CHO 后，提高辛烷值的效果是很明显的。如催化汽油的研究法辛烷值由 88.9 上升至 91.2，马达法辛烷值由 78.7 上升至 80.8，抗爆指数由 83.8 上升至 86.0，达到 90 号车用汽油的标准。

☞ 39. 使用汽油辛烷值助剂时需要注意哪些问题？

（1）不同的原料，使用效果不一样。原料油的特性因数 $K=12$ 时，研究法辛烷值上升 3.5；$K=12.4$ 时，研究法辛烷值上升幅度减小，为 1.5~2.0。总的情况是原料的 K 值越低，其汽油辛烷值提高得越多。

（2）汽油、柴油收率下降 1%左右。

（3）气体量要增加，气体中的烯烃也要增加。对于气压机有余地的装置特别有利，但气压机满负荷的装置，将受到限制。另外，对于有的炼厂，还要考虑气体加工装置的能力。

☞ 40. 汽油辛烷值助剂使用的方式有几种？

在丙烯、异丁烯等低碳烯烃需求量较大时，可以采用以裂化汽油中直链烃为主的辛烷值助剂，将部分汽油馏分烃类转化为气体产物，汽油收率通常会有所降低；而在对汽油产率要求较高时，则应采用以异构化为主要机理的辛烷值助剂，通过增加异构烷烃含量来提高辛烷值。

☞ 41. 降低催化裂化汽油烯烃含量的助催化剂研制思路是什么?

依据烃分子在 Y 型沸石上的反应机理，催化裂化汽油产品和气体组分中必然存在较多的烯烃分子。理论上，可以通过减少汽油馏分烯烃的生成和将生成的汽油馏分烯烃转化其他烃分子这两种途径来实现降低 FCC 汽油烯烃的目的，但实际上减少汽油馏分烯烃的生成因受原料油组成的限制等因素难以实现，同此在设计降低汽油烯烃含量的助剂时应以促进汽油馏分烯烃分子的催化转化(即二次反应)为目的。在催化裂化过程中减少汽油馏分烯烃生成的途径有：

(1) 通过氢转移反应将烯烃转化为烷烃和芳烃。芳烃可与其他芳烃缩合生成高相对分子质量的烃类和焦炭，造成生成的汽油辛烷值降低。

(2) 通过芳构化将烯烃转化为芳烃。得到的汽油辛烷值会有所增加。

氢转移反应是消除汽油中烯烃分子的另一个有效的化学反应。烯烃作为反应物的典型氢转移反应有烯烃与环烷烃、烯烃之间、环烯烃之间及烯烃与焦炭前身的反应等，其中存在与生成单环芳烃有关的氢转移过程，如：

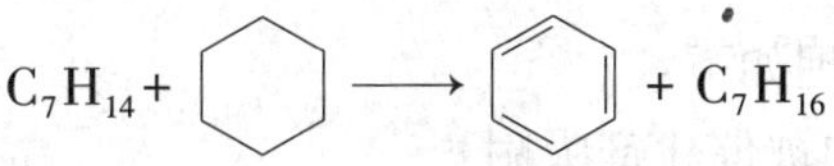

在降低烯烃的同时也生成了部分高辛烷值的芳烃，可部分弥补因烯烃减少而损失的辛烷值。要增加这种氢转移反应，反应气氛需提供相应量的“供氢分子”，如环烷烃和环烯烃。但对于石蜡基原料来说，存在一定的限制。

芳构化反应也可以使烯烃分子转化为芳烃，如：

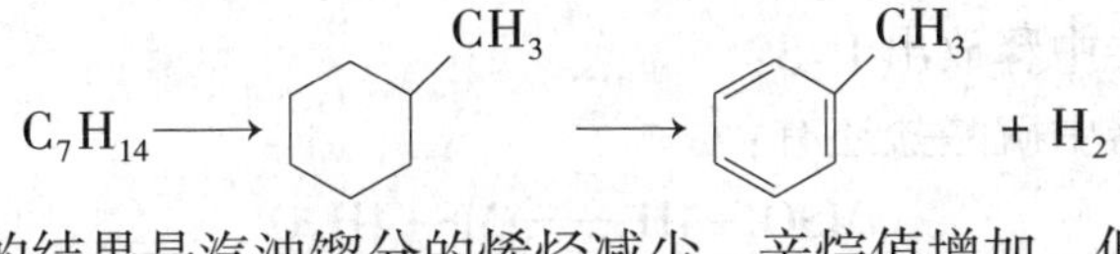

芳构化反应的结果是汽油馏分的烯烃减少，辛烷值增加。但与重整类似，不可避免地造成汽油密度上升，芳烃含量增加。

降低催化裂化汽油烯烃助剂是基于工业催化裂化短反应时间(1~4s)的特点，选择能最大限度促进芳构化反应同时也能促进氢转移和选择裂化的物质作为其主要活性组分。为了尽可能维持高辛烷值，在选择活性组分时还考虑引入了能促进正构烃异构化反应的物质。

降低催化裂化汽油烯烃含量的助催化剂的研究按照以上的途径，助剂需具有选择裂化、氢转移能力和芳构化(包括异构化)功能使汽油馏分中的烯烃进行二次反应，转化为低分子烯烃和烷烃。同时，在烯烃二次转化过程中生成高辛烷值的芳烃和异构烃，以保证催化裂化汽油不致因烯烃减少而导致辛烷值下降。

由于降烯烃助剂必须与催化裂化主催化剂配合使用，在设计时遵循以下原则：

（1）助剂本身有足够的芳构化、裂化和氢转移活性，以便使其添加量尽可能少(如低于10%)，减少其对主催化剂性能发挥的影响。

（2）助剂本身应有较好的抗水热失活能力和抗磨损性能，保证它与主催化剂能同步失活、同步跑损。

助剂应具有与主催化剂相当的物化性质，以保证催化裂化系统加入助剂后，混合催化剂仍能良好地流化、输送及传热等。

☞ 42. 什么是降低催化裂化汽油硫含量的助催化剂?

汽油中的硫绝大部分来自催化裂化汽油。因此，近年来，国外除了加快开发催化裂化汽油的选择性加氢脱硫、吸附脱硫等工艺技术以外，催化剂制造商正在大力开发能够在催化裂化过程中降低汽油硫含量的催化剂和助剂。

☞ 43. 什么是硫转移催化剂？其原理是什么?

将烟气中的氧化硫(SO_x)转移到反应器，进而转化为 H_2S 的催化裂化催化剂，叫作硫转移催化剂。

硫转移催化剂的原理如下：

(1) SO_x在再生器中被催化剂吸附：

焦中S生成SO：

$$S+O_2 \longrightarrow SO_2(>90\%)+SO_3(<10\%) \quad ①$$

SO_2氧化：

$$SO_2+O_2 \longrightarrow SO_2 \quad ②$$

形成硫酸盐：

$$MO+SO_3 \longrightarrow MSO_4 \quad ③$$

(2) 在反应器中释放出 H_2S：

提升管反应器中硫酸盐还有：

$$MSO_4+4H_2 \longrightarrow MS+4H_2O \quad ④$$

在汽提段中硫化物水解：

$$MS+H_2O \longrightarrow MO+H_2S \quad ⑤$$

☞ 44. 为什么要用硫转移催化剂?

催化裂化原料中含有的硫，在反应器中一部分生成 H_2S，随反应油气到了分馏系统，进入产品，然后被洗涤掉；另一部分随焦一起沉积在催化剂上进入了再生器，在再生器中生成了硫的氧化物 SO_x，然后排放至大气。

随着原料油越来越重，硫含量也将越来越高，尤其是那些加工含硫甚至高硫原油的炼厂的催化装置，SO_x的排放不断加剧。

导致 SO_x 排放加剧的另一个重要因素是烧焦强度的提高。高温、高氧分压，尤其是CO助燃剂的使用，使氧化反应的平衡向反应产物 SO_x生成的方向进行。

鉴于环保的需要，对有害气体排放的限制将越来越严格。使用 SO_x转移催化剂，可以减少烟气中的氧化硫(SO_x)排放。

☞ 45. 影响硫转移剂使用效率的操作条件有哪些？

催化裂化装置的操作变量对硫转移剂的使用效率影响有：①烟气 SO_x 浓度对硫转移剂对 SO_x 的捕集活性影响很大，浓度越高，相对捕集活性越高；②烟气过剩氧含量高，SO_3 平衡浓度高，硫转移剂的相对捕集活性高；③再生温度对相对捕集活性影响很小。

硫转移剂最佳使用条件：再生器空气分布器布风均匀；反应器/气体段温度高，汽提效果好；再生器旋分效率高，催化剂保留率高；CO 完全燃烧(个别可用于 CO 不完全燃烧)。

☞ 46. SO_x 助剂失活的原因是什么？

SO_x 助剂失活的一个原因是氧化硅迁移。氧化硅迁移使流化裂化催化剂的氧化硅在再生器条件下变得可移动了。氧化硅从催化剂到助剂的颗粒间移动造成了一层氧化硅沉积在助剂上，从而降低了助剂的活性。

SO_x 助剂失活的另外一个原因是助剂中铈氧化剂的烧结。烧结降低了铈的氧化活性，从而导致其性能削弱。

☞ 47. 什么叫催化剂的重金属污染？

在催化裂化过程中，重金属如 Fe、Ni、Cu、V 等沉积在催化裂化催化剂表面上，降低催化剂的选择性，使焦炭产率增大，液体产品产率下降、产品的不饱和度增加、气体中的 C_3 和 C_4 的产率降低，特别明显的是使氢气产率增加，这就是催化剂的重金属污染。

☞ 48. 重金属污染的原理是什么？

在催化裂化过程中，原料中的重金属镍、钒等几乎全部沉积在催化剂上。镍主要起脱氢作用，而钒主要通过在催化剂颗粒内和颗粒间的迁移，与沸石发生多种形式的物理-化学作用，破坏沸石的晶体结构。镍、钒的中毒作用使催化剂选择性变差、活性下降，导致干气产率上升，轻质油收率下降。

抑制重金属污染有许多方法，如原料油预处理、催化剂脱金属、使用金属钝化剂等，其中使用金属钝化剂已被证明是最经济、便利和有效的方法。

☞ 49. 钒对催化剂的破坏机理是什么？

钒在氧环境下生成 V_2O_5，V_2O_5 对催化剂的破坏表现在三个方面。

(1) V_2O_5 熔点低，在正常再生条件下熔融，破坏催化剂活性中心，使催化剂产生永久失活。

(2) 在水蒸气气氛下，钒首先氧化形成 V_2O_5。然后，V_2O_5 与水蒸气发生化学反应。由于在水蒸气存在下，V_2O_5 的挥发性比它在干空气中增加 10 倍以上，气态的 V_2O_5 与水蒸气结合形成一种挥发性强酸 $VO(OH)_3$。其反应式为：

$$V_2O_5+3H_2O = 2VO(OH)_3$$

热力学上已证实了这种强酸的存在。钒酸侵入沸石晶体发生水解反应，使晶胞体积扩大。钒酸优先攻击沸石中的Si—O—Al键，即

$$Al—(O—Si)_4^- + 4H^+ = H_4(SiO)_4 + Al^{3+}$$

从而导致框架四面体氧化铝的失去和沸石晶体结构破坏。

（3）钠与钒的协同作用。钠本身就能中和催化剂的酸性中心，使催化剂活性下降，还能与分子筛催化剂上的硅铝等结合生成易熔物，造成活性中心的永久损失。钠和钒对催化剂的破坏具有协同性，二者在催化剂表面易形成低熔点氧化共熔物，这些共熔物具有接受钠离子的能力，生成氧化钠。生成物不仅覆盖了催化剂表面，减少活性中心，而且“松动”了催化剂载体结构，降低了催化剂的热稳定性。

☞ 50. 钒使催化剂中毒的主要影响因素是什么？

（1）平衡催化剂上钒的浓度。平衡催化剂上钒的浓度愈大，催化剂的中毒也愈严重。随着平衡催化剂上钒浓度的增加，催化剂的中毒呈指数规律增大。但是，当钒达到一定的浓度时，它的负面影响却变化不大。通常，平衡催化剂上钒浓度在2000μg/g以下时，危害不太严重。但是，由于具体条件不同，有的装置可允许钒含量达千分之几，有的则较低。

（2）再生器燃烧方式。钒的流动性直接影响到催化剂的活性。催化剂再生时，采用CO完全燃烧方式会增大钒的流动性，使钒在整个催化剂床层上重新分布，从而使新鲜催化剂一起受到污染，活性降低。因为大部分催化活性来源于新鲜催化剂。为了缓解这一影响，当处理高钒、高残炭催化裂化原料时，应选择CO部分燃烧方式。在没有多余氧的存在下，钒的流动性显著降低，从而可防止新鲜催化剂过早失活。对于一定的重金属含量，催化剂达到平衡时可保持较高活性。工业操作数据表明，CO部分燃烧可使催化剂保持比完全燃烧方式时更高的活性，尤其是在催化剂上的钒含量大于2000μg/g的条件下。贫氧的单段再生器可有效地降低钒酸的形成。从钒流动的观点看，单段CO部分燃烧再生器比单段CO完全燃烧再生器效果好。若选择单段CO完全燃烧操作方式，有必要加设一台催化剂冷却器，把催化剂床层温度控制在704℃以下，以抑制钒酸的形成。

（3）再生器温度。V_2O_5在690℃下熔化。如果再生器温度超过了钒氧化物的熔点，会增强钒的流动性，使得钒占据更多的催化剂活性中心。当再生器平均密相床操作温度接近690℃时，床层内催化剂颗粒之间的温度将超过690℃。另外，较高的再生器温度也会增加沸石的水热失活速率。目前一般都偏向选择较高的再生器温度和CO完全燃烧再生方式，这样就加大了处理高钒含量原料的难度。

（4）催化剂类型。许多催化剂在设计时就考虑到了钒的危害，使其具有一定的抗钒性。沸石的类型和数量、稀土金属含量、铝含量以及载体的设计等都会影响催化剂的抗钒性。

（5）钠。新鲜催化剂中的钠会影响沸石的水热稳定性。另外，原料中的钠对催化剂也有毒性，像钒一样破坏催化剂的活性。当原料中的钠与钒结合起来时，会急剧加大对催化剂的危害。这主要是因为钠和钒作用形成各种形式的低熔点钒酸钠，从而加大了钒的流动性。二者的协同作用加大了对沸石的水热破坏。炼油厂为防止原油蒸馏塔顶因氯化物造成严重腐蚀，往往在单级脱盐罐下游加入NaOH，使其形成NaCl结晶，并与常压渣油一同排出，从而增加了钠的浓度。

（6）水蒸气。水蒸气与V_2O_5反应形成挥发性的钒酸$VO(OH)_3$，使新补充的催化剂迅速失活。水蒸气的来源有两种，一种是由焦炭中氢的燃烧产生，另一种是由催化剂的汽提过程带入。其中，氢燃烧释放出来的热量导致催化剂内的温度极高，使催化剂进一步遭到破坏，甚至导致催化剂颗粒烧结。

（7）催化剂上的炭。通常，沉积在催化剂上的炭会暂时封锁催化剂活性中心，并降低其活性。催化剂上的碳含量高，将对产品产率不利。另一方面，催化剂表面少量的炭（0.15%~0.20%）不会引起明显的孔封闭，并且有助于缓和重金属造成的危害。

（8）催化剂的补充速率。原料中钒含量较高是导致催化剂的补充速率高的主要原因之一。催化剂的补充速率高（每天3%催化剂床层藏量），可降低催化剂上的重金属浓度，控制由此造成的危害。催化剂的补充速率越大，钒全部氧化并且从催化剂颗粒表面上迁移的时间越短。在给定钒含量的条件下，催化剂的补充速率与氢产率之间有很强的关联性。

☞ 51. 什么叫金属钝化剂？

能使沉积于催化裂化催化剂上的重金属钝化，减轻重金属对催化剂的毒害，而使催化剂不失去活性和选择性的物质，叫作金属钝化剂。

☞ 52. 重金属钝化剂的作用原理是什么？

钝化剂作用原理是基于钝化剂有效组分随原料油一起沉积在催化剂表面，并和金属镍、钒等发生作用，或是形成金属盐或是以膜的形式覆盖在污染金属表面，其结果是改变污染金属的分散状态和存在形式，使其转变为稳定的、无污染活性的组分，抑制其对催化剂活性和选择性的破坏。

☞ 53. 对金属钝化剂的技术要求是什么？

由于催化裂化操作条件苛刻，在反应-再生循环过程中，催化剂不仅要经受高温、水蒸气等条件，而且不断经历氧化-还原过程，所以，要求钝化剂有较好的热稳定性，以保证较高的有效组分沉积率。同时，沉积在催化剂上的钝化剂组分与镍、钒等污染金属有强相互作用，能有效抑制重金属的污染活性，而不影响催化剂性质。此外，也要考虑钝化剂使用过程的方便性和经济性。结合各种因素，开发的钝化剂产品须满足以下条件：

（1）性质稳定，黏度低，易于输送。

（2）有效组分含量高，并可根据实际需要进行灵活调节。

（3）有效组分沉积率高，钝化效果显著。

（4）不产生二次污染，对装置操作及产品性质无不良影响。

（5）不含硫、磷，毒性小。

（6）使用成本低。

☞ 54. 金属钝化剂是如何分类的？

金属钝化剂分为有机金属钝化剂和无机金属钝化剂。

金属钝化剂又分为油溶性和水溶性两种。

目前，国内应用的绝大多数钝化剂是锑化合物。钝化剂的主要性质以锑的质量分数含量表示，锑含量大约为6%~25%。

☞ 55. 如何使用金属钝化剂？

钝化剂需要与裂化催化剂密切接触，并沉积在催化剂上，使锑等化合物与镍、钒结合，方可达到钝化的目的。

钝化剂加入的方法有三种：

（1）干混法，即把被金属污染的催化剂与钝化剂混合。

（2）浸渍法，就是将裂化催化剂用锑化合物的溶液浸渍。溶剂可用环已烷、已醇等。

（3）携带剂法，即将钝化剂分散在柴油中，用计量泵打入催化裂化装置的进料油中，使钝化剂与原料油充分混合，并带入反应器。在反应条件下，与裂化催化剂接触，起到钝化催化剂上镍、钒金属的作用。这种方法最适合于工业应用。

☞ 56. 使用金属钝化剂要注意什么？

由于锑钝化剂的热稳定性比较差，受热时间过长或高于其热分解温度时，会形成树脂状物沉积于器壁和管线上。因此，使用钝化剂时，一般要求进料温度控制在250℃左右。钝化剂的注入点应尽量靠近提升管入口处的新鲜进料管线上。

锑钝化剂的用量范围很大，取决于进料中污染金属的含量、催化剂被重金属污染的程度，以及催化剂置换速度。一般原料中元素锑加入量以0.001%~0.015%，催化剂上锑元素以0.01%~1.5%为宜。

通常钝化催化剂已有的中毒效应约需时2~7天，此后为维持阶段，需要的锑量用以钝化原料中的镍和维持催化剂上的锑浓度。从加入钝化剂开始，观察气体中氢气和甲烷的比值，以比值恒定为宜。由于氢气与甲烷的比值几乎不随转化率而变，主要随氢气量而变，这样，可以来控制钝化剂的加入量。钝化剂加入过量不但无益，反而有害。

☞ 57. 影响金属钝化剂钝化效果的因素有哪些？

（1）钝化剂的品种及质量。

（2）催化剂类型及重金属污染程度。

（3）进料预热温度和原料组成。

（4）钝化剂在进料中的分散度，特别是高黏度、高残炭值的原料。

（5）进料雾化与剂油接触状况。

（6）装置操作状况。

（7）新鲜催化剂补充速度。

因此，使用钝化剂要根据装置的实际情况，通过实践找出最佳操作参数。

☞ 58. 如何确定金属钝化剂的加注点？

为保证金属钝化剂与原料油在进入提升管反应器之前就混合均匀，不致其过早分解，选择加注点应遵循如下几点：

（1）金属钝化剂进入提升管反应器之前应与原料油充分混合。一般要求加注点选择在原料油进提升管反应器之前，并有足够长的混合管。

（2）加注点应在所有加热器后，防止金属钝化剂的分解。

（3）原料油管线里的流动状态为湍流，以保证均匀混合。

（4）在有效的混合管段里，应防止出现死角或死区。

☞ 59. 如何确定金属钝化剂加注喷嘴的形式以及结构参数？

图 2-9 中(a)和(c)的加注方式，原料油与金属钝化剂的流动方向是一致的，混合效果较差，要达到良好的混合状态，需要较长的混合管段。(b)和(d)的加注方式，原料油与金属钝化剂是逆流接触，混合效果好，需要混合管段较短，有利于进料管线的布置与设计。其中，方式(d)可以克服管壁的作用，更有利于金属钝化剂与原料油的均匀混合。这种喷嘴只要操作得当，结构参数选择合理，既可以保证良好的混合效果，又可避免金属钝化剂分解，堵塞喷嘴。

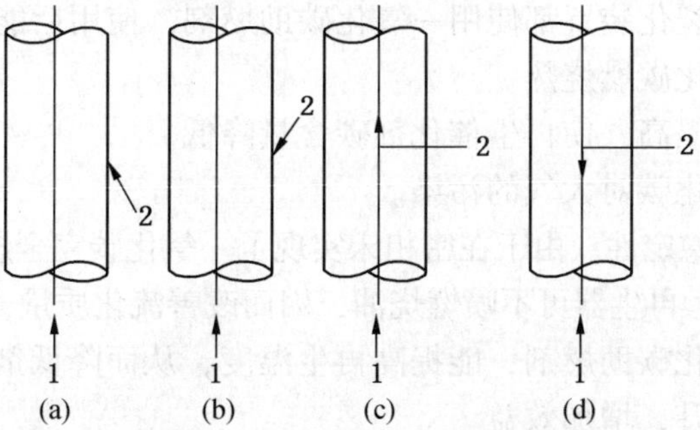

图 2-9　金属钝化剂的加注方式

1—原料油流向；2—金属钝化剂流向

催化裂化装置原料油进提升管反应器的温度一般在200~380℃。在此温度下，金属钝化剂的分解速度较快。为防止金属钝化剂在加注喷嘴里分解，堵塞喷嘴，必须控制钝化剂在喷嘴里的停留时间小于游离出金属锑的时间。因此对加注喷嘴直径有一定的要求，就是说要选取最小直径。因金属钝化剂加入量很少(5~10L/h，甚至更少)，所以还要加稀释剂，加入量要视金属钝化剂在加注喷嘴里不被分解和游离出锑而定。设计的加注喷嘴内径一般为4~12mm，材质可选用1Cr18Ni9Ti不锈钢管。

☞ 60. 如何确定钝化剂的稀释剂和稀释比?

稀释剂可根据实际情况选定。但不能破坏钝化剂的效果，影响产品质量，且保证连续供应，能起到稀释金属钝化剂的作用。选择催化裂化轻柴油作稀释剂较为合适。200℃时，催化裂化轻柴油能溶解大部分金属钝化剂。

稀释剂的加入量要视金属钝化剂在喷嘴里不被分解和游离出金属锑而定。加稀释剂还可以降低金属钝化剂的温度，减缓分解速度，保证喷嘴管内流体的流速，一旦金属钝化剂部分分解也不至于堵塞喷嘴。稀释比则按反应操作参数来选定。

金属钝化剂与稀释剂的均匀混合也是防止加注喷嘴不堵塞的关键。若混合不均匀，会产生分段流动或因两者的相对密度差产生分层流动，而这又都将导致金属钝化剂在喷嘴里分解，最终把喷嘴堵死。解决这一问题的方法是采用一种特制的管道式混合器。

☞ 61. 一氧化碳助燃剂的反应机理是什么?

一氧化碳助燃剂中活性组分有强的吸附性能，其氧化反应机理主要有两种说法，一种是说活性组分先吸附O，然后再与气态的CO反应生成CO_2；另一种是说O和CO同时吸附在固体表面上，然后相邻的O和CO再生反应生成CO_2。

☞ 62. 使用一氧化碳助燃剂有什么效果?

我国不少催化裂化装置都使用一氧化碳助燃剂，使用后能取得以下效果：

(1) 回收一氧化碳燃烧热。

(2) 再生温度提高，使再生催化剂碳含量降低。

(3) 减少一氧化碳对大气的污染。

(4) 提高操作稳定性。由于在密相床实现了一氧化碳完全燃烧，可避免二次燃烧。使用助燃剂后，再生器可不喷燃烧油，因而改善流化质量，降低催化剂单耗。

(5) 使用一氧化碳助燃剂，能提高再生温度，从而降低剂油比，焦炭产率降低，轻质油收率上升，增加效益。

(6) 催化剂活性高了，氢转移性能也加快了，因而汽油烯烃含量减少、诱导期延长。

☞ 63. 一氧化碳助燃剂是如何分类的？

一氧化碳助燃剂按金属活性组分种类不同可分为贵金属和非贵金属两类。贵金属型助燃剂应用较为普遍，主要有铂和钯一氧化碳助燃剂两大类，大部分为铂类助燃剂。非贵金属型助燃剂分为三类：①稀土钙钛矿型氧化物；②负载型复合氧化物；③尖晶石相氧化物。使用非金属型一氧化碳助燃剂对 NO_x 排放有所降低。

☞ 64. 如何使用一氧化碳助燃剂？

一氧化碳助燃剂的使用方法和催化裂化装置的催化剂一样，即先把一氧化碳助燃剂放在一个容器内，然后充压，由输送风将它送到再生器密相中去。要注意几个使用条件：

（1）再生器密相段温度。

（2）烟气中过剩氧浓度。

（3）再生器中催化剂藏量和跑损量。

（4）催化剂重金属含量。

（5）助燃剂加入量，加入量按铂含量计。

根据大部分炼厂的经验，消耗量约为1mg(铂)/t 进料。因为量少，一般炼厂采取每日加三次或每班加一次的办法。

☞ 65. 使用贵金属型一氧化碳助燃剂后，烟气中 NO_x 为什么会增加？

裂化催化剂带着反应时沉积在催化剂上的有机氮化物，从反应器到再生器，在助燃剂作用下形成 NO_x，其中主要为 NO。NO 遇到烟气中的氧，很快变成 NO_2。

☞ 66. 新型非金属型一氧化碳助燃剂的机理是什么？

TriaddFCCAdditives 公司开发的名为 PROMAX2000 的新型助燃剂，不含 Pt 和任何贵金属。取代 CO 直接燃烧的催化作用，其反应机理可用下式表达：$2CO+2NO \longrightarrow N_2+2CO_2$。从使用情况看，该剂与 Pt 含量 500μg/g 的 CO 助燃剂等效，即耗量一样。

☞ 67. 脱硝助剂 —— 降低再生烟气 NO_x 助剂有哪些？

控制再生烟气 NO_x 排放的技术途径，只使用降 NO_x 助剂，无须设置专用设备。国内外主要降 NO_x 助剂介绍见表 2-2。

表 2-2　国内外主要降 NO_x 助剂

公　司	产品牌号	公　司	产品牌号
Grace Davison	$DeNO_x$、XNO_x	Intercat	NOXGETTER
Albemarle	KD-NO_x-2001、KNO_xDOWN	LPEC	LDN-1
BASF	$CLEANNO_x$	RIPP	$RDNO_x$

☞ 68. 增产丙烯助剂有哪些？

催化裂化液化气中含有较高浓度的 C_3、C_4 低碳烯烃，增产丙烯、异丁烯可以提供更多的化工原料。增产丙烯助剂基本作用是将汽油馏分中的直链烃转化为低碳烯烃。国内外主要增产丙烯助剂见表 2-3。

表 2-3　国内外主要增产丙烯助剂

公　司	产品牌号
Grace Davison	OlefinsExtra、OlefinsMax、Olefinsultra
BASF(原 Engerhard)	MPA、Maxol
Albemarle	K1000、KZ1000，Zoom
Intercat	PENTACAT、ISOCAT、OCTAMAX
LPEC	LPI-1
RIPP	MP031、MP051
中国石油石油化工研究院	LCC 系列

☞ 69. 增产异丁烯助剂有哪些？使用效果如何？

Intercat 公司的 ZMX 助剂相对于 PENTACAT 助剂可以在丙烯收率相当的情况下，显著提高异丁烯收率。ZMX 助剂通过促进催化轻循环油的深度转化，其异丁烯选择性相对 PENTACAT 提高了 3 倍。

RIPP 在丙烯助剂基础上开发了增产丙烯异丁烯助剂 FLOS。FLOS 助剂工业应用结果表明，裂化产物中液化气产量、丙烯和异丁烯的浓度均有增加，在助剂占系统藏量 6%时，液化气增加 2.68 个百分点，丙烯产率增加 1.01 个百分点，异丁烯产率增加 0.54 个百分点。与此同时，汽油烯烃含量降低，辛烷值略有增加，催化轻循环油收率下降，总液收基本不变。

☞ 70. 其他助剂还有哪些？

催化裂化过程中还可能用到渣油裂化添加剂(重油裂化助剂)、汽油降硫助剂、汽油降烯烃助剂、惰性添加剂、流化助剂、再生温度控制剂以及帮助反应物提升的气体提升剂等，具体情况见表 2-4。

表 2-4　催化裂化其他助剂

类　别	开发年代	形状	工业应用情况	开发公司
塔底重油裂化助剂	80 年代	固体	多套装置	Albemarle、BASF、Intercat
流化助剂	80 年代	固体	多套装置	BASF、Albemarle
多产催化轻循环油助剂	2000 年	固体	多套装置	RIPP、BASF

续表

类　别	开发年代	形状	工业应用情况	开发公司
汽油降烯烃助剂	2000年前后	固体	国内几套装置	LEPC
汽油降硫助剂	2000年前后	固/液体	多套装置	Grace、Albemarle、RIPP、LEPC
再生温度控制添加剂	1987年	固体	不详	UOP
提升剂	1983年	气体	多套装置	UOP
产品方案调整剂		液体	中试	Chevron

☞ 71. 催化剂包装储存方式有哪些?

催化剂厂家包装种类较多，有桶装(0.16m^3)、袋装(25~50kg)、特大袋装(约1t)和散装(汽车或铁路专用槽车)。不同包装模式之间物料损耗可以相差1%以上。随着工业装置的规模和催化剂系统藏量加大，一些高自动化、密闭装卸料系统得以开发和应用，诸如新鲜催化剂集装箱密闭装料系统。

☞ 72. 小型催化剂自动加料器的类型有哪些?

装置正常生产期间，为维持催化剂活性或降低重金属含量而补充催化剂的装置，一般在10t/d以下，有多种类型在使用。类型有：非自动小型加料器、分批定量自动加料器、程控自动加料器、先进控制自动加料器。

☞ 73. 平衡催化剂和废催化剂的处置方法有哪些?

当前采用的主要方法：①填埋废置；②综合利用；③将油浆中的细粉分离出来返回反应器，最终从再生器逸出；④将处理VGO的装置平衡剂作为商品销售；⑤采用从催化剂上脱除重金属工艺，减少平衡剂的排出量。

第三章 催化裂化反应-再生系统

☞ **1. 催化裂化装置的流态化系统可以分为哪几种？分别如何定义？**

催化裂化装置的反应-再生系统是一个典型的广义循环流态化系统。循环流态化系统可分为鼓泡床流态化、湍动床流态化、快速床流态化、密相气力输送及稀相气力输送。

鼓泡床流态化——随着气速增长，固体颗粒脱离接触，但流化介质气体出现集聚相——称为气泡。此时由于气泡在床层表面处破裂，将部分颗粒带到表面稀相空间，出现床层表面下的密相区与床层表面上稀相空间的稀相区，此时稀相区内含颗粒量较少。

湍动床流态化——气速增大到一定限度时，由于气泡不稳定性而使气泡分裂产生更多小气泡，床层内循环加剧，气泡分布较前为均匀，床层由气泡引起的压力波动减小，表面夹带颗粒量大增。床层表面界面变得模糊不清，但床层密度与固体循环量无关。在稀相空间的稀相区内由于颗粒浓度增大，在细粉颗粒较多时出现固体颗粒聚集现象也称絮团。工业上流化床再生器属此种。

快速床流态化——气速再增大使密相床层要靠固体循环量来维持，若无固体循环量，密相床层就全被气体带走。气体夹带固体达到饱和夹带量，此时已达到快速床。在快速床阶段密相出现大量絮团的颗粒聚集体，密相床层密度与循环量有密切关系。催化裂化装置中的烧焦罐操作就属于快速床。

☞ **2. 高速流化床的特点是什么？**

(1) 在高速流化床中，床层的底部由于催化剂被加速，滑落系数增大，催化剂的密度高于上部。在床层的中部，催化剂的密度基本上不随高度变化。在床层的顶部，密度略有下降。在高速床中不存在稀密相的分层现象，随着设备高度的增加，加速段和顶部所占的比例减少，在整个高速床内，密度将更趋于均匀。

(2) 床层密度与线速有关，也与催化剂循环强度密切有关。在一定线速下，随着进入烧焦罐的催化剂量增加，分界面的高度上升，催化剂密度增大，使带出烧焦罐的催化剂量相应增加。

(3) 当进入烧焦罐的催化剂量不变时，随着线速的增加，气体把催化剂带出烧焦罐的能力增加，床层密度的变化出现三个区域：高密度区、低密度区和过渡区。过渡区的床层密度随气速的稍为增加而突然下降。

(4) 随着气体速度增加，气泡变小，当气体速度超过 10 倍的带出速度后，气泡变得很小，甚至消失。在这种底部进料、顶部排料的设备中，气泡变小就意味着固体返混变弱。因此，在高速度区的气体流动具有相当程度的活塞流的特性，气速越高，其活塞流程度也越高。

☞ 3. 什么叫稀相输送？密相输送的原理是什么？

当流化介质速度较大时，固体颗粒开始带出。随着流化介质速度增大，颗粒夹带也愈多。这时空隙率增大，压降下降。固体颗粒在流体中形成悬浮状态的稀相，并与流体从流化床中一起夹带出去，这个阶段就叫作气流输送阶段，也叫作稀相输送。

密相输送的原理：密相输送时，颗粒是在少量气体松动的流化状态下进行集体运动，并不靠气体使它加速，固体的移动是靠静压差来推动的。在高低并列式提升管催化裂化装置中，利用斜管进行催化剂输送，就是依靠静压差。催化剂流动的推动力由斜管内料柱的静压头形成，以克服催化剂在斜管中的流动阻力和两器的压差。

☞ 4. 什么叫起始流化速度？什么叫起始气泡速度？什么叫颗粒带出速度？

当流速增加到流体经过床层的压降和床层单位面积的重量相等时，整个床层的固体颗粒就变为被流体所支承，不再是静止状态，床层开始流化。这时的流体速度，叫作起始流化速度（U_{mf}）。

流化床中，当流速增加到床层开始出现气泡，进入鼓泡床流化状态时的流体速度，叫作起始气泡速度（U_{mb}）。

当流体的速度增大到超过颗粒的自由沉降速度时，如果没有固体颗粒补充进去，则床层内的固体颗粒将逐渐被流体全部带走。和固体颗粒自由沉降速度相等的流体速度，就叫作颗粒带出速度，也称终端速度（U_{tt}）。

☞ 5. 什么叫噎塞速度？它和什么有关？

气-固悬浮物在管道中垂直向上流动时，当管道中密度太大，气流已不足以支持固体颗粒，因而出现腾涌的最大气体速度叫作噎塞速度。噎塞速度的数值主要决定于催化剂的筛分组成、颗粒密度等物性。此外，管内固体质量速度或管径越大，噎塞速度也越高。

☞ 6. 鼓泡床与湍动床流化性能的共同特性和区别是什么？

鼓泡床与湍动床流化性能的共同特性是：

（1）当流速大于起始气泡速度时，在床层内出现气泡。除去起始气泡速度的气体使床层呈现散式流化外，超过起始气泡速度的剩余气量在床层内以气体聚集相-气泡相存在，气泡相外为散式流化的乳化相。鼓泡床与湍动床层内都具有气泡相与乳化相两相共存，气泡与乳化相各自有其独特的行为。

（2）气泡在床层内由分布器形成，气泡在床层内依靠浮力由下向上运动，气泡在床层界面处破裂。气泡破裂时将床层内的颗粒向稀相空间喷溅，并且稀相空间的气流将喷溅的颗粒携带向上，形成颗粒浓度较稀的稀相空间，此空间称为稀相区。相对于稀相区的床层被称为密相区，有时也称为密相床层。因此，鼓泡床与湍动床是稀、密两相区共存。

（3）由于气体分布器口流出的气流受分布器结构的影响，从分布器口喷射出的气流形式与床层气流形式有较大的差异，形成分布器作用区。因此，密相床层可以分为分布器作用区与气泡、乳化相两相区。

鼓泡床与湍动床流化性能的区别是：

（1）湍动床内气泡直径较小，分布甚密，气泡边界较为模糊或不规则。

（2）与鼓泡床不同，湍动床的气泡尺寸几乎不随气速而变。在增加气速时，只发现气泡数迅速增加。

（3）湍动床气泡直径与床高几乎无关。

（4）湍动床与鼓泡床不同，在密相内是不均匀的，具有“粒子束”的结构。粒子束具有大颗粒的某些性质。湍动床颗粒夹带量远比预计值小。

☞ 7. 散式流化床流态化的特征是什么？

（1）在散式流化床中，颗粒与颗粒之间已脱离相互接触，颗粒间充满流化介质（在气-固流化中为气体），形成颗粒悬浮状态。

（2）流化介质气体在颗粒间隙中流动，并无聚集状态，具有平稳的床层界面。

（3）空隙率随气体的表观速度增加而增加，床层压降为定值。

（4）流态化后的流化床层具有某些流体的性能特征，如易于流动、充满容器等性能。

☞ 8. 催化裂化反应过程的7个步骤是什么？

（1）原料分子由主气流中扩散到催化剂表面。

（2）原料分子沿催化剂微孔向催化剂的内部扩散。

（3）原料分子被催化剂内表面吸附。

（4）被吸附的原料分子在催化剂内表面上发生化学反应。

（5）产品分子自催化剂内表面脱附。

（6）产品分子沿催化剂微孔向外扩散。

（7）产品分子扩散到主气流中去。

整个催化反应的速度取决于这7个步骤进行的速度，而速度最慢的步骤对整个反应速度起着决定性的作用而成为控制因素。

☞ 9. 催化剂再生有哪些反应？反应热分别是多少？

催化剂再生反应就是用空气中的氧烧去焦炭，反应如下：

$$C+O_2 \longrightarrow CO_2 \qquad \text{反应热：33.910MJ/kgC}$$

$C+1/2O_2 \longrightarrow CO$　　10.257MJ/kgC

$2H+1/2O_2 \longrightarrow H_2O$　　119.731MJ/kgC

☞ 10. 湍流床理论烧焦强度表达式是怎样的？

在湍流床中，大部分氧气是从气泡穿过气晕进入乳化相中，才能与每个催化剂颗粒进行接触，又增加了一项传递阻力。理想状态的动力学烧焦强度是气体为平推流，固体为全返混，氧和焦炭之间不存在传质控制。而实际中工业装置的烧焦强度是受化学动力学因素、传递扩散因素和流动状态因素等综合影响的结果。在催化裂化装置可能的操作条件下，湍流床中气膜扩散阻力或内扩散阻力影响都很小，可以忽略不计。因此，起控制作用的是氧气从气泡相传递至乳化相的速度。湍流床理论烧焦强度$(CBI)_{KB}$可用下式表示：

$$(CBI)_{KB}=K_r \cdot C_R\left(P_{O_2}-\frac{G_{O_2}}{G'_{O_2}}\right) \tag{1}$$

$$K_r=1.068\times10^{13}\exp\left(-\frac{17046}{T}\right) \tag{2}$$

$$G_{O_2}=G'_{O_2} \cdot P_{O_2}\left[1+\frac{G'_{O_2} \cdot V_b}{K_r \cdot C_R(1.87 \cdot \frac{1+0.5\alpha}{1+\alpha}+\frac{H}{C}\times5.6)}\right]^{-1} \tag{3}$$

$$V_b=\frac{1000}{\rho_B}-\frac{1000}{\rho_{mf}} \tag{4}$$

式中　$(CBI)_{KB}$——烧焦强度，kg/(t·h)；

K_r——反应动力学常数，kg/(MPa·h·t)；

T——再生温度，K；

C_R——再生剂定碳，%；

P_{O_2}——氧分压，MPa；

G'_{O_2}——每单位氧分压下的氧气传递速率，$m^3/(m^3 \cdot MPa \cdot h)$；

G_{O_2}——每立方米气泡每小时传递的氧气量，$m^3/(m^3 \cdot h)$；

α——CO/CO_2，mol/mol；

H——焦炭中氢含量，%；

C——焦炭中碳含量，%；

V_b——床层中每吨催化剂的气泡体积，m^3/t；

ρ_B——床层密度，kg/m^3；

ρ_{mf}——充气密度，kg/m^3。

☞ 11. 烧焦罐的理论烧焦强度表达式是怎样的？

在快速床区域，原先存在于乳化相的催化剂颗粒被分散到气流中，构成絮状物的颗粒团变为分散相，而烧焦气体转为连续相，这种情况十分有利于氧的传递，使反应过程基本上向化学反应动力学控制过渡，从而强化烧焦过程和一氧化碳燃烧过程，使烧焦速度大幅度上升。烧焦罐的理论烧焦强度$(CBI)_{KF}$可用下式表示。

$$(CBI)_{KF}=\frac{(CBI)_{FT}+(CBI)_{FB}}{2} \tag{5}$$

$$(CBI)_{FT}=(K_r)_T\cdot C_{R1}\cdot P\cdot\frac{0.21-O_{R1}}{\ln\frac{0.21}{O_{R1}}} \tag{6}$$

$$(CBI)_{FB}=(K_r)_B\cdot C_{R2}\cdot P\cdot\frac{0.21-O_{R2}}{\ln\frac{0.21}{O_{R2}}} \tag{7}$$

$$C_{R1}=C_R+\frac{X(C_S-C_R)}{R+1} \tag{8}$$

$$C_{R2}=C_{R1}+\frac{\left[110+16.9\left(\frac{C_S+RC_R}{R+1}-C_{R1}\right)\right](T_{R1}-T_{R2})}{32700} \tag{9}$$

式中　$(CBI)_{FT}$——烧焦罐顶部的烧焦强度，kg/(t·h)；

$(CBI)_{FB}$——烧焦罐底部的烧焦强度，kg/(t·h)；

$(K_r)_T$——烧焦罐顶部的反应速度常数，kg/(MPa·h·t)；

$(K_r)_B$——烧焦罐底部的反应速度常数，kg/(MPa·h·t)；

O_{R1}——烧焦罐顶部氧浓度,%；

O_{R2}——烧焦罐底部氧浓度,%；

C_{R1}——烧焦罐顶部碳浓度,%；

C_{R2}——烧焦罐底部碳浓度,%；

C_S——待生催化剂碳含量,%；

C_R——再生催化剂碳含量,%；

X——二再烧碳比例,%；

R——再生催化剂循环量与待生催化剂循环量之比；

T_{R1}——烧焦罐顶部温度，K；

T_{R2}——烧焦罐底部温度，K。

☞ 12. 如何计算实际装置烧焦强度？

由于实际工业装置为非平推流，工业装置的实际装置烧焦强度$(CBI)_R$需要将理论$(CBI)_{KB}$和$(CBI)_{KF}$乘以装置因素f_a加以修正。装置因素f_a是设备结构与流化气固分布的函数，$f_a<1$表示固体偏离返混床；$f_a=1$为理想的气体与颗粒流动，

即气体为活塞流、颗粒为完全返混；$f_a>1$ 表示固体流动倾向于活塞流。不同类型装置的装置因素为：湍流床完全再生，$f_a=0.65\sim0.7$；湍流床不完全再生，$f_a=1.2\sim1.4$；烧焦罐，$f_a=0.3\sim0.4$。

☞ 13. 如何计算烧焦量、焦炭的氢碳比及焦炭燃烧放热？

计算步骤如下：

（1）算出空气中所含水蒸气量。根据空气的相对湿度和气温，从图表中查得水蒸气和干空气的摩尔比比 e。

（2）求出干空气量：
$$V_1=\frac{V_2}{1+e}$$

式中 V_1——干空气量，Nm^3/h；

V_2——湿空气量，即主风量及再生系统吹扫空气量之和，Nm^3/h。

（3）计算烧焦量：
$$Q_h=\frac{V_1(3.78+0.242CO_2+0.313CO-0.18O_2)}{100-(CO_2+CO+O_2)}$$

式中 Q_h——烧焦量，kg/h；

CO_2——二氧化碳在干烟气中的体积分数；

CO——一氧化碳在干烟气中的体积分数；

O_2——氧气在干烟气中的体积分数。

（4）计算焦炭的氢碳比：
$$H/C=\frac{8.93-0.425(CO_2+O_2)-0.257CO}{CO_2+CO}$$

式中 H/C——氢碳比。

（5）计算焦炭燃烧放出的总热量：
$$Q=\frac{V_1(1.082\times10^5-1725CO_2-2075CO-5150O_2)}{100-(CO_2+CO+O_2)}\times4.1868$$

☞ 14. 如何计算催化剂循环量？

催化剂循环量计算式如下：
$$G=\frac{Q_e\times10^{-3}}{0.262\Delta T_2}\times4.1868$$

式中 G——催化剂循环量，t/h；

ΔT_2——再生器和反应器的温差，℃；

Q_e——有效热量，kJ/h，
$$Q_e=Q-Q_1-Q_2-Q_3-Q_4-Q_5;$$

Q——焦炭燃烧总放热，kJ/h；

Q_1——焦炭脱附热，kJ/h，

$$Q_1 = 0.115Q;$$

Q_2——干空气升温需热，kJ/h，

$$Q_2 = 1.411 V_1 \Delta T_1;$$

V_1——干空气量，Nm^3/h；

ΔT_1——再生器温度和主风机进再生器温度之差，℃；

Q_3——空气中水蒸气升温需热，kJ/h，

$$Q_3 = 1.683 e V_1 \Delta T_1;$$

Q_4——其他水蒸气升温需热，kJ/h，

$$Q_4 = 2.093 G_{H_2O} V_1 \Delta T_3;$$

G_{H_2O}——其他水蒸气量，kg/h；

ΔT_3——再生器温度和注入水蒸气温度之差，℃；

Q_5——再生器热损失，kJ/h。

☞ 15. 催化裂化中各类单体烃的催化裂化反应是什么？

（1）烷烃：主要发生分解反应，分解成较小分子的烷烃和烯烃。

例如：

$$C_{16}H_{34} \longrightarrow C_8H_{16} + C_8H_{18}$$

生成的烷烃又可继续分解成更小的分子。烷烃分解时，都从中间的 C—C 键处断裂，而且分子越大也越易断裂。异构烷烃的反应速率比正构烷烃的快。

（2）烯烃：

① 分解反应：分解为两个较小分子的烯烃。烯烃的分解反应速率比烷烃的快得多。大分子烯烃的分解速度比小分子的快，异构烯烃的分解速度比正构烯烃的快。

② 异构化反应：烯烃的异构化反应有两种：一种是分子骨架结构改变，正构烯烃变成异构烯烃；另一种是分子中的双键向中间位置转移。

③ 氢转移反应：一方面某些烯烃转化为烷烃；另一方面，给出氢的化合物则转化为芳烃或缩合程度更高的分子，甚至缩合至焦炭。

④ 芳构化反应：烯烃环化并脱氢生成芳烃。

（3）环烷烃：环烷烃的环可断裂生成烯烃，烯烃再继续进行上述各项反应。环烷烃也能通过氢转移反应转化成芳烃。带侧链的五元环烷烃也可以异构化成六元环烷烃，再进一步脱氢生成芳烃。

（4）芳烃：芳烃核在催化裂化条件下十分稳定。但连接在苯核上的烷基侧链则很容易断裂生成较小分子烯烃，而且断裂的位置主要是发生在侧链同苯核连接的键上。多环芳烃的裂化反应速率很低，它们的主要反应是缩合成稠环芳烃，最后生成焦炭，同时放出氢使烯烃饱和。

☞ 16. 用正碳离子学来说明正十六烯的催化裂化反应。

（1）正十六烯从催化剂表面或其他正碳离子上获得一个质子（H^+）而生成一个新的正碳离子：

$$nC_{16}H_{32}+H^+\longrightarrow C_5H_{11}-\overset{+}{\underset{\substack{|\\H}}{C}}-C_{10}H_{21}$$

或

$$nC_{16}H_{32}+C_3H_7^+\longrightarrow C_5H_{11}-\overset{+}{\underset{\substack{|\\H}}{C}}-C_{10}H_{21}+C_3H_6$$

（2）大的正碳离子不稳定，容易在β位置上断裂：

$$C_5H_{11}-\overset{+}{\underset{\substack{|\\H}}{C}}\overset{\alpha}{-}CH_2\underset{\uparrow}{\overset{\beta}{-\!\!-}}C_9H_{19}\longrightarrow C_5H_{11}-\overset{\substack{H\\|}}{C}=CH_2+\overset{+}{C}H_2-C_8H_{17}$$

（3）生成的正碳离子是伯正碳离子，不够稳定，容易变成仲正碳离子。然后，仲正碳离子又接着在β位置上断裂：

$$\overset{+}{C}H_2-C_8H_{17}\longrightarrow CH_3-\overset{+}{C}H-C_7H_{15}\longrightarrow$$

$$CH_3-CH=CH_2+\overset{+}{C}H_2-C_5H_{11}$$

以上所述的伯正碳离子的异构化、大正碳离子在β位置上断链，烯烃分子生成正碳离子等反应可以继续下去，直至不能再断裂的小正碳离子（即$C_3H_7^+$、$C_4H_9^+$）为止。

（4）正碳离子的稳定程度依次是叔正碳离子>仲正碳离子>伯正碳离子。因此，生成的正碳离子趋向于异构成叔正碳离子，例如：

$$CH_3-CH_2-CH_2-CH_2-\overset{+}{C}H_2\longrightarrow$$

$$CH_3-CH_2-CH_2-CH_2-\overset{+}{C}H-CH_3\longrightarrow$$

$$CH_3-\overset{+}{\underset{\substack{|\\CH_3}}{C}}-CH_2-CH_2-CH_3$$

（5）正碳离子将质子（H^+）还给催化剂，本身变成烯烃，反应中止。例如：

$$C_3H_7^+\longrightarrow C_3H_6+H^+\text{（催化剂）}$$

☞ 17. 烃类的催化裂化与热裂化有什么不同？

烃类的催化裂化与热裂化的对比如表 3-1 所示。

表 3-1 烃类的催化裂化与热裂化的对比

反应机理	催化裂化	热裂化
	正碳离子反应	自由基反应
烷烃	(1)异构烷烃的反应速率比正构烷烃快得多； (2)产物中的 C_3~C_4 多，异构物多，≥C_4 的分子中含 α-烯烃少	(1)异构烷烃的反应速率比正构的烷烃快得不多； (2)产物中的 C_1 ~ C_2 多，异构物少，≥C_4 的分子中含 α-烯烃多
烯烃	(1)反应速率比烷烃的快得多； (2)氢转移反应显著，产物中烯烃，尤其是二烯烃较少	(1)反应速率与烷烃的相似； (2)氢转移反应不显著，产物的不饱和程度大
环烷烃	(1)反应速率与异构烷烃相似； (2)氢转移反应显著，同时生成芳烃	(1)反应速率比正构烷烃的还要低； (2)氢转移反应不显著
带烷基侧链（≥C_3）的芳烃	(1)反应速率比烷烃的快得多； (2)在烷基侧链与苯环连接的键上断裂	(1)反应速率比烷烃的低； (2)烷基侧链断裂时，苯环上留有 1~2 个碳的短侧链

☞ 18. 什么叫空速？反应时间和哪些因素有关？

每小时进入反应器的原料油量与反应器催化剂藏量之比叫空间速度，简称空速。

原料在反应器内的反应时间 τ 与进料体积流量 V 及反应器体积 V_R 有如下关系：

$$\tau=\frac{V_R}{V}$$

☞ 19. 什么叫转化率？

催化裂化反应的反应深度以转化率表示，若以原料油量为 100，则

$$转化率=\frac{100-未转化的原料}{100}\times 100\%$$

式中“未转化的原料”，指沸程与原料相当的那部分油料。但实际上，已不同于原来的原料。

$$转化率=\frac{气体+汽油+焦炭}{进料}\times 100\%$$

式中，分子是各产物的产率，其中汽油的恩氏蒸馏干点为 205℃（或实沸点蒸馏终馏点为 221℃）。很明显，如果原料是柴油馏分，则以上两个公式计算的结果在数值上是相等的。但是，当原料是重质馏分油，而且柴油是产品之一时，以上两式就不一致了。从原理上来讲，第一个公式反映了反应的实质，但是习惯上常用第二个公式来表示转化率，即使是采用重质馏分油，也是如此。

☞ **20. 什么叫单程转化率？什么叫总转化率？**

单程转化率是指总进料（包括新鲜原料、回炼油和回炼油浆）一次通过反应器的转化率。

$$单程转化率,\%(质量)=\frac{气体+汽油+焦炭}{总进料}\times100\%$$

总转化率是以新鲜原料为基准计算的转化率。

$$总转化率,\%(质量)=\frac{气体+汽油+焦炭}{新鲜原料}\times100\%$$

☞ **21. 催化裂化反应转化率因素和什么有关？**

$$X=ABPTHFSRV$$

式中 X——转化率因素，X=转化率/（1-转化率）；

A——催化剂相对活性；

B——剂油比和空速因素；

P——反应压力因素；

T——反应温度因素；

H——催化剂水合因素（水蒸气对活性中心的影响）；

F——进料物理性质因素；

S——油浆因素（回炼油浆的影响）；

R——再生催化剂含碳因素；

V——反应器效率因素。

☞ **22. 什么叫剂油比？剂油比的大小对催化裂化反应有些什么影响？**

$$剂油比(C/O)=\frac{催化剂循环量(t/h)}{总进料量(t/h)}$$

由于催化剂活性中心的存在，大大提高了反应速率。因此，提高剂油比就是相对增加了活性中心，相应提高了反应速率，使原料油和催化剂接触更充分。同时，由于催化剂循环量的增加，使待生剂和再生剂的炭差减小，相应提高了催化剂有效活性中心，使反应的转化深度提高。当剂油比提高时，转化率增加，气体、汽油和焦炭都增加，特别是焦炭与转化率的比值增加显著。这是由于剂油比增加使待生剂上的烃类吸附量增加，汽提时间短而造成焦炭产率增加。

☞ **23. 什么叫回炼比？回炼比的大小对催化裂化装置的操作有哪些影响？**

$$回炼比=\frac{总回炼油量(t/h)}{新鲜原料油量(t/h)}=\frac{总转化率}{单程转化率}-1$$

式中，总回炼油量是指回炼油和回炼油浆的总和。

回炼比本身并不是独立变量，在一定的总转化率下，它只是单程转化率的反映。单程转化率高，回炼比就小。

回炼比是催化裂化反应的一项重要指标，它和产品的产率分布、产品质量、装置热平衡以及装置的处理能力等有密切关系。

（1）随着单程转化率的增加，柴油收率和单程转化率之比值迅速下降。因此，为了提高柴油收率，应该降低单程转化率，增加回炼比。这样，一方面反应深度较浅，柴油不易二次裂化；另一方面回炼比增加后，降低了催化裂化所生成的柴油的分压，从而进一步降低柴油的二次裂化的程度。

（2）降低单程转化率，增加回炼比，可以降低轻柴油的凝点，增加轻柴油的十六烷值。

（3）回炼比增加后，反应所需热量大大增加，原料预热炉的负荷、反应器和分馏塔等的负荷都会随之增加。由于反应所需热量增加，反过来又会使再生温度降低，再生催化剂碳含量增加，使单程转化深度进一步降低，有时不得不降低处理量或生产柴油以减少回炼比。所以回炼比的增加是有限度的。

☞ 24. 反应温度对催化裂化反应有什么影响？

提高反应温度，则反应速率增大。催化裂化反应的活化能约41.8～125.4kJ/mol，温度每升高10℃，反应速率约增加10%～20%。当反应温度提高时，热裂化反应的速度提高得比较快。当反应温度提至很高时，热裂化反应渐趋重要，于是产品中表现出热裂化产品的特征，例如气体中的C_1、C_2增多，产品的不饱和度增大等。应当指出：即使在这样的高温下，主要的反应仍是催化裂化反应而不是热裂化反应。

当反应温度提高时，汽油→气体的反应速率加快最多，原料→汽油反应次之，而原料→焦炭的反应速率加快得最少。因此，当反应温度提高时，如果转化率不变，则汽油产率降低，气体产率增加，而焦炭产率略有下降。当反应温度提高时，分解反应（产生烯烃）和芳构化反应比氢转移反应增加得快，于是汽油中的烯烃和芳烃含量有所增加，汽油的辛烷值有所提高。

☞ 25. 提升管反应的特点有哪些？

提升管反应有以下特点：

（1）产品分布改善。分子筛催化剂活性高，与油气接触时间短；提升管中油气和催化剂接近活塞流，提升管出口一般都设置了快速分离装置。这样，减少了二次反应，使产品分布改善，焦炭和干气的产率减少，轻质油收率提高，并使液态烃中烯烃含量增加。

（2）操作弹性好。提升管反应具有较好的操作弹性，处理量可以在较大范围内变化。

（3）灵活性较好。提升管反应器可以通过改变反应温度、催化剂活性及不同的催化剂等条件，实现不同的生产方案，以多产汽油、柴油或液态烃。

提升管反应的灵活性还体现在可以使用性质不同的原料，从馏分很宽的蜡油到残炭和金属较低的渣油，均可作为提升管进料，并能得到较好的产品收率。

(4) 处理量大。提升管反应由于采用了分子筛催化剂，大大提高了反应的强度，使裂化反应在提升管内以很短的时间(2~3s)完成，并且回炼比降低，可大大提高处理量。

(5) 产品质量提高。使用分子筛催化剂和提升管反应器后，汽油质量除辛烷值稍有下降外，其他均有提高。汽油中烯烃减少，诱导期增长，汽油的安定性提高和柴油十六烷值提高。

(6) 较易控制。斜管输送的提升管装置，由于充分利用斜管中催化剂料位蓄压，推动力大于阻力，单动滑阀的压降可以在较大范围内变化，以满足两器间催化剂循环量变化的要求，循环量调节比较容易。

(7) 再生催化剂含碳量低。采用提升管反应器必须使用高活性的分子筛催化剂，而分子筛催化剂上的碳含量一般要求在0.1%~0.2%以下，才能更好地发挥分子筛催化剂的活性和选择性高的优点，这就促进了催化剂再生技术的发展。

(8) 可以处理重质原料。提升管装置使用的分子筛催化剂，活性高，选择性好，而且提升管反应时间比床层反应器短得多，二次反应减少。因此，可以处理较重的原料。

☞ 26. 焦炭产率过高对催化裂化有什么影响？如何减少生焦？

焦炭产率过高，再生器床层超温，催化剂活性和比表面积下降，严重时会烧坏设备，系统热量过剩。

减少生焦的措施有：

(1) 用蒸汽、干气预提升提升管底部再生剂。当高温、低碳含量的再生催化剂从再生器输入到提升管底部时，先与轻质烃和水蒸气混合物接触，这不仅钝化了催化剂上的重金属，而且有利于加快催化剂在提升管内的输送速度，使催化剂和原料充分混合、接触，有利于减少生焦。

(2) 提高原料雾化效果。为了使传热效率提高，原料油应尽可能雾化为小颗粒。国外有的公司认为雾化颗粒为60μm时，只要4~5个催化剂颗粒便可将其汽化；但对于250μm的颗粒，则要求上千个催化剂颗粒，因此雾化效果很重要。

(3) 适当提高再生温度。适当提高再生温度，对焦炭虽无直接影响，但由于能加速进料的雾化和汽化，也降低了再生催化剂碳含量，而且因循环量减少使剂油比减少，因而能减少总生焦率。

(4) 改进汽提。汽提效果取决于蒸汽用量和催化剂循环量，以及汽提段结构形式。当催化剂循环量一定时，用较多的蒸汽可汽提出较多的烃类。国内汽提蒸汽量一般为1.5~3.5kg/t催化剂。原料油较重时汽提蒸汽量稍多一些，如由国外引进的重油催化裂化技术为5.2~6.5kg/t催化剂。确定合适的汽提蒸汽流量的办法是先将流量定在规定的正常流量上，然后再慢慢地按 200kg/h 的速度减下来并注意观察再生器的温度。如温度保持不变，1h 以后不上升，再按减少水蒸气量 200kg/h，照此办理，直至观察到再生器温度上升。此时应把水蒸气量稍微提高一点，以保证汽提的正常进行。另一个方法是测定催化剂焦炭中含氢。资料介绍，催化剂焦炭中含氢达到 5.9%，则说明汽提效果较好。

(5) 提升管出口装设快速分离设施。为使二次反应降低，提升管出口应安装快速分离设施，快速分离催化剂和反应油气，使反应快速终止。这样，可降低焦炭产率，获得高选择性的产品分布。

(6) 排油浆。油浆的组成取决于原料族组成和反应条件，是一种范围不确定的馏分。分馏塔油浆的冷凝量越大，其馏分越接近于回炼油。无论是回炼油或油浆，都比原料难裂化，而且焦炭的产率高。根据国内数据分析，大庆蜡油生焦 3.9%、澄清油生焦 20.9%；大庆常渣油生焦 8.7%、澄清油生焦 38.3%；管输油(31.5%减渣油)生焦 11.9%、澄清油生焦 42.4%(相对密度 0.9584)。因此，外排一部分油浆是有利的，但轻油收率将有所降低。随着原料日趋变重，且族组成变化较大，有的厂油浆中多环芳烃量达到 55%，排油浆措施已成为维持生产不可缺少的手段之一。当然，排油浆量要根据原料油组成、反应深度以及生产方案等条件决定。

☞ 27. 原料组成对催化裂化汽油辛烷值有什么影响？

原料组成对催化裂化汽油辛烷值影响的关系式很多，现以一个为例：

$$RON = 92.34 - 2.36 \times 10^{-2} C_P\% + 9.34 \times 10^{-2} C_N\% + 6.75 \times 10^{-2} C_A\% - 0.55 Naph\%$$

式中 RON——研究法辛烷值；

$C_P\%$——链烷烃碳原子百分数；

$C_N\%$——环烷烃碳原子百分数；

$C_A\%$——芳烃碳原子百分数；

$Naph$——原料中粗汽油含量。

由上式可知：原料中的烷烃会使汽油辛烷值降低，而环烷烃及芳烃能使汽油辛烷值增加；原料中的粗汽油也会使产品辛烷值下降。

☞ 28. 催化剂活性对催化裂化汽油辛烷值有什么影响？

一般来说，随着催化剂活性增高，氢转移活性也相应增加。因此，产品中的烯烃含量相对减少，而使汽油辛烷值有所下降。

☞ 29. 反应时间对汽油辛烷值有什么影响？

缩短反应时间可减少二次反应。烯烃饱和为二次反应，因此，缩短接触时间可得到高质量的含烯烃汽油，使辛烷值增加。

☞ 30. 反应温度对汽油辛烷值有什么影响？

温度一定时，转化率越大，汽油辛烷值越高。转化率一定时，汽油辛烷值随反应温度的升高而增加。因为随着反应温度升高，氢转移速度和裂解速度的比值下降，烯烃含量随温度的升高而增加。实验证明，反应温度每增加10℃，RON增加0.7~0.9。

☞ 31. 剂油比对汽油辛烷值有什么影响？

增加剂油比或减少空速，都增加了反应强度，而使裂化转化率增加。随着转化率增加，RON及MON均成直线增加。在转化率65%~80%范围内，转化率每上升10%，RON可增加0.6~2.0。

☞ 32. 再生剂碳含量对汽油辛烷值有什么影响？

在其他操作参数不变，将再生催化剂含量从0.07%增加到0.5%(质量)时，转化率下降，但汽油辛烷值增加。再生剂碳含量每增加0.1%(质量)，汽油RON约增加0.5。

☞ 33. 原料油性质对汽油烯烃含量有什么影响？

一般认为，催化裂化主要是正碳离子反应，汽油中烯烃主要来自原料油中烷烃的裂化。直链烷烃裂化一次生成一个烯烃和一个正碳离子，正碳离子二次裂化又生成一个烯烃和一个正碳离子。烷烃分子越大，裂化次数越多，汽油中烯烃含量越高；环烷烃开环裂化生成两个小分子烯烃，但环烷烃也能够氢转移缩合芳构化。因此，原料油中链烷烃含量高、链烷烃分子大时，汽油中烯烃含量较高。

实验数据表明，氢含量高、*K*值大的原料油，裂化转化率高，汽油产率高，汽油中烯烃含量也较高。对于同一种类型的原油，如果进料中掺入渣油，或将减压蜡油的终馏点提高，原料的*K*值降低，在工业生产中将导致再生温度升高，剂油比减少，汽油烯烃含量增加。

☞ 34. 催化剂活性对汽油烯烃含量有什么影响？

实验数据表明，在相同的反应条件下，随着催化剂平衡活性的提高，汽油中烯烃含量逐渐下降，当平衡剂的微反活性从50提高到60.8时，汽油烯烃由67.46%下降至55.33%。

工业生产操作中，平衡剂活性过高也会引起汽油选择性变差、气体和焦炭增多等问题，大量的气体会增加气压机、吸收稳定系统以及气体处理装置的负荷，大量的焦炭使催化剂再生受主风机功率和再生温度的限制。因此，工业装置应寻找最佳的平衡活性，既达到降烯烃目的，又不影响产品分布，从而取得最佳的经济效益。

☞ 35. 反应温度对汽油烯烃含量有什么影响？

实验数据表明，随反应温度的提高，汽油烯烃含量增加。

催化裂化过程中主要发生热裂化和催化裂化反应，催化反应主要有裂化、氢转移、异构化、芳构化等。裂化和芳构化反应是吸热反应，裂化反应生成烯烃，芳构化反应消耗烯烃；氢转移和异构化反应是放热反应，消耗烯烃。提高反应温度，有利于裂化反应和芳构化反应，不利于氢转移反应和异构化反应。此外，随反应温度的提高，热裂化反应速率提高的幅度大于催化裂化反应速率提高的幅度，不利于汽油烯烃含量的降低；当反应温度提高时，汽油转化为气体的反应速率加快最多，原料转化为汽油的反应加快次之，原料转化为焦炭的反应加快最少，因此，在相同转化率下反应温度的提高，导致气体产率增加，汽油产率下降，焦炭产率不变或有所下降。

降低汽油烯烃含量主要有两个方向：

（1）促进催化反应中的氢转移反应，使烯烃变成烷烃。

（2）提高操作苛刻度，使转化率达到或超过裂化区，充分裂化反应性能较强的烯烃，特别是直链族烃，从而减少汽油中直链烃的含量，增加异构烃/正构烃之比，并且浓缩芳烃。因此，反应温度提高到一定程度后，如超过540℃后，继续提高反应温度，汽油烯烃含量增加较小，甚至有可能下降。

☞ 36. 剂油比对汽油烯烃含量有什么影响？

增大剂油比对催化裂化反应主要有三个好处：

（1）使原料油和催化剂接触更充分，有利于原料中胶质团的裂化。

（2）减少待生与再生剂的炭差，提高催化剂的有效活性中心。

（3）增加单位原料油接触的催化剂活性中心数，相应提高反应速率，有利于裂化、异构化和氢转移等催化反应。

实验数据表明，随剂油比的提高，转化率提高，液化气产率提高，汽油收率先增加后略有下降，焦炭产率增加，氢转移反应指数提高，汽油烯烃含量下降。剂油比平均每提高1个单位，FIA法烯烃含量下降2.9~3.4个百分点(以剂油比4.8为基准)。

但剂油比不可过高，否则缩合反应大幅度增加，剂油比焦也增加，导致焦炭产率增加。同时操作中应注意适当增加汽提蒸汽量或提高汽提温度，以防止剂油比焦增加过多。

☞ 37. 反应时间对汽油烯烃含量有什么影响？

催化裂化生成的汽油烯烃进行二次反应需要一定时间，延长反应时间是汽油烯烃组分氢转移反应的必要条件。氢转移反应的速度一般较快，因此适当延长反应时间即可满足要求。

实验数据表明，增加提升管反应时间，液化气、汽油产率提高，干气和焦炭产率增加。汽油辛烷值变化不大，汽油烯烃含量下降，芳烃含量提高，链烷烃和环烷烃含量几乎不变。

38. 加工重油时，焦炭和氢气的产率为什么会升高？

重油中的有机金属化合物、残炭、硫及氮的含量均比直馏蜡油高。当重油进行催化裂化时，重油在催化剂的作用下进行脱碳和脱重金属，并堆积于催化剂的表面，这些重金属本身就是脱氢反应的催化剂，加速了脱氢生焦过程，使氢气、焦炭产率上升，轻质油的产率降低。

焦炭的组成大致为四部分：

(1) 催化炭。这是一种正碳离子反应生成的高度缩合物，数量取决于转化率。馏分油裂化时，催化炭占总炭量的 90%~95%，重油裂化时此值下降到 40%~50%。

(2) 可汽提炭。它是由反应器携带到再生器的烃类转化而成的，其数量随催化剂循环量和剂油比而变，约占炭量的 2%~4%。

(3) 附加炭。即由原料中的易缩合物质即形成康氏残炭的物质在高温下沉积在催化剂上生成的。馏分油裂化时占 1%~3%，重油裂化时占 40%。

(4) 污染炭。裂化催化剂上重金属起催化脱氢作用生成的炭。馏分油裂化时，这部分为零，渣油裂化时占 15%~50%。渣油裂化时由于附加炭和污染炭的增加，所以总的焦炭产率增加。氢气的生成也是与催化剂的污染相联系的，污染金属的严重脱氢，使裂化气中氢含量增加。

39. 渣油催化裂化要解决的关键技术有哪些？

由于渣油原料的残炭值和金属含量高，这就增加了渣油催化裂化的技术难度。因此渣油催化裂化要解决的主要技术关键是：

(1) 如何减少生焦量和生气量特别是氢气量，以获得最大的汽油和柴油收率。

(2) 如何控制原料中金属对催化剂的污染，使催化剂保持较高的平衡活性和选择性。

(3) 由于渣油裂化的焦炭产率高，使装置热量严重过剩，必须设法取走过剩的热量，使装置正常运行。

这三者是关系到这一工艺能否实现的主要技术关键。另外还有一些问题，如降低能耗、加强环境保护、产品质量等也需要采取相应的措施，以提高渣油催化裂化装置的生产技术经济水平。

40. 国内渣油催化裂化在反应部分采取的主要措施有哪些？

(1) 改善提升管底部起始区催化剂的分布。

这部分提升管对整个装置操作效果具有极其重要的意义。原来馏分油提升管催化裂化装置进料是在提升管的最底部，原料与流化分布不均匀、返混较严重的催化剂接触，影响反应选择性。现把进料位置提高 5~6m，给提升管留出催化剂预提升段。催化剂在预提升段急剧加速，返混减至最小，密度分布均匀，为与原料充分混合，提供一个理想的反应环境，使整个装置操作性能得到改善。

（2）原料预混合采用多个高分散度喷嘴进料。

掺渣油催化裂化的馏分油与减压渣油、回炼油浆进料，全常压渣油催化裂化的新鲜原料与回炼油浆进料，应在进喷嘴前的进料管线上进行预混合。可直接在管道混合，也可在进料管线上加进料预混合器。最好是加预混合器，这样可以使渣油与馏分油、回炼油浆混合均匀，降低进料黏度，有利于进料雾化，改善剂油接触，提高反应选择性。

要使原料高度雾化，必须对进料喷嘴结构进行改进，并且由单喷嘴进料改为多喷嘴进料。常规馏分油提升管催化裂化进料，一般为莲蓬式或直管式单喷嘴进料。这种形式的单喷嘴进料，虽然可以满足常规馏分油催化裂化的要求，但雾化质量差。对渣油催化裂化，为了得到满意的产品分布和低的焦炭产率，要提高原料的雾化分散度，显然老式的单喷嘴进料对渣油催化裂化已不适用了。

对重油这样的黏性油品，汽液比影响特别大，汽液相对速度大，则雾化效果好。在油品流量和黏度一定的前提下，增加雾化蒸汽量，提高蒸汽线速和喷嘴压降，以及提高油品预热温度是改善喷嘴雾化质量的重要措施。

新型进料喷嘴有低压降喉管式和高压降喷雾式。前者压降为 294~392kPa，后者压降较宽可以选择，但以 1.2~1.4MPa 效果更好。

新型重油雾化喷嘴的结构形式很多，但都是利用高速喷射的蒸汽将进料雾化的。也就是利用喷嘴内汽液两相的速度差，将进料雾化的。

由于我国目前渣油催化裂化装置的原料油泵、回炼油泵以及回炼油浆泵的扬程较低，采用低压降喷嘴较为适宜。我国渣油催化裂化注水蒸气量为 5%~10%，喷嘴压降为 490~588kPa。

（3）增加提升管反应器中水蒸气量。

馏分油催化裂化进料雾化水蒸气量为进料的 0.5%，加上提升管中的加入其他水蒸气量，总计约占提升管中油气量的 1%~3%。

渣油裂化时，提升管中注入稀释剂（水蒸气、酸性水和惰性气）是实现渣油催化裂化不可缺少的一项技术措施。注入稀释剂的好处是：

① 降低油气分压，有利于渣油汽化。

② 提高进料喷嘴的线速和喷嘴压降，改善进料雾化。

③ 水蒸气在高温条件下，对催化剂上的重金属起钝化作用。

④ 原料中注分馏塔顶油气分离器酸性水，可以吸收再生器的部分过剩热。

我国渣油催化裂化提升管中主要是注水蒸气、注水，也曾试过注液化气和干气。渣油催化裂化进料注水蒸气量提高到5%，加上提升管底部的预提升蒸汽、中部的接力蒸汽等，水蒸气用量占提升管油气量的8%左右，是馏分油催化裂化时的3~8倍。

水蒸气用量增加会相应地增加装置的能耗和后部冷却系统的负荷。但是由于雾化效果改善，生焦量降低，轻质油收率提高，提高了经济效益，综合效果是好的。当加工不同渣油时，要摸索合适的水蒸气用量，减少能耗。

（4）提升管反应器按高温短停留时间进行设计和操作。

常规馏分油催化裂化反应温度一般在460~470℃，而渣油催化裂化反应温度，国外一般在510~530℃，有的高达538℃。国内渣油催化裂化的反应温度控制在480~510℃，这与我国催化裂化目前以多产轻质油、少产气体的目的有关。为了减少过度裂化，应尽量缩短提升管中剂油接触时间。常规馏分油催化裂化反应时间为5~6s，渣油催化裂化一般要求在2s左右，因此高温短停留时间是渣油催化裂化的一个特点。

为了缩短提升管中油剂接触时间，新装置可按要求的油剂接触时间来设计。老装置改造可更换小直径提升管；把进料位置适当上移，以缩短提升管中油剂接触的有效长度；适当加大提升管水蒸气用量，提高提升管的线速。

（5）提升管出口安装快速分离器。

将反应后的油气与催化剂在出提升管后迅速分离。

（6）低压操作。

常规馏分油催化裂化，提高操作压力可以提高烧焦炭率、减少催化剂跑损、缩小设备尺寸和提高动力回收效率。因此，近年来的趋势是选择装置在比较高的压力下操作。但对于渣油催化裂化，降低焦炭产率是首要问题。实践证明，低压操作有利于降低焦炭产率。不仅总压要低，还可以往提升管中加稀释剂来降低油气分压，有利于原料的汽化，这样不仅可以提高产品选择性，减少生焦，还可以使气体中烯烃的成分增多。

（7）排油浆。

常规馏分油催化裂化采取油浆全回炼的操作方式，这种操作方式可以增加轻质油收率，在装置热量不足时，油浆回炼可以增加生焦量，使装置维持热平衡操作。而渣油催化裂的油浆，大部分是二环至四环芳烃，生焦率在30%以上。因此，油浆回炼会使焦炭产率更高，增加装置能耗，限制装置处理能力。

是否排油浆，要根据原料油的性质、对产品方案的要求及装置的处理能力等来确定。含沥青质少的石蜡基原料，且装置能力有富余的，可采取全回炼操作，增加轻质油收率，经济效益高。多环芳烃和残炭值较高的原料，可采取排5%左右的油浆（油浆密度最好大于1g/cm^3）的部分回炼操作，甚至可不回炼油浆。

☞ 41. 渣油催化裂化采用什么样的操作条件比较合理？

催化裂化装置加工渣油的主要问题是如何控制生焦量。因此，需将选定的催化剂和采取的操作条件与渣油的性质相匹配，才能取得好的产品分布。

（1）反应时间。自从使用分子筛催化剂以来，由于催化剂活性提高，操作趋势是剂油接触时间更短。这样，可使产品选择性更好，催化剂上的积炭更少。在高温下，焦炭的形成是时间的函数。因此，渣油裂化应采用比馏分油裂化更短的接触时间。

（2）反应压力。实践证明，反应压力对产品选择性和生焦量有影响。低反应压力有利于降低焦炭产率，而使气体产率上升。由于渣油催化裂化中降低焦炭产率是主要的，因此，渣油催化裂化应采取低反应压力。

（3）剂油比。渣油催化裂化操作参数的选择必须能够使转化率高，油浆产率低。这就要求催化剂活性和剂油比不能过低，要有足够的再生好的催化剂返回提升管，以便有足够的催化剂活性中心使转化率提高。

（4）反应温度。在其他操作参数已选定的情况下，反应温度应根据催化剂的活性、原料性质和对产品的要求来确定。对渣油催化裂化，为了维持较高的苛刻度，达到满意的转化率，一般采取比馏分油催化裂化高的反应温度。

☞ 42. 渣油催化裂化采用高反应温度有什么优缺点？

渣油催化裂化采用高反应温度有以下几个好处：

（1）可以弥补由于催化剂受金属污染和水蒸气作用而失去的活性；

（2）有利于进料汽化和改善汽提效果；

（3）有利于提高汽油辛烷值和气体中烯烃产率；

（4）可以维持较高的苛刻度，特别是渣油与催化剂接触瞬间的较高温度，有利于部分沥青质裂解，减少生焦。

石伟工程公司的 R 催化裂化技术，在第二再生器的操作温度为 760~871℃。超高温的催化剂进入提升管与高温接触，使渣油中的沥青质在催化剂上迅速汽化，在几毫秒内热裂成单环、二环及三环芳烃，从而减少生焦。

对含沥青质少的石蜡基渣油原料，采用适中的反应温度较为适宜。

提高反应温度也有不利的一面，使用高活性催化剂时，在高温下，会使过度裂化加剧，不但裂化重油，同时还相当快地裂化新生成的汽油，使焦炭和气体产率增加。

☞ 43. 反应进料为什么要有雾化蒸汽？

催化裂化是气相反应。使进入提升管的原料迅速汽化很重要。通入雾化蒸汽，可使油、气和催化剂混合均匀。同时雾化蒸汽可以降低油、气分压，避免催化剂迅速结焦。一旦原料中断，雾化蒸汽还可防止喷嘴堵塞。

☞ 44. 喉管式雾化喷嘴的气液相线速与压降的关系是怎样的?

喉管式雾化喷嘴的气液相线速与压降的关系式如下:

$$\Delta P=9.6672\times10^{-5}\rho_g V_g^2+1.1971\times[3.543\times10^{-5}-1.158\times10^{-10}\times(\rho_g V_g^2-3000)]\times(\rho_1 V_1^2-18043)$$

式中 ΔP——喉管式雾化喷嘴的压降,kPa;

ρ_g——雾化蒸汽的密度,kg/m^3;

V_g——雾化蒸汽的线速,m/s;

ρ_1——液相(总进料)密度,kg/m^3;

V_1——液相线速,m/s。

☞ 45. 催化剂汽提的作用是什么?

用水蒸气将催化剂颗粒之间和颗粒的孔隙内充满的油气置换出来,以减少焦炭产率,提高油品产率。

☞ 46. 汽提效率和哪些因素有关?

催化裂化汽提器是一个典型的汽固逆流接触过程。在此过程中实现油气与水蒸气的质量传递,油气从催化剂表面脱附。汽提效率主要与汽提蒸汽用量、汽提温度、催化剂性质及汽提器的结构形式等因素有关。其中汽提蒸汽与催化剂之间的接触状况直接影响汽提器的效率,而汽提蒸汽与催化剂之间的接触主要取决于汽提器的结构形式。

☞ 47. 什么是催化裂化装置高效汽提器技术?

洛阳石油化工工程公司设备研究所采取了一种切实可行的提高汽提效率的办法,即融合结构因素及工艺条件两方面的优点,开发了汽提器新型结构加两段汽提新技术。该技术着眼于提高汽固接触空间,在内外环挡板上增设大孔结构,提高汽提器内固相催化剂的填充率,加大汽固接触面积,另外对裙板也做了较大改进。两段汽提工艺则注重汽提蒸汽在汽提器内上下区域的流向及分配,以提高汽提蒸汽的有效利用率。

中国石化荆门分公司 0.8Mt/a 重油催化裂化装置的原汽提器高度 10.82m,外径 2800mm,内提升管外径 964mm,位于汽提段圆筒的轴线,设计九层盘环型挡板,有效高度 7050mm,三段汽提。2001 年 4 月改造成高效汽提器,运行状况良好,装置操作正常。在汽提蒸汽量下降 16.3%的情况下,焦炭氢含量降低了 12%,达到 6.8%;焦炭产率下降约 1 个百分点,取得了较大的经济效益。

改造内容为:

(1) 原汽提段筒体不变、挡板数量不变。将原内环 4 层挡板和 5 层外环挡板改造为 5 层内环挡板和 4 层外环挡板。挡板结构有大的改变,挡板倾角由 45°改为 36°,并加有升汽孔,单层挡板高度降低,间距不变。

(2) 汽提蒸汽一段维持现有标高,二段入口由原挡板底部上移到第七层挡板，三段入口由原汽提器底部上移至挡板底部。

(3) 在内外环表面喷涂合金耐磨层，延长挡板的使用寿命。

技术特点为：

(1) 改进后汽提器内待生催化剂的填充率和密度提高，有利于待生催化剂下流到待生斜管。

(2) 内外环挡板增加裙板结构和升气孔，增加了气固接触空间，延长了催化剂的停留时间，提高了油气置换率。

(3) 合理应用分段汽提，增加浓度梯度和传质速率，提供足够的上升汽和待生催化剂携带油气进行传质、传热，实现油气的脱附与置换。

☞ 48. 催化裂化过程中氰化物是怎样形成的?

催化裂化过程中，原料中含的有机氮化物大部分转化为氨，少部分转化成氰化物。这种氰化物可分为三类：

(1) 游离氰 CN^-。

(2) 简单氰化物 $A(CN)_x$，A 为铵基、碱金属、碱土金属或重金属。

(3) 络合氰 $A[M^{n+}(CN)_x]^{(x-n)-}$形成的络合物，其中 M 是络合物离子的中心原子。

☞ 49. 如何控制反应温度?

生产中，一般通过调节催化剂循环量或反应进料温度来控制反应温度。

(1) 催化剂循环量控制。同轴式催化裂化通过调节再生塞阀(或再生滑阀)来控制催化剂循环量；高、低并列式催化裂化通过调节再生滑阀来控制催化剂循环量；前置烧焦罐式催化裂化也通过调节再生滑阀来控制催化剂循环量；后置烧焦罐式催化裂化通过调节再生滑阀和主风量来控制催化剂循环量。

(2) 反应进料温度控制。有加热炉的催化裂化一般控制加热炉出口温度；无加热炉的催化裂化一般控制油浆换热系统中原料油侧的三通阀来调节反应进料温度。

☞ 50. 如何控制反应藏量?

除同高并列式催化裂化外，其他形式的催化裂化一般用待生塞阀或待生滑阀节流来控制反应藏量。同高并列式催化裂化一般用两器差压来控制反应藏量。

☞ 51. 如何控制反应压力?

反应压力的控制手段有分馏塔顶油气冷却器进口电动阀(或蝶阀)和富气压缩机入口压力控制(压缩机转速、反飞动流量、压缩机入口放火炬阀以及压缩机入口气动闸阀)。

反应压力超高时，可采取减少反飞动量、提高气体压缩机转速，必要时可用压缩机入口放火炬撤压。

正常时，分馏塔顶油气冷却器进口电动阀(或蝶阀)全开，由压缩机入口压力自动调节转速控制反应压力。变速运行的压缩机通过改变压缩机转速来控制反应压力；恒速运行的压缩机则通过改变反飞动流量或压缩机入口节流来控制反应压力。但必须注意防止飞动。

☞ 52. 如何控制汽油收率？

汽油是催化裂化的目的产品之一，一般希望汽油收率高一些，有的装置还采用了汽油收率优化控制。控制汽油收率的常用手段有：反应温度(适宜的剂油比)、回炼比和催化剂活性。一般来讲，反应温度高，催化剂活性高，回炼比低，可使汽油收率增加。常规的方法是由操作工选择适宜的反应温度、回炼比和催化剂活性，然后采用定值控制。采用催化裂化数学模型时，可由计算机根据原料油性质，计算出最佳的反应温度、回炼比和催化剂活性等工艺条件，然后由操作工进行定值控制。最新的计算机汽油收率优化控制系统，是根据数学模型或专家经验，在线优化汽油收率，已取得了显著的效果。

☞ 53. 原料油带水的现象是什么？如何处理？

原料油带水的现象是：原料预热温度下降，反应压力上升，反应温度下降等参数波动。

碰到原料油带水时，判断蜡油还是渣油带水，针对性地将带水原料的控制阀改手操远程控制，同时应根据带水量引起的波动大小幅度降低进料量，严防超压。原料油带水严重时，应切断进料。与此同时，应及时与调度和罐区联系采取换罐或其他措施。如原料油补入装置内原料缓冲罐且罐温度较高，则会引起分馏塔压力升高，继而影响反应。

☞ 54. 反应事故处理的原则是什么？

(1) 在任何情况下，反应-再生系统的催化剂藏量不得相互压空。

(2) 反应-再生系统必须通入流化介质，以防塌方或死床。

(3) 一旦主风中断，必须立即切断进料，停喷燃烧油。

(4) 在进料情况下，提升管出口温度不能低于450℃。若一时无法提起，应切断进料。

(5) 当停主风机、切断进料后，两器温度不能低于400℃。若低于此温度，应卸催化剂。

(6) 在反应-再生系统有催化剂循环时，必须保持油浆循环。若油浆循环长期中断，应改为再生器单容器流化或根据情况，卸出催化剂。

(7) 发生再生器严重超温和反应再生系统火灾事故均应切断进料。

(8) 反应-再生系统即使切断进料、主风机停运，但系统内仍存有催化剂时，必须保持反吹风和松动风(汽)不中断。

☞ 55. 反应器喷汽油为什么能降温？喷汽油时要注意什么？

反应器喷汽油能降温的原因是：

（1）汽油汽化成油气要吸热。

（2）油气进行催化裂化要吸大量的热。

反应器喷汽油时，要注意将积水放净，以免水急剧汽化而使反应压力超高。

☞ 56. 开工时，提升管喷油要注意些什么？

（1）两器流化正常。

（2）反应进料集合管压力正常，原料预热炉运行正常，出口温度正常。

（3）反应温度不低于480℃，再生温度不低于560℃。

（4）开喷嘴时要缓慢，待各参数稳定后，再开大喷嘴。

（5）随着进料量提高，逐步关小事故蒸汽。

（6）放火炬系统正常，反再生系统压力正常。自保系统好用。

（7）建议按照结焦导则相关要求实施。

☞ 57. 提升管进料为什么要有事故蒸汽？

采用提升管进料事故蒸汽，是为了保证在中断进料后，提升管内催化剂能维持流化，而不致噎塞。同时防止油气倒入再生器，发生更大事故。

☞ 58. 反应器进料低流量自保的作用是什么？

反应器进料低流量自保的作用是：当进料量低于某一下限值时，提升管内就不能形成足够低的密度，正常的两器压力平衡被破坏，催化剂不能按规定的路线进行循环，而且还会发生催化剂倒流并使油气大量带入再生器而引起事故。此时，进料低流量自保就自动进行以下动作：切断反应器进料并使进料返回分馏塔或炼油罐，向提升管通入事故蒸汽以维持催化剂的流化和循环。

☞ 59. 启用反应器进料低流量自保后，应注意哪些问题？

（1）自保动作后，操作人员应立即就地检查各自保阀动作是否正确，发现错误立即纠正。

（2）启用提升管进料自保后，应将提升管进料喷嘴第一道阀关严。

（3）自保启用后，应立即改为就地控制，再将自保开关复位。

（4）恢复生产时，应逐步关小或开大有关阀门，切不可遗忘。恢复正常后，再全面检查一下，是否恢复到自动位置。

☞ 60. 催化裂化装置转油线结焦的过程是怎样的？

催化裂化装置的转油线结焦是一个复杂的过程，是一系列化学反应和物理变化的综合结果。在刚开始结焦时，管线材质中的铁、镍催化烃类气体生成焦炭。在这段时间内，金属催化生焦起了较大的作用。随着反应的进行，焦炭逐渐覆盖在转油线管壁表面。覆盖后的转油线表面非常粗糙，焦炭表面有许多小孔，小孔会吸附油气凝结。同时，由于管壁的温度较低，加上近管壁处油气的流速较低，也使油气中的一些重组分凝结成液体，挂在管壁上，因表面粗糙使流动受到阻碍。在高温下，长时间的停留会使凝结油气中的重芳烃、胶质、沥青质发生脱氢缩合反应，二烯烃发生聚合环化、缩合生成焦炭的反应。这样不断有新的油气凝结，也不断有新的焦炭生成，使转油线管壁上的结焦愈来愈厚。

☞ 61. 如何减少提升管喷嘴上方结焦?

(1) 改进预提升段设计和操作，实现稀相输送，减少催化剂返混，使催化剂与原料充分混合。预提升段长度一般设计为6~8m，催化剂流速2~3m/s。

(2) 选择新型的雾化喷嘴，增加雾化蒸汽，改善雾化效果。某催化装置改用LPC-1喷嘴后，雾化效果改善，提升管内结焦问题基本解决。某催化裂化装置通过增加雾化蒸汽量来改善雾化效果，并在提升管喷嘴处加一圈防焦蒸汽，喷嘴上方再未出现结焦情况。

(3) 尽量提高进料段温度，使再生剂与进料的混合温度高于进料的假临界温度。严格控制原料中残炭和沥青质含量。

(4) 选择合适的反应条件和温度。过高的反应温度会使结焦速度加快；不适当的低反应温度会使反应油气中高沸点组分增加，露点上升，结焦倾向增加。如何选择合适的反应条件和温度要根据原料性质而定。

(5) 提高剂油比，使更多重质烃转化，提高转化率，减少结焦。重油催化裂化要求控制剂油比在6以上。某催化裂化装置通过调节一再、二再主风量来调节烧焦，控制再生温度，使剂油比维持在6.5以上，缓解了结焦问题。

(6) 新鲜原料和回炼油分别进料，防止回炼油中难裂解的重组分占据热再生剂的活性中心，减少催化剂的失活，降低生焦。某催化裂化装置将混合进料(新鲜原料与回炼油混合)改为分别进料，新鲜原料进下喷嘴，回炼油进上喷嘴。防止难裂化的重组分占据热再生剂的活性中心，产品分布明显好转，结焦倾向减弱。

(7) 开工过程中，或切断进料后，要对称开启喷嘴防止进料偏流。

(8) 提升管注终止剂，有效地控制二次反应防止结焦。提升管注终止剂技术已被广泛采用，有多套催化裂化装置均采用了提升管注终止剂来减少结焦，改善产品分布。至于终止剂(酸性水、粗汽油等)在什么部位注入，要根据提升管长度来确定。

(9) 在气压机能力有富余的装置，可采用干气预提升技术，减少催化剂水热失活和热崩，以保持催化剂的活性和选择性，减少结焦。催化裂化装置采用干气预提升技术，产品分布明显好转，结焦情况有所改善。

(10) 优化原料，选择低稀土超稳分子筛催化剂减少生焦。催化剂的氢转移活性与高沸点的不饱和烃和芳烃的生成有直接关系，这些产物能够聚合生成焦前身物。减少催化裂化生焦的一项措施是降低氢转移活性，Y型沸石的Si/Al比与裂化/氢转移活性之比有直接的关系，提高骨架Si/Al比值，减少Al中心密度，提高酸中心的相对强度，有助于改变裂化/氢转移活性之比，降低催化裂化生焦。

☞ 62. 如何防止沉降器和旋分器结焦?

（1）增加防焦蒸汽量，防焦蒸汽采用二级孔喷嘴，使喷嘴指向顶部所有静空间，避免沉降器顶出现死角。某催化裂化装置将防焦蒸汽限流孔板孔径由ϕ7mm扩大至ϕ10mm，蒸汽量由149kg/h提至304kg/h；某催化裂化装置防焦蒸汽加大到497kg/h，沉降器顶结焦有所好转。

（2）缩短催化剂与油气分离时间，以及减少油气在沉降器内停留时间，减少二次反应，降低沉降器和旋风分离器入口处结焦。在最新的设计中，油气在沉降器内停留时间采用4~9s，而原设计油气在沉降器停留时间为20~30s，时间过长。某催化裂化装置引进UOP密式直联技术，减少了油剂接触时间，减少了二次反应，改善了产品分布，旋分器入口结焦情况有所好转。

（3）沉降器内采用VQS快分加单级旋分取代传统的两级旋分器，既可减少旋分器二级料腿结焦，又可降低催化剂单耗。二级旋分器料腿由于质量流速低，停留时间长，易结焦，影响旋分器工况。1992年，某催化裂化装置沉降器内二级杜康型旋分器换成单级高效旋分器后，料腿结焦得到解决，催化剂单耗明显下降。

（4）改进汽提段设计，采用高效汽提技术，降低待生催化剂含碳，从而提高剂油比，达到减少结焦的目的。某催化裂化装置汽提段采用三段高效汽提，待生催化剂含碳降低，剂油比可达7以上，改善了产品分布，降低了生焦和结焦趋势。

（5）加强保温和平稳操作，减少热损和操作波动，减轻沉降器结焦。

☞ 63. 如何防止大油气管结焦?

（1）采用冷壁设计；提高大油气管中油气线速，尽量缩短油气管设计长度，以减少油气在大油气管中停留时间，降低结焦趋势。某催化裂化装置通过大油气管缩径（由ϕ1100mm缩到ϕ870mm）来提高油气管线速，达到减少结焦的目的。大油气管表观设计流速要求35~45m/s，而实际线速大多低于此值。从大油气管结焦情况看，结焦到一定程度后，不再结焦。所以，最佳设计线速还须在实践中探索。

（2）沉降器出口使用大曲率半径弯头，在分馏塔入口处使用小曲率半径弯头，并使弯头与分馏塔入口之间距离最短。

（3）对热壁大油气管要加强保温。

（4）加强检修和大油气管清焦工作。

☞ 64. 主风、增压风为什么要有事故蒸汽？

采用主风事故蒸汽，是为了保证主风停进再生器后，再生器仍能处于流化状态，而不致死床。同时，防止催化剂倒流入主风机。

采用增压风事故蒸汽，是为了保证在增压风中断后，能维持外取热器流化和待生催化剂线路中的压力平衡，防止反再系统催化剂停止循环。

☞ 65. 如何控制再生压力或两器差压？

再生压力的控制有两种，一种是再生压力定值控制；另一种是两器差压控制，也就是再生压力随动控制。

再生压力或两器差压控制的手段为：没有烟气轮机的装置为双动滑阀，有烟气轮机的装置为双动滑阀和烟机进口蝶阀。后者常用分程控制，为了多回收烟气中的能量，一般希望在满足再生压力或两器差压的要求下，烟机进口蝶阀尽可能开大而双动滑阀尽可能关小。

☞ 66. 如何控制再生温度？

开工初期，除装剂速度外，再生温度主要由辅助燃烧室温度来控制。在燃烧油喷着后，用喷燃烧油量来控制。

正常生产时，热平衡的装置的再生温度通过调节生焦率来控制；热量过剩的装置，则由取热器的取热量来控制。

再生温度超高时，应设法降低生焦率。不得已临时可用主风事故蒸汽或稀相喷水压一下再生温度。

再生温度过低，调整生焦率已来不及时，应及时喷入燃烧油，控制再生温度。

二段再生时，调整一、二段烧焦比例，控制二段再生温度。

☞ 67. 如何控制再生烟气氧含量？

再生烟气氧含量总的来讲是通过调节进入再生系统的主风量来控制的。但对于二段再生的装置来说，还有一个一段和二段的风量分配比（简称风比）问题。大多数装置一般都采用富过剩氧操作或加入一氧化碳助燃剂，高温完全再生。再生烟气氧含量一般为1.5%~3.0%（体）。

☞ 68. 什么是前置烧焦罐？什么是后置烧焦罐？

待生催化剂先进入烧焦罐，后进入再生器的形式叫作前置烧焦罐。第二段（通称二密相）再生烧焦是辅助性的，一般烧焦量不超过10%。

待生催化剂先进入再生器，后进入烧焦罐的形式叫作后置烧焦罐。

☞ 69. 前置烧焦罐如何操作？

前置烧焦罐操作的方法是：

（1）高温完全再生。将烧焦罐温度控制在675~700℃，使催化剂上的积炭大部分烧去，并在烧焦罐上部开始燃烧CO。在稀相管中，除了进行CO的燃烧外，也烧去少量的焦炭。稀相管出口温度一般在730~750℃。烟气在稀相管中停留时间约2~3s，催化剂上残留不容易烧去的炭可在高温下烧去，催化剂碳含量可烧到0.1%以下。

高温完全再生关键是控制好烧焦罐的温度在683℃以上，使CO在烧焦罐中烧起来，稀相管温度大于700℃，这样操作才会平稳。否则，催化剂碳含量降不下来，CO燃烧不完全，产生后燃现象。

（2）常规再生。当第一密相床温620~630℃，处于常规再生操作，再生催化剂碳含量在0.5%~0.6%，未能充分发挥分子筛催化剂的特性，因此导致转化率低。

第一密相温度低于600℃时，处于炭堆操作状态。根据介绍，待生定碳达3.62%，再生碳含量1.37%，由于原料生焦少，故滚雪球速度很慢，仍能维持操作。烟气中CO含量在7.8%左右，稀相经常发生二次燃烧。由于炭堆和二次燃烧事故交替发生，操作很不稳定。

（3）加助燃剂完全再生。不少炼油厂都采用加CO助燃剂完全再生，CO在烧焦罐及稀相管中可全部烧去，再生器中稀相不发生二次燃烧，稀密相温差经常在15℃左右，再生催化剂碳含量可以0.2%以下。

☞ 70. 后置烧焦罐如何操作？

后置烧焦罐操作的方法是：

（1）完全再生。加CO助燃剂，富氧操作。烟气总氧含量不小于2.5%（体）。完全再生的关键是使再生器的主风量在密相温度不超过的情况下尽可能大些，以防稀相产生CO尾燃。密相温度660~680℃，烧焦罐稀相温度700~725℃，再生催化剂碳含量0.2%左右，半再生催化剂碳含量0.4%~0.6%，待生催化剂碳含量1.0%左右。

（2）部分再生。再生器烟气氧含量为0~0.2%，烧焦罐氧含量1%~3%，不加CO助燃剂，再生催化剂碳含量0.2%~0.4%。关键是烧焦罐的氧含量不能过高，防止CO尾燃。

☞ 71. 影响烧焦罐中焦炭燃烧的因素是什么？

影响烧焦罐中焦炭燃烧因素是：

（1）再生温度。烧焦罐温度对再生催化剂碳含量影响很大。当烧焦罐中藏量为13t时，温度630℃时催化剂含量为1.0%；640℃时催化剂碳含量0.6%，680℃时催化剂碳含量0.2%，700℃以上时催化剂碳含量下降到0.15%左右。同时发现在660~670℃左右有一拐点。低于转折点温度，温度的变化对烧焦影响十分显著，高于转折点温度，温度的影响相对减弱。

（2）烧焦罐藏量。从炼厂的生产数据可知，烧焦罐中催化剂藏量在一定范围内变化对再生剂碳含量的影响不大。

（3）氧含量。在烧焦罐中，氧含量对烧焦的影响与常规再生器基本相同。

（4）线速。随着烧焦罐中气体速度增加，烧焦强度亦增加。气体速度在1.5m/s时，烧焦强度接近460kg/(t·h)，气体速度达1.7m/s时，烧焦强度达506.8kg/(t·h)。

我们知道，气泡床内的气体形成许多不连续的气泡，而固体颗粒可视为速度相，气、固相之间的接触效率主要取决于气泡的特征。在烧焦罐中，由于气速的大幅度提高，气泡发生严重变形，成长条状。固体颗粒被组合为松散的絮状。这样变化有利于空气中氧气向炭表面扩散。因为固体表面存在一层气膜，空气中的氧只有通过扩散才能穿过气膜达到炭的表面。气速越大，附在固体表面的气膜就越薄，氧的扩散速度就越快，气、固接触效率就会得到明显改善，可获得较高的烧焦强度。

（5）循环比。循环比是指循环的再生剂与循环的待生催化剂之比。当烧焦罐线速一定，罐平均密度随循环比而增加，罐底段的温度随循环比的增大而增加，但也使混合剂平均含碳降低。前者有助于提高烧焦强度，后者对提高烧焦强度不利，故存在一个适当循环比。

☞ 72. 单段逆流再生技术特点是什么？

（1）设备及流程简单。单容器再生的主风和烟气都只有一路，为简化操作、减少故障创造了条件。

（2）再生效果好。再生催化剂碳含量可以稳定在0.1%以下，主要措施是采用了特殊设计的待生催化剂分配器与主风分布器，使空气与催化剂有更均匀地接触。待生催化剂进入密相床上部，然后向下流动，与主风形成气固逆流接触烧焦的良好条件。整个烧焦过程化学动力学速度比较均一，有利于提高总的烧焦强度，达到大于100kg/(t·h)。

（3）水热失活较轻。催化剂水热失活是再生温度、水蒸气分压、催化剂在再生条件下停留时间的函数。由于再生效率的提高，新设计的再生温度一般低于700℃，比较缓和。待生催化剂在密相床中上部进入再生器的密相床，降低了再生床层的水蒸气分压。较高的烧焦强度减少了催化剂在再生器的停留时间。上述三方面的改进，使新设计的再生催化剂维持较好的活性。

（4）能耗低。主要指主风机组的能耗。它决定于烟气利用程度（进烟气轮机的量）、主风机出口到烟气轮机入口的压力降、烟气进烟气轮机的温度。因此，单段逆流再生技术较所有的两段再生技术均有优势。即主风量不随烧焦量变化，烟气除少量泄漏外均进入烟气轮机。烟机可在最佳工况下运行，不存在二段烟气不能回收或回收效率低的问题。由于单段床层，主风系统压降较低，烟气轮机入口压力较高，烟气离开再生器时接近床层温度，较逆流两段 ROCC-V 型温度要高。主风机可以在额定工况运行，此时与烟气轮机是最合理的匹配。所以，设计好的系统，主风机组可以全年处于发电状态，这是两段再生所不及的。因此，本技术虽然耗风指标大，但能耗却低。

(5) 操作简单。由于流程简单，操作参数较少，操作简单。主要表现在：主风量在烟气过剩氧不低于可能引起炭堆积的条件下可以不调节；再生器藏量不需调节；没有两段再生主风、藏量、烧焦比例等要调节的弊端。两器调节已简化为两器压力、取热器调再生温度、汽提段料面、反应温度的调节，大大降低了操作难度和调节失当引起的故障。

73. 快速床、湍流床主风串联两段再生技术特点是什么？

(1) 很高的总烧焦强度。快速床、湍流床主风串联两段再生技术是我国催化裂化工艺方面第一项专利技术，该技术第一段采用快速床(烧焦罐)再生。由于烧焦罐流化状况改善了气体传质条件，使其具有很高的烧焦强度。第二段利用一段再生后的富氧烟气通过低压降大孔分布板形成湍流床，大大改善了二段再生床层的气体扩散，从而提高了二段的烧焦强度，这样使总的烧焦强度达到很高，是已有各种再生方式中最高的。高的烧焦强度意味着低的系统催化剂藏量和高的催化剂置换率，即高的平衡催化剂活性，这也是催化裂化再生技术所追求的主要目标之一。

(2) 良好的再生效果。由于其具有很高的烧焦强度，即使在较缓和的再生温度下(低于 700℃)，再生催化剂定碳也可达 0.05%以下的水平。在较低的再生温度和藏量下，不仅满足了定碳要求，而且为降低催化剂水热失活及提高剂油比创造了有利的条件。

(3) 合理的催化剂输送系统。为确保装置催化剂循环量调节自如，为人剂油比操作创造条件，在催化剂循环系统(特别是再生线路系统)采取了一系列有效技术措施，主要体现在：改进再生剂抽出口型式，使催化剂进入再生立管前充分脱气，提高再生立管催化剂密度，从而提高再生线路的输送力。

(4) 操作较简单。由于采用完全燃烧，主风量可以不随处理量及原料变化而调整，使再生器及主风机组总处于最佳工况下运行，操作简单。正常生产时的控制参数最少，开工最容易，事故恢复快。由于完全燃烧，没有 CO 尾燃的顾虑。

(5) 系统催化剂藏量低，可达 1t 催化剂/(10kt/a 处理量)。

74. 三器连体逆流两段再生技术(ROCC - V 型) 特点是什么？

(1) 耗风指标少，再生剂定碳低，适应大比例掺炼渣油的要求。二再含氧烟气通过特殊设计的管线全部进入一再床层，二再烟气中的氧参与一再烧焦，氧得到了充分利用。总烟气中氧含量很低，可彻底消除 CO 尾燃的可能性。一再采用常规再生，可使总耗风指标与常规再生相近，耗风指标低。主风机组、再生器、三旋等再生系统的投资可以大幅度降低，为降低重油催化裂化装置投资的一个重要途径。再生剂定碳可达到0.05%，甚至更低。

（2）有效地保持催化剂的活性。第一再生器采用常规再生方式，第二再生器采用完全再生方式。整个再生系统的水热失活条件相对缓和，有利于保护催化剂的活性。对于重金属含量较高的劣质原料油可减少重金属污染催化剂带来的催化剂失活。特别是对于钒含量高的原料，一再采用常规再生，使在钒污染的催化剂上保留一定量的炭，即使在高温水蒸气的作用下，催化剂失活也较慢。另外，在缺少过剩氧的情况下，钒不易迁移。CO部分燃烧的再生方式可限制钒的毒害作用。

（3）采用合理的技术，提高烧焦强度。在一再通过加高待生套筒使待生催化剂进入一再密相床上部，然后向下流动，与主风形成气固逆流接触烧焦的良好条件。通过合理利用高含氧的二再烟气使得高含氧的气体首先和低含碳的催化剂相遇，低含氧气体则同高含碳的催化剂接触，因此，整个烧焦过程化学动力学速度比较均一，有利于提高总的烧焦强度，降低总藏量。在待生套筒出口配置特殊设计的待生催化剂分配器，使待生剂比较均匀地分布于再生器密相床上部，为形成逆流再生提供基本的条件。采用结构特殊的分配器，将二再烟气及携带的少量再生催化剂经均匀分布后进入一再密相床的适当位置，与一再密相床中的待生均配器、半再生催化剂抽出位置及一再主风分布器位置三者合理搭配，保证一再密相床流化均匀，并合理地利用二再含氧烟气中的过剩氧。

（4）二再用风量不受操作线速的制约。二再采用湍流床，并采用大小筒结构，使二再风量可在较大范围内变化。大小筒结构可减少二再烟气携带的催化剂，避免大量催化剂在一、二再之间反复循环的缺点。

（5）与其他两段再生技术相比，操作灵活。一、二再烧焦比例调节灵活，调节范围大；通过控制一、二再的主风流量和控制一再温度可以在一定范围内调节再生烟气中CO/CO_2的比例和两段烧焦比例；二再烧焦比例可在较大范围内变化。当装置生焦率低或处理量小时，大部分焦炭可在一再中烧掉，二再烧焦量仅作为维持一定的再生温度，再生温度降低有利于增加催化剂循环量，提高反应的剂油比，可优化反应的操作条件；当装置生焦率增加时，可将烧焦转移至二再进行，可通过调节二再主风量改变一、二再之间的循环催化剂量。与其他形式的两段再生相比，二再的烧焦比例可在0~40%的大范围内变化。

（6）与其他两段再生相比，烟气系统流程简单可靠。两个再生器仅设一套旋风分离器系统。全部含CO烟气自一再顶部直接进烟机、CO锅炉，可以充分回收全部再生烟气的压力能、化学能和热能。同时也提高了烟机运行的安全可靠性，大大简化了再生烟气能量回收系统的流程及操作。

☞ 75. 富氧再生有什么优点？

富氧再生有以下优点：

(1) 在氧气供应有保障时，采用富氧再生技术能大幅度提高减压渣油的处理能力，特别适合于老装置的原料重质化或扩能改造。

(2) 富氧再生技术，不仅减少了设备投资，缩短了改造周期，而且再生催化剂烧焦强度可提高32%，提高了装置的操作弹性和催化剂再生效果。

☞ 76. 如何保证富氧再生工艺的安全？

为保证富氧再生工艺的安全，需注意以下几点：

(1) 氧气的输送管道、储罐以及附件(控制阀、过滤器、垫片、禁油压力表等)选材全部执行国家标准，以减少氧气腐蚀，保证安全。每个阀门法兰之间接跨接导线，并保证跨接电阻小于0.03Ω。

(2) 氧气输送管道上设有控制压力和流量的设施，以便使纯氧流量能随意调节。

(3) 在主风管里增加了一个氧气分布器，使氧气混入点到辅助燃烧室入口的距离达到6m以上，同时还将辅助燃烧室接长了2m，使氧气与主风混合均匀。

(4) 设有特殊的安全报警及联锁系统。一般认为氧气安全浓度的上限在27%~30%。在富氧与主风混合管道上分别增设了两台氧浓度在线分析仪和三个混合温度指示，为安全起见，氧浓度超高联锁采用二选一，混合温度超高联锁采用三选二。当富氧主风中的氧浓度达到26%时，ESD会紧急报警；当氧浓度达到27%，混合温度超过290℃，氧气流控阀前压力低于0.23MPa或主风自保动作时，氧气自保联锁都会动作。此时氧气放空阀打开，氧气流控阀后切断阀关闭。

(5) 氧气管道在安装前全部经过脱脂处理，清除焊渣和毛刺。

☞ 77. 如何确定再生空气中氧浓度？

再生器烧焦空气中的富氧程度主要受到下列因素的限制：

(1) 原有装置的设计。若催化裂化装置的处理量或掺渣量增加，其下游系统(分馏、气压机、吸收稳定系统、产品精制系统等)应有扩大处理量的能力。

(2) 富氧空气中氧气浓度的限制。再生器的金属设备将限制烧焦空气中最大氧气浓度；而且当主风管道中氧气含量在30%~35%时就必须考虑特殊的设计，一般认为烧焦空气中氧气含量在23%~26%比较合适。在美国应用富氧再生的个别催化裂化装置中，主风中氧气含量最高达到36%。

(3) 主风中高富氧含量时，会受到催化剂上焦炭迅速燃烧的热效应的限制。因为高氧气分压会大大加快焦炭的燃烧反应，假如再生器内密相床层中空气和催化剂分布、接触不好，会导致床层内局部过热，因此在再生器局部区域可能会发生催化剂烧结和活性下降。根据国外富氧再生经验，并结合实际情况，燕山石化公司Ⅱ套催化裂化装置富氧浓度定为23%~26%。

☞ 78. 国内渣油催化裂化在再生部分采取的主要技术措施有哪些？

再生器的操作目标是维持足够的再生温度，以清除催化剂上的积炭；但再生温度又必须低到足以达到必要的剂油比。

为了达到上述目标，再生器设计要求有很好的温度调节灵活性，以满足催化剂烧焦和反应必要条件的要求。这种操作灵活性，可以通过逆流式两段再生和再生器增设取热器来实现。

(1) 两段再生。两段再生的目的是使因结焦而失活的待生催化剂达到完全再生，同时，使烧焦释放的热量最小。第一再生器是不完全燃烧，提高了烟气中CO的浓度，一般其CO_2/CO值在1.0左右，总燃烧热要比完全燃烧的低。第二再生器在高氧含量(2.0%)下，实现完全再生，把催化剂表面剩余的炭基本上完全烧成CO_2，使得再生剂碳含量达到0.05%以下。两段再生另一个优点是第二段中温度高，几乎没有水蒸气操作，可以防止高温、水蒸气对催化剂活性、选择性和破坏。

(2) 再生器取热。催化剂取热器吸收再生器烧焦多余的热量，使再生器热平衡的调节增加了一个自由度，也就是在不同生焦量下，增加了调节再生温度的灵活性，使再生温度与原料预热温度相配合，以满足反应所必要的剂油比，这对渣油裂化操作是很关键的。

(3) 采用钝化技术。渣油催化裂化中除选用合适的催化剂、采用合理的操作条件和采取必要的工艺技术措施来降低焦炭产率外，还必须采取减轻金属对催化剂污染的技术措施。

☞ 79. 为什么会产生二次燃烧？如何防止和处理？

从再生器密相上升的烟气中含有的一氧化碳遇到高温、高过剩氧，便会发生二次燃烧。

预防二次燃烧的措施有：

(1) 加一氧化碳助燃剂，控制较高的过剩氧，保证一氧化碳在再生器密相中完全燃烧。

(2) 部分再生时，控制较低的过剩氧和再生温度。

(3) 在再生工艺上采取高效再生，如烧焦罐再生。

当发生二次燃烧时，通常是采用降低主风量(降低过剩氧含量)和降低再生温度等措施，同时向稀相和旋风分离器注入冷却蒸汽以降低局部高温。在使用一氧化碳助燃剂的情况下，如果发生二次燃烧，首先应补加一氧化碳助燃剂和提高主风量，使一氧化碳在床层内烧掉。

☞ 80. 什么叫炭堆？发生炭堆时怎么办？

当生焦能力超过烧焦能力时，催化剂上焦炭量的增加成为主要矛盾，就会形成炭堆。此时催化剂上的焦炭量像滚雪球一样越积越多，催化剂活性不断下降。在操作上会出现以下情况：

(1) 烟气中氧含量下降，甚至降到零。

(2) 再生催化剂颜色变黑(当严重时颜色呈亮灰色)。

(3) 再生温度下降。

(4) 炭堆初始阶段旋风分离器压降增大。

(5) 严重时系统藏量上升。

(6) 回炼油罐液面增加，回炼油增多。

当发生炭堆时，通常采用降低生焦量的方法来处理，例如降低反应器进料量，减少回炼油和回炼油浆量等。必要时甚至要切断进料，流化烧焦。在再生器材质允许范围内，可适当提高再生温度和主风量。在处理炭堆时，要防止发生二次燃烧。

现在大多装置采用了一氧化碳助燃剂完全再生、高温再生的办法，烟气是过剩氧操作的。因此，发生炭堆情况不常见。

☞ 81. 再生器喷燃烧油在什么时候启用？启用时要注意些什么？

开工时，当再生器内催化剂被辅助燃烧室的烟气-空气混合物加热至大于燃烧油的自燃点后，即可以开始喷燃烧油。在生产过程中，当生焦量少、两器热平衡不足时，可使用燃烧油以补足热量。反应器切断进料后，也可使用燃烧油补充热量。

使用燃烧油主要是要注意再生器密相温度要大于燃烧油的自燃点，调节幅度要小，使用前要脱净水。此外，还有一个重要条件是床层催化剂必须淹没燃烧油喷嘴。

☞ 82. 当轻柴油和重柴油分别作燃烧油时它们的起燃温度是否一样？为什么？

因为重柴油比轻柴油的沸点高，容易自燃，即自燃点低。所以用轻柴油作燃烧油与用重柴油作燃烧油，各自的起燃温度是不一样的。

☞ 83. 再生器不进主风时，为什么要关闭燃烧油进再生器的总阀？

一般情况下，燃烧油是由控制阀控制的，控制阀有时有泄漏。燃烧油燃烧需要氧气，没有氧气便不能燃烧。当再生器不进主风时，其中的氧气只有松动风一个来源，量很小。如果燃烧油不燃烧，就会积在催化剂上，一旦遇到空气，就有爆燃的危险。所以，要求再生器不进主风时，关闭燃烧油总阀，以防燃烧油漏入而造成危险。

☞ 84. 再生器喷水和喷汽的降温效果哪个好？为什么？

喷水的降温效果比喷汽好。因为喷水时，水蒸发成蒸汽所吸收的热量比蒸汽升温吸热大得多，所以其冷却效果好。

☞ 85. 再生器喷水会有什么问题？

水碰到高温催化剂会迅速汽化，而使催化剂热崩。另外，水碰到高温设备，也会使设备和构件变形、裂开而损坏。因此喷水喷嘴每次检修时要进行检查。检修好后，安装前要试用，以保证雾化良好。

☞ 86. 如何测量两器密度？

测量两器密度的方法如图 3-1 所示。

（1）分别测出 P_1 和 P_2，或 ΔP。

（2）测出两测压点间距 H。

（3）计算：

$$\rho=\frac{P_2-P_1}{H}=\frac{\Delta P}{H}$$

式中 ρ——A、B 两点间平均密度，kg/m^3；

P_1——A 点处压力，kgf/m^2；

P_2——B 点处压力，kgf/m^2；

ΔP——A、B 两点间压差，kgf/m^2；

H——A、B 两点间距离，m。

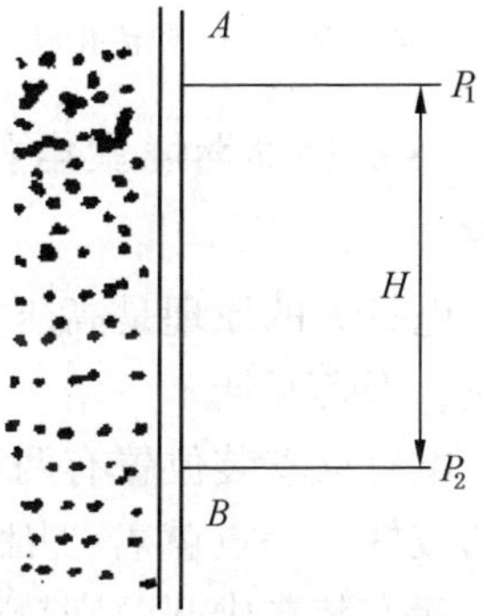

图 3-1　测量密度示意图

☞ 87. 如何测量两器藏量？

藏量等于床层体积 V 乘以床层平均密度 ρ。而床层体积 V 可根据两器不同位置的形状及尺寸求得。因不同的位置有不同的 ρ 值，所以，应分别测出不同位置的密度 ρ，算出不同位置的体积 V，然后求出两器总藏量 $W_{总}$：

$$W_{总}=\sum V_i\rho_i$$

如果有一流化床，其床身无变径，则：

$$W_{总}=V\cdot\rho=F\cdot H\cdot\frac{\Delta P_{总}}{H}=F\cdot\Delta P_{总}$$

式中 $\Delta P_{总}$——床层总压降，kgf/m^2；

H——两测压点间距，m；

F——床层有效截面积，m^2；

W——床层总藏量，kg；

V——床层体积，m^3；

ρ——床层密度，kg/m^3。

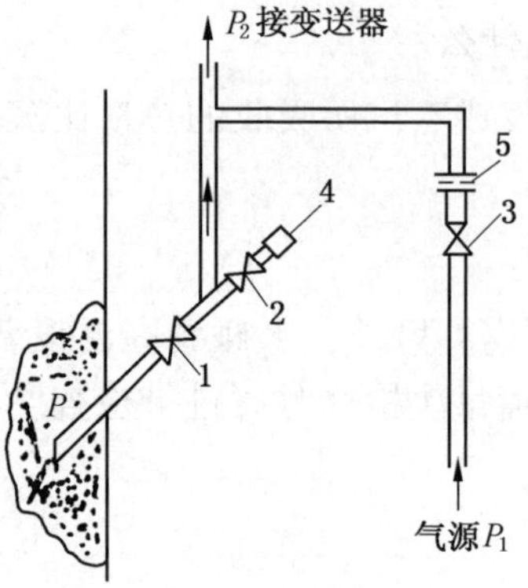

图 3-2　反吹风示意图
1，2，3—针形阀；
4—堵头；5—限流孔板

88. 两器测压点为什么要用反吹风？其要求是什么？

图 3-2 为反吹风示意图。因为两器系统充满了催化剂，在测压点内若不用反吹风，则很快就会堵塞。因此，需用反吹风，以保证管线畅通。

因为反吹风量很小，变化也很小，因此，$P_2 \approx P$。气源为空气，根据空气的绝热指数计算，临界压缩比为 0.528，据此可以确定孔板前的反吹风压力 P_1 应为被测压力的 2 倍以上，即 $P_1 \geqslant P_2$。因此，反应-再生系统的反吹风压力，对于低压再生需要 0.4～0.6MPa(绝压)，对于高压再生一般要求 0.6MPa(绝压)以上。

89. 辅助燃烧室电打火的原理是什么？电打火安装位置有几种？哪种较好？

电打火的原理是高压放电。380V 的电变压成 6000V 后，在尘端放电，产生火花，引燃瓦斯。

电打火安装位置有两种：一种是安装在中部，另一种安装在顶部。安装在顶部的较好，一点就着，因为顶部处于主风中，只要瓦斯出来，碰到火花就可点燃；而安装在中部，则较难点燃，因为要掌握风和瓦斯的比例才行。

90. 点辅助燃烧室前，为什么要分析瓦斯的氧含量？

因为瓦斯与氧混合有个爆炸范围，在此范围内，遇到明火即会发生爆炸。例如，丙烷的爆炸范围为 2.1%～9.5%。所以要分析瓦斯中的氧含量，并且连续两个分析成绩<1%才能点辅助燃烧室。

91. 旋流式旋风分离器的工作原理是什么？

旋流式旋风分器的结构如图 3-3 所示，它由筒体、一次气进口、二次气喷嘴、净化气出口管和挡灰圈等主要部件组成。一次气进口位于分离器下部中心，装有导向叶片和稳流体。二次气喷嘴包括顶喷嘴和侧喷嘴共 12 个，分成两列割向向下倾斜安装。二次气喷嘴垂直安装角为 35°～40°，水平径向安装角为 55°～60°。烟气分成两部分进入分离器，由一次气进口进入分离器的称一次气。一次气经导向叶片旋转上升。由上部二次气喷割向向下喷入的气体称为二次气。二次气进入分离器后旋转下降。一次气和二次气旋转方向相同，但轴向流动方向相反。固体微粒受离心力的作用向外分离，并进入旋转下降的二次气流中，使之从挡灰圈与耐磨层中间的窄缝进入灰仓。只有少量的二次气碰到挡灰圈后回转向上与一次气混合。已净化了的气体经上部出口挡圈进出。

旋流式分离器和一般旋风分离器结构形式不同。气流流场与分离机理也不同。

旋流式分离器二次气流碰到挡灰圈后回转向上流动，形成旋涡流，上升的二次气流在一次气出口处与一次气混合则形成较强的旋涡流，这正是固体微粒的重要分离区。在旋涡区，气流切向速度比较大，使固体微粒受较强的离心力作用，同时旋涡径向向外流动的携带力与固体微粒分离的运动方向一致，这样有利于固体微粒的分离。

此外，旋流式分离器可以消除普通旋风分离器易于产生的局部涡环，特别是出口附近的上涡环，使固体微粒在上部集聚逃逸的机会减少。在下部，固体微粒被二次气流夹带着强烈旋转下降，进入灰仓，减少了微粒返混。

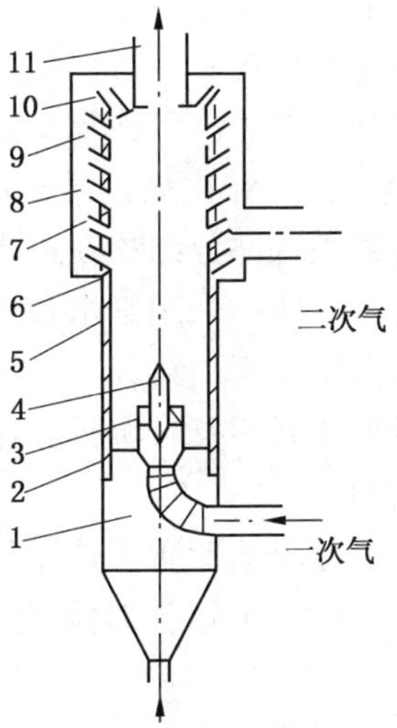

图 3-3　旋流式旋风分离器示意图
1—灰仓；2—挡灰圈；3—导向叶片；4—稳流体；5—耐磨层；6—筒体；7—侧喷嘴；8—夹套；9—出口挡圈；10—顶喷嘴；11—出口管

旋流式分离器由于其特殊的结构形式，使固体微粒有可能在上行的强制涡和下行的自由涡间混合层中发生碰撞和凝聚，从而有利于固体微粒的分离。

☞ 92. 操作变化对催化剂损耗有什么影响？

操作变化对催化剂损耗的影响如下：

（1）操作压力。如果压力操作不稳定或突变，会加大烟气中催化剂夹带量，使催化剂损耗增加。因此，在正常操作中应保持两器差压及再生器压力平衡。

（2）主风及各项蒸汽。若主风量或水蒸气量加大或发生大幅度变化，则会增加床层线速及旋风分离器入口线速，使催化剂带出量增加。尤其是水蒸气大量带水或喷入事故降温水，则不仅增加线速，而且使催化剂严重破碎，增加细粉，使催化剂损失更大。

操作中，在保证再生器烧焦最佳条件，使再生剂碳含量最低的前提下，尽量减少主风量及各种蒸汽和松动风量。除在万不得已的情况下，绝不能喷事故降温水。

（3）燃烧油及 CO 助燃剂。燃烧油燃烧的烟风比为 1.13，加上燃烧速度快以及燃烧后的高温造成气体膨胀。因此喷入燃烧油后，即使主风量不变，也会造成气量突增，再生器压力剧烈变化。双动滑阀猛开猛闭，造成催化剂大量跑损。另一方面，由于燃烧油是局部方位喷入，故造成整个床层的不均匀性(如雾化不好，更加剧之)。因此，尽量不用燃烧油。若要使用，必须缓慢调节燃烧油量，同时使燃烧油雾化良好。

使用助燃剂后，可停喷燃烧油。同时，又大大减少二次燃烧的发生，减少了使用各种冷却蒸汽、冷却水的机会，这对降低催化剂损耗具有很好的作用。

(4) 新鲜催化剂的补充。由于新鲜剂中40μm以下的细粉约占18%～20%，所以为避免这部分细粉在进入再生器后被气流夹带损失掉，在补充新鲜剂时应控制量要小一些，采用细水长流的补充原则。同时，要使两器操作保持平稳。

若启用大型加料，一方面使催化剂进入再生器后的跑损量增加，另一方面如生焦量增加后不及时调整操作，会导致炭堆的发生，操作发生剧烈变化，催化剂损耗增加。

(5) 原料油性质。若原料油性质变化过于频繁，过于剧烈，则会使整个操作发生变化而不平稳，对降低催化剂损耗极为不利。原料油带水时，操作影响尤其大。

(6) 平稳操作。如果工艺条件和操作不当，造成炭堆或尾燃以及两器压力大幅度变化，严重时甚至被迫切断进料以及其他类型事故发生，造成装置被迫停工等，都会引起催化剂损耗成倍增加。因此必须平稳操作，安全生产。

(7) 选择适宜的床层线速和催化剂藏量，以降低旋风分离器入口浓度。

☞ 93. 催化剂质量是如何影响催化剂损耗的？

催化剂质量中几个主要项目对催化剂损耗的影响如下：

(1) 粒度组成的影响。颗粒越小，越易流化，表面积越大，但气体夹带损耗量也加大。新鲜催化剂中小于40μm的细粉含量在15%～20%时，流化和再生性能好，气体夹带损失也不大。细粉过多，会大大增加损失。粗粒过多，流化性能差，且本身破碎和对设备磨损加大。

(2) 颗粒密度的影响。颗粒密度越低，催化剂带出量越大。新鲜催化剂颗粒密度约为800～900kg/m^3，平衡催化剂颗粒密度为1100～1300kg/m^3。新开工的装置加入平衡剂比加入新鲜剂的损耗量少，其原因就在此。

(3) 催化剂湿度影响。湿度大，催化剂加入系统易热崩溃碎裂，增大其损耗量。因此，不仅要求制造催化剂过程中含水分不能大，而且在贮备运输过程中，不能受潮而使湿度增加。

(4) 圆度影响。由于喷雾干燥成型时圆度较差，在显微放大镜下观察时，呈棱角较多，或大颗粒外粘有小颗粒较多，这样磨损指数较大，使用时损耗就大。

☞ 94. 要减少催化剂损耗，在装置开停工时，装卸催化剂应注意些什么？

开工装催化剂时，在一级料腿被催化剂封住以前，加入的催化剂大多数是由一级料腿倒窜跑损掉。此时，应启用大型加料，速度尽量要快，降低稀相线速，降低旋风分离器入口浓度，主风量应适度降低，缩短加催化剂、封住料腿的时间。

两器流化升温时，主风量不宜过大，时间不宜太长。在达到喷油条件的前提下，及早喷油。这样，既能减少流化期间的催化剂跑损，又能减少油浆外排的催化剂损失。

此外，封料腿前装的催化剂，最好使用平衡催化剂，避免因催化剂细粉多、含水多、相对密度小而增加损耗。

停工装卸催化剂时，压力、温度按规定控制好，风量要降低，按顺序转剂卸料。在保证不超温的前提下加快卸料速度。要注意控制好松动风、输送风通入量，避免窜入分馏系统引起事故。

☞ 95. 开工装催化剂时，为什么开始要快装，而过一段时间后又要慢装呢？

开工装催化剂前，再生器中是空的，当装催化剂时，旋风分离器的料腿没有料封，所以不能正常工作，使带出再生器的催化剂量很大。为此，要迅速建立料封，使旋风分离器正常工作，以减少催化剂跑损。所以，一般开始装催化剂的速度是很快的。当旋风分离器工作正常后，此时的主要矛盾是将密相温度尽可能快地提起来，以便早些喷入燃烧油。此时，如果加入大量冷催化剂，就很难把密相温度提起来(注意不要使辅助燃烧炉超温)。所以，加催化剂的速度宜慢些。

☞ 96. 停工卸料时为什么要保持正差压？

一般来说，由于磨损，单动滑阀全关时，仍有泄漏。停工卸料时，尽管单动滑阀已全关，但仍难免有气体互窜。

保持正差压就是保证反应压力稍大于再生压力。这样沉降器中的蒸汽可能会倒窜到再生器中去，这没有什么关系。如果是再生压力大于反应压力，再生器中的风就可能会窜到反应器、分馏塔中去，使系统中的硫化铁、油气自燃而发生危险。所以在停工卸料时，要保持正差压。

☞ 97. 卸催化剂的速度为什么不能过快？

再生器中催化剂温度比较高，开始卸剂时，催化剂温度为500～700℃。如果卸料过快，会使催化剂卸料管线和储罐超温变形而造成损坏。所以一般以控制催化剂卸料管线温度不大于430℃为宜。

☞ 98. 塞阀的控制系统的流程是怎样的？

塞阀设计为气开式，即当气动调节信号为20kPa时阀全关，气动信号为100kPa时阀全开。其控制系统流程如图3-4所示。

由管网来的净化风(0.6MPa)经空气过滤器、喷雾润滑器、气动指挥阀、错气排气阀后，或直接进入风动马达作为关阀风，或经过快开阀作为开阀动力风，风动马达带动蜗轮旋转使螺套相应地正反转，以带动阀杆上下运动。

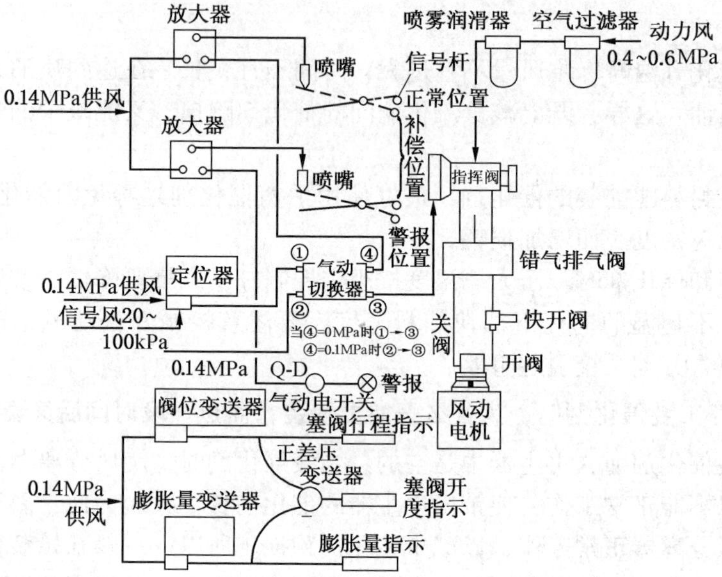

图 3-4 塞阀控制系统流程

风动马达的转向是根据气动调节信号通过定位器、气动切换器及气动指挥阀而自动操作，同时由阀位变送器传出阀杆的实际行程并和膨胀量指示器传出的信号相减而得到实际阀位。

进入风动马达的动力风一部分从马达排出口排出，残留在转子叶片间的余气由错气排气阀排出。

☞ 99. 主风和烟气为什么选用蝶阀控制？

蝶阀适用于压差低、流量大的气体，以及含有固体悬浮物的流体场合。

主风和烟气管线上的调节阀，要求其压降尽可能地低，以减少能量的浪费；主风和烟风流量很大，管线很粗，如果用直通双座调节阀，调节速度较慢，价格较高；烟气中含有催化剂粉末。

由于主风和烟气管线有以上 3 个特点，故采用蝶阀较为合适。

☞ 100. 蒸汽抽空器的作用、结构及原理是什么？

蒸汽抽空器的作用是产生真空。

蒸汽抽空器是由喷嘴、扩压管和混合室构成，如图 3-5 所示。

工作蒸汽进入喷射器中，先流经喷嘴将压力能变成动力能。压力下降而流速加快，在喷嘴出口处可以达到极高的速度(1000~1400m/s)，因而压力急速降低，在喷嘴周围形成了高度真空。不凝气(被吸流体)从进口处被抽吸进来，在混合室内与驱动流体开始混合，然后驱动流体带着不凝气一起进入扩压管。在扩压管

(又称混合管)前部，两种流体进一步混合，进行能量变换，使工作蒸汽减速而不凝汽则加速。在扩压管中混合流体的动能又转变为压力，流速降低而压力逐渐升高。

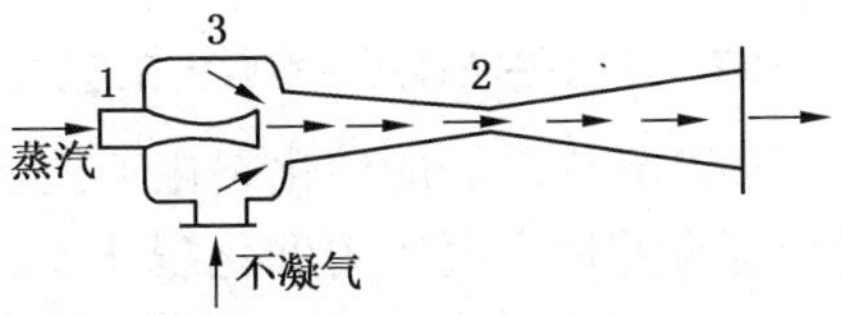

图 3-5　蒸汽抽空器示意图
1—喷嘴；2—扩压管；3—混合室

由此可见，抽空器排出气体的压力，可以高于不凝气的吸入压力，从而把不凝气从冷凝器(催化剂罐等)抽出而排入压力高的地方，并在容器中形成真空。

☞ 101. 什么是 MIP 工艺？

MIP 的设计思想是既保留提升管反应器具有高反应强度的特点，同时又能够进行某些二次反应以多产异构烷烃和芳烃，为此设计了一种新型提升管反应器。该反应器具有如下特征：新型提升管反应器是在现有的提升管反应器基础上将反应器分成 2 个反应区(如图 3-6 所示)。第一反应区类似现有的提升管反应器，油气和催化剂混合后，在该区以一次裂解反应为主，采用较高的反应强度，即较高的反应温度和剂油比，生成较多的烯烃和处理较重的原料油；经较短的停留时间后进入扩径的第二反应区下部，该反应区与传统的提升管反应器的不同之处在于降低油气和催化剂的流速，可以注入急冷介质和采用其他措施，降低该区反应温度，以抑制二次裂化反应，增加异构化和氢转移反应，从而使汽油中的异构烷烃和芳烃含量增加；物流在该反应区停留时间较长，然后进入径向收缩的出口区，该区也类似传统的提升管反应器顶部出口部分，物流在该区停留时间较短，也是为了抑制过裂化反应和增加流体线速；然后物流进入分离系统进行气固分离，分离出的气相由旋风分离器出口引出，催化剂颗粒经汽提后进入再生器。

2002 年，MIP 工艺在中国石化高桥分公司 1.4Mt/a 催化裂化装置实现工业化。在装置的原料性质、处理量、掺渣量和物料平衡基本不变的情况下，MIP 工艺比 RFCC 工艺生产的汽油中的烯烃含量下降了 10%左右。截至 2018 年底，有 126 套催化裂化装置采用 MIP 系列工艺技术，使用该工艺技术的总加工能力占全国催化裂化装置总加工量的 70%以上。从已运行的 MIP 工业装置标定结果来看，该技术不仅明显降低装置加工能耗，而且降低汽油烯烃、硫含量和苯含量，从而减少有害物质的排放，同时该技术提高装置液收间接减少生产过程中的二氧化碳的排放。MIP 系列工艺过程反应化学特征在于分别强化

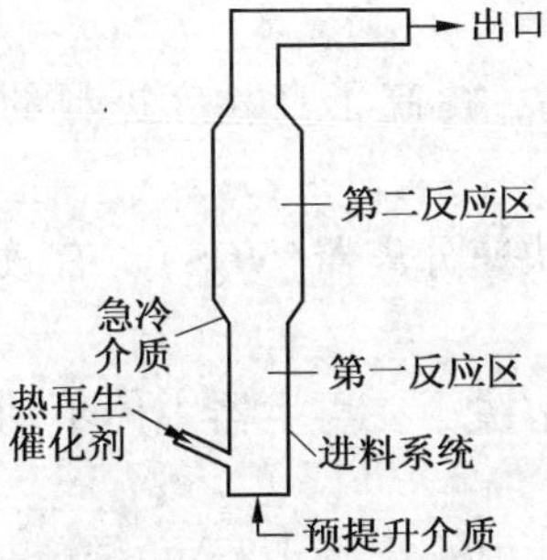

图 3-6　新型提升管反应器简图

裂化反应和氢转移反应。

☞ 102. 什么是 MIP－CGP 工艺？

在多产异构烷烃的催化裂化工艺技术的基础上，开发了生产汽油组成满足欧三排放标准并增产丙烯的催化裂化工艺，即 MIP－CGP。该工艺采用专用的催化剂，具有不同孔结构和活性组分，从而在不同的反应区起着不同的作用，目的在于既能够处理较重的原料油，又能提高液化气产率及液化气中丙烯浓度，同时还要保持汽油中含有较高的异构烷烃和较低的烯烃含量，因此专用催化剂具有较强的一次裂化反应，适当的二次裂化反应深度，适中的氢转移活性和较好的水热稳定性。

☞ 103. 什么是催化裂化过程中过裂化现象？

在催化裂化工艺中，汽油馏分通过二次裂化转变成轻烯烃，叫作催化裂化过程中的过裂化现象。

由反应温度升高引起的催化裂化过裂化反应属于过度热反应。过裂化点后干气和焦炭产率出现明显增加的趋势，但液化气产率则匀速增加。

由剂油比增加引起的催化裂化过裂化反应属于过度催化反应。过裂化点后液化气和焦炭产率出现明显增加的趋势，但干气产率基本上没有变化。

☞ 104. 什么是大庆减压渣油催化裂化（VRFCC）技术？

VRFCC 是一项加工大庆减压渣油的催化裂化新工艺。该工艺专利技术主要包括：

（1）高黏度原料的减黏雾化技术。

（2）无返混床剂油接触实现热击汽化及高重油转化技术。

（3）短接触反应抑制过裂化和结焦技术。

（4）再生温差及再生剂温度调控协调初始反应深度及总反应苛刻度技术。

（5）应用 VRFCC 专用催化剂（DVR 系列）技术。

第一套 VRFCC 工业装置是由北京燕山石化公司炼油厂催化裂化装置改造成 800kt/aVRFCC 装置，该装置工程设计的主要特点有：

（1）提升管反应器采用了新一代高效雾化喷嘴，提高了高黏度进料的雾化效率。

（2）采用带四层预汽提段和三臂旋流头的旋流快速分离器（VQS），有效地降低了焦炭氢含量。

（3）使用了在我国首次采用的富氧再生技术，解决了在再生器主体不动、主风量不足的前提下烧焦量增加约 60%的难题。

（4）采用了新的防焦蒸汽注入设计，有效地防止了加工高生焦母体渣油进料的反应系统、沉降器内部构件、穹顶及大油气管线等部位的设备结焦问题。

此外，该装置技改项目中还包括了7项我国近年来行之有效的重油催化裂化技术。

☞ 105. 什么是毫秒催化裂化(MSCC) 技术?

MSCC是UOP公司开发的。在MSCC过程中，催化剂向下流动形成催化剂帘，原料油水平注入与催化剂垂直接触，实现毫秒催化反应。反应产物和待生催化剂水平移动，依靠重力作用实现油气与催化剂的快速分离。这种毫秒反应以及快速分离，减少了非理想的二次反应，提高了目的产物的选择性，汽油和烯烃产率增加、焦炭产率减少，能更好地加工重质原料，且投资费用较低。

现在已有2套MSCC装置正在运转。一套位于Coastal公司的EaglePoint炼油厂，处理能力为2.8Mt/a；另一套建在TranAmerican炼油公司，处理能力为5.0Mt/a。另外还有一套全新的MSCC装置将在土库曼斯坦炼油厂建成投产。

☞ 106. 什么是催化裂解(DCC) 工艺?

DCC(Deep Catalytic Cracking)工艺是一项重油制取低碳烯烃技术，是全球第一个工业化的以生产丙烯为目的的FCC技术。该技术现已在国内建立8套工业装置，在国外建立4套工业装置。近年来，DCC技术还在不断发展和完善。这些新进展主要有两个方面：一个是开发系列催化剂产品，另一个是改进工艺以进一步提高轻烯烃、特别是丙烯的产率。在催化剂开发方面尽量使品种多样化，以满足不同用户的需要，而新开发的渣油催化裂解催化剂已经在全常压渣油催化裂解装置上使用。在工艺改进方面也已经取得很好的实验结果，以大庆蜡油掺渣油为原料可以得到28%的丙烯产率，同现有DCC技术相比丙烯产率可以提高6个单位以上。

☞ 107. 什么是增强型催化裂解技术(DCC-Plus)?

在催化裂解(DCC)技术的基础上，增加第二提升管，将从再生器来的高温催化剂输送至第三反应器密相床层，调节第一提升管的温度梯度分布以及床层反应器的反应环境，提高低碳烯烃产率和选择性，同时降低干气和焦炭产率。另外，第二提升管可以回炼装置自产或外来的碳四馏分和轻汽油馏分，进一步提高低碳烯烃的产率。该技术已在国内建立5套工业装置，其中最大规模为400万t/a，在国外建立2套工业装置。

☞ 108. 什么是多产柴油的催化裂化(MDP) 技术?

石油化工科学研究院在传统的增产柴油工艺技术的基础上开发出催化裂化增产柴油的新工艺MDP。该工艺主要具有以下特点：

(1) 可以加工重质、劣质的催化裂化原料。

(2) 采用配套研制的增产柴油催化剂，且维持平衡剂的活性适中。

(3) 应用原料组分选择性裂化技术，将催化裂化原料按馏分的轻重及其可裂化性能区别处理，在提升管反应器的不同位置注入不同的原料组分，使性质不同的原料在不同的环境和适宜的裂化苛刻度下进行反应。

(4) 采用较为苛刻的裂化条件和适宜的回炼比，装置的加工量和汽油的辛烷值不会受到影响。

☞ 109. 什么是单器两级再生(RegenMax)?

通过对单段再生和两段再生特点的研究，Kellogg 技术公司和 Mobil 技术公司联合开发了 RegenMax 技术。其特点是采用单个再生器，并在再生器密相的适当部位加入一块专利挡板。催化剂与主风逆流接触，通过这块挡板可以达到减少返混和多级再生的目的。冷模试验表明，通过加入挡板可将再生器上部和下部的催化剂返混减少 80%，使在再生器稀相的催化剂携带量减少 50%以上。

使用 RegenMax 后，该装置可以以部分燃烧方式操作达到完全燃烧的再生效果，且能使再生器直径缩小 11%、主风量降低 22%、催化剂藏量减少 5%。

☞ 110. 什么是逆流两段再生技术?

某重油催化裂化装置的再生部分采用了同轴/串联/逆流两段再生工艺，施工周期短、投资少。该工艺可使第二再生器(二再)的氧浓度达 5%以上，创造了富氧再生的有利条件，并将二再的富氧烟气引入第一再生器(一再)，使主风得到充分利用，还避免了采用并列/并流两段再生工艺时富氧烟气与一再的富 CO 烟气混合引起的尾燃及设备超温问题，为实现再生器的平稳操作提供了有利的前提条件。

☞ 111. MGG 和 ARGG 工艺的主要特点是什么?

以蜡油、掺渣油为原料的 MGG 工艺技术和在此基础上开发的以常压渣油等重油为原料的 ARGG 工艺技术，是采用具有特殊反应性能的 RMG、RAG 系列催化剂及相应的工艺条件，通过提升管或床层反应器，最大量地生产富含低碳烯烃的液化气和高辛烷值汽油的新型催化转化工艺技术。

该工艺技术的主要特点是:

(1) 油气兼顾，既大量生产富含低碳烯烃的液化气，又大量生产高品质汽油。以石蜡基原油的 VGO 为例，MGG 工艺技术可达到液化气产率 35%(质)，汽油产率 45%(质)以上，汽油 RON92~94，诱导期 500~1000min。

(2) 原料广泛。可以加工多种原料，如蜡油、掺渣油、常压渣油或原油等重质原料。

(3) 采用活性高、选择性好、抗重金属污染能力强，具有特殊反应性能的 RMG、RAG 系列催化剂。

(4) 适宜的工艺操作参数与独特性能的催化剂合理配合，实现了同时兼有催化裂化正常裂化区与过裂化区的二者的优点。在转化率远高于一般催化裂化情况下，汽油安定性好，焦炭和干气无明显增加。

(5) 操作灵活。可根据市场变化的需要，通过改变工艺参数或采用不同操作条件(单程、重油回炼、重柴回炼等)来调整汽油、柴油和液化气等产品分布和收率。

☞ 112. 什么是 MIO 工艺技术?

多产异构烯烃(MIO)工艺技术是石油化工科学研究院开发的最大量地生产异构烯烃的新工艺技术。该工艺技术以掺部分渣油的重质馏分油为原料，使用 RFC 催化剂，在特定的工艺条件下，采用特定的反应工艺技术，以达到大量生产异构烯烃(异丁烯、异戊烯)和高辛烷值汽油的目的。

☞ 113. MIO 工艺的技术特点是什么?

MIO 工艺技术以减压蜡油掺炼 20%左右减压渣油为原料，混合进料的残炭为 3%、重金属 Ni 含量为 3μg/g、V 含量为 5μg/g。MIO 工艺技术在加工上述原料时，其目的产物异构烯烃($iC_4^=+iC_5^=$)产率达到 10.18%，丙烯+异构烯烃产率达到 20.41%(质)，同时 93#汽油产率可达到 40.74%。MIO 工业装置的原料性质、主要操作条件和产品分布见表 3-2。

表 3-2　MIO 工业装置的原料性质、主要操作条件和产品分布

主要操作条件		产品分布/%(质)	
反应压力/MPa	0.15	干气	3.51
反应温度/℃	531	液化气	29.72
回炼比	0.12	汽油	40.52
原料性质		柴油	18.07
密度(20℃)/(g/cm³)	0.8898	焦炭	7.66
残炭/%	3.1	主要烯烃产率/%(质)	
Ni/(μg/g)	2.66	$C_3^=$	10.23
V/(μg/g)	5.74	$iC_4^=$	4.82
		$iC_5^=$	5.36

MIO 工艺技术的催化剂为石油化工科学研究院开发的 RFC 专利催化剂。它选用了新型催化材料和专利分子筛，具有良好的异构烯烃选择性和抑制氢转移反应的能力，可减少中间裂化产物烯烃进行氢转移反应的程度；它增加了反应物分子、特别是重油大分子对酸性中心的可接近性，加强了一次裂化深度；同时它优化了孔尺寸分布，较好地抑制了二次反应深度，改变了产物中碳三、碳四、碳五烯烃的比例。RFC 催化剂以上这些特点在工业试验中得到了较好的验证。MIO 工艺技术所使用的 RFC 催化剂不仅具有良好的异构烯烃选择性，同时具有良好的抗重金属污染性能，在平衡剂 Ni、V 总污染量为 5000μg/g 的情况下，活性维持在 60 左右，表面积损失率只有 47%。

☞ 114. MIO 工艺的产品性质如何？

MIO 工艺技术的目标产物异丁烯在液化气中的质量分数达到 13.90%，丙烯达到 39.21%，异戊烯在汽油中的质量分数达到 12.69%。经过气体分馏后，丙烯纯度可达到聚丙烯的要求，异丁烯和异戊烯可作为 MTBE 和 TAME 的原料。MIO 工艺技术另一主要目标产物汽油的 MON 为 81.5、RON 为 94.6。与常规催化裂化汽油比较，MON 提高 1.0~1.6 个单位、RON 提高 3.5~4.5 个单位，安定性相当，符合国家 93 号高辛烷值汽油的标准。MIO 工艺技术所产柴油十六烷值为 27~30，需用直馏柴油调和后方可出厂。

☞ 115. 什么是 MGD 工艺技术？

多产液化气和柴油工艺技术(Maximizing Gasand Diesel，MGD)是石油化工科学研究院(以下简称石科院)以重质油为原料，利用现有的催化裂化装置经过少量改造，即可在常规催化裂化装置上同时增产液化气和柴油，并大幅度地降低催化汽油中烯烃含量的一项新工艺技术。MGD 工艺技术的工业试验，是石科院与福建炼油化工有限公司、广州石化总厂共同合作完成的。

MGD 工艺技术要求新鲜裂化原料的轻重组分(蜡油和常渣)采用不同进料方式，进行选择性裂化反应。重质原料油要求在高苛刻度下进行反应，轻质原料油在低苛刻度下进行反应，以增加重质原料油的一次裂化深度并协调柴油馏分的生成和保留率。为调节产品结构，MGD 工艺技术采用粗汽油进料，通过粗汽油在密相上行床的二次反应，一方面使其裂化成低碳烯烃，另一方面通过调节新鲜裂化原料的反应环境和苛刻度，增加柴油馏分的生成率。

MGD 专用催化剂 RGD-1 是根据 MGD 工艺技术的工艺特点专门开发的一种催化剂。该催化剂采用具有大、中孔结构的担体和具有二次孔分布的超稳 Y 型分子筛，作为提高重油转化能力以及提高柴油和液化气产率的基本材料，通过 Y 型分子筛孔内表面酸性调变来调节超稳 Y 型分子筛的酸强度，以控制柴油馏分的再裂化，并有利于汽油馏分的再裂化。同时，采用择型分子筛能够进一步促进汽油馏分的链烯烃和烷烃的再裂化，以保证催化裂化催化剂提高柴油和液化气产率及降低汽油烯烃含量的综合效果。

☞ 116. MGD 工艺的特点是什么？

MGD 工艺技术具有以下特点：

(1) 采用粗汽油控制裂化工艺技术。通过粗汽油在密相上行床的二次反应，一方面使其汽油中低碳烯烃裂化及部分烯烃芳构化，达到降低汽油中烯烃含量及提高汽油辛烷值的双重目的；另一方面通过调节裂化原料的反应环境和反应苛刻度，可较大幅度增加柴油馏分的生成量和保留度。

(2) 重质原料油在高苛刻度下反应，轻质原料油在低苛刻度下反应，新鲜裂化原料的轻重组分采用不同的进料方式进行选择性裂化，可增加重质原料油的一次裂化深度和柴油馏分的生成与保留率。

(3) 常规催化裂化装置只要按 MGD 工艺技术的要求进行少量的改造，即可使原催化裂化装置灵活地增产液化气和柴油，液化气和柴油产率明显大于常规的催化裂化工艺技术，同时汽油中烯烃含量有较大幅度的降低。

(4) 高价值产品产率(液化气+汽油+柴油)与常规催化裂化工艺技术相当。

(5) MGD 工艺技术专用催化剂 RGD-1 具有优良的重油转化能力和抗重金属污染能力，产品选择性特别是干气和焦炭选择性优异。

(6) MGD 工艺技术具有高度的操作灵活性和产品灵活性，可以进行汽油方案、柴油方案、液化气+柴油方案和液化气等方案的操作，各操作方案的调整十分方便而且调整时间很短。

(7) MGD 工艺技术的反应机理表明，本工艺技术降低汽油烯烃和损失辛烷值不是一对矛盾。在 MGD 的汽油裂化反应中，在汽油烯烃含量大幅度降低的同时，芳烃和异构烷烃含量大量增加，使 RON 和 MON 明显提高，这是 MGD 工艺技术在生产清洁燃料方面的重要特点。

☞ 117. 什么是两段提升管催化裂化工艺技术？

石油大学开发了两段提升管催化裂化工艺技术(two-stage riser fluid catalytic cracking)，强化和改善了催化反应过程，有效地提高了转化深度、轻质油收率和液体产品收率；改善了产品质量，显著降低了催化汽油中的烯烃含量，增加了催化汽油中的异构烃和芳烃的含量，提高了汽油的辛烷值。

两段提升管催化裂化工艺技术的反应器示意图见图 3-7。

两段提升管催化裂化工艺技术具有以下特点：

(1) 两段提升管的总反应时间 1.6s 左右，相当于常规催化裂化反应时间的二分之一。反应时间的缩短大大减少了过裂化反应的机率，为追求高转化率提供了条件。

(2) 两段提升管催化裂化工艺技术能够在催化剂活性和选择性严重降低时，及时将其分出并更换为新的再生催化剂进行第二段反应。这样，尽管总反应时间缩短，但催化剂的活性和选择性却大大提高，

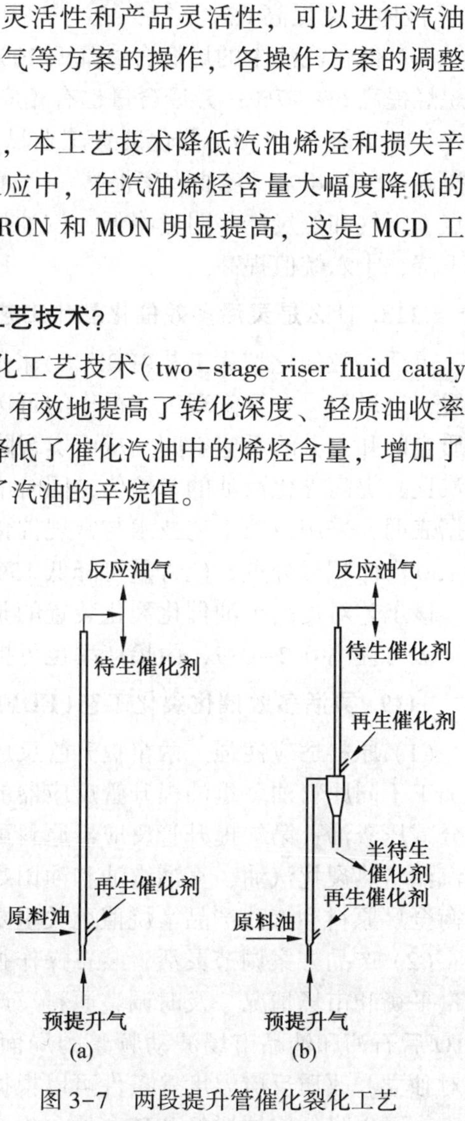

图 3-7 两段提升管催化裂化工艺技术的反应器示意图

有利于中间产物的生成，提高反应过程中催化裂化反应的比重，减少热裂化反应和不利的二次反应，降低催化汽油中的烯烃含量，增加催化汽油中的异构烃和芳烃的含量。

石油大学用同种牌号催化剂（RHZ-300、RHZ-200混合工业平衡催化剂）、处理同种原料油（孤岛蜡油掺10%减压渣油），分别采用最优的操作条件进行试验的结果表明，两段提升管催化裂化工艺技术具有明显的优势：

（1）大幅度提高了单程转化率（平均提高8.78%，最高提高10%以上）。

（2）高转化率下仍能获得好的产品分布：汽油收率提高2%，轻油收率提高1%，液体收率提高6%。

（3）催化汽油中的烯烃含量降低10%，可降低到35%以下；催化汽油中的异构烷烃提高6%~7%；芳烃含量也有相应的增加。

年加工能力10万t催化装置工业试验显示，该项工艺技术可使装置处理能力提高30%~40%，轻油收率提高3个百分点以上，液体产品收率提高2~3个百分点，干气和焦炭产率明显降低，汽油烯烃含量降低20个百分点，催化柴油密度下降，十六烷值提高。

☞ 118. 什么是灵活多效催化裂化工艺（FDFCC）？

灵活多效催化裂化工艺（FDFCC）采用一套设有两根提升管反应器的催化裂化装置，通过双提升管实现工艺操作的可选择性，为汽油理想二次反应提供独立的改质空间和充分的反应空间，从而实现降低催化裂化汽油的烯烃和硫含量，改善柴汽比，提高催化汽油的辛烷值，同时增产液化气和丙烯的目的。对比工业试验数据表明，采用该项工艺技术与常规催化裂化工艺相比，催化汽油烯烃含量降低20~30个体积百分点，硫含量可降低15%~25%，辛烷值可提高1~2个单位。同时，该工艺对提高重油催化裂化装置的柴汽比和丙烯产率效果也十分显著，柴汽比一般可提高0.2~0.7，丙烯产率也可提高3~6个百分点。

☞ 119. 灵活多效催化裂化工艺（FDFCC）的特点是什么？

（1）原料适应性强。两个提升管反应器均可以在各自最优化的反应条件下单独加工不同原料油。重油提升管反应器的原料可以是各种馏分油、常压重油或掺部分减压渣油；第二提升管反应器原料可以是催化裂化汽油，也可以掺入部分焦化汽油、热裂化汽油、直馏汽油和油田凝析油等炼厂平衡不掉的劣质汽油。这对平衡全厂原料和汽油产品辛烷值至关重要。

（2）产品方案调节灵活，装置操作弹性大。炼油厂可以根据全厂原料及产品质量平衡和市场情况，及时调整原料、产品方案，优化产品性质以应对我国加入WTO后石油和油品市场波动频繁的局面。由于汽油改质提升管反应器操作条件相对独立，改质反应温度等条件可以根据市场情况灵活调节产品结构：降低反应温度，可以降低汽油烯烃和硫含量，生产清洁汽油；提高反应温度，可以在生产清洁汽油的同时，大幅度提高柴汽比和丙烯产率。同时，该工艺操作灵活，当炼油厂的加工装置具备生产清洁燃料产品条件，重整、汽油选择性加氢脱硫等有富余的情况下，若原料充足，汽柴油市场看好时，可以利用第二提升管来扩大处理量；反之，如原料供应不足，市场疲软，可以关闭第二提升管来实现单提升管操作。

（3）催化剂适应能力强。该工艺对催化剂的反应活性、选择性、抗金属性能以及流化、磨损和水热稳定性能的要求和常规催化裂化工艺一样，没有特殊要求。而且，FDFCC 工艺可以不使用降烯烃类的催化剂或助剂生产清洁汽油。

☞ 120. 什么是 DOCR、DOCP 与工艺技术？

大庆常渣与胜利、辽河常渣相比，密度小，氢含量高，饱和烃含量多，芳烃含量少，相应的催化汽油族组成也是如此，大庆催化汽油低辛烷值组分（MON<60）的直链烃多，高辛烷值组分（MON>80）的支链烯烃、芳烃与异构烃少，因而汽油辛烷值低。

提高辛烷值最重要的是要有一种优良的重油裂化催化剂，它既要有足够的重油转化能力，又要有对焦炭和干气的良好选择性，更要有抑制氢转移反应和增加异构化的能力。应用好这种复合分子筛催化剂必须要有相应的工程和工艺技术与之配合，否则催化剂的优越性是发挥不了的。这些相关工艺技术一是要保持有适宜的高反应温度，尽量降低再生催化剂的残炭，发挥多种分子筛的作用；二是要有提供大剂油比和高温短接触时间的反应条件，以及反应后的油气与催化剂迅速分离的良好环境。

DOCR-1 是一种高效的复合分子筛裂化催化剂。它是以高硅铝比、含少量稀土的高活性 REUSY 分子筛来保证重油的转化能力；以高硅铝比，非骨架铝少、水热化学法工艺技术抽铝补硅的 RZ-51Y 型分子筛来抑制减少氢转移反应，保证优异的焦炭和干气选择性；以具有择形催化性能，高硅铝比，异构化性能优异的 RPSA 分子筛作为高辛烷值的活性组元。这一分子筛水热活性稳定性好，中孔部分丰富，它通过选择性地裂化汽油馏分中的直链烃来提高汽油的辛烷值。

以 ZRP-5 分子筛为辛烷值活性组元的催化剂 DOCP。ZRP-5 分子筛是一种含磷、高硅铝比、高活性稳定性、具有 MFI 结构分子筛。该催化剂在保持 DOCR 催化剂的优点外，还具有降低氢转移活性，增加异构化能力。异构化反应的结果是将汽油中的烯烃进行双键异构与骨架异构，得到高辛烷值的异构烯烃，既提高了汽油的辛烷值又减少了轻质油损失。

与上述复合分子筛催化剂相配合的工程和工艺技术为：

（1）两段再生。待生催化剂在一再较低的温度下烧掉绝大部分氢和部分碳，在二再较高温度下烧去剩余碳和少量氢，保证较好的再生效果，不但能使再生催化剂残炭保持在 0.1%以下，又避免催化剂的水热失活，这对高硅铝比的超稳分子筛催化剂是必不可少的。

（2）要有高温短接触反应时间的环境与反应后气固迅速分离的条件，终止剂工艺技术的应用和形似密闭的提升管旋风分离器系统就是做的这种努力。终止剂喷入点的前后，提升管内温差10℃左右，对于降低活化能和反应速率有利。反应后油气的快速分离是减少二次反应，抑制氢转移的有利措施。

（3）要有足够的操作苛刻度，这包括较高的反应温度和催化剂活性，大剂油比尤其重要。DOCR、DOCP催化剂属于高硅铝比的USY催化剂，虽然酸性中心很强，但酸密度较小，只有大剂油比操作才能发挥其重油转化能力强、焦炭选择性好的优越性。

该新型催化剂DOCR、DOCP及工艺技术分别于1996年、1998年在前郭石化公司重油催化裂化装置进行了工业试验。工业试验结果表明，采用该项工艺技术后，大庆类原油的重油催化裂化汽油的辛烷值达到了无铅90#汽油标准，开辟了一条加工大庆类原油的重油催化裂化装置直接生产无铅90#汽油的道路。

☞ 121. 什么是DCR催化裂化技术？

DCR(Dry Gas and Coke Reduction)工艺是在提升管底部设置催化剂预提升混合器(图3-8)，使得来自再生器的热再生剂和来自外取热器的冷催化剂进行混合，混合后的再生剂上行，再与原料油接触反应，同时原料油预热温度相应提高，这样降低了再生剂和原料油的接触的初始温差，减少了热裂化反应，从而降低了干气和焦炭产率。DCR工艺于2011年在中国石化九江分公司1.0Mt/aFCC装置进行工业试验。此后又在呼和浩特和北海等催化装置应用，至今已有5套装置采用该技术。

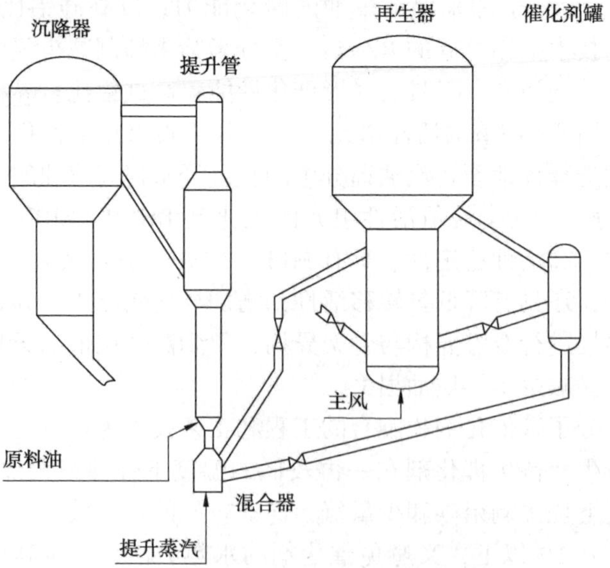

图3-8　DCR催化裂化工艺技术示意图

☞ 122. 什么是 LTG 工艺？

LTG(LCO To Gasoline production)工艺是将轻循环油分为轻馏分和重馏分，轻馏分直接回炼，而重馏分加氢再回炼，从而可以多产高辛烷值和低烯烃的汽油。LTG 工艺主要是通过将 LCO 轻馏分中的单环芳烃侧链发生裂化反应，使得单环芳烃转化为汽油馏分中的芳烃分子，从而实现增长高辛烷值汽油。LTG 工艺于 2009 年在中国石化巴陵石化公司 1.05Mt/aFCC 装置进行工业试验。

☞ 123. 什么是 HSCC 工艺？

HSCC(highly selective catalytic cracking)工艺是高选择性的催化裂化工艺技术，该工艺是基于原料油中的多环芳烃反应有效时空约束概念，将使原料油中的烷烃结构基团发生选择性裂化，而多环芳烃芳核结构被保留，实现了干气产率和焦炭产率之和与转化率之比最小。

☞ 124. 什么是 IHCC 工艺？

IHCC(integration of FCC gas oil hydrotreating and highly selective catalytic cracking for maximizing liquid yield)是多产轻质油的催化裂化馏分油加氢处理与选择性催化裂化集成工艺，是由清江石化、中国石化石油化工科学研究院、中国石化工程建设公司共同承担的中国石化“十条龙”科技攻关项目之一。该工艺实现了从追求高转化率向追求高选择性转变的理念。利用多环芳烃在反应过程中存在的时空约束，而不是消除此时空约束以保留多环芳烃，以及多环芳烃定向加氢以提高氢利用率。从原料油分子结构上强化加氢和催化裂化技术的集成，而不是用馏程范围来划分加氢和催化裂化原料。该工艺核心技术包括三部分工艺技术：①HSCC工艺；②HAR(hydrogenation of aromatic and resin of FCC gas oil)即 FGO 加氢处理工艺；③加氢后的 FGO 作为 HSCC 工艺的原料、FCC 工艺的原料或者 MIP 工艺原料，采用相适宜的催化剂和工艺条件，进行再次催化裂化反应，从而实现了催化裂化反应只是选择性地裂解烷烃结构基团，而留下芳烃结构基团由 HAR 工艺对其多环芳烃进行定向饱和成为环烷烃或单环芳烃。

☞ 125. 什么是 CRC - FCC 技术？

主要技术方案为：在再生线路上，设置再生催化剂冷却器和配套的汽包，将 710~720℃的再生催化剂冷却至 640~650℃，并相应提高原料预热温度。此技术具有收率高，能耗低，催化剂输送系统稳定可靠等特点。再生催化剂冷却器为密相床操作，流化稳定，系统推动力大，避免了提升管油气倒流现象的发生。该技术实现了对反应温度和剂油比的独立调节，为汽油二次反应提供充分的改质空间和反应时间，减轻了汽油改质与重油裂化的相互影响；同时也降低了热裂化主要产物(干气)的收率，并为噻吩类硫化物向 H_2S 转移的反应提供了更为有利的条件。在满足低温接触、高剂油比、高催化活性的条件下，转化率可提高约 3 个百分点，干气收率降低约25%，总液体收率提高1个百分点以上。应用于中国石油锦西石化公司、广西东油沥青公司、中国石油大港石化公司及哈尔滨石化公司等企业，并取得了良好的效果。

☞ 126. 什么是LTAG工艺？

LTAG(LCO to Aromatics and Gasoline)工艺是最大化生产高辛烷值汽油和芳烃的催化裂化工艺。LTAG工艺主要是利用选择性加氢饱和单元和选择性催化裂化单元优化组合，将劣质LCO馏分中多环芳烃先选择性加氢饱和成单环芳烃再选择性催化裂化，实现最大化生产高辛烷值汽油和/或 C_6~C_8芳烃的技术。LTAG工艺应用于中国石化石家庄炼化公司0.9Mt/aFCC+1.0Mt/a柴油加氢装置，工艺技术示意见图3-9。

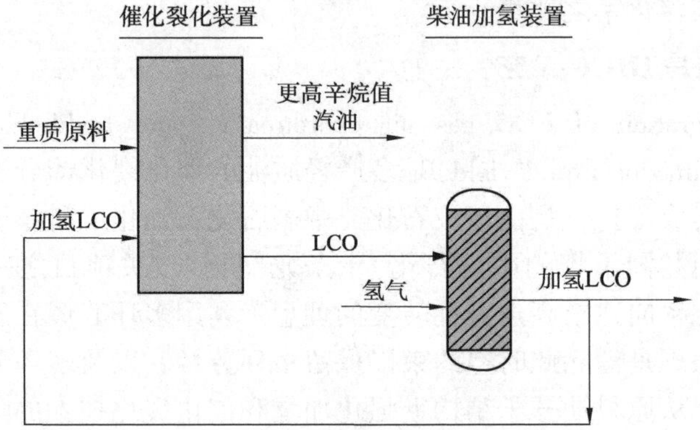

图3-9 LTAG工艺技术示意图

☞ 127. 什么是第二代LTAG技术？

第二代LTAG技术是LTAG提质增效技术。第二代LTAG技术对LCO进行轻、重馏分切割，轻馏分直接回炼，而重馏分选择性加氢饱和后再与轻馏分混合返回催化裂化装置转化为高辛烷值汽油。第二代LTAG技术应用于上海石化、燕山石化、荆门石化与北海炼化等催化裂化装置，与第一代LTAG技术相比，稳定汽油辛烷值提高0.6个单位以上，LCO加氢氢耗降低10%以上。

☞ 128. 什么是LTA工艺？

LTA技术是中国石化石油化工科学研究院开发的LCO高效转化生产轻质芳烃技术。LTA技术主要是利用LCO定向加氢与加氢LCO单独催化裂化工艺及配套催化剂优化组合，实现LCO低氢耗高效转化为轻质芳烃组分；再利用芳烃抽提工艺及新溶剂体系，实现轻质芳烃的绿色高效分离，从而最大化生产轻质芳烃。LTA技术于2018年9月在扬子石化首次工业应用，并运转至今。

☞ 129. 什么是高效催化裂解(RTC)技术?

重油高效催化裂解(RTC，Resid to Chemicals)技术是采用快速流化床反应器将劣重质油高效催化裂解生产乙烯和丙烯等化工原料的技术，属国际首创。该技术基于对加氢渣油分子组成特点、催化裂解过程反应化学、过程强化理论以及反应器技术再认识与再创新，开发了具有独特结构以及具有拟浓相、拟匀速、拟均温特征的快速流化床反应器技术，拓宽了重油催化裂解的原料适应性，大幅度提高劣重质油催化裂解过程中乙烯和丙烯的选择性，降低了焦炭产率。与现有重油催化裂解技术相比，在加工高掺渣比原料情况下，产物中的乙烯和丙烯产率分别提高 0.5 个百分点和 2 个百分点以上，焦炭产率下降 0.5 个百分点。目前，中国石化新建催化裂解装置均选用 RTC 技术。

☞ 130. 高效催化裂解(RTC)技术的特点是什么?

(1) 原料适应性更广泛，可以加工蜡油、常压渣油，适用于加工环烷基、中间基加氢重油，尤其适用于加氢渣油。

(2) 反应器内浓度分布拟全浓相，独特的反应器结构极大地提高反应器中催化剂浓度，增加原料一次裂化生成丙烯的比例。

(3) 反应器内温度梯度小，独特的反应器结构设计减轻反应器内轴向温度梯度的降低，有效强化反应中间产物发生二次裂化增产丙烯的比例。

(4) 反应器内线速分布均一，有利于实现反应器内轴向各横截面的气相线速基本不变，实现整个反应器内相对稳定的流动状态，传质速度和温度分布均匀。

(5) 催化剂在新型反应器内发生聚集与分散，油气和催化剂能有效地接触，可实现高强度、充分的气固接触效果，单位反应器体积内的催化剂颗粒数和原料分子数之比高，从而促进催化反应效率，提高高价值产物的选择性，降低生焦。

(6) 采用了抑制低碳烯烃再转化的工程措施，进一步提高丙烯选择性。

☞ 131. 什么是 CCPP 工艺?

CCPP(Crude Catalytic Pyrolysis Process)工艺是原油直接生产化学品的催化裂化工艺技术。该工艺基于烃类的裂解反应特性和催化裂化反应-再生系统的工艺特性，采用多反应区耦合转化技术及具有梯度孔分布和酸性质的专用催化剂，实现了裂解性能差异显著的分子在同一反应-再生系统的高效转化，从而最大化生产化学品。CCPP 工艺于 2021 年在扬州石化公司 30 万 t/a MCP 装置进行工业试验。

☞ 132. 什么是 MFP 工艺技术?

在“油转化”和“油转特”行业转型发展背景下，中国石化石油化工科学研究院开发了多产丙烯、丁烯，兼产汽油、船用燃料油的催化裂化技术(简称 MFP)，实现了低成本改造、低能耗运行，且生产方案调整灵活。

MFP 技术采用中孔分子筛作为唯一活性组元的催化剂，该催化剂氢转移反应活性极低，可以有效限制烯烃再次发生氢转移反应转化为烷烃，强化低碳烯烃选择性和产率。开发出匹配专用催化剂的新型变径流化床反应器，可强化重油裂化能力，且降低了干气产率，实现碳氢资源的高效利用。

MFP 技术在青岛石化 140 万 t/a 重油催化裂化装置成功完成工业试验。试验结果显示，与空白标定相比，原料一致，丙烯产率增幅 98%，异丁烯产率增幅 228%，兼产船用燃料油调和组分，焦炭选择性相当。

☞ 133. 什么是 TCO 工艺技术？

基于催化裂化技术无法大幅提高乙烯产率的弊端，中国石化石油化工科学研究院对乙烯生成的正碳离子断裂反应途径进行深入研究并形成了新的认识，据此开发了靶向催化裂化(Targeted catalytic cracking to olefin，简称 TCO)技术。

从绿色碳科学出发，低碳烯烃生产技术开发的关键在于如何提高氢利用率，特别是减少甲烷的生成。TCO 技术开发出新型中孔分子筛，并制备成催化剂，其商品名称为 TCC-1，并开发了与中孔分子筛催化剂匹配的反应器及反应工程。在保持较高的乙烯收率下，同时保持较高的乙烯/甲烷收率比。

综合来看，TCO 技术能够大幅提高低碳烯烃(特别是乙烯)的选择性和产率，同时实现了碳氢资源高效利用，表现在于甲烷等烷烃产率大幅降低，同时焦炭产率可控，符合双碳目标。

☞ 134. 什么是 S Zorb 技术？

催化裂化汽油吸附脱硫技术(S Zorb)是一种基于吸附作用原理的能够有效脱除 FCC 汽油中硫化物的汽油脱硫技术；是采用连续的吸附、再生、还原工艺路线，运用反应吸附原理，采用全馏分催化汽油一次通过的脱硫工艺流程；使用专利吸附剂通过选择性的吸附含硫化合物中的硫原子而达到脱硫目的。具有脱硫率高，辛烷值损失小，能耗低，氢耗低，操作费用低等优点。

S Zorb 工业装置主要包括进料与脱硫反应、吸附剂再生、吸附剂循环和产品稳定四个部分。S Zorb 反应器为流化床吸附脱硫反应；再生器为流化床氧化反应；反应部分为中压临氢环境，再生部分为低压含氧环境，由闭锁料斗步序控制实现氢、氧环境的隔离和催化剂的输送。S Zorb 工艺过程中不产生 H_2S 气体，原料汽油中的硫从再生烟气以 SO_2 方式排出。

☞ 135. 目前新建大型催化装置代表性再生技术有哪些？

再生的目的是恢复催化剂活性，并保护好催化剂活性。随着原料重质化劣质化趋势，国内催化裂化装置的再生技术得到了飞速的发展，形成了以完全再生和不完全再生的两大流派，再生器形式也呈多样化，其中具有代表性的适用于大型催化裂化装置的再生技术主要有两个：一是 LPEC 的快速床+湍流床完全再生技术，见图 3-10；二是 SEI 的重叠式两段不完全再生技术，见图 3-11。

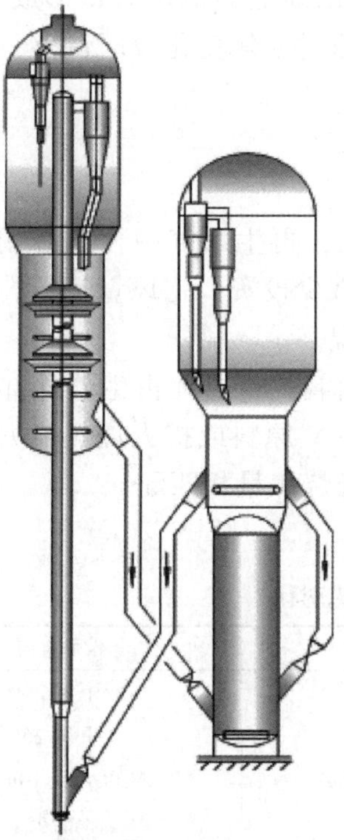

图 3-10　快速床+湍流床再生

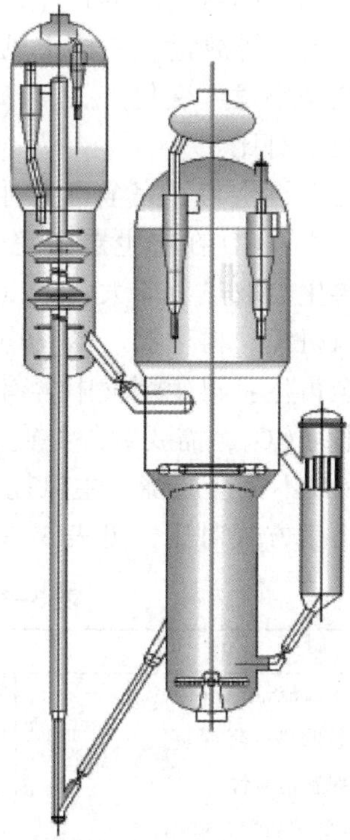

图 3-11　逆流两段再生

快速床+湍流床完全再生技术：第一段(下部)采用快速床(烧焦罐)再生，催化剂为分散相，极大地改善了气体传质条件，使其具有很高的烧焦强度；第二段(上部)利用一段再生后的富氧烟气通过低压降大孔分布板形成湍流床，大大改善了二段再生床层的气体扩散，从而提高了二段的烧焦强度，这样使总的烧焦强度达到很高。具体特点：①良好的再生效果。由于其具有很高的烧焦强度，即使在较缓和的再生温度下(低于 700℃)，再生催化剂定碳也可达 0.1%以下的水平。②可操作性好。由于采用完全燃烧，主风量可以不随处理量及原料变化而调整，定风量运行，不考虑过剩氧，主风机组、再生器、烟气均处于最佳工况下运行，工况稳定，操作简单。③正常生产时的控制参数较少，开工较容易，事故恢复快。④除再生温度外，均可投入自动控制。⑤催化剂藏量在快速床与湍流床之间平衡。⑥外取热器调节全量程无级调节，增风量小，增压小。

重叠式两段不完全再生技术：一再、二再采用不同的再生方式，一段再生器采用了待生剂与主风逆流接触的不完全再生，在一定程度上提高了一段再生器烧焦的均匀性；二段采用过氧完全再生，保证了最终的烧焦效果，可使再生催化剂定碳<0.05%。二再的过氧烟气进入一再进一步利用，主风利用率高，耗风指标低，烟气流程较为简单。适合于重金属含量高(尤其是钒含量高)的原料，可以

有效抑制高温、高氧化态的再生环境使平衡催化剂上的钒过氧化形成 V_2O_5，降低烟气中 NO_x 的排放量。一再主风量需要根据原料生焦变化及时调整，同时会带来烟机回收功率发生变化。

两种技术对比：

(1) 完全再生与不完全再生对比

完全再生：CO 在再生器中完全转化为 CO_2，再生烟气中含有过剩氧；耗风指标高，再生器取热负荷大；可以简化操作及减少投资；定风量运行，不考虑过剩氧，主风机组、再生器、烟气均处于稳定工况。

不完全再生：再生烟气中含有 CO，无过剩氧，需要在再生器外部另设设施将 CO 转化为 CO_2，需要额外补充燃料和风；高 V 原料或扩大烧焦能力而主风不足时采用 CO 不完全燃烧。主风耗量少，需要与烧焦量相匹配。

两种再生方式对比，见表 3-3。

表 3-3　两种再生方式对比

序号	项　目	完全再生	不完全再生
1	主风流量	基准	下调 20%
2	总取热负荷	基准	下调 26%
3	原料适应性	V≤10mg/kg	V 可大于 10mg/kg
4	CO 焚烧炉补燃	不需要	需要

(2) 快速床+湍流床再生与重叠式两段再生对比

快速床+湍流床再生和重叠式两段再生的典型装置分别是金陵石化 3.5Mt/a 催化裂化装置和上海石化 3.5Mt/a 催化裂化装置。两种再生技术各有优缺点，其中金陵石化当再生系统高负荷运行时，存在尾燃问题。上海石化外取冷催化剂返回一再对一再燃烧起始温度有一定影响，该台外取的取热量受到一定的限制，若取热量太多，会降低整体的烧焦能力。剂耗大致相当时，金陵石化 V 含量明显低于上海石化，但上海石化催化剂微反活性高于金陵石化，表明不完全再生对于高 V 原料有利于维持催化剂微反活性。两种再生技术主要参数对比，见表 3-4。

表 3-4　两种再生技术对比

再生技术	快速床+湍流床再生	重叠式两段再生
藏量	小	大
反应器高度	正常	高
CO 焚烧炉消耗燃料	否	是
抗 Ni、V，保护催化剂	一般	好
烟气 NO_x 和 SO_3 含量	高	低
CO/CO_2(体积比)	0.00~0.02	0.3~0.5
风量	大	小

第四章　催化裂化分馏系统

☞ 1. 分馏岗位对其他岗位有什么影响?

分馏岗位对其他岗位有以下影响:

(1) 分馏塔底液面高过反应油气进口管线，会使反应压力超高。

(2) 粗汽油发生问题(中断、带大量水)时，会影响提升管喷汽油。

(3) 分馏塔冷回流打得过多，会使反应器压力超高。

(4) 冷回流带水，会使反应器压力超高。

(5) 塔顶油气分离器液面过高，会影响反应压力和气压机运行。

(6) 分馏塔补油，会影响反应进料量。

(7) 粗汽油带水，会增加吸收-稳定系统负荷，粗汽油不合格会影响稳定汽油质量。

(8) 吸收油大幅度调节，对再吸收塔压力会有影响，严重时还会引起干气带油。

(9) 轻柴油量过少，会影响热油泵的封油供应。

(10) 粗汽油温度过高或过低，会影响吸收-解吸塔操作。同时还会影响富气组成，影响气压机操作。

(11) 中段回流波动，除分馏塔本身操作状态影响反应岗位外，还影响吸收稳定系统操作。

☞ 2. 其他岗位对分馏岗位有什么影响?

其他岗位对分馏岗位有以下影响:

(1) 反应深度。

(2) 反应总进料量。

(3) 反应出事故。

(4) 反应汽提蒸汽和其他蒸汽(如事故蒸汽)量直接影响塔顶油气分离器液面，以及粗汽油干点。

(5) 反应温度。

(6) 气体压缩机岗位操作失常影响分馏塔压力。波动较大时影响整个塔的操作及产品质量，并影响反应操作。

(7) 干气分液罐凝缩油压往塔顶油气分离器时，会影响容器液面(有的装置压往分馏塔)和分馏塔压力。

(8) 放火炬罐凝缩油影响塔顶油气分离器液面和分馏塔压力。

(9) 吸收稳定系统操作失常会影响粗汽油出路，一、二中段回流量和温度，再吸收塔富吸收油量和分馏塔压力。

☞ 3. 分馏岗位的操作原则和主要任务是什么？

(1) 分馏岗位的操作原则是：稳住各处液面，控制好各段回流和温度，合理地调整热平衡，实现平稳操作，使产品合格。

(2) 分馏岗位的主要任务是：在稳定操作状态下把反应器送来的混合油气，按沸点范围分割成富气、粗汽油、轻循环油、回炼油和油浆等馏分，并保证各个产品的质量满足规定的要求。

☞ 4. 重油采样时应注意什么？

采样前需打开采样冷却器上下水，没有冷却器则省略。采样时应缓慢进行，防止开阀过快，阀门开度过大导致重油大量喷出着火。如冬天重油凝住，应用蒸汽暖线，人站在安全角度，带好手套进行采样。下雨天应防止雨水溅到采样杯内。

☞ 5. 什么叫蒸馏？

蒸馏是将一种混合物反复地使用加热汽化和取热冷凝相结合的手段使其部分或完全分离的过程。它是利用液体混合物中各组分沸点和蒸气压(即相对挥发度)的不同，在精馏塔内，轻组分不断汽化上升而提浓，重组分不断冷凝下降而提浓，相互间不断地进行传热传质，在塔顶得到纯度较高的轻组分产物，在塔底得到纯度较高的重组分产物。它是实现分离目的的一种最基本也是最重要手段。催化分馏塔没有提馏段，汽提塔没有精馏段。

☞ 6. 什么叫泡点？什么叫露点？

泡点即在温度一定的情况下，液相中分离出第一个气泡的压力，或是在压力一定的情况下，液相中分离出的第一个气泡的温度。

露点即在温度一定的情况下，开始从气相中分离出第一个液滴的压力，或在压力一定的情况下，开始从气相中分离出第一个液滴的温度。

☞ 7. 分馏的基本原理是什么？

分馏的基本原理是利用汽液相中各组分的相对挥发度的不同进行分离。在塔中，蒸汽从塔底向塔顶上升，液体则从塔顶向塔底下降。在每层板上气液两相相互接触时，气相产生部分冷凝，液相产生部分汽化。由于液体的部分汽化，液相中轻组分向气相扩散，使蒸汽中轻组分增多；而蒸汽的部分冷凝，使蒸汽中重组分向液相扩散，液相中重组分增多，进而使同一层板上互相接触的气液两相趋向平衡。

☞ **8. 如何判断分馏塔的分馏效果？**

分离精确度在精馏过程中也叫分馏精确度，用来表示分馏塔的分馏效果。对二元系来说，指的是轻、重两组分间是否达到有效的分离。对多元系，则是指轻、重关键组分之间的分离程度。

对复杂系来说，两个相邻馏分之间的分馏精确度，通常用这两馏分的馏分组成或蒸馏曲线的相互关系来表示。倘若重馏分的初馏点高于轻馏分的终馏点，则称这两个馏分之间有一定的"间隙"；反之称为"重叠"。重叠意味着一部分轻馏分进入到重馏分里去了，或者是一部分重馏分进入到轻馏分里去了。其结果，既降低了轻馏分的收率又影响其质量，显然，重叠是由于分馏精确度较差所造成的。而间隙则意味着较高的分馏精确度，间隙愈大，说明分馏精确度愈高。

☞ **9. 如何衡量各石油产品分馏的难易程度？**

各石油产品分馏的难易程度可用恩氏蒸馏50%点之差来衡量。恩氏蒸馏50%点的差别越大，相当于这些馏分之间的相对挥发度越大，就越容易分离。

催化分馏塔除塔顶出粗汽油外，一般出三个侧线：轻柴油、重柴油、回炼油。回炼油的馏分相当于减压馏分油。和常压塔等炼油装置的其他分馏塔相比，催化分馏塔的塔顶产品和各侧线产品之间的恩氏蒸馏50%点相差较远。因此，催化分馏塔的产品要求容易满足。

☞ **10. 什么是油品的馏程？**

对于一种纯的化合物，在一定的外压条件下，都有它自己的沸点。

油品和纯化合物不同，它是复杂的混合物，因而其沸点表现为一段连续的沸点范围，简称沸程。

在规定的条件下蒸馏切割出来的油品，是以初馏点到终馏点(或干点)的温度范围，称为馏程(即沸程)来表示其规格的。

☞ **11. 精馏过程的基本条件是什么？**

(1) 必须有能够使气液相充分接触，进行气液相间传热和传质的场所，即塔盘(或填料)。

(2) 每层塔盘上必须同时存在着组成不平衡的气(上升油气)液(下降回流)两相。为了保证精馏塔每层塔盘上都有上升油气，就需要提供热源；为了保证塔盘上有下降回流，塔顶及各全抽出斗的下方均需有外回流打入，以使其他塔盘上有内回流。

(3) 为了达到精馏的目的，不仅要有塔盘，而且要有一定的塔盘数；不仅要有回流，而且要有合适的回流量。

☞ **12. 影响塔效率的因素有哪些？**

影响塔效率的因素有：

（1）混合物气液两相的物理性质。主要有黏度、相对挥发度、扩散系数、表面张力和密度等。

（2）精馏塔的结构。主要有出口堰高度、液体在板上的流程长度、板间距、降液部分大小及结构，阀或筛孔的结构、排列与开孔率，还有填料的结构和高度。

（3）操作变量。主要有气速、回流比、温度和压力等。

下面就一些主要因素的影响做简要讨论：

（1）气体流速。气体流速对于板效率产生复杂的影响。一方面，随气速的增高，传质系数、传质界面增大，漏液可以消除，有利于效率的提高；另一方面，随气速的增高，雾沫夹带，板上流体混合程度的增强，两相接触时间变短，对效率起不利的影响。

（2）液体流速。液体流速对板效率也产生复杂的影响。随液体流速增大，液体与气体接触时间减小，塔板上液体进口与出口处产生液面落差，影响气流均匀分布，随液流夹带入下面塔板的泡沫量可能增多，使板效率恶化；但液体流速的增大，返混情况将有所改善，传质系数和传质面积将有所增大。

（3）出口溢流堰高度。一方面，出口溢流堰高度增高，使板上的液层高度及滞液量增加，增大两相接触时间和传质面积，有利于板效率提高。但另一方面，出口溢流堰高度的增高，将使蒸汽流经塔板的阻力增大，雾沫夹带也有所增加。

（4）塔板上液流路程长度。塔板上液流路程长度增大，将减少板上的返混，使板效率增高；但进出口堰间的液面落差增大，特别对液流量大、结构复杂的塔板尤其如此，必将恶化气流均匀分布。

（5）系统的物理性质。液体黏度高，传质困难，板效率低；相对挥发度大，液相传质阻力大，板效率降低。汽液相的扩散系数及表面张力对板效率都有一定的影响。

☞ 13. 催化分馏塔与其他分馏塔有什么区别？

催化分馏塔与其他分馏塔的区别是：

（1）有脱过热和洗涤粉尘的油浆换热段。

催化分馏塔的进料是高温、带有催化剂粉尘的过热油气。因此，在塔底设油浆换热段，用油浆循环回流来冷却过热油气和洗涤催化剂。

（2）全塔余热量大。

催化分馏塔的进料是450℃以上的高温过热油气。因此，在满足分离要求的前提下，尽量减少顶部回流的取热量，增加温度较高的油浆及中段循环回流的取热量，以便于充分利用高温位热量换热和发生蒸汽。

（3）系统压降要求小。

为提高气压机入口压力，降低气压机的能耗，提高气压机处理能力，应尽量减少分馏系统的压降，包括大油气管线的压降、各塔盘的压降、分顶油气管线和冷凝冷却器以及从油气分离器到气压机入口的压降。

减少系统压降应注意以下几个方面：

① 采用固舌形塔盘和规整填料，尽量降低分馏塔压降。

② 采用合适的塔盘数。催化裂化产品的分离要求比较容易满足，一般采用28~32层塔盘。

③ 减少分馏塔顶油气管线及冷凝冷却器的压降。伴随再生催化剂带入反应系统的惰性气体以及反应产生的低相对分子质量的气体，在分馏塔顶冷凝冷却器的操作条件下不能冷凝下来，因此如果采用冷回流而不是顶循环回流，将不仅降低冷凝冷却效果，而且使冷凝冷却系统及分馏塔的压降增加。采用顶循环回流还可以使塔顶冷却面积减小，水、电等消耗降低，并回收部分低温位的热量。

④ 采用吸收油流程。在吸收稳定系统中要用轻柴油或相当于轻柴油的馏分，在再吸收塔内对吸收解吸塔顶的贫气进行吸收，以减少随干气带走的汽油量。吸收后的富吸收油再返回分馏塔。

☞ 14. 分馏塔选用固舌形塔盘有什么好处？

（1）处理量大。舌形塔盘的气相动能因数较大，上限比筛孔塔板和槽形塔板的正常操作上限的气相动能因数都大。催化分馏塔的处理量较大，尤其是各中段回流段，液相负荷大，采用舌形塔盘较合适。

（2）压降较小。对于催化分馏系统，应尽量减少由反应器出口到气压机入口这一段的压降。因为提高气压机的入口压力，可以降低气压机的功率消耗，提高气压机的处理能力。因此，催化分馏塔用固舌形塔板，可使塔中压降较小。

（3）不易堵塞。处理易聚合、易黏结、带有结晶或固体颗粒物料时，对塔板不堵不塞。在分馏塔底部，虽有油浆循环回流在脱过热段洗涤催化剂细粉，但在塔的下几层塔板上仍有固体颗粒存在，选用固舌形塔板可防止堵塞。

☞ 15. 三通合流阀如何进行手动和自动切换？

（1）“遥控”改“就地手动”。

① 摇动手轮，待阀杆稍动即停止摇动。

② 关仪表风。

③ 摇动手轮，使三通阀位于所需开度。

（2）“就地手动”改“摇控”。

① 摇动手轮，使阀杆处于所需位置，并由此位置粗估一个输出电流值。

② 将输出电流调至粗估电流值。

③ 开仪表风。

④ 将手轮摇至中间位置。

⑤ 需要时，将“摇控”改为调节器“自动”状态。

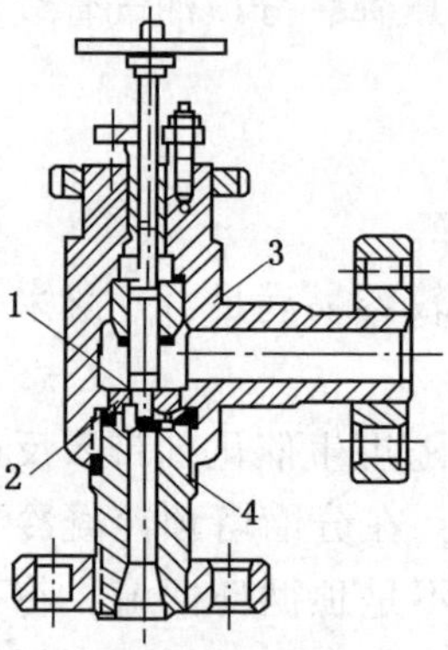

图 4-1　角阀示意图

1—阀芯；2—阀座；

3—上阀体；4—下阀体

☞ 16. 什么叫角阀？为什么要用角阀？

如图 4-1 所示，角阀是一种除阀体为直角外，其他结构与单座阀类似的调节阀。

由于流路简单、阻力小、不易堵塞，故适用于高压差、高黏度、含有悬浮物和颗粒物质流体的调节。由于催化裂化油浆中含有催化剂粉末，并可能带有焦粒，因此必须使用角阀来调节循环油浆及回炼油浆流量。

☞ 17. 什么叫冷回流？其作用是什么？

冷回流，严格地说是回流温度低于打入那层塔盘的平衡温度的回流，例如塔顶回流及循环回流。但习惯上说的“冷回流”，都是指塔顶过冷的回流，即塔顶产品引出，在塔外冷凝冷却后再打回塔顶，成为最上一层塔盘的回流。

冷回流的作用：一是成为最上一层塔盘的回流，使以下各层塔盘就都有内回流；二是担负着冷却取热，维持全塔热平衡的部分任务，控制塔顶温度，保证产品质量。

☞ 18. 为什么催化分馏塔采用较多的循环回流？

由于催化分馏塔是全气相过热进料，温度较高，而出塔产品温度较低，所以整个塔要靠回流取走大量的剩余热量。如果只靠塔顶回流取热，则塔上半部的气液相负荷都会很大，因而需要较大的塔径，而且塔顶回流取出的热量，因温度低而不易充分回收。此外，如果用塔顶油气与原料换热时，一旦换热器管束泄漏，会使原料油漏入汽油中，造成汽油变质，所以塔顶油气都不换热。为了充分利用温位较高的热能，同时使分馏塔各段负荷均衡，因此在每两个侧线之间都打循环回流，以减少塔顶回流用量。

☞ 19. 什么是顶回流和中段回流？各有什么作用？

通常所说的顶回流即塔顶循环回流，是从塔顶的下面几块塔盘上抽出的液体经冷却后，返回塔的最上一层塔盘，使以下各层塔盘都有内回流，从而满足塔中要有液相回流的要求。

催化分馏塔的顶回流除具有回收余热及使塔中气液相负荷均匀的作用外，还担负着使粗汽油干点合格的任务。

中段回流即中段循环回流，包括一中段和二中段(在催化分馏塔中)。它是在侧线产品抽出板的下面几块塔板上抽出，经冷却返回侧线抽出板的下面一层。

一中段主要有使轻柴凝点、95%馏出温度合格，回收塔内余热，提供吸收稳定系统热量，使塔内气液相负荷均匀等作用。

二中段主要是多取热，以减少一中段的取热量。由于二中段抽出温度较高，可回收较高温位的能量，提供吸收稳定系统热量。

☞ 20. 什么是塔底回流？其作用是什么？

塔底回流即塔底循环回流，是将塔底油浆分出一部分进行冷却后，再返回塔中。

对于催化分馏塔，进料是反应器来的高温过热油气，带来了巨大的热量，还带有不少催化剂粉末。因此塔底循环回流既可以在塔底部取出大量高温位热量供回收利用，塔中、上部的负荷可以大为降低，而且大量的循环油浆可以把油气中的固体颗粒冲洗下来，以免堵塞上部塔盘。

☞ 21. 在满足分馏要求的前提下，循环油浆取热量大些好吗？

好。因为这样可以减少顶回流或中段回流取热量，不仅使塔内气液相负荷减少，而且提高了高温位热能的取热量。

但是，循环油浆取热量的增大应在保证吸收-稳定系统有足够的热源的前提下进行。

☞ 22. 油浆返塔为什么要用上、下口？

反应油气进塔后，在用油浆回流脱过热和冲洗催化剂粉末的同时，还使少量最重的馏分——渣油冷凝成液体，和催化剂粉末一起流至塔底，这部分渣油连续抽出进行回炼或作产品。因此一般情况下，为了保证脱过热和冲洗催化剂油浆要从人字挡板上方进塔，即上进口。

塔底温度要根据原料轻重严格控制，否则会产生结焦。调节措施除了控制油浆循环量和温度外，还将少量返塔油浆直接打入塔底液面中，靠温度较低的油浆与塔底油浆混合而降温。此时就要用油浆下进口。如果靠加大从上进口进入的循环油浆量降温，则同时会增加油浆冷凝，使塔底液面上升。

☞ 23. 分馏塔顶冷却器的腐蚀原因是什么？

原油中许多硫化物在催化裂化中被分解为 H_2S，同时原油中的氮化物也以一定的比例存在于裂解产物中，其中有1%~2%的氮化物以 HCN 形态存在，而形成了 $HCN-H_2S-H_2O$ 腐蚀环境。HCN 的存在对 H_2S-H_2O 的腐蚀起促进作用。

☞ 24. 柴油的牌号用什么表示？轻柴油有哪几种牌号？

柴油的牌号用凝点来表示。凝点 0℃就是 0 号柴油，轻柴油的牌号有 10 号、0 号、-10 号、-20 号、-35 号。

☞ 25. 为什么要分析油浆固体含量？

油浆中固体(催化剂粉末)含量越少越好。固体含量高，会严重磨损油浆泵等设备。浓度太高，还会造成严重的结焦堵塞事故。一般应控制油浆中固体含量不大于6g/L，最好是不大于2g/L。当前催化裂化装置原料日趋变重，有的装置还掺炼了渣油，分馏塔底易结焦，油浆含固体除催化剂粉末外常混有焦粉颗粒，为此对现有用固体含量分析方法应予以改进，探讨用其他方法代替，如采用灰分分析方法。

☞ 26. 如何控制油浆固体含量？

控制油浆固体含量的方法是：

(1) 保证一定的油浆循环量，不能时大时小。保证从上进口进入的量，保证催化剂在脱过热段被洗涤下来。

(2) 外甩油浆量要控制在某一数值以上，不能经常处于很小的量，以防止催化剂粉末在分馏塔底积聚。

(3) 若发现油浆固体含量升高，应及时分析反应操作状态，加大油浆外排量，有时可适当提高回炼量。

☞ 27. 重柴油、油浆出装置温度为多少？为什么？

重柴油出装置温度一般为60~80℃，油浆出装置温度一般为80~100℃。温度过低会在管线中凝固；温度过高容易引起油罐突沸，造成事故，严重时会引起火灾。

☞ 28. 调节分馏塔顶冷回流时，应注意什么问题？

调节分馏塔顶冷回流时，应注意以下问题：

(1) 脱水。水急剧汽化使塔压上升，进而使反应压力有较大波动，并可导致顶回流泵抽空。

(2) 幅度不能太大。以防反应压力产生较大波动。

(3) 及时分析粗汽油干点，根据分析结果调整塔顶温度。

☞ 29. 分馏塔顶油气分离器的作用是什么？如何控制其界面？

分馏塔顶油气分离器是进行三种物料分离的容器。上面分离富气和粗汽油，下面分离粗汽油和水。

分馏塔顶油气分离器有两个界面需要控制：油水界面和油气界面。不管是哪一个界面，如果控制不好，重者发生事故，轻者污染环境。

(1) 分馏塔顶油气分离器的油水界面是通过调节水包脱水量控制的。水位过低，会造成跑油事故；水位过高，会使粗汽油带水，影响吸收稳定系统操作。如果打冷回流，带水则会引起分馏塔压力波动。

(2) 分馏塔顶油气分离器的油气界面是通过调节粗汽油抽出量来控制的。油位过低，会使粗汽油泵抽空，使吸收塔工况破坏；油位过高，富气带油会使气压机叶轮打坏和使反应压力超高而发生恶性事故。此外对油气分离器温度也予以控制，温度过高，会引起富气带油。

☞ 30. 分馏塔顶油气分离器液面猛涨怎么办？

分馏塔顶油气分离器液面猛涨是十分危险的事故苗头，如处理不及时，会使反应超压、气压机带油甚至切断进料，所以必须严格预防和迅速、正确地处理。

（1）当机泵抽空时，应首先进行泵体排气，泵体淋水，使泵上量。如仍不上量，应及时切至备用泵。

（2）如液面上涨快，则应启动两台泵同时向外送油。紧急情况下，可启用其他相连的泵抽粗汽油至污油罐。

（3）如确定某组塔顶冷凝冷却器泄漏带水时，应及时停用。

（4）当气压机抽负压时，及时提高反飞动流量，以保证气压机入口压力，防止负压抽入空气，同时防止机入口富气带油。

（5）如仪表失灵，应及时改用手操器或副线操作。

（6）采取一定措施后，液面仍猛涨危及气体压缩机和反应压力时，不得已可短时大量排水，渡过危险时刻。但此时应采取紧急安全措施，防止出现其他事故和隐患。

☞ 31. 如何回炼污汽油？回炼时要注意什么？

回炼污汽油是用污汽油作为分馏塔顶冷回流。

回炼污汽油时要注意：

（1）放尽存水。

（2）冷回流量要小些，以免反应压力超高。

（3）要及时调节分馏塔顶温度，控制汽油质量，因为此时油气分压提高了。

（4）污汽油较重且颜色较黄时，则不应作塔顶冷回流而应设法改从其他入口打入分馏塔，如从富吸收油返塔入口打入亦可。

☞ 32. 为什么要控制分馏塔底液面？

在原料质量不变、反应深度恒定、分馏塔操作也较稳定时，如果油浆抽出量和冷凝量不平衡，液面就会波动。当液面上升过高时，很容易满过塔的油气入口，液柱产生的阻力会使反应器压力增高，甚至超压造成事故。当液面过低时，油浆泵会抽空，油浆回流中断，也会造成塔内超温、超压，并影响到反应系统。此外，塔底液面波动，也会影响到塔上部热平衡和气液相负荷，影响整个分馏塔操作。所以塔底液面是分馏系统很重要的操作参数，必须经常注意保持平稳。

☞ 33. 如何控制分馏塔底液面？

如果液面降低，可用加大油浆回流取热以增加油浆冷凝量或减少油浆外排量及回炼量的办法来调节。当液面下降过低来不及调节时，为了防止油浆泵抽空，可以暂时将原料油（或反应器进料）直接补充到塔底以维持液面。如果液面过高，可减少油浆回流取热量，也可以加大油浆外排量，必要时暂时将部分油浆紧急放空(必须具备有紧急放空设施的装置)，以保证油气入塔不受影响。正常时，用循环油浆量和油浆返塔温度来调节。

在分馏塔液面波动时，首先应分析是否受反应岗位影响。如果是反应岗位影响，则应与反应岗位密切配合一起处理。

☞ 34. 分馏塔底液面猛涨怎么办?

分馏塔底液面猛涨是非常危险的事故苗头，必须竭尽全力进行处理。

(1) 当液面猛涨到有封住大油气管线的危险时，必须迅速联系反应岗位降量和提反应深度。

(2) 加大油浆外排量和提高油浆回炼量以及重柴油抽出量。

(3) 减少塔底循环取热量。但要注意，油浆循环量的降低应保证能洗涤催化剂粉末和分馏塔上部操作稳定为前提。

(4) 必要时，可将油浆返塔下进口开大。

(5) 适当提高塔顶温度和轻柴抽出温度。

(6) 如油浆泵抽空，应迅速查明原因，及时处理。

(7) 在失去调节手段时，有紧急放空设施的装置可将部分油浆短时紧急放空。

☞ 35. 什么叫甩油浆？它有什么好处?

所谓甩油浆，就是将一部分油浆经冷却后送往油罐。甩油浆可减少生焦量。因为油浆的稠环芳烃含量较高，生焦率很高，减少油浆回炼，可减少生焦率，降低再生温度。

外甩的油浆经过分离催化剂粉末后，可以作生产针状焦的优质原料，也可作加氢脱硫、加氢裂化等装置的原料。

☞ 36. 油浆系统的结垢机理是什么?

油浆系统中结垢的分析结果说明，结垢主要由烃类和催化剂组成，其中催化剂具有吸附油浆中大分子极性烃类的能力。

油浆中的一些稠环化合物具有热缩合反应活性，其反应活性随温度的升高和时间的延长而加剧。缩合的结果导致油浆物系相溶性变差，以至缩合产物能从油浆中离析出来。这些缩合物或沉积于换热器中物流速度小的部位及死区或黏附于换热面而得以富集。聚集的缩合物进一步反应，可生成所谓的“软焦”。

油浆中的催化剂，无论是其对稠环芳烃的吸附作用，还是稠环芳烃对催化剂的黏附作用，客观上起着“床”的作用。稠环芳烃“着床”后相互作用，生成更大分子的物质。同时，在外力(温度、流体状态改变等)作用下发生催化剂颗粒之间的相互碰撞。并且，由于催化剂颗粒的碰撞，使得不同催化剂颗粒上的稠环芳烃发生缔合或者缩合。如此作用将出现催化剂颗粒的聚集，聚集的催化剂颗粒再与其他颗粒聚集，形成由有机物与无机物组成的混合结垢。

☞ 37. 催化裂化油浆阻垢剂具有什么性能？

催化裂化油浆阻垢剂具有以下性能：

（1）清净分散性。能阻止油料中的腐蚀产物、盐类和杂质颗粒聚集沉积，减少无机垢的生成。

（2）抗氧化性。与被氧化的烃自由基形成惰性分子，使链反应中止，不能形成大分子聚合物，减少有机垢的生成。

（3）阻聚合性。阻止烃分子的聚合，减少有机垢的生成。

（4）钝化金属表面性。使设备和管道的材质在高温下不能对脱氢生焦起催化作用。

（5）抗腐蚀性和表面改性功能，在设备和管道表面形成保护膜，减少腐蚀产物的生成，保持设备和管道的内表面的光洁。

除此之外，阻垢剂还应具有：油溶性，与加工油料能均匀混合；黏度小，易流动，便于使用；对后序加工工艺和产品性质不会产生不良的影响；在使用温度下不分解，以及无毒等理化性质。

☞ 38. 催化裂化油浆阻垢剂主要产品指标是什么？

主要产品指标如表 4-1 所示。

表 4-1　阻垢剂指标

阻垢剂型号	SF-2	YX-94	NS-13	RIFF-1421	AFA-2
外观	琥珀色液体	棕红色液体	琥珀色液体		棕红色液体
密度(20℃)/(g/cm^3)	0.85~0.95	0.87~0.94	0.90~0.96	0.90~0.95	≤1.0
运动黏度(20℃)/(mm^2/s)	≤10	10~30	≤60	≤55	≤100
闪点(闭口)/℃	≥80		≥80	≥70	
凝点/℃	≤-5	≤-20	≤-20	≤-30	
pH 值	6~7	5~6	6~7		
水分/%	≤0.1		≤0.06	≤1.0	
机械杂质/%	≤0.1		≤0.07	≤0.02	
溶解性	与油互溶				与柴油互溶

☞ 39. 催化裂化油浆阻垢剂有什么作用？

国内大多数的大中型重油催化裂化装置都已使用阻垢剂。使用的效果可从表 4-2、表 4-3 所列的使用阻垢剂前后数据变化中看出。表中的数据为当催化裂化油浆系统发生结垢时，加入阻垢剂，油浆系统部分操作条件的变化。当油浆中注入阻垢剂后，换热效果随之明显好转，油浆返塔温度降低，蒸汽发生量增加。不仅如此，使用阻垢剂后，还使油浆系统压力降下降，油浆外甩量减少，轻质油收率增加。

表 4-2　阻垢剂使用前后油浆返塔温度的变化　　℃

催化裂化装置	阻垢剂型号	使用前	使用后
齐鲁石化公司胜利炼油厂	SF-2	275	241
福建炼油化工有限公司	YX-94	280	265
洛阳石油化工总厂	YX-94	307	300
沧州炼油厂	YX-94	242	224
锦西炼油化工总厂	RIFF-1421	300	283
广州石油化工总厂	AFA-1	262	243

表 4-3　阻垢剂使用前后蒸汽量的变化　　t/h

催化裂化装置	阻垢剂型号	使用前	使用后
独山子炼油化工总厂	SF-2	3.6	10
哈尔滨炼油厂	SF-2	3.0	4.5
九江石油化工总厂	SF-2	12	26
前郭炼油厂	NS-13	6.0	9.0
广州石油化工总厂	AFA-1	14	17.3

从表中数据还可看出，不同阻垢剂在不同炼油厂的催化裂化装置上使用，尽管其原料油性质、工艺、操作条件均不同，且阻垢剂使用的时机也不一样，但是使用后都取得了良好的效果。

如果在装置一开工时就注入阻垢剂，并保持连续使用，那么可使催化裂化油浆系统在整个开工周期内不会出现任何结垢现象，也不再需要清洗换热器，装置操作稳定。检修时打开后发现，油浆换热器内几乎没有结垢。不少炼油厂还发现油浆系统设备和管道表面光洁如新，不需清垢处理。

☞ 40. 油浆系统为什么会结焦？

油浆系统结焦的原因是：

(1) 油浆性质　油浆性质变差是油浆系统结焦的重要原因之一。例如，油浆黏度增大将影响其流动性能。固体含量增大也会使结焦性能增强。油浆中含有大量的多环芳烃和一定量高分子烯烃，在高温下极易发生缩合反应。随着催化裂化掺炼重油比的增加，油浆中的多环芳烃含量增加，相对密度增大，油浆因缩合而生焦的能力增强。

（2）分馏塔底温度　分馏塔底温度是导致油浆系统结焦的直接原因。随着温度的升高，轻馏分逐渐蒸发，油浆浓缩，生焦性能增强。同时，油浆中的烯烃、多环芳烃产生缩合反应。当温度升高到一定值时，缩合反应速率会变得很快。

（3）油浆的停留时间　当油浆在某一高温下停留时间足够长时，油浆中将有焦炭生成。

（4）油浆在管道中的流速过低，容易使缩合物沉积在管道表面而得以富集。聚集的缩合物进一步反应，生成“软焦”。

☞ 41. 如何防止油浆系统结焦？

防止油浆系统结焦应注意以下几点：

（1）在分馏塔底保持较短的停留时间，尽量将流量保持在油浆泵的上限，维持较低的分馏塔液面，以避免油浆在高温情况下结焦。分馏塔底停留时间控制在适宜范围内（如 3～5min）。

（2）为使油浆循环系统的管道和设备不结焦，油浆在管道中的流速应不低于 1.5～2.0m/s，在换热器的管程内宜控制在 1.2～2.0m/s。换热器的副线启用应当慎重，确保油浆换热器内流速不低于 1.2m/s，避免油浆在换热过程中，由于油温降低、黏度增大而结垢。

（3）选用汽蚀余量较大的机泵，避免油浆泵不上量而引起大量催化剂堆积在分馏塔底。

（4）降低循环油浆返塔温度，加大油浆返塔下部入口量。用急冷油浆急冷，既可加强对塔底的冲刷作用，防止催化剂堆积在分馏塔底的缓流区而引起结焦，又可使塔底油浆快速降温，防止油浆组分因高温聚合生焦。此方法尤其适用于分馏塔底温度较高而油浆系统循环量及取热量均达上限的装置。分馏塔底温度在催化裂化进料为蜡油时一般控制在 370～380℃。掺炼重油后，则应控制在 370℃以内。一般随掺炼重油量的增加，原料性质的变差，分馏塔底温度也需降低，以控制油浆缩合反应速率。

（5）选用合适的油浆阻垢剂，从装置开工起连续注入，防止油浆中不溶物附着在换热器的管壁。

（6）适当地外排油浆，调节油浆排放量以降低油浆相对密度，控制油浆中稠环芳烃浓度。

☞ 42. 如何减少分馏塔底结焦？

分馏塔底底部有一个缓流区，特别是在积有一部分催化剂和焦时，会造成流动死区，所以在这一区域内的介质实际停留时间远大于平均停留时间，从而造成分馏塔底结焦。

如图 4-2 所示，高桥石化公司炼油厂对分馏塔底冲洗系统进行了改造，将一股返塔的循环油浆（或回炼油）引入塔底油浆抽出口附近进行搅动。这股油浆的引入，使塔底油浆抽出口附近区域产生搅动，阻止催化剂颗粒或其他小焦粒在这一相对平坦的区域沉积，防止产生流动死区。另外，由于循环返塔油浆温度只有240℃左右，这一小股物料也在这一缓流区造成了局部相对较低的温度，有利于防止该区域初始焦炭的生成。为了在油浆泵短时抽空时保持搅动，引入了回炼油备用。

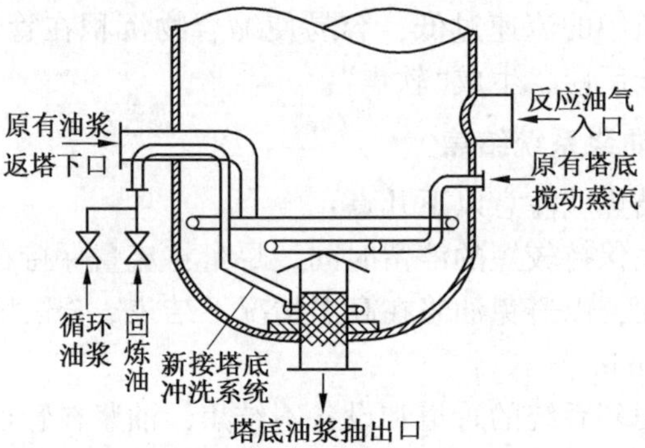

图 4-2　改造后塔底冲洗系统

该流程投用后，装置的分馏塔底温度逐步从360℃恢复到370～375℃，而每次停工检修时，都未发现分馏塔底结焦，只在塔壁有一层5mm的疏松焦。

43. 顶回流泵抽空是什么原因？如何处理？

(1) 原因：

① 分馏塔顶负荷不足，或中段温度压得过低。

② 冷回流带水。

③ 分馏塔顶温度过高，调节不及时，使顶回流抽出层集油箱存油减少。

④ 机泵故障，仪表失灵。

(2) 处理方法：

① 在顶回流量波动时，应及时降量，并适当提高冷回流，以保证粗汽油干点。适当提高轻柴油抽出塔盘温度，逐步增加顶部负荷。

② 及时切换备用泵。应先打入冷回流，以压住塔顶温度，但必须注意系统压力。当机泵上量后，后逐步提量至正常。若分馏塔顶温度没有控制住，引起冲塔，必要时还可降低反应进料量，然后采取措施进行处理。

③ 若仪表失灵，应及时改用手操作器，或用副线操作，并联系修理。

44. 一中段回流流量波动和泵抽空的原因及处理方法是什么？

(1) 原因：

① 反应操作大幅度波动。

② 轻柴油抽出量过大，轻柴油抽出塔盘温度过高，引起一中段负荷不足。

③ 分馏塔顶温度过高。

④ 中段回流泵封油带水。

⑤ 机泵故障，仪表失灵。

(2) 处理方法：

① 适当改变轻柴油抽出量。

② 当一中段回流量波动时，应及时降低一中段抽出量，并将顶温压一点，维持机泵不抽空。

③ 降低塔顶温度，逐步增加中段负荷。

④ 加强封油脱水。

⑤ 适当加大吸收油的返塔量。

⑥ 当一中段量严重不足时或机泵抽空时，用轻柴油补入一中段回流泵进口。

⑦ 当机泵抽空时，可适当降低轻柴油抽出量，以增加内回流。

⑧ 泵故障时，及时切换备用泵。

⑨ 若仪表失灵，及时改用手操作器调节，或用副线操作。

☞ 45. 回炼油泵抽空是什么原因？如何处理？

(1) 原因：

① 反应深度大，液面过低，调节不及时。

② 重柴油抽出量过大。

③ 扫线蒸汽阀漏，蒸汽窜入泵体，形成气阻。

④ 封油量过大或封油带水。

⑤ 轻柴油抽出塔盘温度过高，中段回流泵抽空。

⑥ 在不生产重柴油时，轻柴油抽出塔盘温度过低，引起回炼油组分变轻。

⑦ 仪表失灵。

⑧ 分馏塔底温度低。

(2) 处理方法：

① 适当调整反应深度，必要时可向回炼油罐补油。

② 调整重柴油抽出量。

③ 调整轻柴油抽出塔盘温度，改变回炼油组分。

④ 泵故障时，应及时切换备用泵。

⑤ 联系有关岗位加强封油脱水。

⑥ 若仪表失灵，及时改用手操作器控制或副线操作。

⑦ 若是扫线蒸汽阀漏，应及时修理。

⑧ 调整分馏塔底温度。

⑨ 回炼油泵抽空引起反应温度变动时，可用原料油量或催化剂循环量控制调节。

☞ **46. 油浆泵抽空是什么原因？如何处理？**

（1）原因：

① 分馏塔底液面过低。

② 泵入口扫线蒸汽阀漏，造成气阻。

③ 封油量过大或过轻，在泵体内汽化造成气阻。

④ 封油带水，使水汽化造成气阻。

⑤ 轻柴油抽出塔盘温度过低，轻组分压入塔底，使油浆组分变轻(不出重柴油时)。

⑥ 固体含量过高，造成管道堵塞。

⑦ 塔底温度过高，造成塔底结焦，管道堵塞。

⑧ 分馏塔底温度过低，带水或轻组分(开工时)。

⑨ 机泵本身故障，仪表失灵。

（2）处理方法：

① 当塔底液面低时，及时降低油浆返塔温度，提高循环油浆量，同时根据实际情况向塔底补油(原料)，并联系反应岗位降油浆回炼量。

② 当油浆组分变轻时，应及时提高轻柴油抽出板温度。同时确保回炼油抽出量不溢流入塔底。

③ 调节封油量，并联系有关岗位脱水(一般封油压力比泵体压力高 0.1MPa 以上为宜)。

④ 如固体含量高、结焦造成管道堵塞，采取措施无效时，应切断进料及时处理。处理好后采取针对性措施，防止固体含量高和结焦。

⑤ 如机泵故障应及时换备用泵，并联系修理。

⑥ 如仪表失灵，应及时切至手操作或副线控制。

⑦ 开工时，如塔底温度低，容易造成带水，应提高原料预热温度，加大油浆排出量，提高塔底温度。

☞ **47. 分馏塔顶为什么要注氨？**

在有些催化裂化装置(尤其是渣油催化裂化装置)的分馏塔顶油气管线上，注入浓度 0.5%~3.0%的氨水，以中和分馏塔顶油气中的酸性物质 H_2S、RSH、HCl、HCN 等。这些酸性物质主要是由原料中的硫、氮化物及盐类在催化裂化反应过程中产生的。中和反应产物铵盐溶于水，可从分馏塔顶油气分离器中以含硫污水的形式，从汽油中分出。

塔顶注氨主要发生下述中和反应：

（1）$H_2S(气)+2NH_3 \cdot H_2O \longrightarrow (NH_4)_2S+2H_2O$

（2）$RSH(气)+NH_3 \cdot H_2O \longrightarrow RSNH_4+H_2O$

（3）$HCl+NH_3 \cdot H_2O \longrightarrow NH_4Cl+H_2O$

（4）$HCN+NH_3 \cdot H_2O \longrightarrow NH_4CN+H_2O$

☞ 48. 分馏塔顶注氨有什么优缺点？

优点：注氨后，设备的腐蚀减小了许多。如石家庄炼油厂催化裂化装置分馏塔顶油水分离器排出的含硫污水总铁含量注氨前为3.3mg/L，注氨后降至0.38～0.96mg/L，降低了71%～88%。其他炼厂的经验证实油水分离器排出的含硫污水中总铁含量小于1.5mg/L，则腐蚀速率小于0.1mm/a。

由于中和点前移，粗汽油和富气中酸性物质大大减小，这样不仅使干气、气态烃、液态烃的产品质量提高，还可使催化裂化吸收-稳定系统的腐蚀状况得到改善。

缺点：分馏塔顶系统压力降增加，气压机入口压力低(下降15～25kPa)。这是因为注氨水位置在分馏塔顶油气线上，此处温度较高(100～130℃)，注入氨水后，立即汽化，增加了塔顶冷凝冷却系统中因两相流动而产生的压力降。这需要在注氨前采取某些措施，以尽量提高气压机入口压力。

☞ 49. 分馏塔结盐的现象是什么？

在分馏塔出现结盐时，会有如下现象：

(1) 塔顶温度的调整不灵活。

(2) 塔顶循环回流泵的抽空次数显著增加。

(3) 汽油、轻柴油重叠严重。轻柴油闪点不合格，用塔底汽提蒸汽也无法调整。当用回流调整时，又会出现汽油干点不合格的情况。

(4) 严重结盐时，轻柴油无法抽出。

上述现象可作为判断分馏塔结盐的依据。当然，在发生冷换设备(如稳定塔底或脱吸塔底重沸器)泄漏，分馏塔有关塔板吹翻等设备事故时，也有可能伴随出现上述现象。如不是设备问题，便应当作结盐处理。

☞ 50. 结盐过程是怎样的？

从塔内的盐块和洗塔排水的离子分析都说明了结盐的主要成分是NH_4Cl，那么NH_4Cl是如何生成并在塔内沉积的呢？

在催化裂化反应中，反应进料中的有机氮化物可发生分解反应生成氨。原料中的有机氯和无机氯可发生分解反应生成HCl、NaCl、$CaCl_2$、$MgCl_2$等，遇到环境的水或结晶水发生水解反应生成HCl。NH_3和HCl则生成NH_4Cl。NH_4Cl的分解温度为337.8℃，只要低于这个温度就有NH_4Cl存在。分馏塔顶部温度较低，塔顶循环回流返塔温度约85℃，低于水蒸气的露点温度(水汽分压在0.035～0.050MPa时，水蒸气露点温度在105～110℃之间)，塔顶循环回流在下流的过程中由于传热的不均匀性，肯定有液相水出现，水迅速溶解气相中的NH_4Cl颗粒而成为NH_4Cl水溶液。在下流的过程中，随着温度的升高，NH_4Cl水溶液失水浓缩而成为一种黏性很强的半流体，与铁锈、催化剂粉末一起沉积附着在塔板及降液管处，堵塞降液管，使回流中断，造成冲塔。

☞ 51. 如何进行水洗？

水洗步骤如下：

（1）降低新鲜进料及油浆进料。新鲜进料以能维持操作为准，由油浆外甩量来控制分馏塔底的液位。

（2）冷回流控制塔顶温度 90~95℃，逐步停止塔顶循环回流。粗汽油改走轻污油罐。

（3）吸收稳定系统改三塔循环，停再吸收塔。

（4）粗汽油泵打入新鲜水经冷回流线入分馏塔，洗塔后的水经塔顶循环回流泵入口线至后冷到粗汽油罐，一部分在塔顶循环回流泵入口排凝阀排入地漏。

（5）水样分析为半小时一次，分别在粗汽油罐和顶循环回流泵入口采样监测水中 Cl^- 含量，至 Cl^- 含量基本不变时，停止水洗。

（6）洗塔过程中控制塔顶循环回流抽出温度为 105~115℃，防止水进入下部塔板。同时监测轻柴油含水情况，若带水应及时减小给水量。控制粗汽油罐界位，防止富气带油。

（7）洗塔时间一般为 2~5h。

☞ 52. 水洗时操作参数如何选定？

水洗时操作参数的选定应注意：

（1）塔顶温度。控制塔顶温度的原则是使水在塔内不蒸发，塔内水蒸气在洗涤段内冷凝下来，以增加洗涤效果。塔顶温度过高，大量的水会蒸发，造成安全阀起跳，达不到洗涤目的。水在常压下的沸点为 100℃。因此，为了安全，在塔顶环境下(0.12~0.14MPa)，控制塔顶温度在 90~95℃。

（2）上水量。上水量由返塔温度间接控制。上水后，返塔温度逐渐下降，当降至 25~30℃时，停止上水，此时返塔温度逐渐上升，在上升至 90℃时，再重新上水。如此反复水洗。

（3）轻柴油抽出温度。控制轻柴油抽出温度的目的是使水蒸气不在顶循环回流抽出以下冷凝和塔内的水不落至柴油抽出口。水洗时控制轻柴油抽出温度不小于 140℃。在洗涤轻柴油抽出以上塔板时，回炼油的气相返回线处塔板温度的控制特别重要，温度过低，会使水洗水或蒸汽冷凝水自气相返回线进入回炼油罐，造成突沸的严重事故。一定要控制该层塔板温度在 300℃以上。

☞ 53. 开工时，为什么要建立开路大循环？

开工时要进行贯通吹扫，管道、设备中存有积水，若碰到高温热油将发生突沸而使管道、设备破坏，为此要进行开路大循环。一方面使设备、管道中的积水除去，另一方面可使设备逐步升温以防破坏。

☞ 54. 开工时，一中段为什么要充柴油？应注意什么？

开工时，一中段管道、冷换设备中有蒸汽扫线后冷凝下来的水，这部分水若进入分馏塔中，高温时会突沸而使分馏塔压力骤升，导致反应压力骤升。因此，要用轻柴油充满管道，将管道中的水赶走。另外，开工时，塔中负荷很小，一中段管道、设备内充满柴油，可使一中泵上量快，尽快建立一中段，尽快平稳分馏塔操作。

充轻柴油时，应注意不留死角，放净明水。

具体做法是：充好柴油静置几小时后，在低点将明水放净。过几个小时，再放一次水，再充一次柴油。尤其是在即将建立一中段循环时，最后一次将水放净。脱水时，人不能离开，严防跑油。

☞ 55. 开工时，顶回流管线为什么要充汽油？应注意什么？

开工时，顶回流管道中有蒸汽扫线后冷凝下来的水，这部分水若进入分馏塔，高温时突沸汽化而使分馏塔压力骤升，导致反应压力骤升。因此，要用汽油将管道中的水赶走。另外，开工时，塔中负荷很小，顶回流管道内充入汽油，可使顶回流泵上量快，尽快建立顶回流，尽快平稳分馏塔操作。

充汽油时，应注意不留死角，放净明水。

具体做法是：充好汽油，静置几小时后，在低点放净明水。过几小时，再放一次水，再充一次汽油。尤其是在即将建立顶回流循环时，最后一次将水放净。脱水时，人不能离开，严防跑油。

☞ 56. 切换汽封时，分馏应注意什么？

切换汽封时，分馏应注意：

（1）塔顶油气冷却器通入冷却水，进出口阀门打开，后路畅通。

（2）沉降器及分馏塔赶空气结束后，打开塔顶冷却器进口阀。

（3）密切协助反应岗位，根据沉降器压力缓慢减少分馏蒸汽量。塔底蒸汽阀关死，轻、重柴油汽提蒸汽阀关小。

（4）注意塔顶油气分离器中硫化铁可能产生的自燃。

☞ 57. 开工时，如何使原料油泵尽快上量？

开工时，使原料油泵尽快上量的方法是：

（1）泵进口向原料油罐扫线。

（2）泵出口向原料加热器出口扫线。

（3）做好开泵准备工作。

（4）原料油罐加热至65℃左右，并放净存水。

（5）要抽油时，停掉泵进出口扫线蒸汽，借油罐中原料油的静压差，将原料油压至泵进口，泵进口放空看到油后，再启动马达。

☞ 58. 开工时，如何使油浆泵尽快上量？

开工时，为使油浆泵尽快上量，应注意：

(1) 泵出口向换热器扫线。

(2) 塔底向泵进口扫线。

(3) 管道放净存水。

(4) 泵预热时要切换。

59. 开工建立各段循环回流时，如何防止塔压上升和泵抽空？

开工建立各段循环回流时，应做到以下几点：

(1) 管道充分脱水，以防水进入塔内汽化而使塔压升高。

(2) 封油脱净水，封油压力适当。

(3) 建立各段循环回流时，要慢些，以防止泵抽空。

60. 停工时，分馏系统为什么要水洗？应注意什么？

停工时，分馏系统水洗分两部分：轻油部分包括顶回流、粗汽油、塔顶油气三个系统；重油部分包括轻柴油、一中段、重柴油、回炼油及二中段、油浆、原料油六个系统。

(1) 轻油部分。汽油很容易汽化，汽化后体积急剧膨胀。瓦斯气体受热后，体积也有较大增加。粗汽油、顶回流系统应先用冷水洗，然后再扫线。塔顶油气系统中有少量未退尽的汽油和瓦斯，同样要先用冷水洗，再用蒸汽扫线。

(2) 重油部分。由于油较重，附在设备中(尤其是塔、容器、换热器壳程等)不容易被蒸汽扫清，因此需要用热水将其洗净。

分馏系统水洗时应注意：

(1) 轻油部分

① 水必须下进上出，才能把油顶走。

② 不能留有死角，摇动三通阀，切换换热器正副线。

③ 应注意临界阀的开关情况，不能窜油或流程不通。

④ 对于空冷器，应分片顶净。

⑤ 应注意，不能超过设备允许的操作压力。

⑥ 仔细检查各处放空。

⑦ 塔顶油气系统顶水时，分馏各重油系统不能向塔中扫线。

(2) 重油部分

① 原料油预热器出口温度应在100~110℃。不可太低，以防凝管线；也不可太高，以防汽化造成水击。

② 各系统应充分循环起来，不能留有死角。三通阀应摇动，换热器正、副线应切换，控制阀(流量计)正、副线切，换备用机泵切换。

③ 尽量使各系统(包括分馏塔、汽提塔、回炼油罐等)的温度保持在70~90℃之间。

④ 在分馏塔中，从下至上，随着液面的上升，应依次将回炼油罐、重柴汽提塔、轻柴汽提塔中的油抽净。经检查无油后才可往上打水或停止打水，以免较

重的油带入上部较轻的系统。

⑤ 充水时，液面不能超过轻柴油抽出板以上，以防将较重的油带入上部较轻的系统。

☞ 61. 扫线应注意什么？

(1) 加强与外单位的联系。

(2) 加强系统间的联系及配合工作，扫线要按扫线流程及规程进行。

(3) 给汽前必须将蒸汽中冷凝水放净，不准向热油管线通入含水的蒸汽。

(4) 扫线前应将换热器不扫线的壳程或管程进出口阀保持一定开度，避免憋压。对冷却器则应将水停掉，关闭进出口阀，打开放空。扫线后应将放空打开充分排凝。

(5) 离心泵通过泵体扫线时，一定要打开泵的冷却水。扫完后，打开泵体丝堵排凝，并停冷却水。

(6) 扫线结束时，应先关有关连通阀，后停蒸汽，严防互窜。

(7) 停汽前应由放空检查，切实扫净再停，停后排凝。

(8) 扫线中污油罐应加强检查，注意冒罐和脱水。随时与调度和有关岗位联系，做好换罐和转油工作。

(9) 要根据蒸汽供给量，集中力量按程序扫几根管线。扫净后再扫几根，不要分散汽量。

(10) 要认真作好记录，对当班扫好的管线应在扫线流程后面签名。

(11) 交接班一定要清楚。

☞ 62. 扫线的原则是什么？

(1) 先扫重油管线，后扫轻油管线。

(2) 换热器先扫正线，后扫副线。

(3) 冷却器先将进水切断，并由进水阀后放空，将存水放净，然后再用蒸汽扫线。

(4) 控制阀先扫副线，后扫控制阀正线。

(5) 三通合流阀扫线时应反复活动。

(6) 汽油、凝缩油系统应先用水将油顶净，然后再用蒸汽吹扫。

(7) 采用憋压扫线方法进行扫线。

(8) 分馏扫线结束后应用80℃的热水冲洗管线、设备中的存油。油顶净后将水放净，再进行蒸塔。

(9) 稳定系统应采用先水洗后蒸汽扫的原则。

(10) 不准向地面上放油。

☞ 63. 催化分馏塔塔盘为什么会被冲掉？如何预防？

在开工过程中蒸汽量过大，或是在正常生产中以及切断进料时，操作不平稳，如塔中超温、中断回流，使分馏塔中气相负荷很大，就会发生塔盘被冲掉几块甚至大面积被冲掉而导致紧急停工的现象。

为避免这种现象发生，可以从以下几个方面着手预防：

（1）切换汽封前适当降低沉降器的蒸汽量。如反应汽提蒸汽的主要目的是汽提待生剂上的油气，在进油前没有必要达到像正常生产时的流量。在切换汽封时，控制在正常量的1/3~1/2是完全可以的。原料油雾化蒸汽在进油前为正常量的1/3~1/2即可。分馏塔建立油浆循环后，启用冷回流控制顶温，塔盘上或多或少会有一些液流，特别是油浆循环后脱过热段人字挡板上油浆喷淋而下，上升的蒸汽在人字挡板上与油浆回流逐层纵向接触，减缓了蒸汽对塔盘的冲击，这时再逐步提高反应汽提蒸汽与反应进料雾化蒸汽，对塔盘来说就不存在任何危害性了。

（2）尽量减少切断进料次数，这对防止分馏塔盘故障具有重要意义。

（3）分馏塔本身的操作上应精心维持好四段回流，使全塔各点温度控制平稳。无论顶循环回流、一中段回流、二中段回流、油浆循环回流中的任何一段回流抽空，都可能引起油气上冲。因为循环回流一旦抽空，这段回流就无法取热，塔盘温度骤然上升，塔盘上液体汽化蒸发，液层突然减薄甚至干板，上升油气无法很好地进行气液交换而是直冲而上。特别是顶循环回流与油浆循环回流如果中断，很容易引起冲塔。

（4）检修期间要确保检修质量，塔盘安装严格按规定进行。人字挡板、塔盘出现腐蚀情况应及时更换。

☞ 64. 什么叫硫化亚铁自燃？如何防止？

硫化亚铁遇到空气而发生燃烧的现象叫作硫化亚铁自燃。防止的方法是阻止空气和硫化亚铁接触。在停工中要始终保持反应压力大于再生压力，以防空气倒入分馏系统，引起分馏塔和油气分离器以及相应管线内硫化亚铁自燃。一旦发生硫化亚铁自燃，则应立即切断空气来源，吹入蒸汽和打水入内迅速降温。

检修时从容器、塔内清理出的硫化亚铁应保持一定湿度埋入地下，以免暴露在空气中引起自燃。

☞ 65. 分馏系统腐蚀的主要类型和部位有哪些？

分馏系统腐蚀类型主要表现为低温湿硫化氢腐蚀、盐垢腐蚀、高温硫腐蚀和催化剂磨蚀等。

低温湿硫化氢腐蚀主要发生在塔顶系统，包括分馏塔顶及内构件、管线、油气分离器、冷换设备等；盐垢腐蚀主要发生在分馏塔顶1~4层塔盘；高温硫腐蚀主要发生在回炼油和油浆系统；催化剂磨蚀主要发生在油浆系统。

分馏系统腐蚀最严重的部位主要集中在塔顶系统和油浆系统，其腐蚀往往是几种腐蚀机理的共同作用。

第五章　催化裂化吸收-稳定系统

☞ 1. 影响吸收的因素有哪些？

气体吸收的原理是利用气体混合物中各组分在某一液体吸收剂中的溶解度不同，从而将其中溶解度大的组分分离出来。这种过程属于物理吸收。

吸收过程操作的好坏与很多因素有关，如液气比、操作温度及压力，吸收剂和被吸收气体的性质，塔内气液流动状态，塔盘数以及塔盘结构(或填料高度及填料结构)等。对具体装置来讲，吸收剂、被吸收的气体以及设备情况等都已确定，吸收效果主要靠合适的操作条件来保证。

☞ 2. 吸收过程的推动力是什么？如何提高推动力？

气体吸收的推动力是组分在气相的分压与组分在液相的分压之差。此差值只有在平衡时才等于零。传质的方向取决于气相中组分的分压是大于还是小于溶液的平衡分压。

为提高推动力，在选定吸收操作的工艺条件时，降低吸收剂温度、选择对组分气体溶解度较大的吸收剂，或者改为化学吸收等，都是使平衡曲线下移的有效措施。提高吸收操作的总压强，有利于操作状态点的位置上移，这样也能增加吸收推动力，提高生产强度。

☞ 3. 吸收过程与蒸馏过程有哪些异同点？

吸收与蒸馏的区别在于：前者是利用混合物中各组分在溶剂中的溶解度不同而达到分离的目的；而后者是利用混合物中各组分的挥发度不同而达到分离的目的。

吸收与蒸馏的共同点是二者都属于气液两相间的平衡问题，其相平衡常数的求解可参考有关资料。但从质量交换过程来看，吸收过程只包括被吸收组分自气相进入吸收剂的传质过程，而蒸馏过程则不仅有气相中的重组分进入液相，而且还有液相中的轻组分转入气相的传质过程。因此，吸收过程是单向传质，蒸馏过程则为双向传质。

☞ 4. 吸收剂的一般要求是什么？

(1) 吸收剂的密度与相对分子质量的比值(ρ/M)越大，吸收效率越高。芳烃的ρ/M比值最大，环烷次之，烷烃最小。

(2) 应具有较好的选择性，即对原料气中的产品组分(如C_3、C_4组分)的吸收能力强，而对非产品组分(C_1、C_2)的吸收能力弱。在中压条件下，烷烃选择性最好，环烷烃次之，芳烃最差。因此，应将ρ/M比值与选择性进行综合考虑。

（3）应具有合适的馏分范围和较低的蒸气压。一般吸收油分为两种，即轻吸收油（汽油馏分）和重吸收油（轻柴油组分）。前者的吸收能力好，ρ/M比值较大，但在吸收塔顶易被干气携带而造成较大的损失。因此，在炼油厂催化裂化装置的吸收系统中，都采用稳定汽油作吸收油，以减少携带量。同时，还增设用轻柴油作吸收剂的再吸收塔，以回收被带出的汽油。

（4）黏度小。黏度越小，全塔板效率愈高。

（5）相对密度较小且不溶解于水，以便易于和水分离。

（6）应具有较好的稳定性，不易产生热分解而生成胶质，且不应含有机酸、硫化物、精制残余物（酸碱精制）及杂质等，以免影响产品质量。

（7）比热容小，以便加热蒸发时消耗较少的热量，节约燃料。

除以上要求外，还应重视吸收剂的供应，要求来源方便。最好先考虑用本装置或本厂的产品或半成品作为吸收剂。

☞ 5. 吸收与解吸有什么不同？

解吸过程与吸收过程正好相反。凡不利于吸收的因素（如提高温度、降低压力、通入蒸汽等），都会对解吸过程产生有利的影响。但需要注意：虽然降低压力对解吸有利，有时为了冷凝从吸收油解吸出来的烃类而要求有较高的压力。温度愈高愈有利于解吸，但由于下列原因的限制，解吸段内的温度通常不超过一定的范围：

（1）脱吸温度应低于吸收油开始沸腾的温度。

（2）高温使吸收油的稳定性显著降低。

（3）如果温度规定过高，加热介质的温度也要求高。

☞ 6. 什么是C_3吸收率？

C_3吸收率通常用下面的公式表示：

$$\eta=\frac{W_1-W_2}{W_1}$$

式中 W_1——富中气C_3的量，kg/h；

W_2——干气中C_3的量，kg/h；

η——C_3吸收率。

☞ 7. 什么叫拉乌尔定律？什么叫亨利定律？

（1）拉乌尔定律

拉乌尔定律的数学表达式为：

$$P^*=P^0\cdot x$$

式中 P^*——平衡时组分气体在溶液面上的分压；

P^0——组分的饱和蒸气压；

x——组分的液相摩尔分数。

拉乌尔定律适用于溶质与溶剂的化学结构相近，所形成的溶液为理想溶液，而气相又服从道尔顿分压定律，气液两相达到平衡。

（2）亨利定律

在一定温度下，压强不很高时，对于稀溶液，当气液相间达到平衡时，气体组分在液体中的浓度和它在气相中的分压成正比。其数学表达式如下：

$$C=H \cdot P^*$$

式中 C——气体组分在液体中的浓度；

H——溶解度系数；

P^*——平衡时组分气体在溶液面上的分压。

上述公式，习惯上称为亨利定律。亨利定律是一个稀溶液定律，仅适用于稀溶液中的溶质。因此，它对常压或接近常压下的难溶气体较为合适；对易溶气体只适用于低浓度的狭小范围。

☞ 8. 气体在液体中的平衡溶解度和什么有关？

气体与液体接触时，气体溶解在液体中，造成一定的溶解度。在气液两相经过相当长时间的接触后，溶解度逐渐趋于一个极限，这时气液两相达到平衡，气体溶解过程终止。这一个极限溶解度就叫作平衡溶解度。平衡溶解度的大小随物系、温度和压强而异。

☞ 9. 什么叫轻关键组分？什么叫重关键组分？

在分离过程中起关键作用的组分称为关键组分。因为要反映出一个分离过程，所以关键组分必定是两个。

有些组分，它们全部或大部分进入塔顶产品中。换句话说，它们在塔顶的回收率高于塔底的回收率。这些组分中最重的一个就是轻关键组分。反过来，全部或大部分进入塔底产物的组分，也即在塔底的回收率高于塔顶的回收率的组分中，最轻的一个是重关键组分。

☞ 10. 吸收塔和解吸塔的温度及气、液相负荷与什么有关？

吸收塔温度和下列因素有关：

（1）富气量及温度。

（2）粗汽油量及温度。

（3）稳定汽油（吸收剂）量及温度。

（4）吸收塔中段回流取热量。

解吸塔温度和下列因素有关：

（1）解吸塔富吸收油进料量及温度。

(2) 凝缩油量及温度。

(3) 重沸器供热量。

吸收塔的气、液相负荷和下列因素有关：

(1) 富气量。

(2) 吸收温度。

(3) 顶回流(吸收剂)量。

解吸塔的气、液相负荷和下列因素有关：

(1) 解吸进料量。

(2) 凝缩油量。

(3) 重沸器供热量。

(4) 解吸塔温度。

☞ 11. 单塔流程和双塔流程的优缺点是什么?

吸收、解吸过程在一座塔内进行的叫单塔流程。

吸收、解吸过程在两座塔内进行的叫双塔流程。

单塔流程的主要优点：一是流程简单；二是由于富吸收油和脱吸气不进入气压机出口的冷凝冷却器，所以冷凝冷却负荷较小。但突出的缺点是：吸收与解吸是两个相反的过程，吸收要求低温、高压；解吸要求高温、低压。因此，在同一塔内难以解决此矛盾。想要提高 C_3的吸收效率，C_2的解吸率就要受到一定影响；相反，要保证 C_2的解吸率，就会影响到 C_3的回收率。操作中较难同时达到最佳的 C_3吸收率和 C_2的解吸率。

双塔流程较复杂，但吸收和解吸条件可分别调整，解决了相互干扰问题。因此，可以提高吸收率和解吸率。但由于解吸气要进入气压机出口冷凝冷却器，所以解吸塔的操作压力较吸收塔高，这对解吸塔是不利的，但可用提高温度的办法来解决。提高压力并不影响解吸的选择性。

☞ 12. 如何选择吸收塔塔板数?

在只改变吸收塔塔板数，其他所有工艺条件均维持不变情况下，吸收塔塔板数和干气中 $C_3^=$ 含量的关系见表 5-1。

表 5-1 吸收塔塔板数对干气中 $C_3^=$ 含量的影响

吸收塔塔板数/块	16	23	30*	40	46	53
干气中 $C_3^=$ 含量/%(mol)	3.86	3.17	2.74	2.31	2.20	2.15

* 基本工况。

从表 5-1 数据可以看出，随着吸收塔塔板数的增加，分离效果得到改善，干气中 $C_3^=$含量下降。然而在不同的塔板数区间内，变化的幅度有较大的差别。当板数在 16~46 范围内，随板数增加，干气中 $C_3^=$含量下降较多；而当板数超过 46

块之后，效益增加缓慢。

目前，我国大多数吸收稳定系统吸收塔的板数都在30块左右。该板数可以考虑适当增加，以不多于46块为宜。当然吸收塔塔板数究竟增加到多少为好，一定要根据装置数据做具体的板数和效益的分析之后，方能确定。

☞ 13. 如何选择解吸塔塔板数？

解吸塔塔板数对干气中$C_3^=$含量的影响如表5-2所示。由表5-2结果可知，解吸塔塔板数对干气中$C_3^=$含量有较大的影响。在解吸塔塔板数较少的情况下，大量的C_3和C_4等轻组分被解吸到塔顶解吸气中，又返回到吸收系统，致使大量的C_3和C_4组分在压缩富气冷凝冷却器、吸收塔、解吸塔之间循环。这样不但增加了吸收塔、解吸塔的操作负荷，影响了吸收塔的吸收能力，使得干气质量变差，而且大量C_3和C_4在装置内循环使得能耗增加。而当解吸塔塔板数增加后，塔顶气相中的C_3和C_4组分含量有较大幅度的下降，改善了吸收塔的操作，使干气中$C_3^=$含量下降，效益增加。

表5-2 解吸塔塔板数对干气中$C_3^=$含量的影响

解吸塔塔板数/块	16	20	26*	34	43	52	60
干气中$C_3^=$含量/%(mol)	4.87	3.29	2.74	2.48	2.42	2.40	2.40

*基本工况。

由表5-2还可看出，当塔板数低于34块时，随板数的增加，干气中$C_3^=$含量下降的幅度都十分明显。因而为了取得较好的效益，解吸塔的板数应不少于34块。而当板数大于34块时，变化幅度减缓。当板数超过43块后，干气中$C_3^=$含量基本不变，板数再增加已无意义。

目前国内大多数吸收稳定系统解吸塔塔板数都在30块以下，因而有必要适当增加塔板数，以改善分离效果，提高经济效益。

☞ 14. 如何选择稳定塔塔板数？

稳定塔的任务是把脱乙烷汽油中的C_3和C_4进一步分离出来，塔顶出液化石油气，塔底出稳定汽油。稳定塔的操作必须保证液化石油气和稳定汽油的质量，因而在计算中规定了液化石油气中C_5含量不大于2%，稳定汽油中C_4含量为3.5%。

稳定塔塔板数变化对系统的影响列于表5-3。由于规定了塔顶、塔底产品的C_5及C_4含量固定不变，因而板数变化对干气中$C_3^=$含量基本无影响。但是不同塔板数下，回流比有所变化。随板数的增加，回流比下降，相应冷凝器及再沸器热负荷随之下降。但板数增至40块以后，冷凝器和再沸器热负荷基本维持不变。该塔的相对效益还是随着板数的增加而增加，效益主要来自干气量的减少和冷凝器热负荷的下降(塔底再沸器热负荷未计费用)，但板数增至40块之后，效益变化已经很小。目前我国大多数吸收稳定系统的稳定塔板数多在40块左右，该板数是适宜的。

表 5-3　稳定塔塔板数的影响

稳定塔塔板数/块	18	24	30*	40	46	52
干气中 $C_3^=$ 含量/%(mol)	2.76	2.74	2.74	2.74	2.74	2.75
干气流量/(kg/h)	16160	16130	16120	16100	16100	16090
回流比	1.79	1.68	1.66	1.57	1.55	1.54
冷凝器热负荷/MW	-5.98	-5.79	-5.77	-5.66	-5.65	-5.64
再沸器热负荷/MW	7.37	7.25	6.83	7.21	7.21	7.21

*基本工况。

☞ 15. 如何选择再吸收塔塔板数？

由于吸收稳定系统的工艺流程特点，再吸收塔塔板数的变化只影响到该塔塔顶和塔底的产品分配，对系统内的其他设备和工艺参数没有影响。由于产品价格不同，对效益会有一定影响，但已不再显著。再吸收塔主要任务是将汽油等较重馏分吸收下来。表5-4给出了板数变化对再吸收塔的影响。从本例看14块板已经足够，再增加该塔板数已无多大实际意义。

表 5-4　再吸收塔塔板数的影响

再吸收塔塔板数/块	14*	20	27	36
干气中 $C_3^=$ 含量/%(mol)	2.74	2.74	2.74	2.74
塔顶产品流量/(kg/h)	16120	16090	16070	16070
塔底产品流量/(kg/h)	15570	15610	15620	15620

*基本工况。

☞ 16. 新的、节能的吸收稳定系统工艺流程是怎样的？

节能的吸收稳定系统工艺流程如图5-1所示。

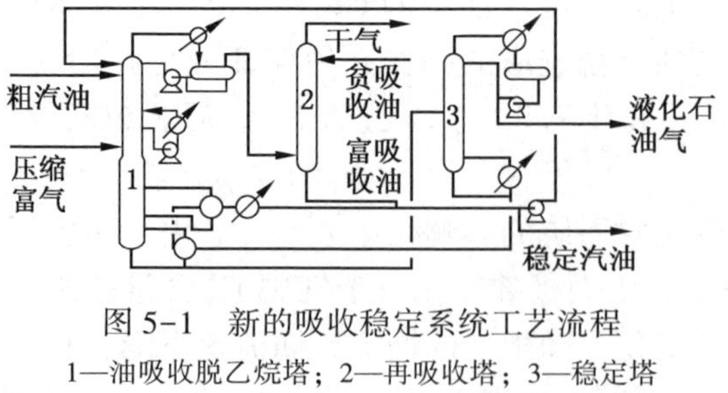

图 5-1　新的吸收稳定系统工艺流程

1—油吸收脱乙烷塔；2—再吸收塔；3—稳定塔

压缩富气和粗汽油分别进入油吸收脱乙烷塔中部和顶部，该塔塔顶气相出料进入再吸收塔，分离为干气和富吸收油；塔釜釜液直接进入稳定塔，稳定塔塔顶出液化石油气产品，塔釜采出稳定汽油。稳定汽油先作为油吸收脱乙烷塔塔釜再沸器的热源，然后再用来加热该塔的中间再沸器。从中间再沸器出来的稳定汽油温度已降至80~90℃，再用水冷至约40℃，此后分成两股，一股作为补充吸收剂，返回油吸收脱乙烷塔，另一股作为稳定汽油产品。

新的吸收稳定系统工艺流程具有以下特点：

（1）取消了原“双塔流程”的两股返回物料。

取消了原“双塔流程”中的吸收塔釜液和解吸塔塔顶气相两股返回物料，从而使得操作费用得以较大幅度的下降。

（2）油吸收脱乙烷塔的应用。

采用新型油吸收脱乙烷塔取代了“双塔流程”中的吸收塔和解吸塔。该油吸收脱乙烷塔也不同于“单塔流程”中的吸收解吸塔，其实质是一个复杂蒸馏塔，由于设置了塔顶冷凝器，可以通过调节回流比有效地控制塔顶气相产品的质量，因而从根本上解决了原“单塔流程”产品质量较难控制的问题。

“双塔流程”中单独吸收塔和和解吸塔的效率是比较低的。而蒸馏塔的效率一般在60%以上，新流程物系条件下，可达60%~70%，远较单独吸收塔和解吸塔为高。因而采用油吸收脱乙烷塔除了可以取消返回物料外，还提高了塔的效率。

为充分利用装置内部的低温热量，该复杂蒸馏塔还辅以中间冷却器、中间再沸器等节能技术。通过流程模拟，匹配出最佳工艺参数，如塔板数、进料位置、进料数量、中间冷却器和中间再沸器的适宜位置和负荷大小、塔的适宜温度剖面等。

（3）换热网络优化匹配。

“双塔流程”换热网络匹配不够合理是造成能耗较大的重要原因之一。新系统开发中重新对换热网络进行了优化匹配，取消了解吸塔和稳定塔的进料预热器。稳定塔釜液直接用来作为油吸收脱乙烷塔塔釜再沸器的热源，从该再沸器出来的稳定汽油再用于加热该塔的中间再沸器。由中间再沸器出来的稳定汽油温度则已降低到80~90℃，然后再进入水冷却器。稳定汽油水冷却器的热负荷可减少一半之多，不仅较大地降低了冷却水的消耗，还充分利用了系统内部的热量，取得了较好的节能效果。

（4）提高了C_4以上烃类的回收能力。

由于采用了油吸收脱乙烷塔，较大地增强了对C_4以上烃类和汽油馏分的分离回收能力。与“双塔流程”相比，在同等条件下，干气中这部分物料的含量有较大幅度降低。因而增加了液化石油气和稳定汽油的产量，提高了总体经济效益。

表5-5分别给出了“双塔流程”的吸收塔塔顶气相和新流程油吸收脱乙烷塔

塔顶气相有关组分的质量流量。可以看出，新流程从C_4组分到汽油馏分的流量均比双塔流程要小，即新流程采用油吸收脱乙烷塔使分离能力得以提高。

表 5-5　塔顶气相组分质量流量比较　kg/h

项目	双塔流程	新流程	项目	双塔流程	新流程
非烃气体	3523	3523	ΣC_4	121	106
CH_4	3089	3089	ΣC_5	1004	813
ΣC_2	5793	5792	汽油馏分	1381	1061
ΣC_3	902	893	总流量	15814	15276

(5) 节省设备投资。

新流程不仅产品回收率高、能耗低、流程简单合理，并且设备数量较“双塔流程”有一定的减少，设备投资也较“双塔流程”低。对于吸收稳定系统，设备费用主要由塔器和换热器所组成，根据模拟结果即可估算出设备投资，表 5-6 和表 5-7 分别给出了两者塔器和换热器的投资比较。从表 5-6 可见，新流程的塔器投资较“双塔流程”低 11.42 万元。对于换热器的设备投资，情况也类似，新流程要低 44.08 万元。

表 5-6　塔器投资比较

项目	新流程			双塔流程			
	脱乙烷塔	再吸收塔	稳定塔	吸收塔	解吸塔	再吸收塔	稳定塔
直径/mm	2200/2400	1200	1600/2600	2200	2400	1200	1800/2600
板数	60	20	40	30	30	20	40
设备费用/万元	102.5	15.02	73.04	49.97	60.01	15.02	77.02
总计/万元		190.60				202.02	

表 5-7　换热器投资比较

项　　目	新流程		双塔流程	
	换热面积/m^2	费用/万元	换热面积/m^2	费用/万元
压缩富气冷却器			752	44.82
解吸塔进料预热器			103	7.22
稳定塔进料预热器			43	3.23
脱乙烷塔附属换热器(共 5 台)	1223	68.14		
吸收塔中段回流冷却器(共 2 台)			240	16.02
解吸塔再沸器			227	13.61
稳定塔冷凝器	1192	54.36	1261	60.84
稳定塔再沸器	370	17.59	336	14.69
稳定汽油水冷器	420	20.17	914	49.91
总计	3205	160.26	3876	204.34

（6）具有较好的经济效益。

表 5-8 是根据流程模拟得出的产品产量和公用工程消耗比较。

表 5-8　产品产量及公用工程消耗对比

项　目	双塔流程	新流程	项　目	双塔流程	新流程
进系统物料总流量/(kg/h)	123090	123090	高吸收油	15214	15021
出系统物料总流量/(kg/h)	123090	123090	公用工程消耗		
干气	14099	13755	水/(t/h)	1361	1129
液化石油气	23511	23532	电/kW	318	260
稳定汽油	70266	70782	蒸汽(t/h)	26.35	21.17

从表 5-8 数据可知，新流程干气产量较双塔流程小，这是由于新流程采用了油吸收脱乙烷塔，分离能力有较大的提高，虽然干气中 C_3摩尔分数的规定均为 3%，但新流程对于 C_4以上烃类和汽油馏分的分离较好，故其产品回收率较高。

由公用工程消耗比较可以看出，由于取消了两股流量十分可观的返回物料，新流程的水、电和蒸汽的消耗普遍比双塔流程小，能耗的节省是十分明显的。

☞ 17. 提高吸收效果有哪些可行措施？

提高吸收效果有以下可行措施：

（1）选择合适的操作条件

① 降低吸收温度。吸收温度对吸收率影响显著。为保持合适的吸收温度，首先要充分发挥中间冷却器的作用，使之有充分裕量，以利调节吸收温度；二是要降低吸收塔进料物流的温度，控制好粗汽油、稳定汽油入塔温度，水冷时一般不大于 40℃。有的厂采用冷冻水，取得明显效果。

② 提高吸收操作压力。在其他条件相同的情况下，把吸收压力由 1.1MPa 提高到 1.4MPa，$C_3^=$吸收率可提高 6.55%。不少炼厂已采用了高压气压机，出口压力一般为 1.4MPa。

③ 提高解吸塔底温度。要求乙烷解吸率不小于 85%，以控制好脱乙烷汽油中乙烷含量，尽量不出不凝气。

④ 改善补充吸收剂质量。汽油深度稳定，以减少汽油中 C_4馏分含量，有利于提高吸收率。

⑤ 增加补充吸收剂用量。加大液气比，可提高吸收率。但它要求设备有一定潜力，要增加解吸塔重沸器、稳定塔重沸器能耗以补充吸收剂所增加的动力消耗。

（2）改造工艺流程

双塔流程比单塔流程有较大的优越性，不少炼厂已将单塔流程改为双塔流程。

☞ 18. 吸收塔为什么要有中段回流？

吸收过程是一个放热过程。吸收过程中发生的热量主要有：被吸收组分与吸收剂混合时产生的混合热，气体溶解时转为液态而放出冷凝潜热以及化学反应热等。为了取走吸收过程所放出的热量，保证吸收在较低的操作温度下进行，以提高吸收效果，吸收塔需有中段回流。实际上是从上一层塔板上抽出液体，经冷却后打入下一层塔盘上。

☞ 19. 为什么要有再吸收塔？再吸收塔的吸收剂是什么？

由于贫气中带有汽油组分，所以要在再吸收塔中用再吸收剂将汽油组分吸收下来，以增加汽油收率并减少干气带油。

再吸收塔以轻柴油作吸收剂，有些装置再吸收塔采用分馏塔顶循环作为吸收剂。

☞ 20. 什么叫阀孔动能因数？

阀孔动能因数：

$$F_0 = W_h \sqrt{\rho_v}$$

式中 F_0——阀孔动能因数；

W_h——阀孔气速；

ρ_v——气相在塔盘操作条件下的密度。

☞ 21. 干气为什么会带凝缩油？干气带凝缩油有什么危害？

干气带凝缩油的原因是：再吸收塔液面控制失灵或吸收塔严重携带油、冲塔。干气带凝缩油会使瓦斯系统带油，影响炉子燃烧，使炉子冒黑烟。

☞ 22. 开工时，吸收－稳定系统为什么要充瓦斯？如何充？

停工检修时，设备、管线中均充满空气，空气和瓦斯混合到一定程度达到爆炸极限，就有发生爆炸的危险。所以，必须要把设备、管线中的空气赶出去。

赶空气充瓦斯的步骤是：先用水赶空气，然后用瓦斯赶水。用水赶空气时，要注意放净空气，不留死角，也要注意设备不能超压。瓦斯赶水时，则要注意防止瓦斯泄漏。

赶空气充瓦斯的另一种方法是先用低压蒸汽赶空气，经一定时间空气赶净，保持塔低压(防止冷凝后形成负压)时充入瓦斯。此时，蒸汽逐渐冷凝成水，然后在低点脱水。但要有人看守，防止跑瓦斯。

☞ 23. 为什么吸收－解吸塔及稳定塔都是在高压下操作？

压力高对吸收过程有利，所以吸收塔采用高压操作。

常温下，液态烃的 C_3、C_4组分，只有在高压下才能成为液体(深冷液化对液态烃的贮运不便，若液态烃作燃料用则更无此必要)，所以稳定塔采用高压操作。

☞ 24. 稳定塔顶压力控制方案有哪些？

稳定塔顶压力控制方案典型的有两种：热旁路和卡脖子(见图 5-2)。

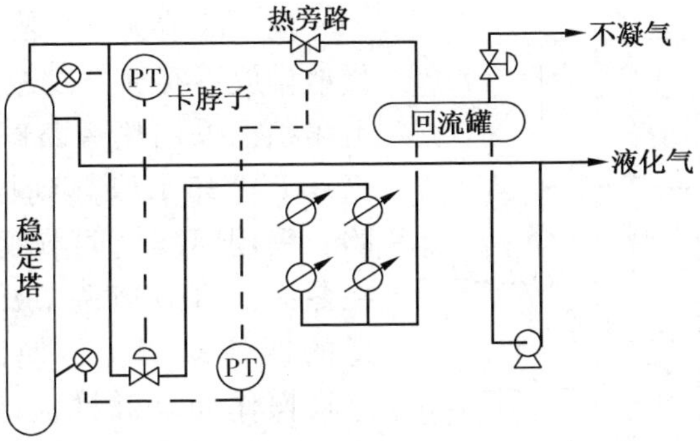

图 5-2　热旁路和卡脖子压控方案示意图

热旁路控制的优点是：

(1) 调节阀装在管径较小的管道上，可选用较小的调节阀，投资省。

(2) 冷凝器标高比回流罐低，可省去一层框架。

(3) 不会使冷却水出口温度过高，因而不易生成水垢，可降低冷凝器的腐蚀速度。

(4) 调节系统滞后少。

其缺点是：

(1) 要求冷却面积有富裕。

(2) 为了防止系统的外部干扰，必须对热旁路管线和回流罐予以保温。

卡脖子压控的优点是调节系统滞后少，灵敏。

其缺点是：

(1) 调节阀在塔顶油气主管上，管径大，调节阀大，投资大。

(2) 空冷器在回流罐上方，需多设一层框架。

(3) 塔顶到回流罐压降大，以致操作费用略增，回流泵扬程增加。

有的炼油厂采用一种称为热旁路和卡脖子结合的压控方案(见图 5-3)。其控制方法为：

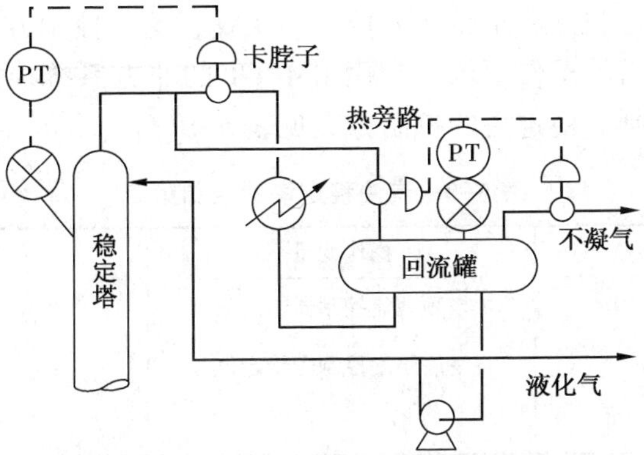

图 5-3　热旁路和卡脖子结合的压控方案示意图

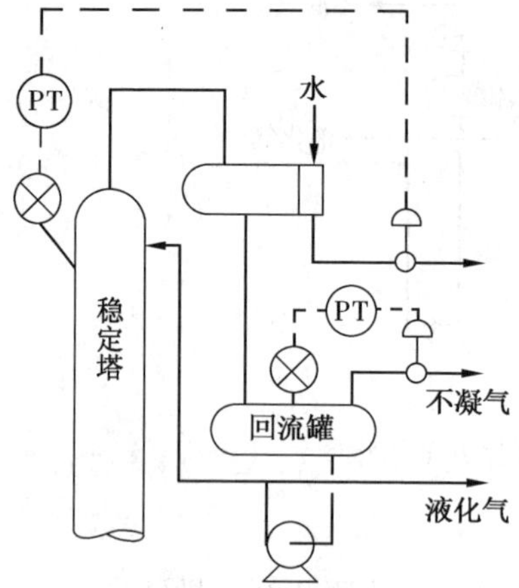

图 5-4　国外的一种压控方案示意图

在一般情况下，使用不凝气调节阀少量地排放不凝气，以避免不凝气在回流罐上累积，采用热旁路阀控制回流罐压力。当夏天冷却水取热到极限时，停用热旁路，采用不凝气调节阀控制回流罐压力。在冬天，可适当调节冷却水量以保证合适的回流罐压力，使回流量相对稳定。这样操作使塔和回流罐压力始终保持稳定，回流量也相对稳定，塔的操作就较稳定。

国外有人采用如图 5-4 所示的方案。它是以调节冷凝器出口冷却水流量控制塔压。其特点是：塔与回流罐压力基本相等，回流量十分稳定，塔压也稳定，水耗较小；塔顶温度不能大于 70℃，要求水在冷凝器里停留时间较短（≯45s），否则调节滞后。水温不能高，冷却面积要足够，水量也要足够。

☞ 25. 稳定塔多变量控制策略是什么？

就燃料型炼油厂而言，稳定塔的控制目的是在保证汽油蒸气压和液化气 C_5 符合质量指标约束的前提下尽可能提高高价值产品（LPG 或汽油）的产量。由于现行设计的 FCCU 流程中稳定塔底再沸器热源均来自主分馏塔的中段循环取热，因而稳定塔的操作费用很大程度上仅由塔顶冷凝负荷和回流泵操作费用决定。为此，稳定塔被控参数应包括汽油蒸气压和液化气 C_5 含量。为考虑与现有 DCS 控制策略的相容性，塔顶温度也应包括在被控变量中。

稳定塔的操作手段是塔底温度和塔顶回流量。影响稳定塔操作的可测干扰因素是进料流量、塔操作压力和冷回流温度。

这样稳定塔的控制方案是由非方控制的系统，这一控制方案具有足够的灵活性，以满足对稳定塔的操作要求。应用 RMPCT 的非方系统控制功能可以实现对稳定塔的多变量控制。稳定塔的控制方案见表 5-9。

表 5-9　汽油稳定塔的控制策略

被控变量	操作变量	干扰变量
LPGC_5含量	塔顶回流控制器给定值	进料流量
塔顶温度	塔底温度控制器给定值	冷回流温度
汽油蒸气压		塔操作压力

☞ 26. 溴化锂－水吸收制冷的原理是什么？

下面以双筒式溴化锂-水吸收式制冷装置为例，来说明其工作原理。流程如图 5-5 所示。

浓度为 56%的溴化锂-水溶液由发生器泵 2 从吸收器 1 中抽送经换热器 3，与从发生器 5 来的热溶液换热后经三通阀 4 进入发生器 5，被加热管中流过的低压蒸汽或热水加热。由于溶液中水的沸点比溴化锂低得多，所以当溶液加热到某一温度时，其中的水便不断蒸发为水蒸气，而溶液则逐渐变浓至 60%左右。水蒸气经挡板除去携带的液滴后，进入冷凝器 6，被冷却管中的冷却水冷却而冷凝成制冷剂水。制冷剂水积聚在冷凝下部的水盘内，通过 U 形管水封装置 10 进入蒸发器 7。蒸发器中的制冷水由制冷水循环泵 8 送入蒸发器中的喷淋装置里，均匀地喷洒在蒸发器加热管束表面，通过管束来吸收冷冻水的热量而逐渐蒸发。蒸发后的制冷剂水蒸气又经过挡水板后回到吸收器 1。发生器 5 中 60%左右浓度的溴化锂溶液经过换热器 3 换热降温后回到吸收器 1，由吸收器泵 9 抽送入吸收器内的喷洒装置中，均匀地喷洒在冷却管表面，与从蒸发器 7 来的制冷剂水蒸气进行传热、传质，而最后成为浓度为 56%左右的溶液。然后由发生器泵 2 打回发生器中。如此循环，重复进行，不断实现制冷的目的。

☞ 27. 溴化锂－水吸收制冷的焓－浓图是怎样的？

溴化锂吸收制冷工作循环在焓-浓度图上的表示如图 5-6 所示。

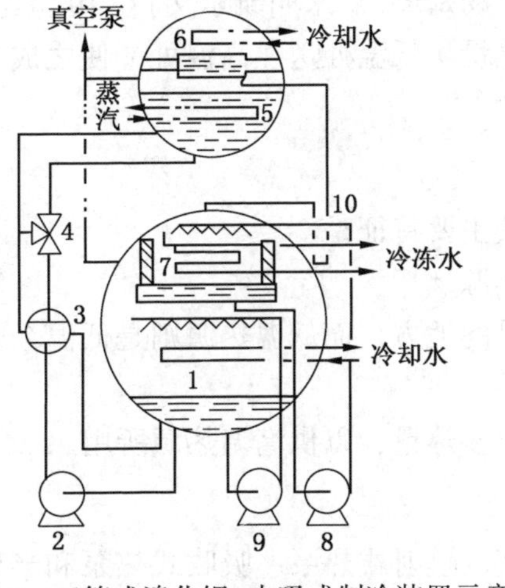

图 5-5　双筒式溴化锂-水吸式制冷装置示意图

1—吸收器；2—发生器泵；3—换热器；
4—三通阀；5—发生器；6—冷凝器；
7—蒸发器；8—制冷水循环泵；9—吸收器泵；
10—U 形管水封装置

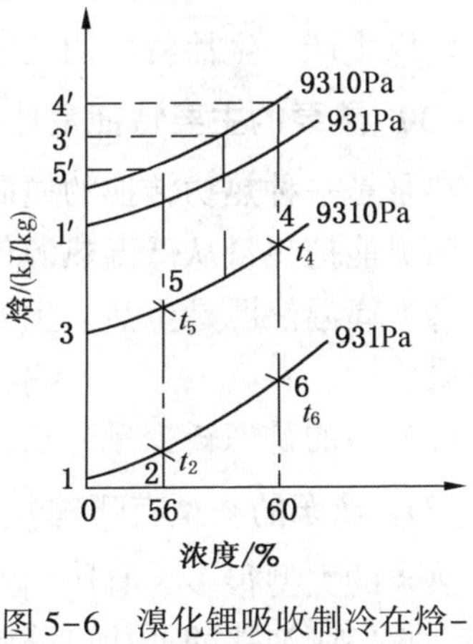

图 5-6　溴化锂吸收制冷在焓-浓图的工作过程

图 5-6 中，2→5：浓度为 56%的溶液在换热器中等浓度加热过程。

5→4：浓度为 56%的溶液在发生器中等压浓缩过程。

4→6：浓度为 60%的溶液在换热器中等浓度冷却过程。

6→2：浓度为 60%的溶液在吸收器稀释过程。

5′→4′：制冷剂水在发生器中开始逸出和发生终止的过程，3′为中间状态。

1→1′：制冷剂水在蒸发器中蒸发过程。

3→3′：制冷剂水蒸气在冷凝器中冷凝过程。

28. 溴化锂吸收制冷有什么用途？

由于溴化锂吸收制冷可以直接利用 49~69kPa(表压)的低压蒸汽，也可用 80~120℃的热水，甚至可直接用工业生产中的废热和废气。因此，近年来，石油及石化部分也开始使用。此技术将全厂平衡多余的低压蒸汽、凝结水及工艺过程排入的温热加以利用来制取工艺所用冷冻水。北京燕山石化公司薄膜车间利用高、低压凝结水及放空蒸汽制冷 8.37×10^9J/h；荆门炼油厂烷基化气体分馏系统利用全厂放空的蒸汽制冷 12.56×10^9J/h，用冷冻水代替循环冷却水，改善了操作；某炼厂以系统低压汽为热源制冷 14.65×10^9J/h，以催化轻柴油余热为热源制冷 4.19×10^9J/h，以催化轻柴油余热为热源制冷 3.35×10^9J/h，增加了液态烃 14.2kt/a，改善了吸收稳定系统操作，提高了干气、液态烃质量，增加了利润。

29. 什么叫热泵？

热泵这个概念是英国物理学家威廉·汤姆逊(后来叫凯尔文)在 19 世纪 50 年代首次提出来的。所谓热泵，就是能把热量从低温处送往高温处，使之成为可用能，以供生产、生活使用的装置。

30. 热泵的主要特征是什么？

热泵是一种热功转换的逆向循环，其主要特征是：

(1) 能把热量从低温热源传向高温热源。

(2) 高温热源是生活、生产需用热量的地方，而低温热源则是低温余热或环境介质。

(3) 目的是消耗少量外功，来获得较多热量，以供高温热源所用。

31. 热泵的类型有哪些？

热泵的类型很多，有压缩式热泵、蒸汽喷射式热泵、吸收式热泵和半导体热泵等。它们所消耗的外功可分别由热能、电能或机械能转换而来。

32. 热泵的基本原理是什么？

现在以丙烯-丙烷分馏系统的热泵为例，来说明热泵的基本原理。

丙烯-丙烷分馏系统的热泵流程如图 5-7 所示。这个流程由分馏塔 1、压缩机2、重沸器3、冷却器4和节流阀5所组成。丙烯从分馏塔顶出来，经过压缩机升温、升压以后，进入分馏塔底重沸器3和塔底产品丙烷进行热交换，使丙烷中含有的少量丙烯汽化而被除去；而丙烯则冷凝为液体。液体丙烯又进入冷却器进一步冷却后，一部分作为产品出装置，另一部分作为塔顶回流经节流阀后返塔，在塔内吸收热量并汽化后重返压缩机，如此不断循环。

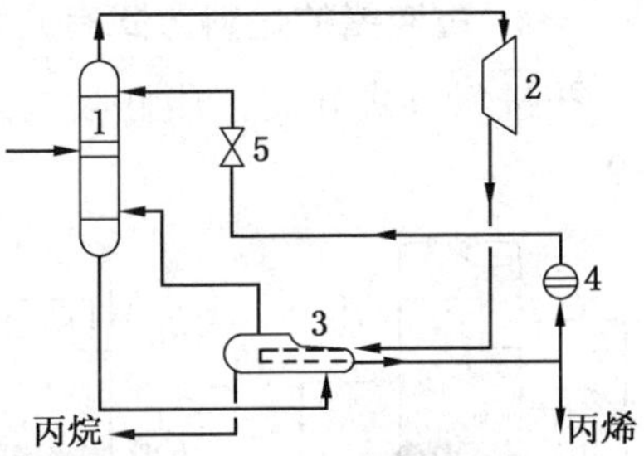

图5-7　丙烯-丙烷分馏系统热泵流程
1—分馏塔；2—压缩机；3—重沸器；
4—冷却器；5—节流阀

☞ 33. 热泵循环的压力－焓图是怎样的？热泵能否节能？

丙烯-丙烷分馏系统的压力-焓图如图5-8所示，循环路线为1→2→3→4→5。由图可知，从低温热源吸收的热量 Q_2 为：$H_1-H_5=1116-799=317$(kJ/kg)，向高温热源提供的热量 Q_1 为：$H_2-H_4=1162-799=363$(kJ/kg)，压缩机耗 W 为 $H_2-H_1=1162-1116=46$(kJ/kg)。所以此热泵循环的供热系数：

$$\sum h=\frac{Q_2+W}{W}=\frac{317+46}{46}=7.89$$

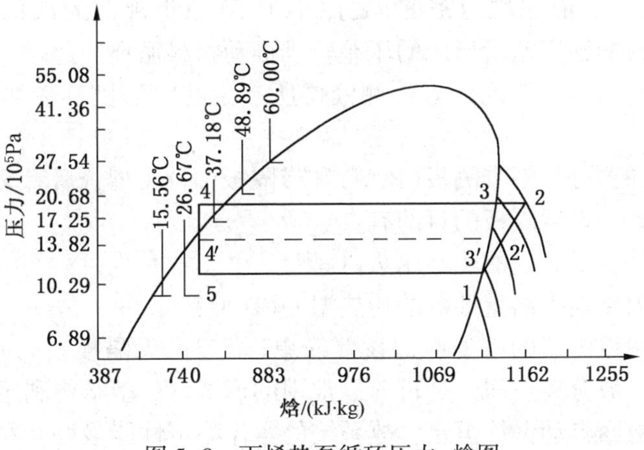

图5-8　丙烯热泵循环压力-焓图

在这个热泵系统中，如果不用热泵，直接用机械功转变为热(或用蒸汽等其他热源直接给重沸器供热)，那么，重沸器得到的热量仅为46kJ/kg；用了热泵以后，重沸器多得到了热量363－46＝317(kJ/kg)，而这个热量就等于从低温热源吸取的热量 Q_2。由此可见，使用热泵可使热量从23.1℃的塔顶低温热源送到了39.2℃的沸器高温热源，为工艺所用，而且得到的热量比所消耗的大。因此，使用热泵可节能。

☞ 34. 重沸器的进料方式有几种？

按进料方式分类，热虹吸式重沸器主要有一次通过式和循环式两种，见图5-9。

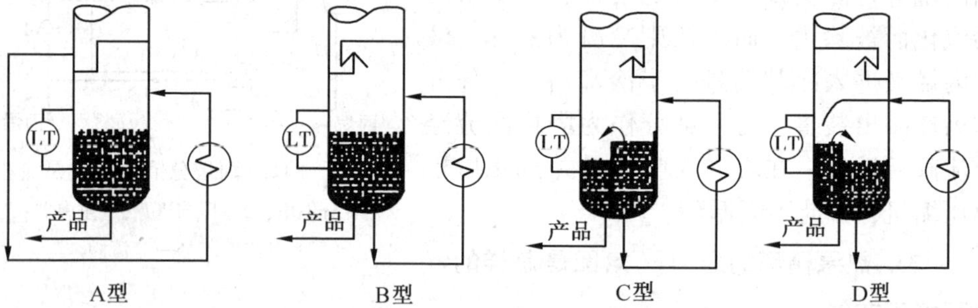

图 5-9 重沸器的类型

一次通过式(A 型)具有分离效率高、加热段停留时间短、加热温度低、不易结垢等优点。由于进料为底层塔板的液相物料，故不能对循环量进行控制。同时，循环物料的汽化率不宜超过25%~30%，否则，沸腾介质在重沸器内的流动将呈环状流或膜状沸腾，会导致传热系数的下降而影响到重沸器的性能。

此类重沸器的进料特点是入口侧的液位压头远高于循环式。当重沸器进料密度与出料密度(气、液相均匀密度)之比小于 10 或重沸器的汽化率小于 5%时，由进、出口物料的密度差所形成的压差较难推动物料循环。此时，应选用一次通过式热虹吸式重沸器，较高的入口侧液位所产生的“额外”压差可弥补密度差的不足。

循环式重沸器分为不带隔板(B 型)和带隔板两种类型，后者又可称为部分循环或混合进料式。设置隔板的目的有：

(1) 为循环提供恒定的驱动压头(C 型)。

(2) 最大限度地提高重沸器的传热温差(D 型)。

不带隔板型重沸器的塔釜内部设置简单(塔釜内无隔板)，为重沸器出料提供了最大的气、液分离空间，是目前最常用的形式。C 型结构利用溢流隔板使重沸器进料侧的液面自动保持恒定，故系统的操作稳定性能最好。在这种结构的重沸器中，液相仅有一部分是循环的，分离效率较高。当釜液组分的沸点或相对挥发度差异较大时，重沸器的进料温度会稍低于产品抽出侧的釜液温度。其缺点是在重沸器侧构成闭路循环，当物料中有固体产生时，易沉积而造成重沸器堵塞。在 D 型结构中，液相物料从底层塔板直接进入重沸器进料侧，与产品抽出侧溢流出来的部分物料混合后组成重沸器的进料。故进料中轻组分含量高，在相对挥发度较大的系统中能够明显地提高重沸器的传热温差，从而降低传热面积，但在相对挥发度较小的系统中就无此优势，选用的意义不大。

☞ 35. 液态烃直接放火炬行吧？

不行。因为若将液态烃直接放火炬，则瓦斯放火炬管道中以及凝缩油罐中将会充满凝缩油，造成压降过大。一旦凝缩油进入火炬，会形成一个个小球，产生火雨，从火炬头上落下来，非常危险。另外，直接放入火炬系统管道，液化气汽化过程要使管道外壁结霜，容易引起管道焊口破裂造成事故。所以，严禁液态烃直接放火炬。若要撤压，也必须将液态烃经过加热器加热后再放火炬。

☞ 36. 什么是回流比和最小回流比？

精馏操作中，由精馏塔塔顶返回塔内的回流液流量 L 与塔顶产品流量 D 的比值称为回流比，即 $R=L/D$。回流比的大小，对精馏过程的分离效果和经济性有着重要的影响。

当回流比减小至某一数值时，理论上为达到指定分离要求所需板数趋于无穷大，这是回流比的下限，称为最小回流比。当操作回流比下降到小于最小回流比时，就不能达到规定的分离要求。

☞ 37. 什么是油品的蒸气压？有何意义？

在某一温度下，液体与其液面上的蒸汽呈平衡状态时，由此蒸汽产生的压力称为饱和蒸气压，简称蒸气压，单位为毫米汞柱(mmHg)。

通常用雷德饱和蒸气压来表明汽油蒸发能力的大小和形成气阻的可能性以及损失轻质组分的倾向。作为汽油规格中的主要质量指标，蒸气压愈高，表明油品越容易汽化蒸发损失，在发动机的输油管道中愈易气阻。

☞ 38. 液态烃为什么要碱洗？原理是什么？

液态烃中硫含量在 4000～5000mg/Nm^3，其中 80% 为 H_2S，约占 3000～4000mg/Nm^3；此外还有一些低相对分子质量的硫醇、硫醚等。这些硫化物具有腐蚀性，且产生恶臭。这种液态烃如作化工原料，会腐蚀设备，污染环境；如用作民用燃料，则会污染每个用户，影响居民身体健康。

液态烃碱洗主要是除去 H_2S。

$$H_2S+2NaOH \longrightarrow Na_2S+2H_2O$$

$$H_2S+NaOH \longrightarrow NaHS+H_2O$$

Na_2S+NaHS 溶解于水，随水一起被脱去。

☞ 39. 一个完整的精馏塔应具备什么特征？

一个完整的精馏塔应由精馏段、提馏段和进料段三部分组成。

原料从进料段进入塔内，塔顶馏出气相的高纯度轻质产品，塔底馏出液相的高纯度重质产品，由塔顶冷凝器冷凝高纯度轻质气相产品提供塔的液相回流，由塔底重沸器加热高纯度重质液相产品提供气相回流。

☞ 40. 精馏塔的进料状态有哪几种？

通常用汽化率 e 来表示进料的热状况。当 $e<0$ 时，称为过冷液体进料；当 $e=0$ 时，称为饱和液相进料；当 $0<e<1$ 时，称为部分汽化两相进料；当 $e=1$ 时，称为饱和气相进料；当 $e>1$ 时，称为过热蒸气进料。

☞ 41. 塔顶回流有哪几种形式？

塔顶回流有过冷液相回流（又称冷回流）、饱和液相回流（又称热回流）、部分冷凝液相回流。

所谓冷回流是将塔顶气相馏出物在冷凝器中全部冷凝后再进一步冷却，使其冷到泡点温度以下成为过冷液体，用它作为塔顶回流。

所谓热回流是将塔顶气相馏出物在冷凝器中冷到饱和温度（即全部冷凝），用该饱和液体作为塔顶回流。

所谓部分冷凝液相回流是将塔顶气相馏出物在冷凝器中部分冷凝，将冷凝的凝液作为塔顶回流，这种回流必须设置一个气液分离罐。

☞ 42. 塔顶回流起什么作用？

塔顶回流在于建立起精馏的必要条件和维持全塔的热平衡，它有两个作用：一是提供了精馏段从塔顶到进料口的每一块塔板上的液相回流，与逐板上升的气相接触，创造了气液两相之间传质的条件；二是取走了塔内过剩热量，维持了塔内各点的热平衡。

☞ 43. 吸收稳定系统腐蚀的主要类型和部位有哪些？

吸收稳定系统的腐蚀，主要是 $HCN-H_2S-H_2O$ 型腐蚀。腐蚀主要表现为一般腐蚀、氢鼓包和应力腐蚀开裂，腐蚀形态对碳钢为均匀减薄、氢鼓包和硫化物应力腐蚀开裂，对奥氏体不锈钢为硫化物应力腐蚀开裂。

腐蚀部位主要有解吸塔顶内壁及内构件、解吸塔底重沸器、稳定塔、气压机系统等。

☞ 44. 汽油中各种烃类辛烷值大小的规律是怎样的？

对同一族烃类来说，相对分子质量愈小，或者说其沸点愈低，则辛烷值愈高；对相对分子质量大小相近的同族烃类，支化度越高、分子结构越紧凑，则辛烷值越高。

对不同族烃类来说，它们的辛烷值大致按芳烃、环烷、烯烃及链烷烃的顺序递减。

烃族组成及单体结构与辛烷值的具体关系如下：

（1）链烷烃

① 直链烷随碳数增加，辛烷值快速降低。例如正丁烷 MON = 89.6，RON = 93.8，而正辛烷的 MON 及 RON 均为零。

② 支链烷烃的支化度愈高，则辛烷值愈高。例如同为八碳烷烃，2-甲基庚烷 MON=23.1，RON=20.7；2,3-二甲基己烷 MON=78.9，RON=71.3；2,3,4-三甲基戊烷 MON=RON=100。

③ 对于同样支化度的链烷，则支链愈接近分子的中心，即分子越紧凑辛烷值愈高。例如，2-甲基庚烷 MON=23.1，RON=20.7；3-甲基庚烷 MON=35.0，RON=26.8；3-乙基己烷 MON=52.4，RON=33.5。

（2）烯烃

同样随着碳数的增加，直链烯的辛烷值下降，随支化度提高而增加。对于支化度及碳数相同的分子，双链越接近分子的中心，辛烷值愈高。例如 1-庚烯 MON=50.7，RON=54.5，而 3-庚烯(反)MON=79.3，RON=89.7。

（3）环烷

① 随着环数值增大，辛烷值减小。

② 除环丙烷外，辛烷值随环上侧链增长而降低。如甲基环己烷 MON=71.1，RON=74.8；乙基环己烷 MON=40.8，RON=45.6。

③ 在侧链上导入支链可以改正辛烷值，取代基愈不对称愈密集辛烷值愈高。如 1,1-二甲基环戊烷 MON=89.3，RON=92.3；1,3-二甲基环戊烷(顺)MON=73.1，RON=79.2。

（4）芳烃

在汽油沸程范围内的芳烃辛烷值都很高，研究法辛烷值都在 100 以上，马达法辛烷值都在 90 以上。但在苯环上导入直链将使辛烷值降低，直链越长，降低越多。如甲苯，MON = 100.3，RON = 105.8；正丁基苯 MON = 94.5，RON = 100.4。对于二取代烃，则按下述顺序降低：1,3>1,4>1,2；对三取代芳烃，对称性越好，辛烷值越高，如 1,3,5-三甲苯 MON = 106，1,2,3-三甲苯 MON=100.6。

☞ 45. 膜分离器的原理是什么？

复合中空纤维膜技术是根据穿透性能好的气体先通过膜这一原理将混合气体进行分离的，各气体组分的穿透速度不一，H_2O、H_2、He、H_2S 气体的速度快，Ar、CO、N_2、CH_4气体的速度慢，CO_2、O_2气体的速度居两者之间。气体的穿透速度与温度、压力成正比，但温度太高又严重影响中空纤维膜的使用寿命，因此一般要求原料气温度不高于 80℃。国外 Monsanto 公司给出的气体穿透系数见表 5-10。

表 5-10　国外 Monsanto 公司给出的气体穿透系数和选择性

H_2	N_2	CH_4	CO_2	H_2O	CO	C_2H_2	C_2H_6	C_3H_s	H_2/N_2	H_2/CH_4
0.195	4.43×10^{-3}	6.62×10^{-3}	0.158	0.120	0.007	0.002	0.001	0.001	44	29.5

☞ 46. 膜分离器结构是怎样的？

膜分离器的结构类似于浮头式换热器，复合中空纤维组合成纤维束装在耐压钢制壳体中，纤维束的一端封死，另一端与环氧树脂管板连接。

复合中空纤维膜是膜分离器的核心部分，它由非对称中空纤维膜和膜表面的涂层物组成。非对称膜由聚砜制成，分别由致密表皮层和多孔支撑层组成，致密表皮层起主要作用。由于非对称膜的致密表皮上存在缺陷或小孔，需要在膜的表皮上涂一层硅橡胶，它可以堵住膜表面上的缺陷或孔，从而阻止被分离气体流过小孔，这层硅橡胶对气体的渗透率却影响不大。

☞ 47. 用膜分离工艺提取催化裂化干气中的氢气的工艺流程是怎样的？

重油催化裂化装置来的压力0.7MPa、温度40℃的干气，进入干气压缩机增压至4.6MPa后，进行水洗，脱掉干气中携带的*N*-甲基二乙醇胺，进除雾器除雾，脱掉大分子烃类，之后经加热器升温至80℃进入膜分离器系统。膜分离器出来的渗透气经富氢压缩机升压至1.5MPa后进入变压吸附(PSA)单元；膜分离器出来的非渗透气则经减压入燃料气管网。

第六章　三机系统及特阀

☞ 1. 催化裂化装置的主风机及其作用是什么?

催化裂化装置的再生器底部必须要供给空气(即主风),压缩输送空气的风机就称之为主风机。

主风机的作用在催化裂化装置十分重要,它是催化裂化装置的心脏设备,必须连续运转,主风机停止运转,催化裂化装置也就停止生产。从工艺角度而言,它的作用主要有:

(1) 提供烧焦所需的氧气

催化原料油经加热喷入提升管底部与高温(650~700℃)催化剂相遇,进行裂化反应,催化剂表面结焦而失去活性。为了恢复活性,需通入空气烧焦,即发生放热反应,经过烧焦后的催化剂(即再生催化剂),通过再生斜管流到提升管底部,再与催化原料油反应。在烧焦过程中,每烧 1kg 焦,需要 8~13Nm^{3}的空气,因此,催化裂化装置所需的风量较大。

(2) 保证再生器、烧焦罐内的催化剂处于流化状态

空气经过过滤器,被吸到主风机内,经过叶轮的高速旋转,并逐级增压到 0.4MPa 左右,将被压缩的空气送至再生器的底部。在再生器底部装有分布管,经分布管可使再生器底部的横断面上产生一层均匀分布的空气流由下向上吹。该空气流与结了焦的热催化剂流接触烧焦放出大量的热量。空气除了烧焦作用外,还使催化剂处于流态化,只有流态化才能使催化剂更好地烧焦,只有流态化才能使催化剂在两器内正常流动,保持工作正常。

☞ 2. 催化裂化主风机主要有哪些类型?

目前,我国各炼油厂的催化裂化装置所用的主风机分为离心式和轴流式两种,其压力在 200~400kPa(2.2~4.2kgf/cm^2)之间,它们都是叶片旋转式机械。

☞ 3. 轴流式主风机和离心式主风机各有什么特点?

轴流式主风机和离心式主风机的特点比较如表 6-1 所示。

在做轴流式主风机和离心式主风机的选型比较时,必须全面考虑到风机的性能和调节特点、使用年限、运行性能、经济性及其造价等。综合各方面因素和炼油厂具体条件,对于再生器所需主风量在 1200Nm^3/min 以上的动力回收机组,选用可靠性高的轴流主风机是可取的;对于主风量 1000Nm^3/min 以下的装置,选用高效率的离心式主风机为宜。

表 6-1 轴流式主风机和离心式主风机的特点比较

类型	优点	缺点
轴流式主风机	(1)效率高(绝热效率约为 0.85~0.87)，但在偏离计算工况运行时，不能保持较高效率； (2)流量大时，运行经济性高； (3)压缩比高时，质量比离心式要小 50%~60%； (4)流量大时，造价较低	(1)单级叶轮压缩比小； (2)特性曲线较陡，调节范围较小，加可调静叶后能改善； (3)防喘振问题较复杂； (4)叶片对空气中灰尘较敏感，加过滤器后能改善； (5)操作维护较复杂； (6)流量小时，造价较离心式为高
离心式主风机	(1)单级叶轮压缩比大； (2)特性曲线平缓，调节范围较广； (3)操作维护简单； (4)流量小时，造价低	(1)效率低(绝热效率约为 0.70~0.80)，但在不同工况下有较稳定的效率值； (2)运转经济较差； (3)流量大时，体积较大，造价高

☞ 4. 离心式主风机的工作原理是什么?

离心式主风机的工作原理与离心泵相似，靠高速旋转的叶轮产生的离心力使气体获得动能，再经过蜗壳和扩压器把动能转变为压力能，从而对气体进行压缩，达到输送气体的目的。

☞ 5. 离心式主风机的主要结构是怎样的?

习惯上常将其转动的零部件称为转子，不能转动的零部件称为定子。每个部件包括很多个零件。介绍如下。

转子：叶轮、主轴、平衡盘、推力盘、联轴器。

定了：机壳、扩压器、弯道、回流器、蜗壳、密封、轴承。

☞ 6. 离心式主风机主要有哪些性能参数?

离心式主风机性能参数主要有：流量、能量头、转速和功率，随操作要求的变化，上述四个参数是可以改变的。但是每台主风机都按一定的气体介质设计成最适当的参数，在这些参数下运转时机器的效率最高，叫作额定参数，即额定流量、额定能量头(以压缩比表示，压缩比为出入口压力之比，即 P_2/P_1)、额定转数、额定功率等。如 D800-33 型风机的额定流量为 800m^3/min，额定入口压力为 96kPa(0.98 绝对大气压)，额定出口压力为 333kPa(3.4 绝对大气压)，额定功率为 3500kW。

☞ 7. 离心式主风机的主要优缺点是什么?

主要优点：输气量大而连续，运输平稳；机组外形尺寸小，质量轻，占地面积少；设备的易损部件少，使用期限长，维修工作量小；由于转速很高，可以用汽轮机直接带动，比较安全，容易实现自动控制。

主要缺点：效率不及轴流式压缩机和往复式压缩机；稳定工况区较窄有喘振现象发生。

8. 离心式主风机的型号的意义是什么？

离心式主风机的型号的意义是：

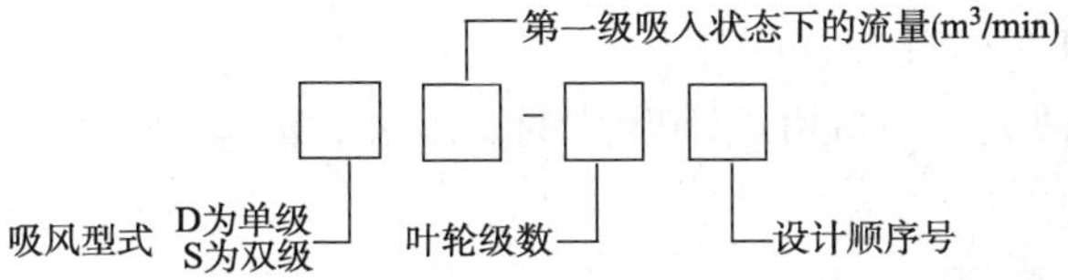

例如：D800-33 代表第一级叶轮为单吸进风，风机吸入状态下的流量为 $800m^3/min$，叶轮有 3 级，第三次设计。

9. 离心式主风机入口蝶阀有什么作用？有什么要求？

由于催化裂化加工量、原料性质及工艺条件不同，再生器的烧焦量也不同，因而对空气的需求量也不同。另外，即使在正常操作的情况下，由于每个瞬时的温度压力变化，对空气的需求量也在变化，这就要求对主风机流量进行调节，以满足工艺的需要。

对离心式主风机流量进行调节的主要方法之一就是进口节流，即调节进口阀门以改变主风机的工作点，达到变化流量的目的。离心式主风机入口蝶阀就是起上述作用的。

由于主风机入口可产生的负压不大，故要求入口蝶阀的压降不能太大，一般为 1.96kPa 左右，最大不超过 4.91kPa。蝶阀的口径要选择得合适，要求在设计流量(即额定流量)时阀的开度为 50%~55%。为保证调节的灵敏性与准确性，要求蝶阀的灵敏度不低于 1/200，精度不低于 1.5%，阀的执行机构应有足够大的力矩，一般要求为需要值的 2~3 倍，以保证阀板稳定无晃动，否则将引起主风流量压力波动，破坏工艺操作。

10. 什么是轴流式主风机？其工作原理是怎样的？

气体在压缩机气缸中沿轴向流动的主风机称为轴流式主风机。

轴流式主风机由许多排扭曲型动、静相间的叶片组成，轴流式主风机气体的运动是沿着轴向进行的。由于转子旋转使气体产生很高的速度，而当气体流过依次串联排列着的动叶片和静叶栅时，速度就逐渐减慢而变成气体压力的提高，使气体得到压缩，达到输送气体的目的。

11. 轴流式主风机有哪些部件？各自的作用是什么？

轴流压缩机由一个水平剖分的机壳、叶片承缸、静叶调节缸、转子、密封套以及机体外的伺服马达、轴承、联轴器、底座等组成。

（1）机壳(外缸)

机壳为水平剖分型，便于拆卸和组装。机壳通常采用灰铁铸造(特殊要求采用铸钢件)，铸造结构具有不易变形、吸收噪声等优点，机壳进行耐压试验。对同一型号，不同级数的压缩机机壳其进、排气部分是相同的，中间的机身部分因级数不同而采用积木组合式构造。

（2）静叶承缸(内缸)

静叶承缸是轴流压缩机可调静叶片的支承缸。缸体为水平剖分型，由球铁铸造而成。

（3）调节缸(中缸)

调节缸的作用在于调节轴流压缩机静叶角度，通过缸内导向环来移动静叶片的曲柄，达到改变静叶角度的作用。调节缸缸体为水平剖分型，由钢板焊接而成。

（4）转子

① 轴流压缩机转子主要由主轴及若干列环形动叶片叶栅组成。转子最后经动平衡校验，以保证其运转平稳可靠。

② 转子为等内径结构，即多级转鼓的直径皆相同。转鼓为整体锻造而成，对于大型转子可采用两端轴头与空心转鼓焊接而成的空心转子。

③ 动叶片的叶根前面几级为纵树形结构，后面的为“T”形(即燕尾形)结构。各级动叶片沿圆周方向安装在转鼓的凹型槽内，每两个动叶片之间有隔叶块定位，隔叶块是整体的，但每级最后安装的两个动叶片之间的隔叶块是由三部分组成的，这是为了便于装配。

在叶根的最下面钻一小孔，其中放置一个小弹簧，当叶片安装在转子上之后，弹簧始终有一个力顶住叶片。

④ 转子的两侧加工有平衡盘，吸气侧的平衡盘与排气管相连接引入高压气体，而排气侧的平衡盘与吸气管相连接引入低压气体，其结果是给转子一个向排气侧的轴向力，以平衡转子动叶片上所承受的指向吸气侧的轴向力。

⑤ 在转子的两端装有材质为不锈钢片的拉别令密封。密封片嵌入转轴的凹型槽内，用钢丝紧固，便于更换。由于密封片嵌入轴端，一旦压缩机振动或转子跳动时，密封片与气缸的密封体相摩擦所产生的局部高温传到气缸上，而不会像密封片装在气缸的密封体上，密封片与转轴相摩擦所产生的局部高温传给转子造成转轴弯曲。

（5）密封体

轴流压缩机的两端装有密封体，与转子相应部位装嵌的密封片组成拉别令密封。

（6）轴承

① 止推轴承

转子的轴向推力大部分由转子上的平衡盘来平衡，剩余的大约 2～4t 的轴向推力由止推轴承来承受。

止推轴承为金斯贝雷型，多瓦块重叠式的。止推瓦块可以根据承载的大小自动调位，以保证每个瓦块上的负荷均匀分配。

止推瓦块由碳钢瓦块体浇铸巴氏合金加工而成。

② 径向轴承

大功率低转速的轴流压缩机采用椭圆轴承，小功率高转速的采用可倾瓦轴承。

（7）联轴器

轴流压缩机与变速器采用刚性联轴器相连接。联轴器的主要零件用优质合金钢制造，加工精度很高。

由于采用刚性联轴器，为了允许相连接的两个转子之间不能完全对中，在压缩机和原动机之间或压缩机与变速器之间，用一个中间弹性轴，该弹性轴的轴颈较细，刚性联轴器与中间弹性轴的连接在冷态安装时可允许有一定的偏差，这样在运转受热膨胀后，这个偏差值就可以基本上消除。

电动机与变速器之间采用齿式联轴器。

（8）静叶可调机构

① 静叶片安装在叶片承缸（内缸）上，轴流压缩机级数越多，轴向尺寸也越长，所以叶片承缸有的为轴向整体结构，有的为轴向多段结构，以利于加工。

② 静叶片全部为直叶片，静叶片可调的叶根为圆柱形结构。

③ 静叶可调机构是在运行中借助于调节缸体的往复运动，带动静叶片支杆上的曲柄滑块绕支杆中心转动而使静叶片安装角度改变。调节缸体的往复运动由伺服马达驱动。

④ 静叶支杆上的轴承是用无油润滑的石墨浸铜材料制成，为防止静叶片支杆转动处漏气，在支杆处装密封圈，密封圈是橡胶制品，可耐温250℃。

⑤ 每级静叶片都有一套调节机构，各级调节机构安装在同一个调节缸上。

⑥ 伺服马达由12MPa压力的动力油驱动，马达活塞全行程80mm。

⑦ 整个静叶调节缸由机壳中的四个凹槽支脚支撑，调节缸受热可沿该槽轴向自由膨胀。

（9）底座

轴流压缩机的进、出气侧各有一个支承底座。底座由钢板焊接而成，底座上有找正调整螺钉，供机组安装找正之用。

压缩机与底座间有轴向和径向导向键，一般转子的死点在出气侧，所以压缩机出气侧机体不允许轴向移动，只允许垂直于轴的方向移动；为适应机体受热膨胀，允许进气侧机体各方向的移动。

☞ 12. 恒速轴流式风机的特性曲线是怎样的？

恒速轴流式风机的特性曲线如图 6-1 所示。

恒速静叶可调轴流式风机的安全运行区域为 A、B、C、D 线所围成的区域。

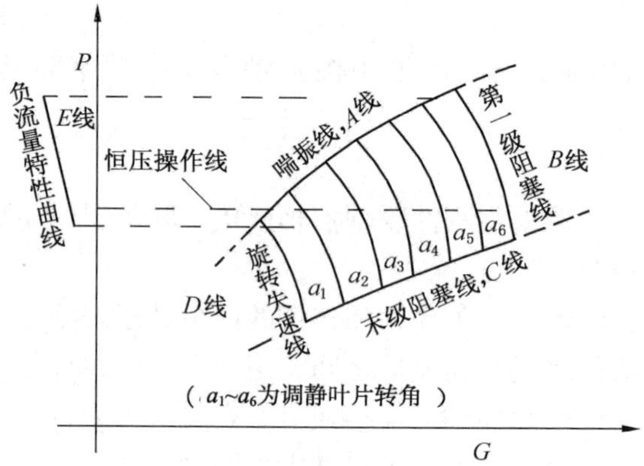

图 6-1　恒速静叶可调轴流式风机的特性曲线

☞ 13. 轴流压缩机的调节特性是怎样的？

轴流压缩机调节特性指“流量-出口压力”这一特性曲线。对静叶可调型轴流压缩机来讲，静叶栅每一角度的变化，都对应于一条曲线，所以调节静叶角度，可使一根根孤立的、特性较陡的曲线形成流量变化范围宽阔的可调区域，从而满足操作的需要。

就某一静叶角度下的“流量-出口压力”特性曲线分析，它有以下特点：

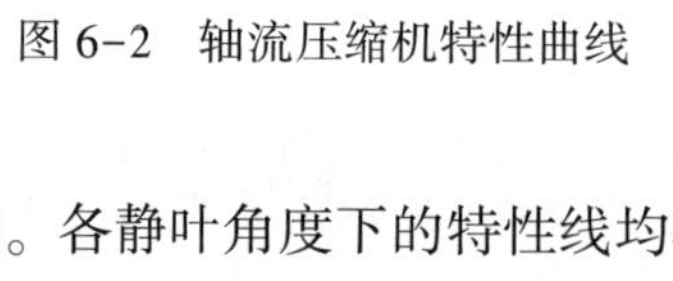

图 6-2　轴流压缩机特性曲线

（1）随着流量减小，压力起初升高然后下降。最高点将特性线分成左右两支，右支对应流量减少时压力增加的情况，左支则对应流量减小压力下降的情况。左支部分的特性线发展情况可见图 6-2。由于实际运行时不能在不稳定工况区，所以厂家只提供右支曲线以供使用。

（2）当气体流量减小到一定程度时，压缩机进入失速区（不稳定工况区），叶片发生振动。各静叶角度下的特性线均有失速时的最小流量点，各点的连线叫失速边界线即喘振线。至于此时会否喘振还要取决于机后管网情况。

（3）当气体流量增加到一定程度时，压力急速下降，压缩机进入阻塞区，叶片发生颤振。如同喘振边界线一样，也可作出一条阻塞边界线。

(4) 转速升高，特性曲线变陡。

(5) 多级轴流压缩机的特性曲线比单级压缩机的特性曲线更陡直。

(6) 在同一进气压力与温度条件下，“流量-出口压力”与“流量-效率”曲线都有最大值，但最高效率与最大压力并不在同一工况点上。

(7) 仅改变进气压力，压缩机的压比与效率不会变化，但流量与功率将与进口压力成正比变化。

(8) 大气温度变化对特性曲线的影响。

① 风机流量与大气绝对温度成反比例。气温低，吸入质量流量多；气温高，吸入流量少。为此，主风机在运行时应注意按季节特性操作：冬季可提高装置处理量以发挥主风机的供风能力；夏季操作应注意喘振。

② 当气温下降时，压力呈上升趋势；气温上升时，压力呈下降趋势。

☞ 14. 轴流压缩机的启动特性是怎样的?

大型主风机所需额定功率比较大，因此对用电动机拖动的主风机，在启动时应尽量降低主风机的负荷，以减少启动时间。对轴流式压缩机的启动特性有：

(1) 功率-流量特性

当静叶角度小时耗功也小，而对同一静叶角度，流量越大，耗功越小。因此在启动时应将主风机出口放空阀全部打开，静叶角度关小到一定程度。

(2) 旋转失速特性

启动时的静叶角度应超越旋转失速区域。若为了降低启动时负荷，静叶角度落入旋转失速区，则应在旋转达到额定转速时迅速将静叶开大到安全角度，且这一操作应在3s内完成。

☞ 15. 什么是轴流压缩机的阻塞现象?

压缩机的叶片喉部面积是固定的。当流量增大时由于气流轴向速度增大，气流相对速度增大，负冲角(冲角为气流方向与叶片进口安装角之间的夹角)也随之增大。此时，叶栅进口最小截面上平均气流将达到音速，这样通过压缩机的流量就达到一临界值而不再继续增大，这一现象叫阻塞。

这种初级叶片的阻塞决定了压缩机的最大流量，此时叶片强度也达到了最大值。当排气压力降低时，压缩机内的气体将因膨胀体积增加而使流速增加，当气流在末级叶栅达到音速时也发生堵塞。由于末级叶片气流受阻，末级叶片前的气压升高，末级叶片后的气压降低，造成末级叶片前后的压差加大，这样末级叶片前后受力不平衡而产生应力，也可能导致叶片损坏。

一台轴流压缩机当其叶型和叶栅参数确定后，其阻塞特性也就固定了。轴流压缩机不允许在阻塞线以下区域过久运行。

☞ 16. 轴流压缩机防阻塞控制是如何决定的？控制方案如何？

一般来说，轴流压缩机的防阻塞控制无需像防喘振控制那样严格，控制动作不要求很快，也不必设脱扣停车点。至于要不要设置防阻塞控制也由压缩机本身的要求决定。美国 Elliott 公司及瑞士 Sulzer 公司的产品可不设防阻塞控制，因为设计时已考虑到了叶片的加强，可以经受颤振应力的增大。而美国 Ingersoll-Rand 公司的产品设有防阻塞自控设施。

轴流压缩机的防阻塞控制方案如下：

在压缩机的出口管路上设一蝶形防阻塞阀，将入口流量和出口压力这两个检测信号同时输入防阻塞调节器。当压缩机出口压力异常下降，压缩机运行工况点落在反阻塞线下面时，调节器的输出信号送进防阻塞阀使该阀关小，因而风压增加，流量减小，工况点进入反阻塞线以上，机摆脱阻塞工况。

☞ 17. 什么是轴流压缩机的旋转失速区？旋转失速区有什么危害？如何防止？

轴流压缩机特性曲线静叶最小角度与最小工作角度线之间的区域称旋转失速区。旋转失速又分为渐进失速和突变失速两种类型。当风量小于轴流式主风机的旋转失速线限值时，叶片背面气流产生脱离，机内气流形成脉动流，使叶片产生交变应力而导致疲劳破坏。

国外曾发生过多次由失速造成的事故。例如：1969 年，日本“三菱重工”制造的一台 2.6 万千瓦轴流压缩机在运行半年后，由于叶片污染，失速线右移，失速区扩大，一次由于减量，使操作点落入失速区，第七级动叶全部折断，第一、第九级叶片产生疲劳裂纹。

为了防止失速，要求操作者熟悉机特性曲线，启动过程中快速通过失速区，操作过程中应按制造厂的规定，使最小静叶角度不低于规定值。

☞ 18. 压缩机喘振的定义是什么？喘振受哪些因素支配？

在压缩机与一定容积的管网联合工作时，当压缩机在高压缩比、低流量下运行时，一旦机流量小于某一定值，叶片背弧气流严重脱离，直至通道堵塞，气流强烈脉动，并与出口管网的气容、气阻间形成振荡，此时机、网系统气流的参数出现整体大幅度波动，即气量、压力随时间大幅度周期性变化；压缩机的功率以及声响均周期性变化。上述变化非常剧烈，使机身强烈振动，乃至机器无法维持正常运行。这种现象称为喘振。

由于喘振是整个机、网系统发生的现象，因此它不但与压缩机内部流动特性有关，且决定于管网特性，其振幅、频率受管网容积的支配。

☞ 19. 压缩机的喘振与失速有些什么区别？

习惯上，当压缩机发生气流脉动或隆隆声时，谓之机器喘振。事实上某些气流脉动属于旋转失速。尽管失速与喘振都能导致气流的脉动，但本质上却是不同的。

失速是在流量小时，叶栅进口气流冲角过大引起叶片背弧上的气流附面层分离，分离团沿叶栅传布所致。当分离团经过叶栅或流道某部分时，这部分的流量下降，而其余部分气流仍能正常工作，所以气流参数是沿叶栅周向脉动，整个压缩机的平均流量并无明显变化。它与管网容积大小无关，只决定于压缩通流部分本身的流动条件。

而喘振是整个机、网系统发生的一种现象，气流参数等作大幅度周期变化。它是以机器内部通流特性为内因、以管网特性为条件而发生的现象。

失速是一种隐性现象，因为气量及气压仍可维持，压缩机的振动与噪声甚至无变化。喘振是一种显性现象，因为它的一切变化现象呈周期性，为剧烈外观变化。

当然应理解：喘振是由失速为先导发生的。

☞ 20. 压缩机喘振产生的机理是怎样的？

喘振是以失速为先导而发生的，是轴流式压缩机的固有特性。当然是否发生喘振同时也是取决于压缩机所在的管网特性。

当管网容积很小时，压缩机产生失速并不一定导致机网系统的喘振。这是因为管网容积很小，压缩机流量一有变化，管网也及时反应，流量和压力也随之变化的缘故。

在炼油厂中主风机总是与一定容积的管网一起联合工作。图 6-3 中曲线Ⅱ是管网的阻力线，曲线 *ABC* 是风机的特性线。正常情况下，机、网在两曲线交点 *B* 上工作。当管网阻力逐渐增加(例如再生器提压等)，管网特性线由Ⅰ移到Ⅱ，机、网系统工作点向上移动，当达到失速极限点 *C* 时，机的通流部分产生突变失速，气流的脉动强烈使机的流量及压力均下降。由于管网容器(例如再生器)压力不会马上下降，于是管网压力大于压缩机的背压，这就使风机流量进一步减少乃至从正到零，又由零到负，即发生容器向风机的气体倒流，机的工作点从 *C* 点经 *H* 点跳到 *D* 点。由于管网一方面向外排气，一方面又向风机倒流，因而管网的压力从 C 点降到 G 点，风机的压力也跟着从 *D* 点降到 *E* 点。到达 *E* 点后，由于仍存在倒流，容器的压力仍倾向于下降，但风机的特性线已达到转折点，压力不再下降，于是有可能使风机出口压力大于容器压力，此时倒流停止，这时风机又建立起正常方向的输气条件向容器送气，其工作点由 *E* 点跳到 *F* 点，又由 *F* 点突跃到原曲线 *ABC* 上。由于风机的流量大大增加，流入容器的量大于由容器排出的量，

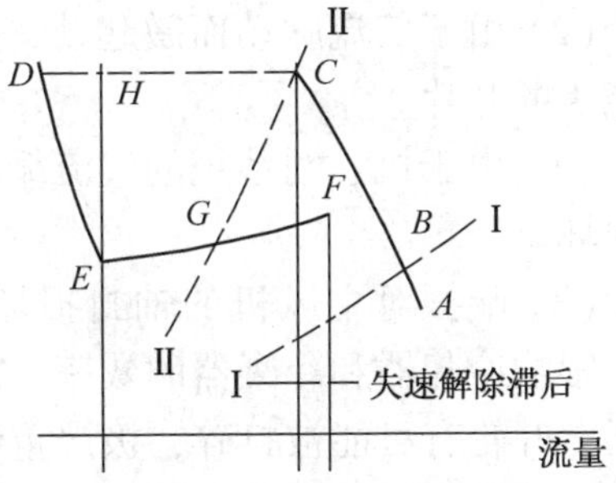

图 6-3　机网联合工作特性

于是容器的压力及风机的背压又上升，机的工作点又向 C 点移动，管网工作点也由 G 点向 C 点移动，当到达 C 点后，失速及倒流再次发生。于是整个系统重复上述“流量-压力”的振荡循环，这就是风机与管网彼此作用的结果而产生的“喘振”。

喘振发生时，参数变化的频率与振幅与容器的大小有很大关系，管网容器越大，喘振振幅越大，喘振频率越低。此外，压缩机转数越低，如引起喘振，则喘振的程度越剧烈。

☞ 21. 压缩机喘振的危害如何?

当流量减小时，轴流机的旋转失速区一般先在叶片端部产生，这时的局部旋转失速区对机的工作影响不是很严重。如果流量继续减小，叶顶的旋转失速就向整个叶片扩展，叶片高度较大，该扩展过程是逐渐的，而在较短的叶片中，该扩展过程是突然的。当然，不论何种过程均能引起喘振现象，但突然扩展过程引起的喘振比较强烈，现象也很明显，而逐渐扩展过程引起的喘振比较缓和，有时现象也不很明显。但是无论如何，喘振对压缩机的危害性不容忽视。

主风机喘振的危害性是:

(1) 轴流式压缩机的转、定子间隙较小，尤其转动叶片与外壳间隙仅为0.8~1.0mm(半径间隙)，因而机体的严重振动会引起动、静部件之间的接触而损坏。

(2) 由于气流脉动而激起动、静叶片的剧烈振动，乃至共振，产生交变应力可能折断叶片。

(3) 由于机、网系统的气流循环，引起气流温度的急速上升导致叶片与内缸的损坏。

(4) 喘振对主风机的轴封损坏较大。由于密封的损坏，将使润滑油穿入流道，影响冷却器和冷凝器的效率。严重的喘振很容易造成转子轴窜动，烧坏止推轴瓦，叶轮有可能被打碎，极严重时可使风机遭到破坏，会损伤齿轮箱、电动机以及连接压缩机的管线和设备。

(5) 喘振给生产操作带来很大的混乱，如处理不当，会造成各种严重的恶性事故，如催化剂倒流等。

(6) 对于大型轴流式风机来说，喘振的危害性更大。喘振是机组逆流的前奏。

☞ 22. 如何防止主风机的喘振?

主风机反喘振的措施很多，但催化裂化装置中最简便的反喘振方法是主风机出口放空。

恒速运行的离心式主风机应采用定值反喘振流量控制系统，此流量调节器的给定值应大于喘振点流量的7%~10%。变速运行的离心式主风机和大型轴流式主风机宜采用随动反喘振流量控制系统，根据主风机的不同工况(压缩比、出口压力、转速)沿反喘振线自动改变反喘振流量调节器的给定值，在主风机还未到达喘振点以前，提前打开出口放空阀，防止主风机出现喘振。反喘振线一般设置在喘振线以下，留有5%~10%的反喘振裕量。变速运行的离心式主风机和恒速运行的可调静叶轴流式主风机的反喘振线是个面，处理起来比较复杂。但在一般转速变化不大的情况下，仍可简化为一条直线或折线。

大型轴流式主风机的反喘振流量控制，宜采用双放空阀方案。一只放空阀由反喘振流量调节器直接控制，另一只放空阀由自保信号控制。

☞ 23. 什么是主风机的逆流？逆流与喘振有什么区别？

若用风系统的压力突然高于主风机的排出压力，而主风机的出口逆止阀又失灵时，用风系统中的气体就会向正在运行的主风机倒流，该过程称逆流。

可见，逆流和喘振一样，都是由旋转失速为先导发生的。而逆流与喘振的概念又大不相同。喘振表现为：突变失速后，工作点在两条不连续的特性曲线之间不同程度地往复摆动。而逆流只是在管网容积足够大或管网压力急速上升且居高不下的情况下，机网由正向工作特性跳变到负向工作特性上形成一种稳定的反向流动而不存在像喘振那样所具有的振荡现象。

☞ 24. 主风机逆流有些什么危害？

逆流是主风机最危险的工作状态，逆流流量只有顺流流量的几分之一，如果风机仍由原动机拖动，则原动机功率在风机中变成逆流气流的摩擦热，即风机的全部功率被用于加热气体，短时间内气体温度剧升，高温气体倒回风机，很快就可使风机叶片膨胀、擦缸甚至熔化，转子飞逸。特别是再生器或烧焦罐内含有催化剂粉尘的高温气体倒流后，对主风机破坏性更大，可使机内温度猛升到上千度，在短短的30~40s时间内使机组受到十分严重的破坏。

☞ 25. 如何进行反逆流控制？

为了防止反喘振系统失灵产生喘振，或因其他原因造成逆流，催化裂化装置的轴流式主风机系统必须设置逆流保护装置。

逆流保护是反喘振保护之后的第二保护措施。一旦逆流产生，逆流信号将通过逻辑控制系统使防喘振阀在1.5s内全开，主风出口单向阀5s内全关，同时静叶角关到最小工作位置。

以国内某炼油厂催化裂化装置的轴流式主风机的反逆流系统为例，如图6-4所示。

当孔板测得送风量低于额定值的30%~40%时，低流量自保继电器动作，在1.5s内关闭单向阻尼阀切断风路。同时，将风机反喘振阀打开，风机可调静叶关至最小，保证风机不发生喘振。万一失灵，产生逆流，单向阀也能自动关闭制止

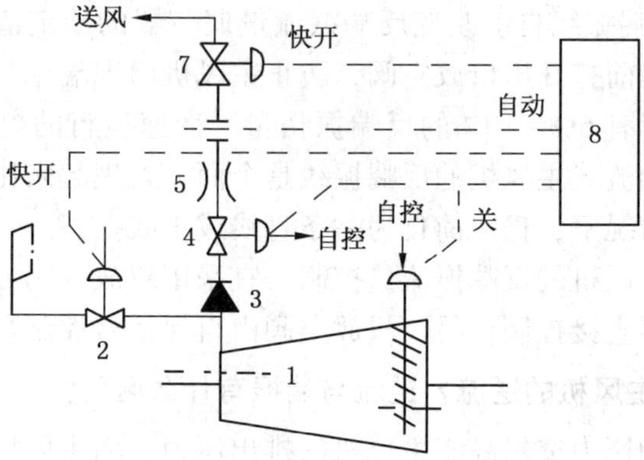

图 6-4　反逆流系统示意图

1—主风机；2—反喘振阀；3—单向阀；4—反阻塞阀；
5—文氏管；6—放空；7—单向阻尼阀；8—低流量自保

倒流。该系统是多重保护的预防性防逆流系统。此控制方案进行了现场实测，性能完全达到设计要求，机组到目前为止运转正常。

☞ 26. 主风机出口单向阀有什么作用？

主风机出口单向阀的作用是防止再生器的催化剂倒流到主风机内，从而避免毁机的严重事故。因再生器是一个体积很大的容器，当主风机因事故紧急停车、出口压力跌落时，再生器内的热烟气携带着催化剂就会倒流向主风机(若装在再生器附近的单向阻尼阀关闭缓慢，或者没有投自动)，如果没有单向阀，热烟气及催化剂就会进入主风机(若主风机出口阀来不及关)而毁坏主风机。

☞ 27. 主风机由于转子不平衡引起振动的因素有哪些？如何处理？

主风机的转子，在制造厂都进行过静、动平衡校正，一般情况下不应该出现本身的不平衡。但是，下列因素之一，都会造成转子不平衡：

(1) 由于制造中平衡工序漏检，或校正不精确，或平衡中去重(或加重)部位不恰当，或允许的动不平衡值超过规定值，或配重块松动等。此时，应检查平衡块位置或重新校正。

(2) 转子表面粘着脏物较多(如灰尘、油垢、铁锈等)，破坏了转子的质量平衡。此时，应清理转子表面的脏物。

(3) 由于制造、运输及保管不当，引起轴上零件松动、叶轮铆钉松动、轴盘和轴的接合面松动、主轴变形、叶轮变形或损坏等。此时，应查明原因，紧固松动之处，矫直主轴，或修整叶轮。

(4) 轴向密封安装不正确，使轴与密封环产生局部摩擦，引起轴的局部过热，而使轴产生弯曲。此时，应及时检查密封环上、下间隙，矫直已弯曲的轴。

(5) 气体输送管道负荷发生急剧变化。此时，应检查风机进、出口阀门及其管道有无脏物堵塞并消除之。如果转子的偏心距大于规定值，转子转动时产生离心力就会引起大的振动。

转子不平衡引起的振动，表现在单位时间内振动次数等于转速，而在不同的转速下的振幅与转速的平方成正比。

☞ 28. 主风机切换要注意些什么？

(1) 备机启用并运转正常，出口放空。

(2) 反应岗位加强观察、联系。

(3) 备机出口压力应始终保持比主机出口压力高 10kPa 左右。

(4) 备机进出口流量提至和主机一样。

(5) 逐步开备机出口阀，逐步关备机出口放空。逐步关主机出口阀，逐步开主机出口放空。幅度要小，要统一步调，加强联系，尽量使主风出口总流量保持稳定不变。

(6) 主动切出、备机切上后，如主机无紧急情况，则在确认备机无问题后，方可停主机。

☞ 29. 什么叫气体的状态参数和状态方程式？

气体的状态是通过温度、压力、比容(体积)、熵等数量来表示的，这些物理量就叫作状态参数。

气体的比容、压力、温度的变化是有一定的规律的，表示这样规律的方程式，就叫作状态方程式。气体的状态方程式可写成如下形式：

$$PV=ZRT$$

式中 P——绝对压力，kg/m^2；

V——比体积，m^3/kg；

T——绝对温度，K；

R——气体常数，kg · m/(kg · K)；

Z——气体的可压缩系数。

可压缩系数 Z 说明了实际气体与理想气体差别的程度，对于理想气体 $Z=1$ (空气可视为理想气体)。

☞ 30. 已知主风机的流量和进出口温度，如何求其理论功率？

主风机功率的求取公式如下：

$$N=G\cdot C_p\cdot(T_2-T_1)$$

式中 N——主风机功率，kW；

G——主风流量，kg/s；

C_p——比定压热容，J/(kg · K)；

T_2——出口温度，K；

T_1——进口温度，K。

☞ 31. 如何测量电动机的输入功率？

电动机的输入功率一般可用下列方式测量：

（1）用功率表直接测。

（2）测电流、电压及功率因素后用下式计算：

$$N=\sqrt{3}\cdot I\cdot U\cdot \cos\phi$$

式中 N——电动机输入功率，W；

$\cos\phi$——功率因素；

I——电机电流，A；

U——电压，V。

☞ 32. 如何求得变速箱的功率？

变速箱的功率可按下式计算：

$$N=\rho\cdot Q\cdot C\cdot \Delta t$$

式中 N——变速箱的功率，W；

ρ——润滑油的密度，kg/m^3；

C——润滑油的比热容，$J/(kg\cdot K)$；

Δt——润滑油的温升，K；

Q——润滑油量，m^3/s。

☞ 33. 增压机开车前应做好哪些准备？

（1）检查设备及仪表是否齐全好用，检查润滑、冷却是否畅通。

（2）将合格的汽轮机油，装入干净的油箱内，油位保持在看窗上面5mm，并加入合格的抗磨、抗氧添加剂。

（3）联系仪表工，检查所有仪表设备，包括测量、指示、控制仪表是否灵敏正确，入口蝶阀启用摇控。

（4）联系电工，检查所有电气设备及电机试转，看转动方向。

（5）检查手摇泵是否好用。

（6）启动辅助油泵，油压控制在70~100kPa，并检查润滑油畅通情况。

（7）调节风机有关阀门均处于开车位置。

① 入口闸阀全关，蝶阀稍开。

② 入口抽大气闸阀开2~3圈。

③ 出口闸阀全关，放空全开。

（8）联系电工，进行辅助润滑油泵再启动试验，检查其可靠性。

☞ 34. 增压机如何开机？

（1）检查准备工作确无问题后，按启动电钮，注意电流是否及时返回正常位置。正常后，将入口抽大气闸阀，根据电流，再次调节开大至合适的电流负荷。

（2）机组运转正常后，停辅助油泵，油压控制在70~90kPa，辅助油泵投入自启动。

（3）检查润滑油压力、各轴承温度、润滑油情况、机组振动及声音情况，当油温达35℃时，打开冷却水。

（4）机组正常后，将增压机入口由抽大气改为抽主风机出口风，停抽大气，并关闭抽大气阀，风量用入口蝶阀控制。

（5）接到送风通知后，打开出口闸阀，关闭出口放空阀，控制增压值在20~30kPa，电流不超过额定值。

（6）正常后，将流量控制改到操作室控制。

☞ 35. 增压机如何正常停机？

（1）接停机通知后，与反应岗位联系好，做好停机准备。

（2）开出口放空阀，关出口闸阀，注意电流及风压变化，不要超过指标。

（3）启动辅助油泵，油压升起后停机。

（4）停机后关闭入口闸阀。

（5）轴承温度降至35℃时，停辅助油泵，关冷却水。

☞ 36. 增压机如何紧急停机？

（1）与反应岗位联系，采用事故蒸汽代替增压风，启动辅助油泵、停电机。

（2）关出、入口闸阀。

（3）其他按正常停车处理。

☞ 37. 催化裂化装置烟气能量回收系统包括哪些部分？其作用是什么？

我们常说的催化裂化装置烟气能量回收系统，一般包括：催化裂化烟气轮机系统和催化裂化烟气余热回收锅炉二部分，少数装置再生系统不完全燃烧再生的，再生烟气中含有CO，则可能还要在烟气余热回收锅炉前设置CO焚烧炉。

之所以要设置烟气能量回收系统，主要是因为催化裂化装置的再生烧焦要控制一定的氧分压，再生烧焦过程又是放热反应，所以离开再生器的烟气的压力较高、温度较高。为了充分回收烟气的压力能和热能，世界上很多国家都采用了催化裂化装置能量回收系统，我国从20世纪70年代末开始，在较大型的催化裂化装置上也配置烟气能量回收系统。尽管烟气能量回收系统技术较为复杂，但经济效益十分显著。

☞ 38. 国产YL型烟气轮机的结构特点是什么？

国产YL型单级和双级烟气轮机的结构如图6-5、图6-6所示。其结构特点如下：

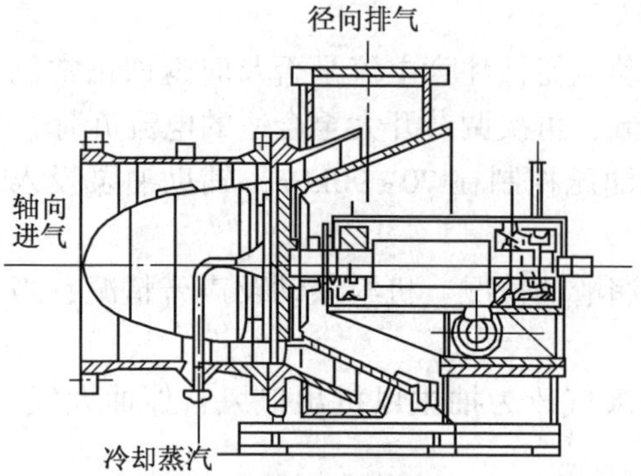

图 6-5　YL 型单级烟气轮机结构示意图

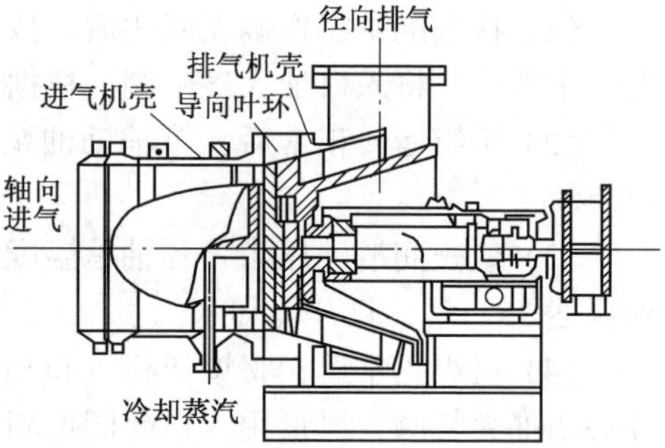

图 6-6　YL 型双级烟气轮机结构示意图

（1）采用轴向进气和径向排气结构。

轴向进气可使烟气进入烟机时能稳定流动，以确保烟气中催化剂颗粒均匀分布，避免径向进气的离心分离作用，产生颗粒集中的倾向，并减少入口压力损失。

（2）机壳采用垂直部分形式。

进气机壳和排气机壳均为整体结构，两者之间为垂直部分。这种环形结构，可以减少变形，使热膨胀均匀一致，且具有拆装方便的特点。在检修时不需拆装出口大管线，减少检修工作量。

（3）转子装卸时，采用从进气端抽芯的形式，不用长套筒联轴节。它的优点是可减少引起转子强烈振动的机会。

（4）单级烟机的轮盘与转轴的连接，采用特种销钉传递扭矩，而不使用端面齿或径向键。

双级烟机转子的一、二级轮盘之间，二级轮盘与轴之间，以止口定位，以套筒传扭，用有足够预紧力的拉杆将轮盘与轴把紧。

这两种结构形式的优点是：结构成熟、制造简单、安全可靠。

（5）为了冷却轮盘，将冷却蒸汽直接通到轮盘盘面，而不是通到进气锥内。YL 型烟机在进气锥内加上挡板，这样不但可以避免蒸汽在进气锥内部和外部的烟气进行换热，而且提高了冷却效果，减少了蒸汽耗量。这种冷却方式结构简单，效果好。

（6）转子设计为刚性转子，使一阶临界转速远离工作转速。径向轴承采用多油楔轴承，推力轴承采用米楔尔式和金氏伯里轴承。

（7）叶片叶身部分等离子喷涂耐磨涂层。

☞ 39. 多级烟机和单级、两级烟机各有什么特点？

多级烟机和单级、两级烟机的主要特点比较如表 6-2 所示。

表 6-2　多级烟机和单级、两级烟机的主要特点比较

序号	单级或两级悬臂转子烟机	双支承多级烟机
1	单级设计不可能得到全部焓降，而两级烟机有改进，比单级的效率高 6%~8%	效率较高，比单级高 8%~10%
2	轴向进气，使烟气均匀加速，烟气中催化剂分布较均匀	径向进气，烟气中催化剂易分离，使局部浓度增大
3	相对速度高(冲蚀率与速度平方成正比)	相对速度低
4	叶列间距较小，两级烟机易发生叶轮之间催化剂堆积	加大叶列间轴向距离，使催化剂在列间重新分布
5	入口烟气中催化剂粒度和浓度的控制要求较严	入口烟气中含催化剂粒度和浓度的控制标准可稍低
6	冷却蒸汽耗量较低	冷却蒸汽耗量稍高
7	烟机造价较低	烟机制造较复杂，造价较高
8	可露天底层布置，不要厂房	机组一般为高层布置，厂房投资高
9	有较丰富的运转经验	使用经验相对较少

☞ 40. 烟机机组配置有几类？

烟机机组的组成方式较多，大致可归纳为以下两类：

同轴机组——烟机与主风机在同一机组内；分轴机组——烟机与主风机不在同一机组内，而直接驱动发电机。举例如下：

(1) 四机配置机组(同轴机组)如图 6-7 所示。

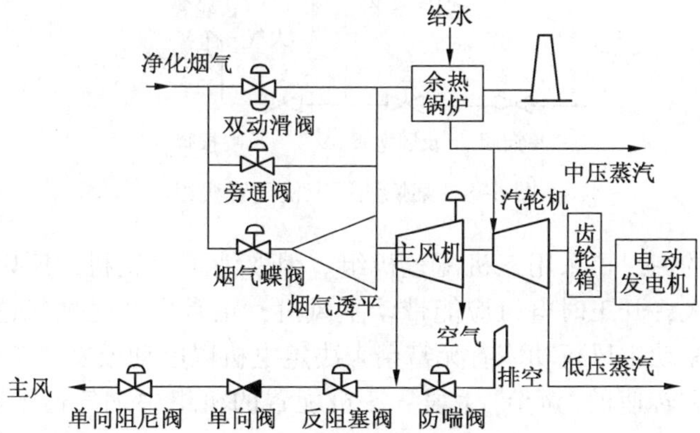

图 6-7　四机配置机组

催化裂化烟气经三级分离器分离净化后，通过高温烟气蝶阀进入烟气透平膨胀做功，其位能被透平回收。在烟气通道中设置的烟气蝶阀和旁通阀是调节再生器压力或控制两器差压及烟气透平转速的主要手段。

催化裂化机组中配置的主风机绝大部分是静叶可调式轴流风机，通过对可调静叶的控制可使风机风量得到自动调节，以满足装置生产要求。为了防止主风机喘振、阻塞和逆流，在风路上设置了防喘振阀、反阻塞阀、单向阀和单向阻尼阀以保证风机安全运行。

同轴运行的汽轮机一般为背压式，开工时可与电动机一起作启动机，正常生产时与烟气透平共同驱动主风机，富余的功率驱动发电机发电。汽轮机也有自己的调速和保护系统，以调节轴系转速及汽轮机出力，保证汽轮机的安全运行。

催化裂化机组中电动/发电机一般为感应式异步电机，设有励磁系统，除启动控制外，无需任何控制手段，但必要的电气和热工保护设施是应该考虑的。当轴系上(烟气透平和蒸汽透平)功率不足时，它以电动机方式运行以补充功率，使轴系保持正常转速。当轴系上功率有富余时，又可按发电工况运行，吸收多余的轴功率向电网供电，使轴系转速不超过正常转速范围。从这种意义上讲，它又具有“调速器”的功能。

(2) 三机配置机组(同轴机组)如图 6-8 所示。

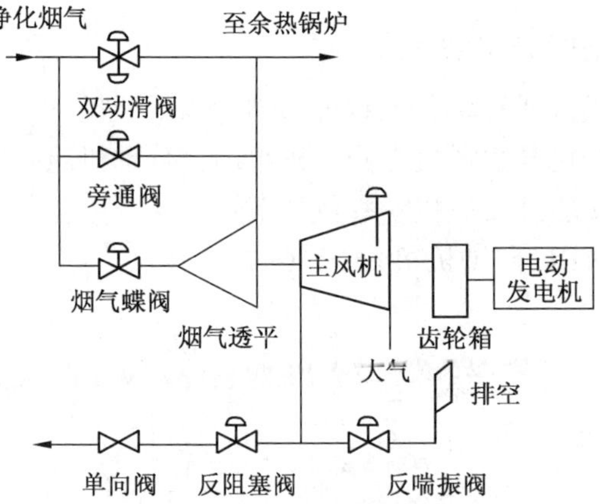

图 6-8 某炼油厂三机配置机组

电多汽少的炼厂可采用三机配置机组。因取消了汽轮机，所以配置的电机/发电机功率较大，开工时电机应能带动主风机，正常生产时烟气透平投入运行。根据烟气透平驱动主风机功率有无富余来决定电机以电动或发电工况来运行，作为轴系的功率和转速的“调节”手段。三机配置的机组中烟气透平和主风机的作用与控制同前所述。

(3) 直接发电的烟气透平发电机组(分轴机组)如图 6-9 所示。

燕山石化公司炼油厂、奥地利维也纳炼厂和日本千叶炼厂使用了这种机组。这类机组少的主要原因是控制技术难以解决。如为解决并网时的转速精确同步和调整透平出力需要有高精度和高灵敏度的大口径高温烟气调节阀。另外，为解决

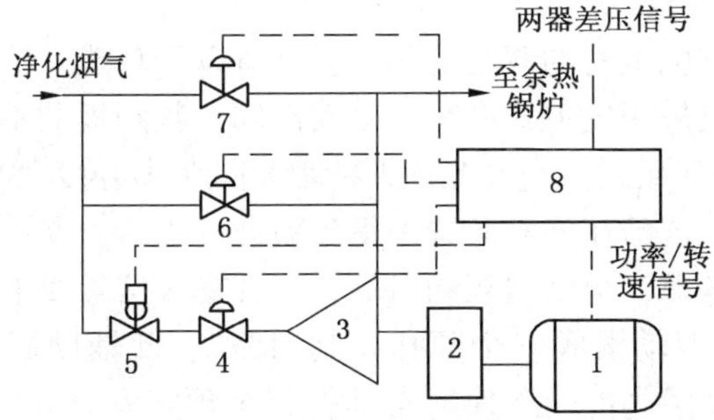

图 6-9　直接发电的烟气透平发电机组

1—同步发电机；2—减速箱；3—烟气透平；4—烟气调节阀；
5—快速切断阀；6—旁通阀；7—快速放空阀；8—调速器/微信息处理机

发电机甩负荷超速问题要有一套烟气快速切断和放空阀，以便发电机一旦灭磁或油开关跳闸时，在 0.6s 内切断烟气透平进气，并将烟气从旁通引至余热锅炉，以保证机组不飞车。

在这方面，美国 ELLIOTT 公司为解决快速灵敏大口径高温烟气阀门的设计、制造的困难，在千叶炼油厂催化裂化机组中采用多个小口径阀并联使用。近年美国和西欧国家研究将磁涡流制动器技术用于催化裂化机组，以实现直接发电机组的并网控制和甩负荷制动。

☞ 41. 对烟机入口高温烟气蝶阀有些什么要求?

(1) 烟机入口高温烟气蝶型调节阀在正常操作条件下的压力降一般只能占烟气系统总压降(包括烟机)的 5%~10%，通常都可选用与烟机入口管径相同口径的蝶阀。除非选择的蝶阀口径和其执行机构在供货方面遇到困难时才按精确计算选择口径稍小的蝶阀。

(2) 本来烟机入口高温烟气蝶阀在再生压力或两器差压控制回路中的分程控制范围是 0.06~0.1MPa，但是出于安全方面的考虑，此阀应采用气开式(与双动滑阀的作用相反)，因此在此分程控制回路中应设置信号反向器。其结果是烟机入口高温烟气蝶型调节阀的分程控制定位器仍必须采用 0.02~0.06MPa 的全程工作范围。

如果在控制回路中能配置具有分程作用的反向信号转换器(输入信号 0.06~0.1MPa)，则可以采用标准信号(0.02~0.1MPa)的蝶阀定位器。

(3) 烟机入口高温烟气蝶型调节阀一般都还兼作紧急停车的快速速关阀用。因此，在选择其执行机构功率、快速动作时间和其他辅助措施方面，还必须顾及不同机组配置时的需要。

☞ 42. 有烟机机组时对双动滑阀有些什么要求？

有烟气能量回收机组时的双动滑阀，应具备以下功能：

（1）双动滑阀应采用气关式全闭型双动滑阀，其阀板上不留安全开孔，可以关严(尽可能减少烟气泄漏量)。全闭型双动滑阀在小开度(3%～10%)下仍有很好的线性调节特性，这已在许多装置上得到验证。

出于安全上的考虑，全闭型双动滑阀宜在其输入信号线上设置由低值选择器和定值器等组成的"双动滑阀安全开孔控制回路"，此辅助回路在自保系统动作时使全闭状态的双动滑阀能较迅速地自动打开至预定安全开度(其值由工艺计算确定，一般在10%～15%左右)，而后继续接受再生器压力或两器差压控制。

（2）有烟气能量回收机组时，双动滑阀宜采用分程控制的定位器，其全行程工作范围的输入信号为0.02～0.06MPa，必须在分程控制的双动滑阀的输入信号线上由低值选择器和定值器等组成的"信号上限限幅回路"，以防止双动滑阀在输入信号(调节器输出)大于50%(0.06MPa)阀板已经全关时因"快开阀"失灵而造成的机件损坏。

如果不采用分程控制的滑阀定位器而仍然采用标准的滑阀定位器(0.02～0.1MPa)，则应在定位器的输入信号线上(调节器输出)设置信号转换器，将输入信号从0.02～0.06MPa转换成0.02～0.1MPa。

（3）无论按何种能量回收工况操作，双动滑阀总是处于临界压降下小开度或零开度状态下操作，因此其阀板等内部构件应该有优良的抗磨性，不可能采用烟气降压孔板来降低双动滑阀的差压以提高其抗磨性。双动滑阀内构件采用刚玉耐磨衬里是提高双动滑阀寿命的较有效的途径。

（4）双动滑阀停风时的安全措施一般有两种考虑。其一是设置动力风低压时(如低于0.35MPa)或调节器供风中断时，自动保持双动滑阀原来的开度；其二是设置事故空气缸以保证装置紧急停风时仍能维持短期操作。推荐采取后一种较为稳妥的办法。对于采用电动仪表而又无不间断电源的装置，应在回路设计中采取仪表电源中断时自动切断双动滑阀动力风以保持双动滑阀原来开度的安全措施。

☞ 43. 什么情况下要设置烟机入口高温烟气切断阀？

只有在下述两种情况下才需设置专用的烟机入口高温烟气切断阀：

（1）当要求装置不停工而又能对发生故障的机组进行检修时(允许停工装盲板者除外)，必须设置专用的烟机入口高温烟气切断阀。在这种情况下，切断阀宜采用关闭严密性能好的闸阀，此时对阀门的全行程时间要求不高，一般在10～20s均可。烟机自动保护时的紧急切断功能要由烟机入口高温烟气蝶型调节阀兼任(其全关时间比闸阀更快)。

（2）对于分轴发电的烟气能量回收机组，则要求配置超高速型的切断阀(最快的全行程时间可达0.6s)。此时宜采用特殊结构的双偏心蝶型或其他旋转型液压式快速切断阀，而对其关闭严密性要求不高。

☞ 44. 什么情况下要设置烟机旁路高温烟气蝶阀?

当烟气能量回收机组采用同轴机组配置型式(烟机与风机在同一机组内)，而装置内又不另外设置备用主风机时，采用烟机旁路高温烟气蝶型调节阀代替双动滑阀是一种可行的费用较低的选择。此蝶阀应采用分程控制定位器(0.02～0.06MPa)，其流通能力一般可按不小于再生烟气总量的30%来计算。此时，烟气能量回收机组只能在装置停工时才能检修。当装置内设有双动滑阀时，就没有必要重新设置作用与双动滑阀完全相同的烟机旁路高温烟气蝶型调节阀。

☞ 45. 什么情况下要设置烟机辅助旁路高温烟气蝶阀?

烟机辅助旁路高温烟气蝶阀是在特定条件下配合烟机入口高温蝶阀及双动滑阀(或烟机旁路高温蝶阀)在机组超速时，供加快紧急停车用的，烟机辅助旁路蝶阀一般为气开两位式。一般情况下都可不设置烟机辅助旁路阀，只有在采用分轴发电机组(烟机与风机不在同一机组内)，或虽然是同轴机组，但在发电回收功率较大的情况下，经过机组的整个轴系，进行机组超速紧急停车的动态过渡过程计算证明确有必要时，才应按计算结果设置此辅助旁路蝶阀。超速停车动态过渡过程计算，对于这类机组的安全可靠性有特别重要意义，它是确定烟机有关的各种自动阀门所需全行程时间的主要依据。

☞ 46. 烟机密封蒸汽控制系统的作用是什么?

为了防止带有粉尘的高温烟气从轴伸出端外漏、污染环境，故在轴伸出部位均装有迷宫式密封环，并向内圈注入蒸汽。注入蒸汽之压力是通过测量烟气轮机排气压力及喷入的蒸气压力，送到差压调节器中，由该调节器的输出去控制蒸汽调节阀。该阀使蒸气压力永远比烟气压力高0.007MPa。

☞ 47. 烟机轮盘冷却蒸汽控制系统的作用是什么?

本系统有两方面的作用。一是冷却轮盘的叶根部分，以降低轮盘的应力，延长使用寿命。二是防止催化剂细粉进到一、二级轮盘之间的死区，形成的团块粘在轮盘上影响动平衡。为此，在一、二级轮盘密封部位内(即死腔)及外(即二级静叶顶部)各设一测压点，并将此两点压力引到差压变送器中，然后送到差压调节器中，由该调节器的输出去控制蒸汽调节阀。该阀使腔内蒸汽永远比二级静叶处的压力高0.0035MPa。

☞ 48. 烟机－主风机机组的主要报警项目有哪些类别?

主风机运行监控项目：(1)静叶打开超时；(2)静叶故障；(3)主风机喘振；(4)逆流；(5)手动安全运行；(6)主风机过滤器压损高；(7)主风机吸入口滤棉差压报警；(8)主风机出口压力高；(9)主风机出口流量低；(10)静叶关不住(紧急)；(11)放空阀打不开(紧急)；(12)逆止阀关不住(紧急)；(13)持续逆流(停机)。

烟机运行监控项目：(1)烟机入口烟气温度高；(2)烟机密封蒸汽差压低；(3)烟机冷却蒸汽压力低；(4)烟机轮盘温度过高(紧急)；(5)烟机入口蝶阀关不住(紧急)。

电动/发电机监控项目：(1)电机定子绕组温度高；(2)电机不跳闸(紧急)；(3)发电功率超限(紧急)；(4)电机事故跳闸(紧急)。

润滑/调节油系统监控项目：(1)调节油压力低；(2)润滑油压力低；(3)润滑油温度低；(4)润滑油温度高；(5)油箱液位低；(6)润滑油滤油器(Ⅰ号或Ⅱ号)压降高；(7)调节油压力过低(紧急)；(8)润滑油压力过低(紧急)。

动力油系统监控项目：(1)动力油压力低；(2)动力油箱温度低；(3)动力油箱温度高；(4)动力油箱液位低；(5)动力油滤油器(Ⅰ号或Ⅱ号)压降高；(6)动力油压力过低(停机)。

轴振动、轴位移等监控项目：(1)轴振动高；(2)轴位移大；(3)轴承温度高。

其他监控项目：(1)机组超速；(2)转速探头故障；(3)装置低流量联锁安全运行；(4)装置事故联锁(紧急停机)；(5)转速超极限(紧急停机)；(6)手动正常停机；(7)手动紧急停机。

如果机组中还配备有汽轮机，则还要包括汽轮机部分监控报警项目。

☞ 49. 烟机-主风机机组的逻辑控制一般包含哪些内容？

机组逻辑控制系统应完成以下控制功能：

(1) 机组的启动程序；

(2) 机组的停机联锁和程序；

(3) 轴流压缩机的工作状态监控；

(4) 逆流保护和放空阀打开监控；

(5) 润滑油系统的自动控制；

(6) 动力油系统的自动控制。

这些控制功能可由一台可编程序控制器完成，可编程序控制器是利用计算机原理为顺序控制专门设计的工业控制装置，简称 PC(Programmable Controller)。目前国内 PC 的种类虽然很多，但原理和结构大致相同。

☞ 50. 烟机-主风机机组的启动程序控制的要求是怎样的？

烟机-主风机机组的启动程序控制的要求一般分为启动联锁和启动程序控制二部分。

(1) 机组的启动联锁

机组的启动条件一般为：①润滑油压力正常；②调节油压力正常；③动力油压力正常；④润滑、调节油温正常；⑤静空阀全开；⑥放空阀全开；⑦主风机出口逆止阀关闭；⑧烟机入口蝶阀关闭；⑨盘车电机运转。

应注意，润滑油压力的测量点应设在离油站最远处的集油管线终端，这样的压力条件才能保证各机器轴承点有合乎要求的润滑油压力。

当所有条件满足后，程序系统发出以下指令：

① 解除对电机启动的联锁，为用按钮启动电机做好了准备。

② 当闭锁解除后，应该有“启动待命”指示灯亮，表明了机组具备了启动条件，可以进行以下的机组启动操作。

（2）启动过程

① 按电机合闸按钮，则电机合闸。电动机升速到额定转速，此时“转速正常”指示灯亮。

② 按“静叶释放”按钮，逻辑系统将进行以下两项控制：

Ⅰ. 使静叶压力油的两位器通电磁阀激励且保持。

电磁阀并联在电液调节阀两端，其失电状态使油路相通，12MPa 的压力油由此通向静叶伺服马达的活塞端，而活塞杆端与压力油回油路相通，因而马达处于零端位置，使静叶全关。

电磁阀激励，使油路中断，其目的是使压力油经与其并联的电液调节阀让后者对伺服马达行使控制作用。因此，在调节阀对静叶起正常控制作用的工作状态时，电磁阀始终保持激励，只有当需要静叶迅速关闭到零位 α_0，电磁阀才失电，使马达活塞杆端压力油迅速卸掉，而活塞端 12MPa 的压力油将活塞迅速推到零位，其全行程时间不大于 6s。

Ⅱ. 送给流量调节器一个“静叶释放”置 1 信号，使其输出由 0.0%(4mA)突变到对应最小工作角 r 的输出值。在此信号的作用下，静叶关闭状态迅速打开到最小工作角 α_1。

③ 静叶由 α_0 释放到 α_1 时间的监控：由静叶可调轴流压缩机的特性原理可知，α_0 至 α_1 之间是它的旋转失速区，不允许静叶在其范围内长期停留，因此应对静叶通过该区间的时间进行监控，一般不应大于 3s。

如释放的时间超过规定的监控时间 T，在声光报警的同时，静叶退回到原来的 α_0，这时在仔细检查静叶伺服控制系统的各部位并使逻辑系统恢复正常后，重新进行释放静叶的操作。

④ 静叶释放到 α_1 后“$\alpha \geqslant \alpha_1$”指示灯亮，这时可按动“自动操作”按钮，产生以下几个控制效果：

Ⅰ. 放空阀投入自动。即放空阀的闭锁已经解除，放空阀可以用手动或自动方式进行控制了。而此时之前放空阀闭锁为全开状态而不能关闭。

Ⅱ. 主风机出口单向逆止阀释放。

电磁阀失电，这样偏心结构的逆止阀就可在气流压力的作用下自由打开。

Ⅲ. 流量调节器投入控制。“投入自动”置 1 信号送入流量控制器后，则流量调节器的调节信号就可送入静叶控制器，对静叶伺服机构在 α_1 至 α_{max} 之间随意进行控制了。

至此，机组的启动全部完成。主风机就可向工艺输出所需的空气流量。

☞ 51. 烟机 - 主风机机组的运行状态监控包括哪些内容？

烟机-主风机机组运行状态的监控，包括：静叶释放时间监控、静叶闭合时间监控、静叶故障监控，还有“安全运行”保护等。

(1) 静叶由 α_0 释放到 α_1 时间的监控：由静叶可调轴流压缩机的特性原理可知，α_0 至 α_1 之间是它的旋转失速区，不允许静叶在其范围内长期停留，因此应对静叶通过该区间的时间进行监控，一般不应大于 3s。

如释放的时间超过规定的监控时间 T，在声光报警的同时，静叶退回到原来的 α_0 位置，这时在仔细检查静叶伺服控制系统的各部位并使逻辑系统恢复正常后，重新进行释放静叶的操作。

(2) 静叶闭合时间监控：不论静叶在多大开度，当静叶控制系统的电磁阀和电液调节阀接到逻辑系统的“静叶闭合”指令后，应在规定时间内快速关闭到零位(α_0)，否则认为静叶控制系统或执行机构存在故障，这时或进行紧急报警或实施停机。

(3) 静叶故障监控：所谓“静叶故障”包括两个方面的含义，即：①由于静叶本身的问题而使静叶角度关小到最小工作角度 α_1 以下；②在低流量小角度运行时，因系统波动使静叶由 α_1 以上降到 α_1 以下。但不论哪一种原因，只要静叶在没有受到指令情况下自行进入 α_1 的旋转失速区，都视为“静叶故障”。

(4) 机组的“安全运行”：所谓安全运行(SAFERUNE)是瑞士 Sulzer 静叶可调轴流压缩机技术中一个特定的压缩机运行工况。近年来随着轴流压缩机技术的发展，它的新定义是：静叶退回到最小工作角，放空阀全开。

可见“安全运行”即轴流压缩机处于一定不停机的“自我保护”运行状态。

① 安全运行的条件：

出现下列情况之一，机组进入“安全运行”：逆流；装置低流量自保；手动“安全运行”按钮。

②“安全运行”操作：

“安全运行”的逻辑程序系统发出以下操作指令：Ⅰ. 放空阀快速打开；Ⅱ. 静叶退回到最小工作角度位置 α_1；Ⅲ. 主风机出口单向逆止阀强制关阀；Ⅳ. 烟机入口蝶阀关闭，随着主风机静叶关闭将使所需轴功率减小，为此应迅速关闭烟机入口蝶阀减小烟机出力；Ⅴ. 工艺联锁，“安全运行”的联锁信号送至中心控制室实行工艺联锁。

以上的放空阀打开、逆止阀关闭和入口蝶阀关闭都设置有相应的监测，如不能在预定的时间内实现，则有对应的声光紧急报警，促使操作人员用手动“安全运行”按钮实施操作和采取其他处理措施。

③“安全运行”状态的再操作：起到了既不停机，又保护机器不受损害的目的。进入“安全运行”状况后，操作及检修人员可根据进入“安全运行”的原因进行相应的机械、仪表检查检修及生产工艺的调整，确认各部位完好无误后进行再操作。

“安全运行”后的再操作要比停机后再启动的操作简便、迅速，这正是“安全运行”的突出优点。然而，应该注意“安全运行”再操作工艺生产的配合问题，主要考虑以下两个方面：

Ⅰ. 再操作后逆止阀打开，放空阀关闭，主风机送给再生器的流量将由流量调节器给定值决定。如该值没有变，则流量将等于“安全运行”前的流量值，要考虑工艺生产是否允许。

Ⅱ. 烟机入口蝶阀打开，对于烟机和工艺来讲，要考虑是否允许。

☞ 52. 烟机－主风机机组紧急停机系统设置的原则有哪些？

紧急停机系统设置项目包括：

(1) 正确、慎重选择紧急停机项目。紧急停机与工艺生产是对立统一的。从机组保护来讲，停机项目尽可能多一些，从工艺生产角度讲，则希望尽可能减少停机的机会，所以要反复权衡紧急停机的得失以及两者可能引起的后果，既起到保护机组的作用，又最大限度地压缩停机项目，减小对工艺生产造成的危害和经济损失。

(2) 选用可靠、准确度高的检测元件。轴位移、轴振动探头及监测仪表目前多选用美国本特利系统仪表；转速仪表可选用美国 AIRPAX 等公司的探头和转速表。对于其他压力、压差元件的选择也同时要予以充分重视。

(3) 做好分级监控，迫不得已时才紧急停机。各紧急停机项目之前都有预报警(紧急报警)，这样能提前通知操作者注意采取一定措施或者自动采取预防措施，阻止事故扩大酿成紧急停机。

对于机组的超速保护更应重视，在汽轮机的发电功率超驰调节和烟机的转速超驰调节中应特别注意，只有这些调节无法将转速控制在最高限制值之内时才实施紧急停机。

(4) 按照故障产生的原因以及所处的运行状态采取正确的停机措施。“机组停机”并不是简单的“各机停止运转”。例如，电动发电机运行在发电状态和运行在电动状态时的停机措施是不一样的。这是因为，如果运行在电动状态，电机脱离电网有利于迅速低转速停机，而如果是发电状态，则电机脱离电网反而会造成机组超速，不脱离电网恰恰会产生一个电磁制动力矩“拖住”轴系阻止升速且迅速降速，但降速到低于同步转速(即电动状态)时又应立即脱离电网，以便继续降速。

☞ 53. 烟机-主风机机组在什么情况下应该紧急停机？

发生下述情况之一，应实施紧急停机：

（1）烟机轴位移超极限；

（2）主风机轴位移超极限；

（3）机组转速超极限；

（4）润滑油压过低；

（5）动力油压过低；

（6）持续逆流；

（7）工艺事故联锁；

（8）手动紧急停机。

☞ 54. 烟机机组紧急停机联锁项目有哪些？

机组紧急停机项目的设置既要保证机组安全又不可过多，停机项目过多会影响整个装置的正常生产，因此紧急停机项目必须控制在最低限度。图6-10是我国某炼油厂催化裂化机组紧急停机程序框图。其项目有：

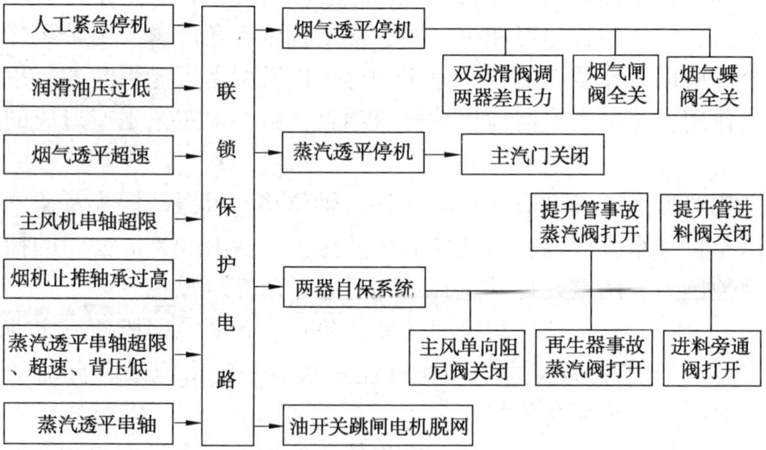

图6-10　某炼油厂催化裂化机组紧急停机自保联锁框图

（1）烟气透平超速。

（2）烟气透平止推轴承温度过高。

（3）机组润滑油压过低。

（4）主风机或汽轮机串轴超限。

（5）汽轮机超速或背压过低。

（6）人工紧急停机。

紧急停机信号通过联锁保护电路使烟气透平停车、汽轮机停车、发电机油开关跳闸脱网，同时通过停机信号使两器(反应器和再生器)的自保动作，保证装置安全。

为了避免误停机，对重要的紧急停机故障检测采用多通道，当其中两个通道检测到故障参数时才实施紧急自动停机。

☞ 55. 烟机－主风机机组在什么情况下应实施手动紧急停机？

手动紧急停机，是指机组各系统出现严重故障，不及时停机会造成事故进一步扩大，此时由人工进行的紧急停机。例如出现下列情况之一者应实施手动紧急停机：

（1）机组突然发生强烈振动或机内有摩擦等异常声音时、各机的轴振动过大时没有紧急报警，紧急报警后不允许长期运行，此时应密切监视振动的发展及时采取措施；

（2）轴承温度过高而无法排除时，特别是呈上升趋势；

（3）油温过高而无法排除时；

（4）轴承或密封处发生冒烟；

（5）烟机冷却蒸汽和密封蒸汽压力不够而难以消除；

（6）动力油箱或润滑油箱油位下降至最低油位线，继续加添新油而无济于事时；等等。

决定手动紧急停机的项目和拖延的时间取决于实际的操作运行经验，因此要求运行人员掌握机组的运行规律和监测仪表的质量依赖程度，密切注视故障的发展趋势，判断可能产生的后果，迅速、果断采取措施。

☞ 56. 烟机－主风机机组紧急停机程序包括哪些方面？

（1）紧急停车时下列动作优先产生：①烟机入口蝶阀快速关闭；②烟机入口闸阀快速关闭；③主风机出口逆止阀强制关闭；④主风机出口放空阀快速打开。

烟机入口蝶阀和闸阀的快速关闭是为了使轴系的拖动力矩迅速消失；主风机出口逆止阀门的强制关闭是为了防止因主风机出口压力降低（因转速降低）而造成催化剂倒流；另外，放空阀的快速打开应是与逆止阀关闭同步进行的，否则或者会造成憋压喘振或者造成催化剂倒流。

（2）电动/发动机的跳闸应区别不同运行状态。如果运行在电动状态，则在接到紧急停机指令时立即跳闸；如果运行在发电状态时则被闭锁，发电状态时为1（高电位），随着烟机入口蝶阀、闸阀的关闭，轴功率下降，电机将由发电状态进入电动状态，闭锁信号由1变为0，电机随之跳闸脱离电网。

（3）紧急停机时静叶的控制方式。如果是由于机组超速造成紧急停机，静叶则应开至最大，这样主风机所需功率急剧增大有利于迅速制动停机，经过一段延时，而且转速低于整定值时再快速关闭到α_0。

如果是由于其他原因造成的紧急停机，应首先判断机组转速是否低于整定值。如大于整定值时，则静叶保持不动，使主风机阻力矩不变，有利于制动降速；当转速低于整定值时，静叶迅速关闭到 α_0。

(4) 对电机跳闸、蝶阀关闭都应设置监控，不能及时动作时，应有声光报警。

☞ 57. 烟机－主风机机组正常停机的要求有哪些？

正常停机一般按“正常停机”按钮完成，另外在中心控制室也可以执行。

(1) 正常停机前的状态

正常停机是按照生产计划安排或者根据机组和装置的使用情况需要进行检修而决定的，一般说来，在正常停机前机组和装置处于下述状态：

① 反应器进料已经切断，并通入蒸汽；

② 气压机已停；

③ 催化剂已卸掉；

④ 烟机入口蝶阀关闭；

⑤ 主风机负荷降低到较小值；

⑥ 放空阀可以手动打开至某一角度或全开。

(2) 正常停机程序

用“正常停机按钮”发出指令，产生以下控制动作：

① 电动/发电机跳闸；

② 烟机入口闸阀和蝶阀强制关闭；

③ 放空阀快速强制打开，逆止阀强制关闭；

④ 静叶迅速关闭到零位。

如果此时电机处于发电状态，则电机的跳闸动作应延时到电动状态。

☞ 58. 烟机机组如何防止超速？

烟机机组防止超速的方法一般有两类：

(1) 采用电子调速器

烟气轮机直接带动发电机的机组，当电机甩负荷时，电子调速器将烟机进口蝶阀快速关闭，防止机组超速。烟气轮机-主风机-电动机机组或烟气轮机-主风机-汽轮机-电动机机组，当电机甩负荷时，烟气轮机的功率超过主风机的功率则机组有可能超速。但因轴上有主风机，它的耗功与转速的三次方成正比，是一个强大的升速阻尼，所以这类机组超速的危险性远小于直接发电机组。当机组超速时，电子调速器自动控制烟气蝶阀，使机组转速控制在102%，只要烟气透平输出功率与风机耗功相平衡，机组就能维持正常生产。在烟气轮机-主风机-汽轮机-电动机机组中，除烟气透平有与三机配置机组相同的调速系统外，汽轮机还有一套液压调速器。正常运行时烟气透平调速器不投入，只作监控；汽轮机的调速器投入运行，调节汽轮机的输出功率。如果烟气透平输出功率小于主风机耗功，汽轮机发出的功率补充烟气透平输出功率，维持轴系转速等于汽轮机调速器的整定值。如果烟气透平的输出功率超过主风机耗功，即使汽轮机调速汽门关至最小，机组仍然要超速。当机组转超过102%时，烟气透平调速器也自动投入工作，关小烟气蝶阀，限制机组升速，并将机组转速维持在102%额定值。在机组严重超速的情况下，两套调速系统都将各自的调节汽(气)阀关闭，同时，自保系统使机组紧急停机，确保机组转速不超过110%。

(2) 用磁涡流制动器

磁涡流制动器是一个在直流磁场中与烟机同轴旋转的钢制鼓轮，当鼓轮切割磁力线时，产生涡流阻力矩，阻力矩大小与磁场强度即励磁电压成正比，控制这个电压是十分方便的。并网操作时，控制励磁电压就能精确地控制机组的转速。正常运行时不励磁，制动器随机空转。危急情况下，自动快速接通强励磁电源可使制动器产生强大的制动力矩防止机组超速。图6-11是用于催化裂化机组的磁涡流制动器工作原理示意。

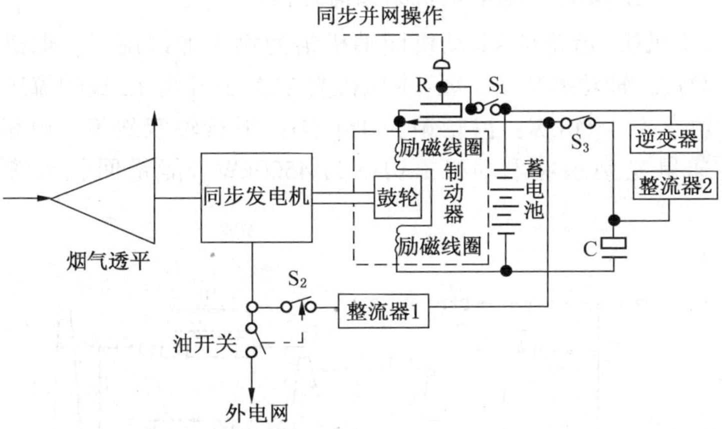

图6-11　磁涡流制动器工作原理示意图

并电网时，合上开关S_1，由蓄电池励磁、调节可变电阻R改变制动力矩，可以精确地控制发电机转速。正常运行时，S_1断开，制动器空转。油开关跳闸甩负荷，或再生器发生二次燃烧使透平功率增加时，开关S_2自动闭合，由整流器1给制动器强励磁，保证机组转速不超过110%。逆变器还将蓄电池的直流电变成交流，变压整流后给电容器C充电以便备用，这路电源电压高出蓄电池电压约10倍，危急情况下并关S_3闭合，可使机组紧急刹车。

☞ 59. 设置烟机转速控制方式的原则有哪些?

(1) 机组在电动机拖动状态下

机组在电动机拖动状态下时，烟机的转速受电机同步转速的制约，其转速保持恒定(6298~6410r/min)。此时烟机入口蝶阀受再生器压力或两器差压控制。

(2) 机组在烟机拖动状态下

机组在烟机拖动状态下时，电动机/发电机的转速超过了电机的同步转速，电动机/发电机处于发电状态。此时机组的转速受烟机转速控制。

① 烟机转速小于设定值时，烟机入口蝶阀受再生器压力或两器差压控制。

② 烟机转速大于设定值时，烟机入口蝶阀受转速调节器的控制。在这种情况下，调节入口蝶阀的开度即可改变机组的转速。

③ 在电动机/发电机处于发电工况下实施正常停车操作时，烟机入口蝶阀将按 10(°)/min 的速率关闭，从而使得机组的转速逐渐下降、电动机/发电机的发电率逐渐减小。当发电功率小于 150kW 时，电机/发电机自动跳闸(机组停车)。

(3) 烟机超速跳闸

烟机超速跳闸由逻辑表决系统控制。

60. 烟机－主风机－电动机机组如何开机?

以烟机-主风机-齿轮箱-电动机同轴机组为例来加以说明。烟机为 TH-852 双级叶轮悬臂式，轴功率 7780kW，主风机为 21A12-6 型 12 级轴流压缩机，6 级静叶可调，功率为 4500kW；齿轮箱为 15HSD；平行轴双斜齿；电机为 TEWAC 封闭卧式高速鼠笼型感应电动机，功率为 4500kW。能量回收系统如图 6-12 所示。

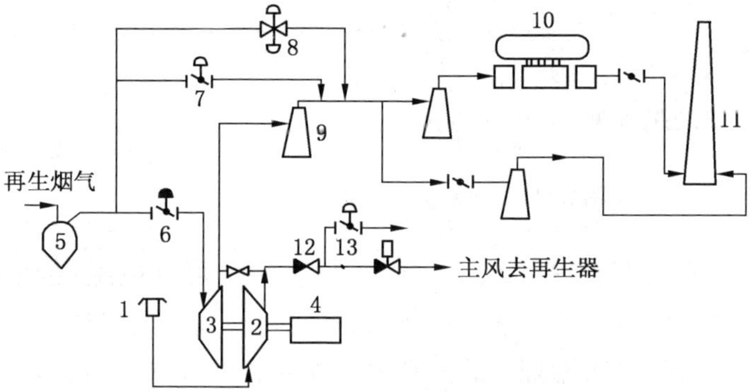

图 6-12 烟机机组示意图

1—过滤器；2—主风机；3—烟机；4—电动机；5—多管式三旋；6，7—蝶阀；8—双动滑阀；9—水封罐；10—烟气余热锅炉；11—烟囱；12—单向阀；13—反喘振阀

机组的开车步骤如下：

一般准备：

(1) 检查机组所有的设备，包括安全和控制设施是否已完全安装完毕，温度计、压力表等测量元件齐全。

(2) 检查各控制联动机构是否清洁，润滑情况良好。

(3) 清除机组周围杂物。

(4) 主风机内部及管道已清洁。

(5) 联系仪表岗位检查所有的测量、控制、指示、记录仪表处于备用状态。

(6) 联系电工检查电气设备是否灵敏、完善、好用，试警报、指示灯，并由电工、阀门组、仪表共同校验有关阀门，具体指标：反喘振阀关闭时间 1s；单向止回阀 1s；烟气旁路蝶阀关或开 5s；烟气入口蝶阀关 5s。

(7) 润滑油箱加入合格的润滑油，液位控制在 2/3 以上。

(8) 蓄能器已用氮气充压，关闭与润滑油管线联通阀门。

(9) 引蒸汽至主油泵透平前进行脱水暖机，引烟机冷却蒸汽，密封蒸汽，抽气器在阀前脱水。

(10) 各机体管道中的低点排凝阀，稍开进行排凝。

润滑油系统准备：

(1) 改好润滑油流程，主辅助泵、油泵可分别试用循环。油泵启动时油温不能<10℃，如果冬天油温<10℃应启用油箱内电加热器。润滑油循环中，检查各接头处的渗漏情况，及各轴承的进油量。循环正常以后，用透平泵作为主油泵进行供油，各冷油器、过滤器各停用一只作备用。

(2) 二只蓄能器在充压后打开进油阀。

(3) 控制进轴承前的温度在 46~52℃，机组最低运行温度 21℃，机组启动时，油温如<21℃，应启用油箱内电加热器。

(4) 控制润滑油压力在 0.103~0.124MPa。

(5) 联系化验室，分析润滑油质量，合格后才可启动机组。

烟气系统准备：

(1) 烟机入口蝶阀关闭，出口放空阀打开，水封罐仍封着。

(2) 缓慢引蒸汽到控制阀前放空脱水，排凝后烟机引入轮盘冷却蒸汽(空转用冷却蒸汽)，烟机壳体排凝，烟机密封蒸汽也引至阀前。

(3) 壳体排凝后，关闭排凝阀。烟机用蒸汽以每小时 100℃的速度来升温，此时可将烟机出口水封罐水撤掉，出口放空阀关闭。出口到烟囱去的蝶阀和另一水封罐水也撤掉，保证后路畅通。

启动机组条件：

(1) 油压在 90kPa 以上，油温 21℃以上。

(2) 主风机反喘振阀手动打开。

(3) 烟机入口蝶阀手动全关。

(4) 主风机可调静叶遥控至全关位置(+25°)。

(5) 机组用盘车装置盘车试运转，转子灵活，机内无摩擦杂音，盘车齿轮箱处自动状态。

(6) 如系跳闸后重新启动机组，则需延迟15min。

启动机组：

(1) 在信号指示器上“准备启动前检查”指示灯亮，就可按“预启动校验”按钮，此时正常启动顺序开始工作，其动作如下：

① 熄灭“准备启动前检查”指示灯，“预启动校验”指示灯亮。

② 关闭主风机静叶，并校验。

③ 打开反喘振阀并校验。

④ 验证润滑油温是否正常。

⑤ 验证润滑油压力是否正常。

(2) 检查以上指示灯是否亮，如果都亮，说明各项动作正常，那么“允许启动”指示灯就会亮，就可以启动机组。

(3) 如果以上校验有误，“程序出错”指示灯就会亮，那么操作人员就要立即纠正错误部位，然后按“复位”钮，使“程序出错”指示灯熄灭，再按“预启动校验”钮，重新引导顺序，直至“允许启动”灯亮为止。

(4) 启动机组，待电动机转速达额定转速后，调节主风机进口静叶开度，主风流量控制在正常流量的70%，出口压力控制在0.2MPa。

(5) 检查机组各点温度、压力、流量是否正常，监测振动、位移状况，一切正常以后，准备将机组投入自动操作状态。

(6) 机组投入自动操作步骤：

① 先验证主风机组运行状态：继路器闭合，指示灯亮：机组转速必须>6000r/min。

② 约在5min后，“主风机准备自动操作”指示灯亮。

③ 按“主风机自动操作”按钮，自动按顺序开始以下动作：把反喘振阀与主风机可调静叶各自放在自动控制；打开出口单向阀；熄灭“主风机准备自动操作”灯。

这样主风机就处在自动操作状态。

(7) 根据反应需要，逐步向二器送风。关小主风机反喘振阀引风时，反应岗位与主风机岗位密切联系，注意出口压力。

(8) 在两器吹扫过程中，再生压力由双动滑阀控制。

(9) 启用激光监测仪，实测催化剂浓度达规定指标后，逐步打开烟机入口阀，以100℃/h升温速度进行升温。

(10) 烟机入口温度达400℃以后，停空转用冷却蒸汽，改为正常用冷却蒸汽。

(11) 启用烟机密封系统，蒸汽量的大小以烟机轴封不向外泄漏烟气为准。

(12) 随着烟气量的增加，逐步用遥控开大烟机入口阀，用遥控关小双动滑阀，直至关死。

(13) 将风机流量、压力慢慢调节到设计值。

(14) 再生器压力控制，限压控制放在自动状态。

烟机限速控制也放在自动控制位置。

注意：装催化剂时必须关闭烟机入口阀，同时通入烟机空转用冷却蒸汽，关正常用冷却蒸汽。

☞ 61. 烟机－主风机－电动机机组如何停机？

仍以图 6-12 的机组为例进行讨论。烟机-主风机-电动机机组的正常停机步骤如下：

(1) 在反应切断进料前，应做好停机准备。

(2) 随着反应进料量的降低，逐渐关小烟气入口阀，开大双动滑阀，注意降温速度。

(3) 当烟气流量达 70%时关烟气入口阀，给上空转用冷却蒸汽，关闭正常用冷却蒸汽。

(4) 反应岗位切断进料以后，根据烧焦、转卸催化剂的需要，逐步打开反飞动阀，关小主风机进口静叶角度，注意防止飞动、阻塞现象出现。

(5) 根据反应岗位要求，在催化剂基本卸尽、再生温度降到 200℃时，停止风机机组，手动按电动机停机按钮。

(6) 检查停机顺序是否正确。

① 停止主风机运行计时表。

② 打开烟机旁路阀，并校验。

③ 关闭主风机出口单向阀并校验。

④ 打开反喘振阀并校验。

⑤ 关闭烟机入口阀并校验。

⑥ 打开主风机进口静叶。

(7) 机组停车后，润滑油继续循环，待轴瓦温度降到 49℃以下，停油泵，打开各油泵汽轮机排凝阀。

(8) 机组转子停转后，启用盘车马达、盘车，待轴瓦进出口油温相近时，停止盘车。

(9) 关闭烟机冷却蒸汽，停烟机密封系统。

(10) 关闭各部分冷却水。

☞ 62. 烟机－主风机－汽轮机－电动机机组开机前应做哪些准备？

以一套美国 Ingersoll-Rand 公司的 E-148/MTA-4015 型烟机-轴流主风机机组（烟机-主风机-汽轮机-电动机 4 机组）为例进行讨论。烟气轮机功率

11488kW，电机功率4476kW，轴流主风机功率11936kW，汽轮机功率5222kW。机组开车前的准备工作有：

全系统：

（1）必须具备能满足系统操作的蒸汽供应能力。在开车时蒸汽管线必须吹扫干净，所有疏水器和阀门必须完好。

（2）润滑油系统及各种气动阀和气动控制所用的仪表风以及冷却水必须具备。

（3）认真冲洗油管路。通常采用周期地变动油温和敲打管线的办法来实现，直到临时插入过滤网上无污物显示时为止。清洗时，必须强调将润滑油通过轴承的旁路管线，以免有害碎屑沉积在轴承内。

（4）所有透平机械的转子应进行人工盘车，以保证转动自如。如有摩擦和卡住现象，则说明机械内部可能有问题，必须在开车前检查调整。

（5）检查润滑油系统的管路和部件是否安装合适。主油泵汽轮机调速器必须调整好，泵的排油压力必须约为621kPa（表压）。轴承处的额定油压为110kPa（表压）。同时，电动辅助油泵在主油泵故障时能自动投入运行也是至关重要的。切换阀、控制阀、安全阀、冷却器、各种指示仪表、压力开关、警报器以及润滑油箱的加热盘管等功能必须完好。

（6）打开位于与主风机出口管线相连而通至大气的管线上的放空阀，此阀对控制主风机的喘振是起决定性作用的，其功能必须良好。

（7）在运行时必须检查密封和冷却烟机的空气和蒸汽系统安装是否恰当。

（8）检查在烟机入口管线上的蝶阀和确保装置故障时烟机安全的各个旁路阀。人为地触动烟机的超速跳闸杠杆，应使放空阀和烟机的各旁通阀打开，同时，关闭烟机烟气入口管线上的蝶阀。

（9）在开车前，所有液动的主风机静叶片必须功能完好。必须驱动这些叶片保证离正常位置10°时开足，25°时关闭，并应在接收信号后，能在任何中间点上停止不动。

（10）检查所有的电气连接点和部件。

（11）动力回收的机械和电气停车系统必须功能完好。

（12）对振动监视系统应给予仔细的关注。转子同探头之间的间隙通常定为1.270mm，必须整定得在线性电压范围内，能确保读数的精确。在启动任何一台机械之前，应做完探头和监视系统的校验工作。

（13）校验防喘振系统。

汽轮机：

（1）启动用汽轮机装有Woodward公司调节转速的调速器，以控制汽轮机蒸汽的供应量，应整定在2900~3600r/min的转速范围。安装一台复合的超速跳闸和润滑油低压跳闸装置，以备万一调速器动作失灵之需。当超速或润滑油压力过低时，支持跳闸机构中节流阀开启的油压即被解除掉，使跳闸机构动作，节流阀关闭，使汽轮机停车。

（2）检查装于排至大气的放空管线上的全流量安全阀和汽轮机机壳超压时报警的标志阀。

（3）打开汽包排放口、抽汽管线排放口和汽轮机密封处的泄漏口，使汽轮机和管线能放尽水，然后打开排汽阀。

（4）使汽轮机与机组其余部分脱开，部分打开节流阀，冲动汽轮机，使之达到约 300r/min 之后关闭此阀，随后再慢慢打开，以保持汽轮机这种慢速转动，听听是否有不正常的声音，如有，则表明存在间隙不合适、未找正或内有异物等问题。

（5）暖机后约 20min 之后，关闭各处排放口，使汽轮机慢慢地升速至操作转速 3600r/min，但接近 2500r/min 第一临界转速时必须予以密切注意。检查整定在 4160r/min 的超速跳闸机构，以确保其功能正常。升速时应小心并仔细监测。如果在达到所需跳闸转速时，超速跳闸机构仍不动作，则必须予以重新调整。

（6）汽轮机自动跳闸数次后，将负荷降到满负荷的 20%左右，之后用手动使速跳闸机构动作，让汽轮机滑行停下。然后关闭排汽阀，将排汽阀和节流阀之间的排放口打开。

（7）汽轮机停车以后，继续向各轴承供润滑油大约 2h，以防轴承过热。

主风机：

（1）确认汽轮机可供操作后，即可连接轴流式主风机。

（2）在开车前，必须严格检查机械是否正确找正和润滑油供应是否适当。

（3）当可调静叶和烟机入口阀在关闭位置时，反喘振放空阀和烟机旁路阀必须全开。这样就可确保主风机可以在无负荷情况下升速，而烟机不至于转动起来。

（4）调整再生器一、二次风阀。

（5）汽轮机可再次启动，用以驱动主风机约在 1000r/min 时转动一个短时间，以检查机械上存在的问题。

（6）分若干次逐步加速汽轮机与主风机，以取得适当的暖机时间。

（7）当汽轮机接近第一临界转速时，必须快速、慎重地超过此临界点。由于主风机转子是按刚性设计的，其临界转速在操作范围之外，因此是无关紧要的。

主风机在设计转速下至少应运行 2h，以核对其相应的振动值和温度值。

电动机/发电机：

（1）在启动脱开的电动机/发电机之前，要重新检验全部电气接头和设备。由于从零速启动会有很大的冲击电流，故必须采用特殊预防措施以防止损坏机器。为了完成启动作业，降低电压是有必要的。

（2）要确保轴承能有适当的润滑油供应。

（3）一瞬间通电，冲动电动机，使转子开始旋转，以此检查接线是否使电动机转动方向正确。

（4）在全部检查均已完成并证明合格后，则电动机即可启动。

（5）之后和其他机器一样，进行机械运转，以期在装置开车之前检查出有无任何问题。

烟气轮机：

当汽轮机、主风机和电动机/发电机均已鉴定合格后，未连接的烟机单机可以空转升速到跳闸速度，按以下步骤测试已经预整定的机械跳闸机构：

（1）在放空阀打开而可调静叶关闭情况下，仅用汽轮机驱动主风机逐渐升速。如果达到设计转速，或者接近于这个转速，则可以允许逐步增加通入烟机的空气量，直至烟机开始转动起来。

（2）如需要更多量的空气，应调节放空阀及可调静叶，直至达到要求的空气量为止。这项工作必须非常仔细地进行，以防止烟机转子失去控制。应配备足够的人员，带着簧片式转速表和频闪式转速表，监视转子转速。此外，在操作的这一关键时刻，必须有人看管汽轮机和烟机手动跳闸机构。

（3）当已有足够空气通过系统，烟机跳闸转速逐步达到3960r/min，制造厂整定的跳闸机构应使烟机入口阀动作并使机停车。

以此特定机组而言，当主风机由汽轮机动力驱动达到3450r/min时，即可产生足够的空气以转动烟机转子，但又不足以达到跳闸转速。此时，电动机/发电机立即与汽轮机和烟机连接。在3100r/min时即可通以电流，帮助机组达到3585r/min的稳定操作转速。通过仔细地操纵控制阀和导叶，烟机停车机构在3970r/min时成功地触发整个机组的一个跳闸线路。这个精确的转速就是在制造厂机械运转试验时的跳闸转速。

最后必须注意，在安装、调试、试运、验收和开车前，应特别仔细地检查动力回收机械设备及其自保系统。轻率、臆测和取捷径都很可能产生不可设想的后果。

☞ 63. 检修时，对烟机要检查什么？

在停工检修期间，应对烟气轮机进行彻底检查，这对确定维护工作量和减少运转期间的紧急停车事故都是必不可少的。检查应包括以下测量工作：

（1）叶片的主要磨损和次要磨损。

（2）围带磨损。

（3）密封损坏情况。

（4）叶片的完整性（有无破裂、凹坑等）。

(5) 轮盘的完整性。

(6) 定子静叶的状况。

(7) 前锥体和支撑杆的状况。

(8) 轴和轴承的状况。

(9) 叶片和围带之间的间隙。

☞ 64. 什么是烟机总效率?

烟机总效率为烟机发出的轴功率与工质按照理想绝热过程进行膨胀达到同一出口压力时所发出的理想功率之比。

☞ 65. 已知烟机的表面积、表面温度、环境温度及传热系数，如何求其散热功率?

烟机散热功率的求取公式如下：

$$N_g = a \cdot A \cdot (T_C - T_a)$$

式中 N_g——烟机散热功率，W；

a——传热系数，$W/(m^2 \cdot K)$；

A——表面积，m^2；

T_C——烟机壳体表面温度，K；

T_a——环境空气温度，K。

☞ 66. 大型压缩机组盘车时有哪些注意点?

大型压缩机组盘车时要注意以下几点：

(1) 盘车前必须保持润滑油循环正常；

(2) 盘车前必须保持润滑油冷后温度正常；

(3) 盘车前必须保持润滑油压力正常；

(4) 盘车方向为机组正常运行方向；

(5) 对于自动盘车装置在机组启动正常后要及时停运。

(6) 对于手动盘车装置在机组启动前，必须将盘车装置与主轴脱开，放至空挡并锁定。

(7) 对于手动盘车装置在盘车时注意盘车圈数：$n360°+180°(n \in \mathrm{N}，且 n \geqslant 1)$。

☞ 67. 机组润滑油含水严重有哪些危害?

润滑油带水的危害有：

(1) 严重破坏润滑油形成的油膜，恶化润滑性能。

(2) 加速有机酸对金属的腐蚀作用。

(3) 在设备内部结垢。

(4) 低温时易结冰，堵塞油路。

(5) 加大了润滑油的乳化程度，使润滑油在温度较高时易汽化，产生气泡。

不但破坏油膜，损坏轴瓦，而且易形成汽堵，影响润滑油路正常循环。

（6）使润滑油中添加剂成分分解失效，加速油品的变质和报废。

☞ 68. 轴流式主风机组入口空气过滤器结构？

一般催化装置轴流式主风机入口空气过滤器侧三面进气，每面由若干个过滤单元组成，每个过滤单元由一个方形纤维过滤棉（含油）和一个方形波纹滤箱组成（见图6-13），滤箱由支架支撑及橡皮垫密封，滤棉由钢压条固定；余下一个侧面为负压门，负压门动作时由外往内开；底部为出口管道。空气首先经过外壳的挡水百叶窗后，再经过单元的方形纤维过滤棉，再通过单元方形波纹滤箱进入主风机入口管线。

图6-13　空气过滤器过滤单元

☞ 69. 轴流式主风机组入口空气过滤器的作用及原理？

轴流式主风机入口空气过滤器的作用是过滤及吸附掉空气中的灰尘及少量水分，防止轴流式主风机动静叶片上积灰，起到避免叶片腐蚀、防止动平衡被破坏、提高主风机效率、减少主风机能耗的作用。

☞ 70. 轴流式主风机组入口空气过滤器负压门作用及原理？

由于空气被轴流式主风机源源不断地吸入机体内，所以入口过滤器内部呈微负压状态，正常状态下内部负压$\not<-400$Pa，但是当入口空气过滤器的过滤单元吸附的灰尘量的增加，过滤单元的压降就增加了，吸入口内部的负压上升。当内部负压$\leqslant-1270$Pa时，吸入口外部的大气压与内部负压之间差压>负压门重力的正压关闭分力，负压门往内被推开，开启的目的是保证主风机的空气吸入量，防止主风机机组因入口流量过低而进入喘振状态，负压门的开启和关闭都是自动的。注意主风机入口空气过滤器负压门开启属于不正常状态要及时处理，长时间开启将影响主风机的正常工作。负压门的开启位有仪表定位器触点，开启后轴流式主风机控制系统会报警提示。若负压门因为机械故障没有打开，则轴流式主风机进入喘振计时程序，继而触发主风机机组安全运行或停机。

☞ 71. 轴流式主风机组入口空气过滤器的滤棉安装要求？

轴流式主风机空气过滤器吸入口滤棉安装有以下要求：

（1）滤棉安装时绿色面必须朝内，白色面朝外，否则滤棉的纤维会被吸入机体内。

（2）在机组运行中更换滤棉，安装时必须用钢压条固定，因为此时滤棉会被吸住，但是停机后滤棉会脱落。

（3）更换滤棉注意先更换色泽全黑的滤棉，并做好更换台账。

（4）维修做到工完料尽场地清，将更换下来的脏滤棉放到固定含油垃圾堆放点。

（5）完成滤棉更换后，必须将主风机吸入口通道门关闭。

☞ 72. 机组润滑油系统设置高位油箱的作用是什么？

机组润滑油系统如图 6-14 所示，高位油箱的作用是当润滑油系统及机组同时停车时，靠高位油箱的油保证机组在惰走期间有油润滑。高位油箱由钢板卷制焊接而成。在油管上装有节流孔板以控制上油量，在油箱顶部装有排气管，在顶侧面还装有返回（溢流）管，返至油箱，在返回立管上装有看窗，以便检查用。一般的原则是控制供油的时间要大于机组的惰走时间。当机组因润滑油主辅油泵因故障都停运时，机组也同步进入油压大降联锁停机状态，但是由于机组还处于

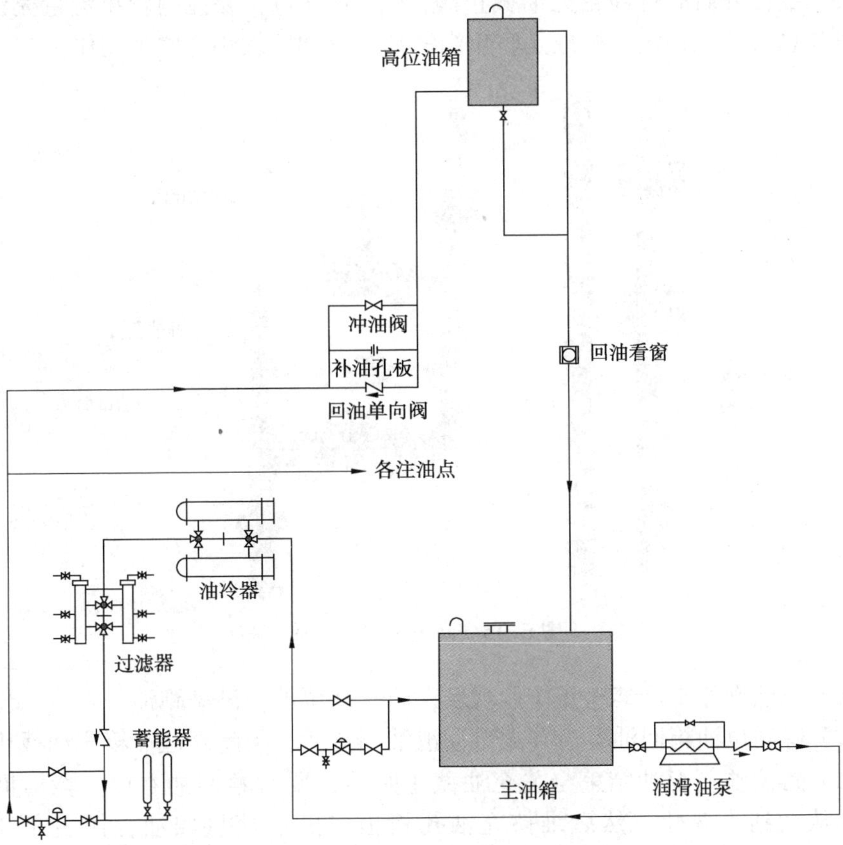

图 6-14　机组润滑油系统

"惰走时间"段，若是在该时间段内轴和轴瓦没有润滑油供应的话，将严重损坏机组的轴和轴瓦。而高位油箱的作用就是在机组惰走时间段里给机组的轴与轴瓦提供润滑油，防止轴与轴瓦干摩擦，起到保护机组的作用。所以高位油箱的高度、容量、回流量及止逆阀响应时间等都需要经过严格的计算，高度影响回流压力和流量，容量决定供油时间，管径决定回流流量，止逆阀响应时间要求短。

☞ 73. 大型机组润滑油系统中高位油箱投用步骤及注意点？

大型机组开机前，高位油箱投用步骤如下：

（1）润滑油循环正常，总管油压控制正常生产值。

（2）检查高位油箱本体、附属管线及阀门完好。

（3）关闭高位油箱底部泄油阀。

（4）充油时为了避免触发油压小降，一般将润滑油备泵的启动方式由"自动"改为"手动"。

（5）缓慢开启高位油箱充油截止阀（见图6-15），并控制较小流量充油，保持润滑油总管油压稳定。标准是防止润滑油总管油压大小降联锁动作。

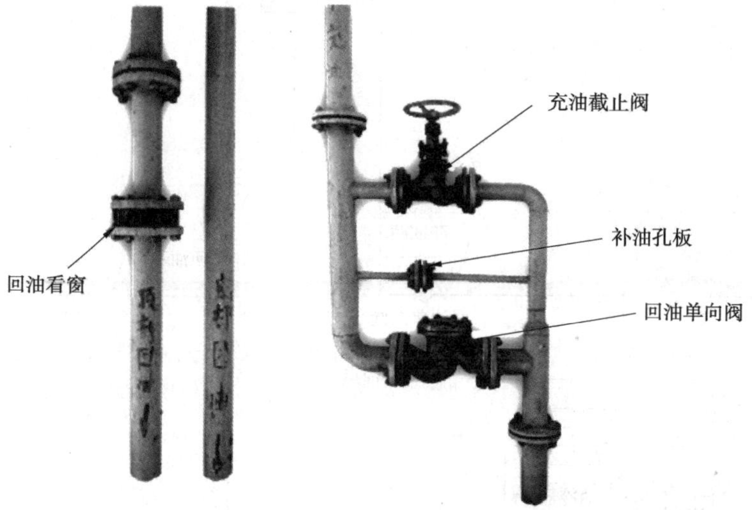

图6-15　高位油箱控制阀

（6）充油操作工严禁离开作业现场，防止高位油箱满溢跑油。

（7）待高位油箱回油看窗有大量润滑油回流后，关闭高位油箱充油截止阀。

（8）高位油箱充油结束全关充油截止阀后，要观察回油看窗一段时间，回油量会从大到小变化，然后维持充油孔板恒定的小流量回油，代表充油孔板正常。

（9）高位油箱充油结束对主油箱进行补油至正常液位，注意补油液位不能过高，防止停机阶段停润滑油泵时主油箱因高位油箱内润滑油回油而满溢。

☞ 74. 大型机组的润滑油系统中蓄能器的作用？

大型机组的润滑油系统中蓄能器用来克服润滑油系统因油泵切换、过滤器切换、油冷器切换或控制阀调节等引起的润滑油总管油压的瞬间波动，通过提供或吸收压力能，来防止润滑油系统压力波动而引发的润滑油压力小降或大降联锁。蓄能器仅仅在能量吸收与储存的能力范围内来平衡润滑油压力，不能长时间向系统供油。另外，蓄能器一般安装在润滑油总管压力控制阀的阀前。

☞ 75. 大型机组的润滑油系统中蓄能器的种类有哪些？

大型机组的润滑油系统中蓄能器的种类有以下几种(见图 6-16)：

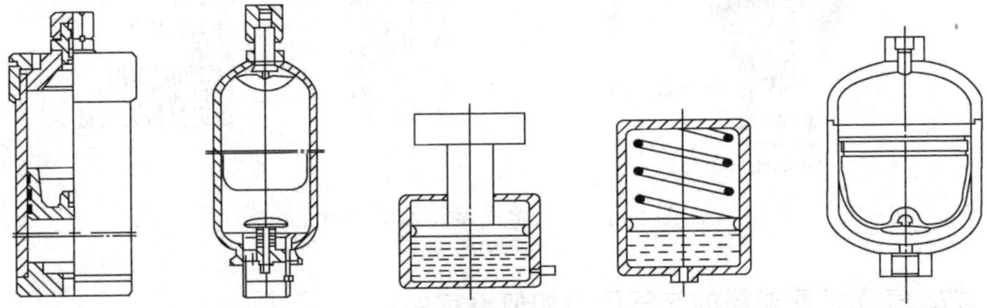

图 6-16　蓄能器的种类

（1）活塞性蓄能器；
（2）气囊式蓄能器；
（3）薄膜式蓄能器；
（4）弹簧式蓄能器；
（5）重锤式蓄能器。

其中用得最广泛的是气囊式蓄能器。

☞ 76. 大型机组的润滑油系统中气囊式蓄能器的结构和工作原理？

气囊式蓄能器的典型特征是在钢壳内有一个非折叠性的柔性的橡胶气囊，气囊的开口段连接在钢壳充气侧的气阀上，结构见图 6-17。气囊可用惰性气体(氮气或氦气)充压，利用气囊及其中氮气可以变形压缩的特性，储蓄一定容积和压力的润滑油，用以克服润滑油系统的压力波动。

蓄能器的气囊充氮气时，必须打开底部的放气阀，赶尽壳体内的气体，才能有效保证蓄能器的正常工作。

气囊式蓄能器壳体内底部有一道菌形阀，也叫提升阀，菌形阀在弹簧的作用下保持常开状态，用以调节通过充油口的润滑油流量，它的作用是限制气囊的膨胀位置，防止润滑油流道被膨胀后气囊堵塞。

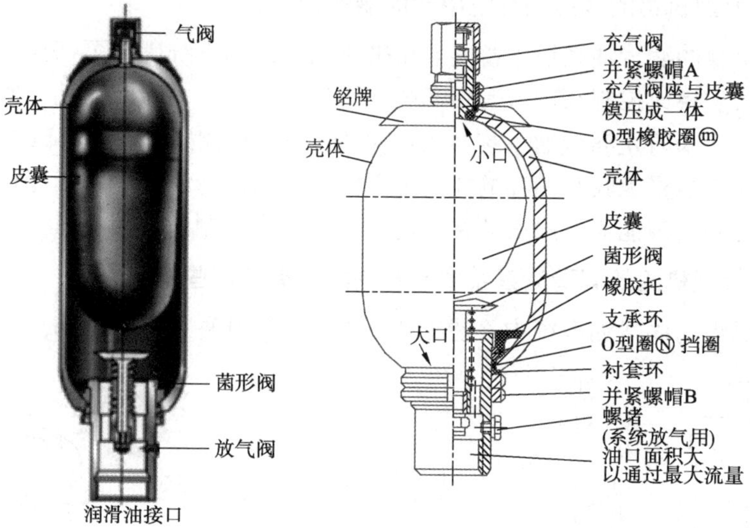

图 6-17　气囊式蓄能器的结构

77. 气囊式蓄能器的充气压力如何设定？

正确选择预充气压力是获得蓄能器及其部件的最佳效果和最大使用寿命的基础。当预充气压力尽可能接近最小工作压力时，在理论上能够获得液体的最大贮量(或释放量)。气囊式蓄能器按用途不同来设定充压压力：

(1) 冲击缓冲：充气压力为润滑油系统压力的90%。

(2) 消除脉动：充气压力为润滑油系统工作压力的60%。

(3) 能量储存：充气压力应低于润滑油系统最低压力的90%，且高于润滑油系统最高压力的25%。

(4) 热膨胀补偿：以润滑油系统封闭回路中的最低压力为充气压力。

78. 气囊式蓄能器有哪些优缺点？

气囊式蓄能器适用于波动频率快、油液污染严重及响应速度快的工作场合。有以下优点：

(1) 补充油路系统流量及压力快捷有效。

(2) 有效提高油路系统的工作效率。

(3) 有效补充油路系统的泄漏。

(4) 能充分吸收油路系统脉冲。

(5) 具有良好的抗污染能力。

(6) 通用性良好，适用于各类工作场所。

气囊式蓄能器有以下缺点：

(1) 不能在受压状态下拆卸维修。

(2) 运行中若气囊破裂容易导致油路系统内产生气穴和气爆，严重波及油路压力的平稳。

(3) 压缩极限(有效储存容积)小，一般不超过壳体容积的20%。

☞ 79. 轴流式主风机组透平润滑油泵启停步骤及注意点？

轴流式主风机组透平润滑油泵启停步骤：

(1) 确认1.0MPa蒸汽已引至透平润滑油泵透平动力蒸汽入口阀前，并脱尽凝结水。

(2) 确认透平出口后路放空流程打通，并脱尽后路管线内的凝结水。

(3) 确认透平润滑油泵进口阀全开、出口阀全关。

(4) 确认透平调速器内加入润滑油至正常液位，透平前后轴承加入润滑油至正常液位，透平润滑油泵轴承加入润滑油至正常液位。

(5) 确认机泵盘车正常。

(6) 确认透平轴承前后端面给上冷却循环水。

(7) 打开所有透平壳体排凝阀。

(8) 挂上透平危急保安器开启速关阀，稍开透平动力蒸汽入口阀，对透平进行暖机，控制透平升温速度≯50℃/h，同时在暖机过程中严禁冲动透平转子。

(9) 暖机3h后且透平外壳温度接近此时的1.0MPa蒸汽温度后，关闭透平动力蒸汽入口阀，关闭所有透平壳体排凝阀。

(10) 较快地开启透平动力蒸汽入口阀，冲动透平转子后，视透平润滑油泵出口压力缓慢开大透平动力蒸汽入口阀，当透平润滑油泵出口压力正常后，锁定透平动力蒸汽入口阀。

(11) 缓慢开启透平润滑油泵出口阀，确认透平润滑油泵出口压力正常。

(12) 确认透平润滑油泵及透平的振速、轴承温度正常，透平润滑油泵泵体温度≯60℃。

(13) 通过透平蒸汽进气阀的开度来控制额定转速±30r/min左右。

(14) 待装置0.5MPa蒸汽管网恒定外输后，将透平出口蒸汽由直排放空并入0.5MPa蒸汽管网。注意：并网时要防止透平出口憋压，确保确认透平润滑油泵出口总压力≮0.80MPa，并网后由于透平推动力下降可适当开大透平动力蒸汽入口阀，维持正常转速。

☞ 80. 主风机组油冷器循环水路反冲的目的及注意点？

催化装置主风机组润滑油的冷后温度依靠油冷器冷却来控制，若循环水在油冷器内结垢，润滑油冷后温度会上升超标，此时通过油冷器循环水路进行反冲，冲出泥垢减少油冷器热阻后，维持正常的润滑油冷后温度。反冲操作的注意点如下：

(1) 任何情况下，不得中断投用中油冷器的冷流介质(循环水)。

(2) 密切关注油冷器冷后温度的变化。

(3) 反冲干净后防止循环水直排放空。

☞ 81. 主风机组油冷器循环水路反冲的操作步骤？

主风机组油冷器循环水路反冲的操作步骤如下：

(1) 全开油冷器循环水进口管线上的放空大阀。

(2) 关闭循环水入口总阀，此时循环水由油冷器循环水出口倒流进入油冷器水路管束，并由油冷器循环水进口的大放空阀处排出，带出大量泥垢。

(3) 待大放空处流出的循环水干净后，全开循环水入口总阀，最后关闭油冷器循环水进口管线上的放空大阀。

(4) 若反冲效果要更好，油冷器可以单独反冲，但是要注意走润滑油流程油冷器不要中断循环水。

☞ 82. 润滑油油冷器循环水路进口总管过滤器切换标准及步骤？

主风机组 M101 油冷器循环水进口有两组进出口平行篮式过滤器，过滤网精度为 20 目，正常生产状况下一用一备。当主风机组润滑油冷后温度≥49℃或过滤器压降≥0.15MPa 时均要切换过滤器，可以通过对润滑油油冷器循环水总管进口的过滤网来降低管路压降，提高循环水量，从而降低冷后温度。停用的一组马上联系维修清洗备用。切换过滤器的操作步骤如下：

(1) 切换前先排尽备用过滤器内部的空气。

(2) 首先全开备用过滤器的出口阀，再全开备用过滤器的进口阀。

(3) 缓慢关闭停用过滤器的进口阀，再关闭停用过滤器的出口阀。

(4) 放尽停用过滤器内的残余循环水撤压。

(5) 联系维修清洗停用过滤器的过滤网，安装完毕后备用。

☞ 83. 大型机组润滑油过滤器切换步骤？

大型机组润滑油过滤器有两组(见图 6-18)，一备一用，切换的指标是过滤器进出口差压≥0.15MPa。

(1) 切换前打开备用过滤器的充油旋塞阀和上放空充油，充满后关闭上述两阀。

(2) 旋松六孔四通阀手柄锁紧螺帽，并将手柄推至备用过滤器联通位。

(3) 旋紧六孔四通阀手柄锁紧螺帽，切换完毕。

(4) 稍开停用过滤器的上放空和下放空放尽停用过滤器内的残余润滑油，联系维修更换滤芯后备用。

☞ 84. 大型机组润滑油过滤器切换注意点？

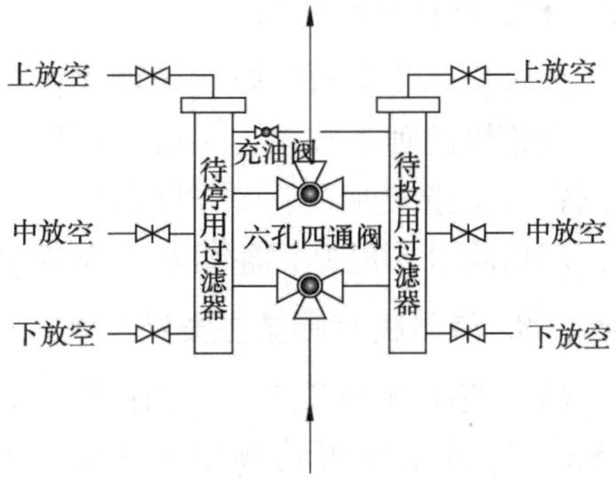

图 6-18 大型机组润滑油过滤器流程图

大型机组润滑油过滤器切换注意点有：

(1) 切换前打开充油阀和待投用过滤器的上放空，当上放空有润滑油溢出时，表示该过滤器已充满油，关闭上述两阀。

(2) 切换时，缓慢转动六孔四通阀，至中间并联位置保持半分钟的停顿，观察油压是否变化。

(3) 六孔四通阀转至新投用过滤器位置时过程要缓慢，防止油压波动。

(4) 切换完毕，稍开停用过滤器的上放空，检查是否有润滑油溢出。若不间断有油溢出，说明充油阀内漏或六孔四通阀错位内漏。

(5) 开过滤器器大盖更换滤芯前，必须放尽过滤器内的残油和压力，注意用接油盘放油保证清洁生产。

☞ 85. 主风机组烟机高温闸阀的作用？

主风机组烟机高温闸阀有“就地手动”和“二位式(全开或全关)风动遥控”两种开关方式。在机组正常运行中高温闸阀处于全开位置，且改成“就地手动”。它不具备联锁功能，主要起切断烟气的作用，所以在以下几种工况下高温闸阀处于全关状态：

(1) 在开工初期烟机未投用阶段；

(2) 在开工阶段再生器装催化剂阶段；

(3) 主风备机运行，主风机组抢修阶段；

(4) 主风机组脱开烟机由电机单带运行时(烟机抢修)。

☞ 86. 主风机组烟机转速控制作用？

催化主风机组烟机转速控制是指机组在发电工况下，当主风机组的“电机/发电机”与电网脱开，由于机组失去了电网的束缚，原烟机用于发电的机械能没有消耗掉，于是机组的转速飙升，烟机的转速由额定转速上升至转速控制器设定值时，主风机程控器内的转速控制器获得控制烟机入口蝶阀的控制权，通过关小烟机入口蝶阀减少烟机的做功，并提供主风机所需要的做功能量，维持正常的主风输出量以维持装置正常生产，并控制机组转速在转速控制器设定值。若转速没有被控制住就会触发机组超速或低速联锁停机。

☞ 87. 什么是汽轮机？

汽轮机是将蒸汽的热能转换成机械能的旋转式动力机械。

汽轮机的种类较多，一般工厂用的汽轮机称之为工业汽轮机。也就是说，工业汽轮机是指工业企业中作驱动用的汽轮机与自备电站中作发电用的汽轮机的总称，即指除公用电站汽轮机和船舶推进汽轮机以外的各种类型的汽轮机。

☞ 88. 汽轮机有哪些主要特点？

（1）使用领域宽广，具有较大的变速范围，通常为额定转速的－10%～+15%，特殊情况可达额定转速的－40%～+30%。增加了调节手段和操作的灵活性。

（2）石化行业常用的汽轮机的转速范围可达3000～16000r/min，范围大，可用来直接驱动。

（3）适用于各种工作环境，满足防尘、防爆和防腐等的特殊要求。

（4）品种多，规格齐全。有不同的进、抽和排汽参数，不同的转速、功率，适合不同的布置要求。

（5）适用于有较高自动化要求的工业流程。

（6）蒸汽来源比较稳定。

☞ 89. 汽轮机的工作原理是什么？

汽轮机是一种利用蒸汽带动的原动机，其主要工作原理是利用蒸汽的膨胀，使其一部分热能转变为具有高速的汽流，推动叶轮旋转而转变为动能。

首先，蒸汽通过喷嘴室，喷嘴室主要作用是使通过喷嘴的蒸汽流降压、升速、转向，将热能转换成动能，使高速汽流按一定方向喷向动叶片。

在汽轮机的静叶栅内，其流道截面是渐缩形的，即流道的进口截面大，出口截面小。当汽流通过这样渐缩流道后，汽流就被加速、膨胀，即蒸汽压力下降、温度下降，而汽流速度则增加。这样，汽流在静叶流道内自进口到出口完成了热能向动能转换。

当汽流从静叶栅进入动叶栅后，因动叶流道截面也是做成逐渐收缩的，所以汽流在动叶栅中进一步降压、膨胀和加速。具有一定动能的汽流对叶片产生一个冲击力（又称冲动力），汽流速度下降，但另一方面汽流在动叶流道内的继续膨胀、加速对动叶片产生一个反作用力（又称反动力），汽流压力下降。这样在冲动力和反动力的作用下，动叶片推动汽轮机主轴转动，产生机械功。

多级汽轮机就是由若干个级串联组成，蒸汽的热能在各个级内连续地转变成机械功。

而汽轮机通常又分为冲动式和反动式，蒸汽在其中的作用过程略有不同。

对冲动式汽轮机，蒸汽只在汽轮机的静叶栅中降压、膨胀、加速，在动叶栅内不降压不膨胀，动叶只是把蒸汽动能转换成机械功，同时改变汽流方向。

对反动式汽轮机，蒸汽在汽轮机的静叶栅中被降压、膨胀和加速，在动叶栅中也被进一步降压、膨胀、加速。动叶不但将蒸汽的动能，同时也将蒸汽的部分内能转换成机械功。

☞ 90. 工业用汽轮机可分为哪些类型？

（1）按作用原理来分，可分为：冲动式汽轮机、反动式汽轮机。

（2）按排汽方式分类，可分为：凝汽式汽轮机、背压式汽轮机、抽汽式汽轮机。

（3）按能量传递方式分类，可分为：直联式汽轮机、带变速箱的汽轮机。

（4）按蒸汽流道数目分类，可分为：单流道汽轮机、双流道或多流道汽轮机。

（5）按蒸汽流道形式分类，可分为：直流式与回流式、轴流式与径流式。

☞ 91. 什么叫冲动式汽轮机？什么叫反动式汽轮机？

冲动式汽轮机是蒸汽仅在喷嘴(静叶栅)中进行膨胀的汽轮机。在冲动式汽轮机的叶片中，蒸汽并不膨胀做功，而只是改变流动方向。一般大型冲动式汽轮机的最后几级叶片有时也设计成有一定的反动度，即叶片中蒸汽也发生很小一部分膨胀，从而得到一定的气流加速作用，但与反动式汽轮机相比，这种膨胀很小。

反动式汽轮机是指蒸汽不仅在喷嘴(静叶栅)中，而且在动叶中也进行膨胀的汽轮机。此时在动叶片上不仅受到由于因汽流冲击而引起的作用力，而且受到因蒸汽在动叶片中膨胀加速而引起的反应作用力。由于反动式汽轮机中蒸汽在动叶片也膨胀，故与冲动汽轮机相比，轴向推力较大，所以一般都装有平衡盘，以平衡轴向推力。

☞ 92. 什么叫汽轮机级的反动度？

反动度一般是对反动式汽轮机而言。蒸汽进入反动式汽轮机时，不论在静叶片上或动叶片上都发生膨胀，此时压力降低，热能转换成蒸汽的动能。在汽轮机中一组喷嘴和一圈动叶片组成一个压力级。级的反动度是指动叶片中焓降与这一级中静叶片和动叶片的总焓降之比。如该级动叶片上的焓降为41.8kJ/kg，而动叶片和静叶片总的焓降为83.6kJ/kg，那么这一级的反动度 $P=41.8/83.6\times100\%=50\%$（纯反动式级的反动度 $P=50\%$）。

冲动式汽轮机，一般也设计成有一些反动度，但前面几级反动度不大于15%，而在低压级和末级叶片上可以达到20%~30%，这样可以提高效率。

☞ 93. 催化裂化装置常用的汽轮机有哪些类型？

催化裂化装置常用的汽轮机有以下几类(见图6-19)：

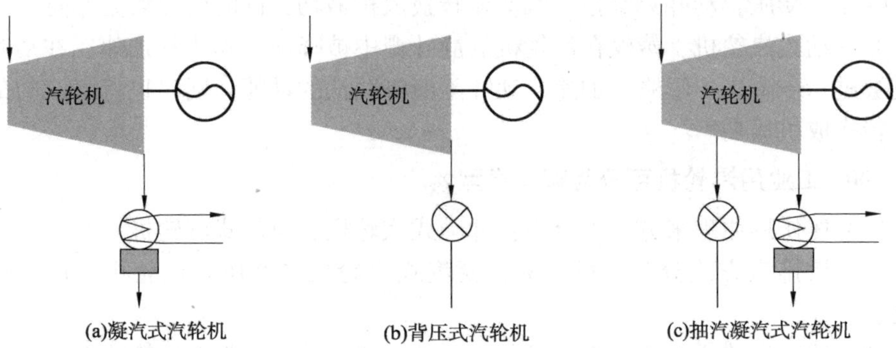

图 6-19　汽轮机分类

(1) 凝汽式汽轮机(N)：蒸汽在汽轮机内做功后，乏汽(排汽)在低于大气压力的真空状态下全部排入凝汽器，凝结成水。备注：有些小汽轮机没有回热系统，称为纯凝汽式汽轮机。

(2) 背压式汽轮机(B)：蒸汽在汽轮机内做功后，乏汽(排汽)在高于大气压力的状态下供热用户使用，没有布置凝汽器用于乏汽的冷凝。备注：若乏汽(排汽)作为其他中低压汽轮机的新汽时，称为前置式汽轮机。

(3) 抽汽凝汽式汽轮机：在汽轮机的级间某一位置抽出部分蒸汽，调整压力后对外供热，其余蒸汽在汽轮机内做功。做功后乏汽(排汽)在低于大气压力的真空状态下全部排入凝汽器，凝结成水。

(4) 抽气背压式汽轮机：在汽轮机的级间某一位置抽出部分蒸汽，供热用户使用，其余蒸汽在汽轮机内做功。做功后乏汽(排汽)在高于大气压力的状态下供热用户使用，没有布置凝汽器用于乏汽的冷凝。

(5) 中间再热式汽轮机：新汽在高压缸做功后，进入锅炉再热器再热，经过再热后的高压缸排汽进一步进入低中压缸做功，最后乏汽(排汽)在低于大气压力的真空状态下全部排入凝汽器，凝结成水。

☞ 94. 凝汽式、背压式、抽汽式汽轮机各有什么特点？

所谓凝汽式汽轮机，其特点就是汽轮机的排汽进入凝汽器，蒸汽在低于大气压情况下凝结。凝结水被引回作锅炉给水的一部分，排汽凝结放出热量不再利用。

而背压式汽轮机的特点则是汽轮机的排汽压力常高于大气压，排汽进入蒸汽管网，供热用户使用。

抽汽式汽轮机，则当蒸汽经过若干个级的膨胀做功后，在气缸上开有一个或多个抽汽口，将部分蒸汽抽出随即进入热管网，供热用户使用。未抽出的蒸汽在汽轮机中继续膨胀做功。

抽气又可分为调整抽汽和非调整抽汽。调整抽汽是可以通过调节进汽和未抽出的蒸汽，而使抽汽压力保持恒定。

☞ 95. 常用的汽轮机厂工业汽轮机的型号编制规则是如何的？举例说明。

汽轮机型号表示汽轮机基本特性，我国目前采用汉语拼音和数字来表示汽轮机型号，其型号组成方式如图 6-20 所示。表 6-3 给出了我国常用汽轮机型号，表 6-4 给出了我国常用汽轮机型号中蒸汽参数表示法。

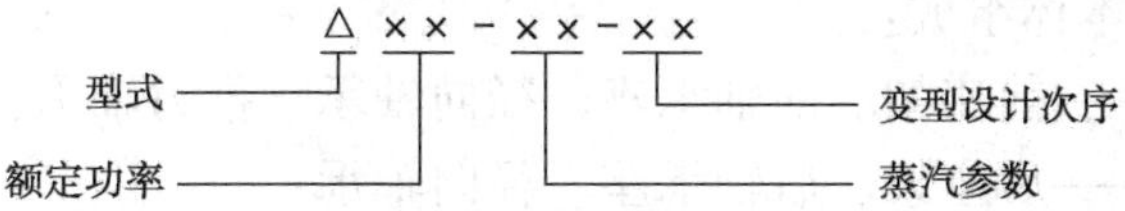

图 6-20　汽轮机型号的表示方法

例一：N300-16. 7/537/537-2 型汽轮机

含义：300MW 凝汽式汽轮机，主蒸汽压力为 16. 7MPa，温度为 537℃，再热蒸汽温度 537℃，中间再热凝汽式汽轮机，属第二次变型设计。

例二：N100-8. 82/535 型汽轮机

含义：100MW 凝汽式汽轮机，主蒸汽压力为 8. 82 MPa，温度为 535℃。

表 6-3　汽轮机型号

代号	型 号	代号	型 号
N	凝汽式	CB	抽汽背压式
B	背压式	CY	船用
C	一次调整抽汽式	Y	移动式
CC	两次调整抽汽式	HN	核电汽轮机

表 6-4　汽轮机型号中蒸汽参数表示法

型 式	参数表示方法	示例
凝汽式	主蒸汽压力/主蒸汽温度	N100-8. 82/535
中间再热式	主蒸汽压力/主蒸汽温度/中间再热温度	N300-16. 7/537/537
抽汽式	主蒸汽压力/高压抽汽压力/低压抽汽压力	C50-8. 83/0. 98/0. 118
背压式	主蒸汽压力/背压	B50-8. 83/0. 98
抽汽背压式	主蒸汽压力/抽汽压力/背压	CB25-8. 83/0. 98/0. 118

（1）N3-2. 35：3MW 凝汽式汽轮机，主蒸汽压力为 2. 35MPa。

（2）C12-4. 9/1. 5/0. 98：12MW 抽汽式汽轮机，主蒸汽压力为 4. 9MPa，高压抽汽压力为 1. 5MPa，低压抽汽压力为 0. 98MPa。

（3）CC12-3. 43/0. 98/0. 49：12MW 两次调整抽汽式汽轮机，主蒸汽压力为

3.43MPa，一级抽汽压力为0.98MPa、二级抽汽压力为0.49MPa。

（4）B3-3.43/0.49：3MW背压式汽轮机，主蒸汽压力为3.43MPa，背压为0.49MPa。

（5）CB12-4.9/1.18/0.17：12MW抽汽背压式汽轮机，主蒸汽压力为4.9MPa，抽汽压力为1.18MPa，背压为0.17MPa。

☞ 96. 背压式汽轮机本体的主要结构是怎样的？

NG型汽轮机本体组成：

（1）前支座——前座架、前轴承座、径向轴承、推力轴承；

（2）后支座——后座架、后轴承座、径向轴承；

（3）危急保安装置；

（4）手动盘车装置；

（5）气缸——外缸、导叶持环；

（6）转子——整锻轴、危急遮断器、棘轮、动叶环、联轴器、齿式联轴器；

（7）调节汽阀；

（8）速关阀；

（9）驱动组合；

（10）齿轮减速箱。

☞ 97. 凝汽式汽轮机本体的主要结构是怎样的？

ENK型汽轮机本体组成：

（1）前支座——前座架、前轴承座、径向轴承、推力轴承；

（2）后支座——后轴承座、径向轴承；

（3）危急保安装置；

（4）手动盘车装置；

（5）气缸——外缸、排气缸、前汽封、后汽封、蒸汽室、高压级导叶持环、低压级导叶持环、中间汽封；

（6）转子——整锻轴、危急遮断器、动叶环、低压动叶环、联轴器、齿式联轴器；

（7）调节汽阀；

（8）速关阀；

（9）驱动组合；

（10）齿轮减速箱。

☞ 98. 径向轴承的作用及结构是怎样的？

汽轮机转子通过径向轴承支持在轴承座上，故径向轴承也称支撑轴承。径向轴承的作用是承受着转子在启动增速、稳定运行及停运降速时所产生的全部静负荷和动负荷(包括可能出现的振动);对齿轮轴承受着轮齿啮合所产生的附加负荷;同时还要保持转子中心与汽轮机气缸、汽封、导叶持环等设计的间隙。

径向轴承由上下两半轴瓦组成,轴瓦由锥形销钉来固定,并通过螺栓把上下两半连接起来。轴承的承载面浇有巴氏合金。下半轴瓦与下半轴承箱中分面用圆柱销钉定位,以阻止轴瓦径向或轴向移动。

径向轴承是汽轮机主要部件之一,也是出现故障较多的部件。

☞ 99. 径向轴承的工作原理是如何的?

径向轴承的工作原理由图 6-21 的圆柱轴承工作原理图示意。圆柱形内孔轴由于轴直径小于轴承内孔直径,在轴与孔下部产生一个由大到小楔形间隙和由小到大的楔形间隙,间隙中充满润滑油。在转子未转动时,轴与轴承孔下表面保持直接接触,在轴旋转时,黏附在轴上的润滑油由楔形间隙大端进入间隙小端,于是轴对润滑油在这收缩的流道中进行压缩,压力提高,而润滑油便对轴产生向上浮力,使轴浮于润滑油膜上,轴与轴承间隔着油膜。接着润滑油从楔形扩张流道中流出,润滑油压力降低,使轴受向下的拉力,所以轴的中心在轴承孔中心下方,偏向于扩张流道一方的位置保持平衡。

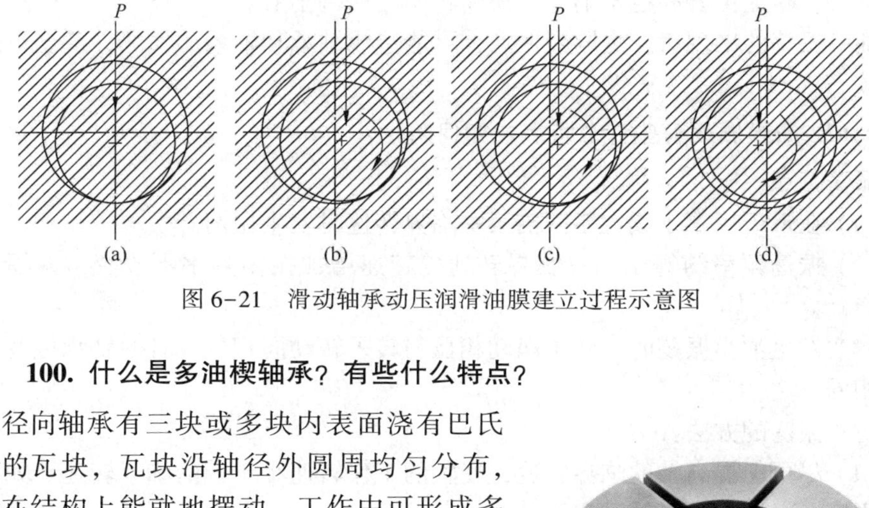

图 6-21 滑动轴承动压润滑油膜建立过程示意图

☞ 100. 什么是多油楔轴承?有些什么特点?

径向轴承有三块或多块内表面浇有巴氏合金的瓦块,瓦块沿轴径外圆周均匀分布,瓦块在结构上能就地摆动,工作中可形成多个油楔,一般我们把二块以上巴氏合金瓦块的径向轴承叫多油楔轴承,可按数量直接称呼。

多油楔常用的有三油楔到五油楔。三油楔轴承承载能力高,可用于高速重载场合,五油楔轴承适宜高速轻载场合。图 6-22 为五块瓦的支撑轴承。

图 6-22 五油楔轴承

多油楔轴承有以下几个特点：

(1) 抗震性能好，运行稳定，能够减轻转子由于不平衡或加工安装误差造成的震动危害；

(2) 在不同的负荷下，多油楔轴承中轴颈的偏心度比普通轴承小得多，保证了转子的对中性；

(3) 当负荷与转速有变化时，瓦块能自动调节位置，以保证有最好的润滑油楔，所以温升不高。

☞ 101. 什么是油膜振荡？有什么后果？

一个柱形内孔的轴承，在轴转速上升时，轴逐渐浮起，油膜逐渐增厚，到一定转速时，油膜太厚不能支持轴，反而下沉，下沉后油膜又变薄，浮力增大，周而复始。这样由于轴两边润滑油流量的差异，使轴中心以近于轴转速一半的频率涡动(称半速涡动)，半速涡动振幅不大，一经出现也不消失。随着转速升高半速涡动频率为轴当时转速的一半，振幅不再增大。转速再增加，又呈现半涡动，频率为轴当时的转速的一半，振幅减少。直到轴的转速为第一临界转速的两倍时，便产生所谓“油膜振荡”(自激振动)，振荡频率为轴的第一临界转速，振幅急剧增大。转速再升高也不消失，振荡频率也保持不变。

油膜振荡的出现将产生剧烈振动，可能造成轴承和轴系的损坏，甚至造成严重事故。

☞ 102. 油膜振荡有些什么特点？如何防止？

振荡特点：

(1) 在近于、等于或大于两倍第一临界转速时发生振荡。

(2) 振荡频率约等于第一临界转速，转速增加振荡频率不改变，振幅也不改变。

(3) 发生油膜振荡时，转子涡动相位与转子转动同相位，且两轴承振荡相位基本相同。

防止振荡的方法：

(1) 尽可能提高轴的临界转速，使轴的工作转速小于轴的临界转速。如提高轴的刚度，减少两支持轴承间距离。

(2) 提高轴承平均单位面积载荷(即比压)，如减少轴承宽度，减少轴承直径，增大轴承静载荷。

(3) 减少润滑油黏性系数。

(4) 改变轴承内孔形状，如椭圆轴承(两油楔轴承)、三油楔轴承、四油楔轴承。其目的在于加大轴承各段圆弧相对轴的偏心率，同时将油膜分割成不连续多段，以减少轴上、下压差，以提高油膜稳定性，延缓油膜振荡发生。

另将轴瓦分成多块可摆动瓦块(称可倾瓦)，这样可以在任何载荷下形成多条不连续的最佳油楔，并加大了轴与轴承的相对偏心率。这种结构具有良好的缓冲作用和振动阻尼，因而可有效地阻止油膜振荡发生，但加工工艺较为复杂，成本高。

☞ 103. 工业汽轮机为什么较多应用多油楔轴承？

催化裂化装置使用得较多的杭州汽轮机厂生产的积木块系列汽轮机径向轴承大部分都是多油楔，这种结构轴承最适宜于高速轻载的刚性轴上，具有良好的稳定性。

其主要原因是由于在圆柱形轴承中，当比压又不大时，高速油流又反转来激励轴颈，易诱发自激振动(油膜振荡)。而避免油膜振荡方法也多种多样，其中改变内孔形状(增加偏心率)是常用的方法，这就出现了多油楔轴承。

如果改成两油楔，它比圆柱形单油楔稳定性高得多，间隙比(轴承间最大间隙与最小间隙之比)愈大稳定性愈高，即使发生了振动，也不会那么厉害。

两油楔轴承之所以稳定是由于每个圆弧和轴颈相对位置关系处于较大的相对偏心率状态，并且有上下两油楔，阻尼也相应增大，提高了稳定性。两油楔轴承也可能产生半速涡动，但可调整间隙比来消除之。而三油楔轴承，其结构特点基本上与二油楔轴承相似，因油楔增多，使轴颈经常处于较大的相对偏心率状态，三个油楔分割成三个(如为四个油楔则分割为四个)不连续的油楔(部分油膜)，这是一个非常重要的特征。油膜振荡是以连续油膜的环形油流诱发的，由流体力学得知，多油楔轴承的这种偏心率状态，使外载荷变化引起轴颈上、下压差变化相对减小，因而就不容易产生油膜振荡。实践证明，多油楔轴承具有运行稳定、抗震性好、安全可靠、使用寿命长的特点。

☞ 104. 轴承油膜振荡引起压缩机振动的特征是什么？

圆形轴承在高速、低负荷运转时容易产生油膜振荡，此时转轴运转极不稳定，轴承中稳定油膜被破坏，轴颈与轴瓦产生干摩擦，压缩机、汽轮机发出杂音或吼叫声。等重新建立稳定油膜时，吼叫会停止，振动也趋于平衡。当再一次破坏稳定油膜时，振动又再次发生，如此周而复始。如果压缩机、汽轮机在此情况下运行时间较长，将会使轴瓦严重磨损，轴承温度升高，压缩机剧烈振动。此时，应停机检查轴承间隙及磨损程度，并进行调整。

压缩机、汽轮机轴承的油膜振荡与设计有关，首先应从设计上采取措施。目前控制油膜振荡的方法是：

(1) 控制转子的临界转速，使刚性轴工作转速等于或小于0.7倍的一阶临界转速，使挠性轴的工作转速大于1.3倍一阶临界转速而小于0.7倍二阶临界转速。

(2) 采用抗震性较好的多油楔轴承。

(3) 对圆形轴承控制轴承相对偏心率等。

☞ 105. 什么是推力轴承？

压缩机与汽轮机的推力轴承都是与其中一个支撑轴承连在一起的，叫综合式推力支撑轴承。在这种轴承上，安装在主轴上的推力盘两侧各有一排瓦片。也有一种是主推力瓦块和副推力瓦块分别位于支撑轴承的两边，这时推力盘也是分别在支撑轴承的两边（如：D800-34 主风机就是这种）。

推力轴承主要由推力瓦块和安装圈组成，见图 6-23。

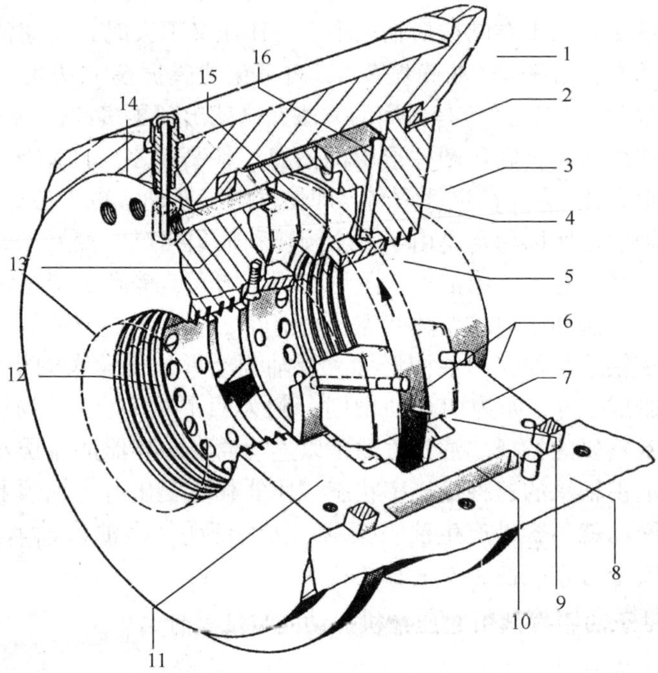

图 6-23 可倾瓦块推力轴承（米楔尔轴承）

1—前轴承座；2—调整垫片；3—轴承壳体上半；4—进油孔；5—内环；6—圆柱销；7—主推力瓦块；8—定位销；9—转子推力盘；10—内油槽；11—轴承壳体下半；12—封油齿；13—排油孔；14—温度计；15—副推力瓦块；16—外油槽

推力瓦块呈扇形，由 8~12 片组成一圈，支承于安装圈上。瓦块与安装圈之间有一个支点。当推力盘转动时，瓦块自动摆动形成油楔，因而能保证很好的润滑条件。这种轴承又叫米楔尔轴承。

离心式气压机与汽轮机正常工作时，轴向力总是指向压力低的一端，承受这个方向轴向力的推力瓦块称主推力块。而当气压机启动或汽轮机甩负荷时，轴向推力就改变方向，为此就在主推力块的对面安装了推力块，以承受这一方向的轴向力，这种推力块称为副推力块。

推力轴承的作用是保证转子和定子之间轴向位置固定，以保证叶片与隔板轴封等之间的间隙，使气压机、汽轮机能够安全运转。

☞ 106. 轴向推力是怎样产生的？在运行中怎样变化？

离心式气压机中，由于每级叶轮两侧，气体作用在其上的力大小不同(出口侧因压力高，作用力大于进口侧)，使转子受到一个指向低压端的合力，即轴向推力。虽然在结构上设置了平衡盘或通过级的不同排列来减小轴向力，但不能完全平衡。

气压机运行中，当出口压力增加时，这个轴向推力加大。另外，当气压机启动时，由于气流的冲力指向高压端，转子轴向推力方向与正常运转相反。

汽轮机产生轴向推力是因为动叶片有较大的反动度(如 50%)，蒸汽在动叶中继续膨胀，造成叶轮前后产生一定的压差。这些压差就产生了顺着汽流方向的轴向推力。冲动式汽轮机的轴向推力较反动式汽轮机小。

在运转中，轴向推力的大小与蒸汽流量的大小成正比，即负荷越大，轴向推力越大。另外，对凝汽式汽轮机，运转中真空下降，因焓降减少增大级的反动度，使轴向推力加大。在汽轮机突然甩负荷时，轴向推力瞬时改变方向。

☞ 107. 什么是轴向位移？为什么会产生轴向位移？

气压机与汽轮机在运转中，转子沿着主轴方向的窜动称为轴向位移。

产生轴向位移的原因有以下几个方面：

(1) 在气压机启动和汽轮机甩负荷时由于轴向力改变方向，且主推力块和副推力块与主轴上的推力盘有间隙，因而造成转子窜动，产生轴向位移。为保护机组，当主推力块与推力盘接触时，副推力块与推力盘的间隙应该小于转子与定子之间的最小间隙。

(2) 因轴向推力过大，造成油膜破坏使瓦块上的钨金磨损或熔化，造成轴向位移。为保证机组当钨金熔化时，不会造成过大的轴向位移，瓦块上钨金的厚度都不大于 1.5mm。

(3) 由于机组负荷的增加，使推力盘和推力瓦块后的轴承座、垫片、瓦架等因轴向力产生弹性变形，也会引起轴向位移，这种轴向位移叫作轴向弹性位移。弹性位移与结构及负荷有关，一般在 0.2~0.3mm 之间。

机组的轴向位移应保持在允许的范围内，一般为 0.8~1mm。超过这个数值就会引起动、静部分发生摩擦碰撞，发生严重损坏事故，如轴变曲，隔板和叶轮碎裂，汽轮机大批叶片折断等。因此，在操作中要经常注意轴瓦温度、润滑油温度、轴向位移指示值，发现异常情况要立即采取措施。

☞ 108. 盘车的目的是什么？

启动前盘车是为检查机组内部有无摩擦、碰撞、卡涩等现象，以保证启动后安全运转。可以通过对比每次盘车用力的大小，来判断安装与检修的质量，如联轴节对中心的好坏、轴瓦间隙大小及有无异物留在机内等。

停机后进行盘车是为了防止上下气缸的温差引起轴弯曲。有盘车装置的汽轮机，可不受停机时间限制，随时可以启动，否则在停机后4~12h轴弯曲最大时不允许启动。

无论是汽轮机-气压机组，还是主风机-烟机机组，盘车的目的都是一致的。

☞ 109. 汽轮机上一般有哪些盘车装置？

盘车装置即用于盘动转子的装置。其目的是经常约180°地盘动转子，以避免转子在一方位长期搁置或启动、停车温度变化大而造成弯曲引起动、静体碰撞。汽轮机可以设置多套盘车装置，一般根据需要选定：

(1) 手动盘车装置。盘车装置安装在后轴承座上，拉杆在套筒中借拉杆的摇动可以上下移动，拉杆下端通过一销轴与框架相连，拉杆上下移动带动框架，框架下端销轴拨动红套在转子上的棘轮，使转子盘动。注意，在汽轮机停机后，只有在转子停止转动，盘车装置才可投入使用。在汽轮机启动前则必须卸下杠杆，并挂上杠杆保险，防止启动后转子上棘轮碰到框架。

(2) 液压冲击式盘车装置。由电磁阀，压力油缸，活塞，框架组成。连接板把电磁阀和装在后轴承座上的压力油缸连在一起，在压力油缸中有活塞及活塞拉杆，在压力油缸上有一个导向杆，活塞杆上固定着可摆动的框架。

压力油经过入口引向电磁阀的阀壳体，如果电磁阀未被激磁，则压力油要流向通向活塞上端压力油的接口；压力油进入活塞上端，使活塞下移，框架下移。如果电磁阀被激磁，滑阀移向左端，关闭通向活塞上端压力油的接口的压力油通道，同时打开通向活塞下端压力油口的通道，压力油进入活塞下端，活塞带动框架一起向上，框架上的销轴拉动棘轮，使转子旋转。

在回油管上装有带位置指示的针阀，作为回油节流用。用以调整活塞上下运动速度，以便与棘轮转动很好地相配合。

注意，若要盘车装置停止工作，应先关电磁阀，以保证活塞处于最下端位置。只有关掉电磁阀15s后，才允许切断压力油。

(3) 油涡轮盘车装置。油涡轮盘车装置一般装在后轴承座上，由辅助油泵提供的高压油通过喷嘴向红套在转子上的油涡轮，推动转子旋转，经油涡轮后的油与轴承润滑油一起流入回油管，当高压油的截止阀全开时，一般使转子可达80~120r/min。

一般小型机组采用液压冲击式盘车装置，大型机组采用油涡轮盘车装置。

☞ 110. 汽轮机气缸受到哪些应力的作用？

(1) 因为气缸的内外有压力差，气缸受到沿轴向逐渐减少的轴向应力作用。在前区段缸内的压力高于大气压，缸壁便受着由内向外压差。然而凝汽式汽轮机的后区段受到由外向内的近于大气压的压强。作用在气缸壁各部分的力方向不同，大小也不同。因为蒸汽在缸内逐渐膨胀，压强逐渐降低，同时压强随工况的不同而变化着，尤其是在启动、停机时变化更剧烈。

(2) 喷嘴和导叶持环加给气缸的力。当蒸汽流过喷嘴组和导叶持环上的导向叶片时，产生的反作用力使气缸受到一个与转动方向相反的力矩。此力矩也随工况的变化不同而变化着。

(3) 由蒸气压力所产生气缸的轴向拉应力。

(4) 承受气缸本身以及固定在气缸上的零部件的重力。

(5) 在大多数汽轮机的结构中，后轴承是支持在排气缸上的，因此气缸还要承受转子的部分重量及由后轴承传来的振动。

(6) 小型工业汽轮机的速关阀及蒸汽管道与气缸直接连接，因此气缸受到速关阀及蒸汽管道的牵制，特别是启动、停机时产生很大应力。

(7) 在运行时，气缸除了受到上述各种力的作用外，还有因温差而引起的热应力：

① 由气缸内外的温度差产生的热应力。

② 由于气缸高压段采用部分进汽，使气缸横断面上、下半出现温度差，气缸轴向产生了热应力。

③ 在汽轮机工况变化时，各级的温度、压力都在变化，也引起气缸沿轴向的温度差，产生了轴向热应力。

④ 启动、停机时，因为热蒸汽密度小，温度较高的蒸汽向上移动致使上气缸比下气缸温升速度快，而散热速度慢，形成上下气缸温差，造成了气缸横断面上、下两部分的热应力和热变形。特别是工作在湿蒸汽段的气缸，其凝结水滴沉积在下半气缸吸收大量的热，造成上半、下半很大温差。另外，在暖机不够充分时，急速启动或紧急停机等情况下，气缸的热应力及热变形也会很大。所以，在运行中应当充分暖机，及时疏水，加强盘车等，严格规程是完全必要的。

☞ 111. 汽轮机系统的汽封有哪些？各有什么作用？

(1) 前后汽封

在汽轮机中动静部分、各级之间存在漏汽的可能，为了减少漏汽损失，提高汽轮机经济性，就必须在合适的部位设置汽封。

汽封环上嵌有汽封齿，它与轴上的轴封齿(或曲径)一起组成互不接触的汽封结构，在转动的轴与外缸间起密封作用。依次排列的汽封齿构成迷宫式汽封，其密封原理是通过压力能转换成流动速度，继而把动能以涡流而耗散，但是在互不接触的汽封齿间隙中小量漏泄仍是不可避免的。

汽封环做成两半对分，中分面要保持密合，轴向相对位置精确定位。汽封齿材料为不锈钢，用断面为方形钢丝沿圆周方向压入汽封环的槽中。

(2) 正压汽封

在正压段汽封环中，绝大部分漏汽从其中间区域被抽出，只有少量的蒸汽通过汽封环从汽封冒汽管排向大气。在装汽封冒汽管的位置处，转子上有一薄薄的圆盘，在旋转时由于离心作用，它会把汽封环末端的空气及泄漏的蒸汽甩向汽封冒汽管，从而可防止汽封内漏出的汽，冲进对面的轴承座中而污染润滑油。

(3) 负压汽封

负压汽封环的作用在于阻止空气进入气缸，在其抽吸蒸汽口处须输入一股比大气压稍高的蒸汽流，这股密封蒸汽可分为两部分，一部分流入气缸，另一部分通过汽封管逸入大气中，从而阻止空气进入排气缸。在汽封体的最低处开有一孔，从而有效地排除汽封体中的积水。

(4) 内汽封

用于抽汽汽轮机中的两个膨胀段之间的密封，该汽封前后的压差，将平衡蒸汽力在叶片通道上所产生的轴向推力，因此汽封齿的中径根据这一推力大小来确定。

如图 6-24 所示，汽封体是轴向剖分的，用销钉定位，螺钉固定。可调式内汽封除汽封体外圆车有凹槽与外缸凸肩配合以轴向定位外，上下位置可由下半汽封体两侧的调整螺母调正。左右位置，由下半汽封体下部的偏心套筒调整。

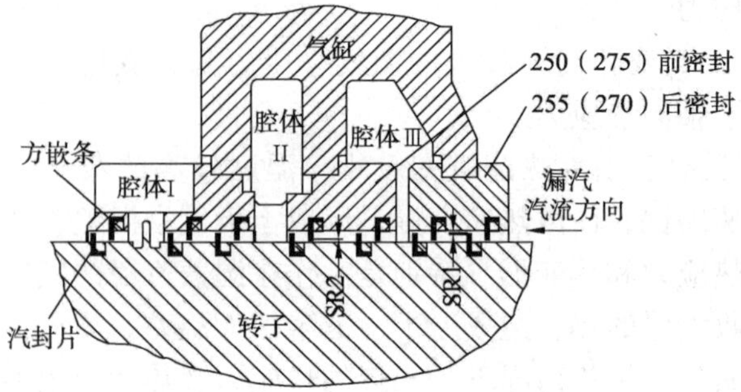

图 6-24　梳齿式汽封结构图

☞ 112. 汽封冒汽管为什么有时冒汽严重?

气压机负荷增大，汽轮机蒸汽量增多，若调整不及时，则轴封压力会过大，轴封冒汽便会大起来。

☞ 113. 什么是临界转速?

汽轮机、气压机转子上的各个部件都是制造得很精密的，在装配时都找了平衡。但是转子的垂心还是不可能完全和轴的中心相符合。由于轴的中心和转子的垂心之间有偏心，因此在轴旋转时产生离心力，这是造成机组振动和大轴弯曲的主要原因。

转子旋转时，重心随着轴中心线而转动，离心力的方向也随着转动。当轴每转一周，就产生一次振动，这是离心力引起的对转子的强迫振动。每秒产生强迫振动的次数叫作强迫振动的频率。

任何弹性体(如钢丝等)本身都有一定的自由振动频率。例如，我们把一根钢丝两端固定拉紧，在中间用锤敲一下，钢丝就开始上下往复地振动。这时，钢丝每秒钟振动的次数就称为它的自由振动频率。

汽轮机和气压机的转子也是弹性体，也具有一定的自由振动频率。离心力则引起转子的强迫振动。当转子的强迫振动频率和转子的自由振动频率相重合时，也就是离心力方向变动的次数。引起转子强迫振动的频率和转子自由振动的频率相同或成比例时，就产生了共振。这时转子的振动特别大，这一转速就称为转子的临界转速。

由于在临界转速下，转子振动很大，因此汽轮机和气体机不允许在临界转速下工作。

☞ 114. 什么是硬轴？什么是软轴？

转子的第一临界转速在工作转速以上称为硬轴，也称为刚性轴。转子的第一临界转速在工作转速以下称为软轴，也称为柔性轴。催化裂化用的气压机、主风机等，采用套装的叶轮，转速高，刚性小，均为软轴。

在转子运转时，要求使转子的转速高于或低于临界转速 15%～20%。对于软轴，在启动时，要迅速通过第一临界转速。

☞ 115. 什么是静不平衡和动不平衡？

汽轮机或离心式气压机的转子由于材料质量的不均匀性和加工装配中存在着误差，导致转子在圆周方向重量不均，俗称“偏重”，在工程上叫作质量不平衡。回转体的质量不平衡，基本上可分为静不平衡和动不平衡两种。静不平衡是指回转体在静止状态下，其较重的位置，在地心引力的作用下恒向地心。无论是单级转盘或多级转子或转鼓，都可能存在这种静不平衡。校正静不平衡时，只需将较重的方向取走一定金属就可以很方便地找好。

动不平衡是指转子在离心力作用下所产生的不平衡。校正动不平衡需在动平衡试验台上进行，也可以在运行状态下用相对相位法进行。由于静不平衡和动不平衡而引起设备振动大的情况是常有的，尤其在高转速设备上，因此在检修时必须考虑平衡问题。更换叶轮、叶片、联轴节和联轴节螺栓时，都应使其不产生质量上的偏差，这应按规程进行动平衡测试工作。

☞ 116. 汽轮机的转子有些什么特点和要求？

转子是用来安装叶片和其他元件，并作高速旋转，传递力矩，向外输出机械功以驱动各种机械的部件。汽轮机转子一般采用整锻式转子，其轴与轮鼓成一体，用同一材料整体铸造、加工而成。

整锻式转子的优点：轮鼓、受力优于套装轮盘。在运行中无轮盘与轴间松脱的问题，强度好，结构紧凑，省去了轮盘套装的工艺过程。

汽轮机转子的工作条件较为复杂，沿着轴的长度，转子各部分的工作温度变化很大，如代号为T6015(ENK63/81/40)机组，在调节级大约433℃，而在第35级出口大约266℃，因此对转子因温度骤变而产生的热应力，应当给予极大的重视。同时转子还受到频率很高、方向大小周期性改变的交变应力的作用。当每次启动和停机时，柔性转子都要通过第一临界转速，所以还要受到短期的较大振幅的振动。

汽轮机转子是由一块材料锻制出来的，它的第一临界转速可以位于运行转速之上或之下，如果运行转速超过第一临界转速时，则转子应在实际运行转速下进行动平衡试验，即高速平衡。动平衡是转子重要动力特性指标，杭汽厂积木块系列汽轮机动平衡是按规定的标准进行考核，要求支承振动速度 $V_B \leq 1.8$mm/s。

动平衡是保证机组运行时轴振幅合格的重要前提，在厂内机械运转试验时，按美国石油学会标准API612考核，轴振幅峰值：$A \leq 0.025(12000/最高速连续转)^{1/2}$mm。

☞ 117. 什么是汽轮机的调节汽阀？

调节汽阀(见图6-25)用以调节进入汽轮机的蒸汽流量，使其与汽轮机负荷相适应。各阀蝶按设计好的顺序逐一开、闭，阀座内孔光滑且具有一定型线，以减少流动损失。

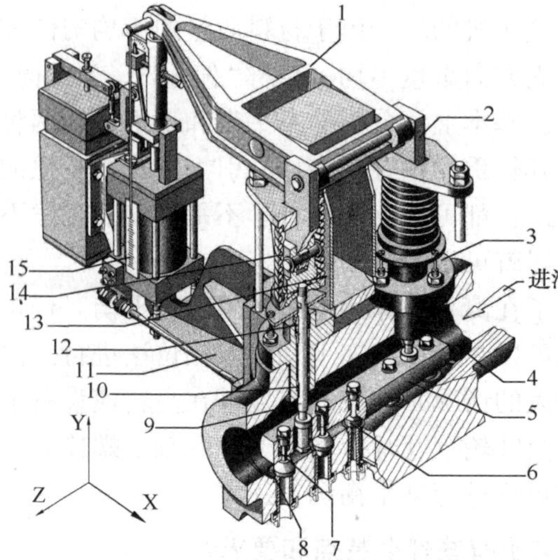

图6-25 调节汽阀结构示意图

1—杠杆；2—连接板；3—阀盖；4—气缸进汽室；5—阀梁；6—阀碟；7—衬套；8—阀座；9—阀杆；10—下导向套筒；11—托架；12—上导向套筒；13—支架；14—弹簧组件；15—油动机

数个阀蝶松动地悬挂在蒸汽室内的横梁上，横梁由两拉杆通过铰链与杠杆相连，杠杆由压力弹簧及调节系统的油动机支持在支板上，在停机时压力弹簧及蒸汽室中残留蒸汽将横梁处于最下位置，且将阀蝶压合在阀座上。油动机活塞上下移动，拉动杠杆的前端、杠杆后端上下提拉拉杆及横梁，横梁带动阀蝶开、闭汽阀。

☞ 118. 什么是汽轮机的速关阀(主汽门)？

速关阀是新蒸汽管道和汽轮机之间的主要关闭阀，所以也称之为“主汽门”，可以保证汽轮机运行中出现故障时，能在很短的时间内切断进汽，与危急保安装置联动，对转子发生超速和过量的轴向位移自动作出最快的停机反应。

速关阀分为蒸汽通道部分和油通道部分，结构如图 6-26 所示。

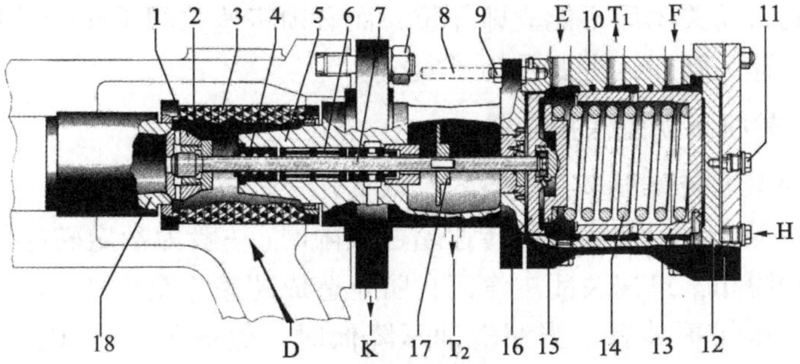

图 6-26　速关阀结构及工作原理示意图

1—主阀蝶；2—卸载阀；3—蒸汽滤网；4—导向套筒；5—阀盖；6—汽封套筒；7—阀杆；8—专用螺栓；9—螺母；10—油缸；11—压力表接口；12—试验活塞；13—活塞；14—弹簧；15—弹簧座；16—活塞盘；17—挡盘；18—阀座；D—蒸汽入口；E—速关油；F—启动油；H—试验油；K—漏汽；T_1—回油；T_2—漏油

蒸汽通道部分：新蒸汽经滤网进入主阀阀蝶，主阀蝶与卸荷阀阀蝶(亦称预起阀阀蝶)相连接，卸荷阀阀蝶较小时，开启力则小，可减少油动机活塞尺寸。待卸荷阀开启后，主阀阀蝶前后压力基本上平衡，卸荷阀开足行程后即可轻而易举地带动主阀阀蝶开启，蒸汽流入气缸。阀杆与衬套套筒间有汽封槽，且相配密合，少量泄漏蒸汽通过漏汽口排出，防止蒸汽漏入右端的油缸。

油通道部分：来自启动装置的压力油经活塞右压力油口进入活塞右端，克服弹簧的力，使活塞左移与活塞盘相密合，这时启动装置出来的速关油经活塞盘左速关阀的口子流入活塞盘左端，速关油压将活塞盘连同活塞一起推向右端，卸荷阀阀蝶及主阀阀蝶相继打开，同时活塞右端压力油和启动装置的回油口相通。

如果危急保安装置动作，活塞盘左端速关油压迅速下降，活塞盘在弹簧力作用下立刻推向左端，阀杆带动阀蝶切断蒸汽。

速关阀上的“试验活塞”是为检验速关功能可靠性而设置的。在阀蝶开启后，如压力油通过二位三通阀进入试验活塞右端，试验活塞同活塞一起推向左端，使阀蝶向关闭方向移动。

☞ 119. 速关阀自动关闭如何处理？

如果主汽门自动关闭，应采取以下措施：

(1) 立即启动高压油泵。

(2) 配合反应岗位，用气压机入口放火炬控制反应压力。

(3) 切断富气去稳定岗位，打开出口放火炬阀。

(4) 磁力断路复位。

(5) 把主汽门用手轮关严，在条件许可的情况下再慢慢按规程提高转速。

☞ 120. 速关阀自动关闭后，能立即复位吗？为什么？

在速关阀自动关闭后不能立即复位，而必须将速关阀手轮全关后，再按正常操作步骤打开速关阀。这主要是为了安全。

☞ 121. 汽轮机有哪些保护装置？

汽轮机的保护装置很多，重要的有以下几个：

(1) 危急保安器。在汽轮机转速超过极限时(一般为额定转速的110%)危急保安器能自动脱扣，迅速关闭主汽门，防止造成超速飞车事故。

(2) 低油压保护装置。当润滑油压降低时，保护装置动作，自启动辅助油泵。若辅助油泵启动后油压仍维持不住，并下降到最低限度(这个压力为30kPa左右)时，则立即跳闸停机。

(3) 轴向位移保护位置。当轴向位移增加超过允许的限度(一般为0.8～1mm)，轴向位移保护装置能自动停机，防止动静部分相碰。

(4) 电动脱扣装置。通过电动脱扣装置可以实现在操作室内遥控紧急停车操作。

(5) 对凝汽式汽轮机有低真空保护装置。当凝汽器真空急剧下降时，真空安全阀及时动作，以保证气缸不变形及保护凝汽器铜管不损坏。

(6) 对背压式汽轮机有背压安全阀。当排气背压高于允许值时，安全阀起跳，以保护气缸。

☞ 122. 危急保安器有几种？其工作原理？

危急保安有两种形式：

(1) 重锤式。这种危急保安器的动作原理是重锤的重心与轴的重心不重合，有一定的偏心度。重锤外围装有弹簧，使重锤稳定在一定位置上。正常运行时弹簧力超过偏心度造成的离心力，使重锤不能飞出。当转速升高时离心力增大。当离心力大于弹簧力，重锤就飞出，使脱扣器动作，从而使汽轮机进汽中断。

(2) 飞环式。其动作原理与重锤式相似。飞环的重心不与轴的重心相重合。在转子转动时，产生离心力。在额定转速时，离心力小于弹簧力，飞环不会飞出。如果转速升高，超过一定转速时，飞环的离心力就会大于弹簧的抵抗力，飞环自行飞出，碰击危急遮断油门的连杆使主汽门关闭，从而切断进汽。

工作原理：危急保安器是汽轮机的机械式超速保护设备，当机组转速超出设定的脱扣转速时产生动作，通过遮断油门关闭速关阀和调节汽阀。危急保安器通常是装在汽轮机转子位于前轴承座的轴段上，结构如图6-27所示，导向套筒(2)装在转子上按配装要求加工的孔中并被弹簧(5)压住，弹簧的另一端压在飞锤(1)的台面上，飞锤的支承面顶着导向环(6)的定位面，而导向环则被压紧螺母(8)紧压在轴孔的定位面上，压紧螺母和螺塞(9)均用螺钉(10)骑缝锁紧。在飞锤中心的螺孔中装有配重螺钉(7)，若减短配重螺钉的长度(从开槽端去除)则可提高危急遮断器飞锤的出击转速。在导向套筒和导向环中分别嵌装有用聚四氟乙烯制作的导向片(3)、(7)，它们对飞锤起定位、导向作用，并可减小飞锤动作的摩擦阻力。

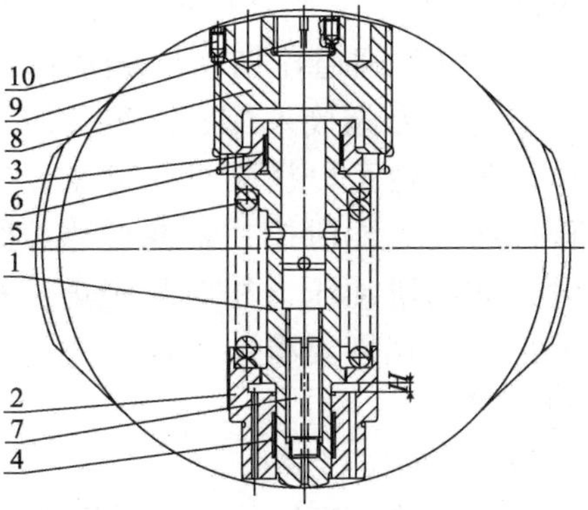

图6-27　危急保安器结构示意图

1—飞锤；2—导向套筒；3—导向片；4—导向片；5—弹簧；6—导向环；7—配重螺钉；8—压紧螺母；9—螺塞；10—螺钉

飞锤和配重螺钉的质心与转子中心之间存在偏心距，因此当转子旋转时，飞锤便产生离心力，由于在运行转速范围内，弹簧力始终大于飞锤离心力，所以飞锤也就在它的装配位置保持不动。但当汽轮机转速超出设定的脱扣转速时，由于飞锤离心力大于弹簧力，飞锤在离心力作用下产生位移并随着偏心距的增加离心力阶跃增大，飞锤从转子中击出(行程为 H)撞击遮断油门的拉钩，使油门脱扣关闭速关阀和调节汽阀。

☞ 123. 为什么危急保安器动作后，须待转速降下后才能复位？

因为危急保安器动作后，汽轮机转速由高逐渐降低，危急保安器偏心环或偏心锤飞出后还未复置到原来位置，此时若将脱扣器复置很可能使二者相碰，从而使设备损坏。为了安全起见，一般在转速下降到额定转速的90%时才复置脱扣器。

☞ 124. 汽轮机保安系统的静态试验必须完成哪些项目？如何进行？

保安系统静态试验一般包括下列各项：

(1) 手压危急保安装置手柄，速关阀、调节汽阀及抽汽速关阀(抽汽速关阀试验前，应手动开启抽汽速关阀约三分之一的行程)应迅速关闭。然后重新挂上危急保安装置手柄，开启速关阀、调节汽阀及抽汽速关阀。

要注意的是，有些机组在危急保安装置之前有危急遮断器试验滑阀，用以在汽轮机运行中对危急遮断器进行试验。在这种情况下，在试验结束后，必须使危急遮断器试验滑阀复位，相应使危急保安装置处于运行状态。若危急保安装置处于试验状态，就起不到使速关阀速关的作用。

(2) 手按紧急停机阀手柄，迅速泄掉高压油，速关阀、调节汽阀及抽汽速关阀应迅速关闭，试验之后再开启各关闭的阀门。

(3) 电磁阀遥控切换试验。做此试验时应注意电磁阀是常开还是常闭。两位三通电磁阀接入保安系统的压力油管路上，它可切断进入危急保安系统的压力油，也可以切断进入危急保安装置的压力油，同时引起危急保安装置动作而将速关油泄掉，最终使速关阀关闭。电磁阀可以由控制室或某一保护装置，如润滑油压、相对膨胀量、轴向位移、振动、抽汽压力等超过规定值时来控制，视需要将要求保护的物理量通过合适的传感器转换成电信号与电磁阀连接。

(4) 轴向位移试验。

① 由仪表管理维修人员分别接通或操作转子轴向位移保护。速关阀、调节汽阀及抽汽速关阀应迅速关闭。

② 试验合格后，应用启动手轮开启速关阀和调节汽阀。

(5) 润滑油过低保护试验。

① 投入油泵联动开关，总保护开关投入。

② 开启油压断电器进油总阀，缓慢开启放油阀，降低油压。

Ⅰ. 当轴承入口油压降至设计值时直流油泵投入运行。

Ⅱ. 当轴承进口油压降至要求值下限时磁力断路油门动作。

Ⅲ. 试验合格后，断开总保护开关(投入到试验位置)。

Ⅳ. 将调节器启动手轮退至下限位置，速关阀、调节汽阀及抽汽速关阀就关闭。

(6) 速关阀试验装置试验。速关阀是新蒸汽管网和汽轮机之间的主要保安部件。在运行中出现超速、转子过量位移、油压过低等，它能在极短时间(一般为0.3~0.5s)内关闭，切断进入汽轮机的蒸汽。一般速关阀都具有试验装置，在油缸内装置有试验活塞，可在不影响汽轮机正常的情况下，检查速关阀杆动作是否灵活。若运行时间较长，阀杆部分结盐或油缸部分积垢，则必须拆开检查。这可以从试验压力(P_2)值是否大于汽轮机制造厂计算后提供的许用的试验压力(P_1)来判断。

而实际的试验压力 P_2 可从接在速关阀油缸端部的压力表上读得。若试验压力 P_2 大于许用压力 P_1，为了防止事故，则必须在这种情况下需多次重复试验。如 P_2 仍不能减小，则必须拆开速关阀检查。

☞ 125. 汽轮机安保系统的动态试验在什么情况下进行？必须完成哪些项目？

汽轮机保安系统的动态试验必须在汽轮机静态试验完毕，汽轮机按规定方法启动正常，且汽轮机转速到达额定转速，并对汽轮机组进行全面检查，当确信机组一切正常后进行。

汽轮机保安系统的动态试验包括：

(1) 手击危急保安装置试验。开启抽汽速关阀(开度约三分之一)，手击危急保安装置手柄，速关阀、调节汽阀、抽汽速关阀应迅速关闭，并应有信号发出。然后旋回启动手轮，关闭抽汽速关阀手轮，挂上危急保安装置后，重新开启各汽阀，调整转速至额定值。

(2) 紧急停机阀停机试验。手击紧急停机阀手柄，速关阀、调节汽阀、抽汽速关阀应迅速关闭，再挂上危急保安装置后，开启各汽阀。

(3) 电磁阀速关试验。操作电磁阀开关使之动作，速关阀、调节汽阀、抽汽速关阀应迅速关闭，再挂上危急保安装置后，开启各汽阀。

(4) 危急遮断器动作试验。此项试验必须在手击危急保安装置试验合格后方能进行。

① 用给定值调节器手轮提升转速至上限值。

② 用加速器继续提升转速至危急遮断器动作转速整定值，危急遮断器飞锤应动作，危急保安装置应动作，速关阀、调节汽阀、抽汽速关阀应迅速关闭。

③ 若转速超过危急遮断器设计规定动作转速最高值，危急遮断器仍不动作，应立即降低转速。当降低转速无效时，则应手击危急保安装置，停机，检查危急遮断器。

④ 试验完成后，将给定值调节器手轮复位，待转速在额定转速以下时，开启速关阀及调节汽阀，再调整转速至额定值。

⑤ 在升速过程中应严密监视机组振动状况，并检查油系统，不得漏泄。

⑥ 动作转速应符合设计要求，危急遮断器动作试验应做三次，前两次动作转速差不应超过 0.6%的额定转速，第三次和前两次平均数相差不大于 10%的额定转速。

⑦ 若危急遮断器动作转速不在设计要求范围内，则可调整危急遮断器内调整销长度。(在制造厂转子做动平衡、超速试验时，以及做机械运转试验时，已把危急遮断器内调整销长度调整好，用户只需在调试时认证一下转速，一般不需要重新改变调整销长度。)

(5) 危急遮断器试验滑阀试验(亦称注油试验)。

① 注意此项试验必须在危急保安装置试验良好的情况下进行。

② 此项试验目的是检查危急遮断器的灵活性，可在额定转速下进行。

③ 将试验连杆压向试验位置，并用手轮调整。

如 EHNG50/63 汽轮机，额定转速为 3000r/min，注油压力为 0.14MPa 左右动作。当转速为 2850r/min 时，注油压力为 0.16MPa 左右动作。

④ 试验良好后，将试验装置恢复至正常位置。

(6) 液压转速表校核。积木块系列工业汽轮机较多配用液压式(或电子模拟式)转速表，虽然测量精度相对数字式转速表低一些，但其最大优点是结构简单，工作可靠，示值连续变化。由于运输、存放、保管不良，在汽轮机试运行时应进行校正。下面就常用的液压式转速表(即利用调节系统的一次油压不测量转速)校正作一介绍：在汽轮机升速过程中，可用 SXY-A 型智能转速表对汽轮机下限转速、额定转速、上限转速进行校对。制造厂出厂前已校对过，一般不会出现偏差，若有偏差可以打开表盖，取下指针，调整液压转速表指针位置，使其与三个校验值一致。

(7) 检查一次油压值与转速是否符合设计要求。在汽轮机升速过程中，从调节器调整曲线图上得到的下限转速、额定转速、上限转速所对应的一次油压值相对应，若不相符，可以调整进入转速发送器油路上的节流阀开度以达到图纸要求。

(8) 检查机组调速器同步范围是否符合设计要求。将给定值手轮最小位置逐渐旋到最大位置，观察汽轮机转速变化应从下限转速上升到上限转速，若有偏差应调整调速器顶杆长度。对带液压给定值继动器的抽汽机组，在检查调速器同步范围时，要注意调节系统图上电磁阀是否在正常工作位置，可调节节流截止阀处于开的位置。当机组在额定转速运行，关闭(或接通)电磁阀电源，转速降至一定值；然后接通(或关闭)电磁阀，转速升至额定值。若不相符，要停机检查给定值继动器的最大的调整行程值，或继动器活塞有否卡涩，然后检查电磁阀动作是否灵活。

(9) 辅助油泵自动撤出及自动投入试验。当汽轮机转速逐渐升高时，油压超过自动切换装置整定值时(对采用自动切换装置的机组而言)主油泵应自动投入工作，辅助油泵应自动切断，对未采用自动切换装置机组，需要手动关闭辅助油泵。当汽轮机转速逐渐下降时，油压降至自动切换装置整定值时(对采用自动切换装置的机组而言)主油泵则自动撤出工作，辅助油泵自动投入工作。对未采用自动切换装置机组，需要密切监视油压下降情况，及时启动辅助油泵，确保机组运行正常。

(10) 安全阀校验。

☞ 126. 汽轮机调速系统的作用是什么？

汽轮机调速系统的作用就是使汽轮机输出功率与负荷保持平衡。当负荷增加时，调速系统就要开大汽门，增加进汽量(负荷减小时相反)。在负荷变化时必须保持汽轮机的正常运转速度。另外，当负荷突然减小时，调速系统也要防止转速急速升高。汽轮机的调速系统就是起着适应负荷需要、调节转速的作用。

对于带动气压机的汽轮机调速系统，还起着根据工艺对气体流量及压力的要求，改变转速的作用。

☞ 127. 伍德瓦特(Wood Ward)调节器的作用是什么？

伍德瓦特(Wood Ward)调节器的作用主要是调节汽轮机的转速。当汽轮机采用伍德瓦特离心式调节器(以下简称调节器)时，调速系统是一种无差调节系统，即只要给定值不变，则无论负荷变化与否，机组转速都保持不变。调节器的输出通过放大器形成控制油动机的二次油。伍德瓦特调节器一般采用PG-PL型，它的调速范围在250~1000r/min。

如果采用其他类型的调节器，其作用基本类似。

☞ 128. 调速系统应满足哪些要求？

(1) 当主汽门完全开启时，调速系统应能维持汽轮机空负荷运行。

(2) 当汽轮机由全负荷突然降到空负荷时，调速系统应能维持汽轮机和转速在危急保安器的动作转速以下。

(3) 主汽门和调速汽门门杆、错油门、油动机以及调速系统应能维持连杆上的各活动连接装置没有卡涩和松动现象。当负荷改变时，调速汽门应均匀平稳地移动。当系统负荷稳定时，负荷不应摆动。

(4) 当危急保安器动作后，应保证主汽门关闭严密。

(5) 主机的一个或几个参数(如主风机出口压力或流量、气压机进口压力等)可以对汽轮机的转速进行调节。

不符合以上要求时，汽轮机不应投入运行。

☞ 129. 调速系统在空负荷下发生不能维持额定转速情况的原因是什么？

汽轮机启动后，在主汽门全开、真空正常、负荷为零的条件下，调速系统不能保持额定转速，甚至超过危急保安器的动作转速，叫作汽轮机不能维持空负荷运行。其原因一般是由于调速汽门关不严或调速系统的不正常而引起的，大致有以下几方面：

(1) 调速汽阀座接触不严密，阀门与门座间的间隙太大。

(2) 调速系统连杆尺寸安装不正确，或者增大了调速弹簧的原有紧力。

(3) 调速器连杆、油动机、错油门等卡住。

(4) 传动连杆或错油门连接松弛。

(5) 除了调速汽门外，尚有其他漏汽的场所，如没有正确安装好管道等。

(6) 传动杆与蒸汽室温度相差过大，热膨胀不一致，而使错油门阀门不在空负荷位置上。

☞ 130. 在负荷小的时候(60%以下)，调速汽门跳动，转速变化大是什么原因？

因为负荷小于60%时，正是需要调速汽门起调节作用的时候，此时调速汽门跳动和转速变化大的原因可能是：

(1) 由于门杆与门杆套发生卡涩，使调速汽门动作不灵活。卡涩的原因可能是由于门杆套发生蠕张、蒸汽质量不好，使门杆上结有盐垢、门杆套偏斜或门杆弯曲，或是门杆与门杆套之间所留间隙过小等。

(2) 由于油动机、错油门及传动连杆卡涩。

(3) 油动机的内部壁局部磨损。

(4) 调速系统的静态特性曲线在某一区域内过于平坦。

(5) 调速汽门重叠度调整不当，迟缓率过大或油压不稳。

☞ 131. 水蒸气有哪些特性?

水蒸气是汽轮机中的做功物质，简称工质，因此必须对水蒸气的特性有所了解。

在标准大气压下，水的冰点是0℃(273K)。对0℃的水作定压加热(定压就是维持其压力不变)，当温度升高到100℃时，水开始沸腾，所以把100℃叫作水的沸点(在标准大气压下)。水的沸点是随压力升高而升高；冰点是随着压力的升高而降低。

水在容器中蒸发时，同时也发生液化过程，也就是说一部分水蒸发为水蒸气，同时一部分水蒸气液化为水。当这种过程相等时，即液化为水的部分等于汽化为水蒸气的部分，这状态叫作饱和状态，这时的水蒸气叫作饱和蒸汽。

当水全部变为水蒸气时，便是干饱和蒸汽；水尚未完全汽化时，叫湿饱和蒸汽。热工学上用x来表示蒸汽的干度，干度是指1kg水蒸气中干饱和蒸汽所占的百分数，$1-x$就是水蒸气的湿度。如蒸汽的干度为90%，则表示每千克水蒸气中干饱和蒸汽为0.9kg，水为0.1kg。对于干饱和蒸汽，$x=1$。

对于饱和蒸汽在定压下继续加热，此时温度继续上升就得到过热蒸汽。过热蒸汽的过热程度越高，含热量就越大，因而做功的能力就越大。

将1kg处于沸腾温度下的水全部变为干饱和蒸汽所需要的热量叫作汽化潜热(ΔH)。水的汽化潜热，是随压力的升高而减少的，即在低压下，水的汽化潜热大，高压下，水的汽化潜热小。当压力升高到绝对压为22.8MPa时，水的汽化潜热等于零($\Delta H=0$)，即水一到该压力下的沸腾温度就全部变为蒸汽，这一压力叫作临界压力。相当于临界压力的沸腾温度，叫临界温度，它等于374.15℃。

☞ 132. 主蒸汽管道汽水分离器起什么作用?

汽水分离器是用来分离蒸汽中所夹带的水分，提高进入汽轮机的蒸汽品质，保证进入汽轮机的工作蒸汽里不夹带水。如果蒸汽在进入汽轮机时带水，就会打坏汽轮机的喷嘴和叶片，造成汽轮机损坏及事故。因此在汽轮机的主蒸汽管道上，主汽门前必须设置汽水分离器。

☞ 133. 汽轮机在启动前为什么要疏水?

启动前暖管暖机时，蒸汽过冷，马上凝结成水。凝结水如不及时排出，高速的汽流就会把水夹带到气缸内把叶片打坏。因此开机前必须先将管道内的水排净。

在管道疏水完毕，汽轮机启动前气缸内会有蒸汽凝结水，如不排走也会造成叶片冲蚀。另外在停机时，若气缸内存有凝结水，会引起气缸内部腐蚀，因此气缸也要疏水。

☞ 134. 什么是汽轮机运行时的水冲击？

当汽轮机的进汽温度过低时，汽轮机末几级将处于湿蒸汽区域工作，即在末几级蒸汽的湿度增大，小水滴对叶片的机械冲蚀将加剧，这些对机组的安全运行是极端不利的。汽轮机的这种运行状态，称为水冲击。一般当蒸汽温度降低还不十分严重时，水对机组运行还不至于产生明显的影响，不会造成零件、部件的损坏，所以此时降低负荷运行还是合适的。

☞ 135. 汽轮机水冲击的危害如何？

当进汽温度急剧下降到某一程度时，此时汽轮机进汽将大量带水，就会发生剧烈水冲击，由于水滴的密度大，流动速度比蒸汽小，水撞击叶背弧，对汽轮机产生制动作用，使出力显著降低，甚至导致叶片折断。实际上，当蒸汽内水含量达到20%~30%时，叶片所受的应力就已经超过了叶片材料所允许强度极限。而当发生水冲击时，将会产生更危险的轴向推力，甚至使推力轴承的巴氏合金熔化，造成通流部分严重碰擦。

水冲击对汽轮机设备的危害极其严重，而且事故发展也非常快，因此，处理这类事故时必须极端迅速果断，为了能防止水冲击事故，首先必须明察预兆和迹象，尽早发现事故苗子。

☞ 136. 汽轮机水冲击有些什么预兆和现象？

一般水冲击的预兆和现象如下：

（1）新蒸汽温度急剧降低。

（2）汽封信号管，汽封端部，新蒸汽管法兰接合面，气缸法兰接合面有白色湿蒸汽冒出或溅出水滴。

（3）汽轮机内有金属响声和撞击声。

（4）汽轮机振动增大。

（5）转子轴向位移增大，推力瓦巴氏合金润滑油温度或回油温度升高。

（6）新蒸汽管内或抽汽管内有清楚的水击声。

☞ 137. 汽轮机发生严重水冲击的应急处理方法如何？

当汽轮机进水时，必须紧急停机，迅速破坏真空，并把新蒸汽管道和汽轮本体的全部疏水门打开，同时应进行：

（1）检查推力轴承合金润滑油温度或回油温度。

（2）正确记录惰走时间和惰走时真空值的变化情况。

（3）惰走时仔细倾听汽轮机内部声响。

（4）测量轴向位移数值。

如果在惰走过程中，没有异常现象发生，待新蒸汽温度正常后，则可以继续启动汽轮机，但启动前必须开大新蒸汽管道的直接疏水阀。在重新提升转速时，应当特别小心，并仔细倾听内部声音，并监视轴向位移和推力瓦温度，逐渐带上负荷。如果启动时汽轮机内部有摩擦声和碰撞声，则必须立即停车检修。

☞ 138. 防止发生汽轮机水冲击的措施有哪些？

为防止汽轮机发生水冲击事故应当采取措施：

（1）在新蒸汽压力和温度不稳定时，尤其是在蒸汽压力迅速上升时，要特别注意蒸汽温度的变化。

（2）锅炉进行并炉操作时，应严密注意蒸汽温度变化，如发现蒸汽温度变化过大，要及时处理。

（3）启动汽轮机前，应按操作规程充分暖管、暖机和疏水。

☞ 139. 汽轮机为什么要低速暖机？

汽轮机在启动时，要求一定时间进行低速暖机。冷态启动时，低速暖机的目的是为了使机组各部件受热均匀膨胀，以避免气缸、隔板、喷嘴、轴、叶轮、汽封和轴封等各种部件发生变形和松动，继而避免汽轮机动静部分异常擦碰。

暖机的转速不能太低。因为转速太低，轴承油膜不易建立，造成轴承磨损。同时，转速太低，控制困难，在蒸汽温度压力波动时，容易发生停机现象。而暖机转速太高，则会造成暖机速度太快。

☞ 140. 在启动升速时，排汽温度为什么会升高？

启动升速时，主汽门开得小，节流损失大。节流后，蒸汽压力下降，但蒸汽温度低得很小。在汽轮机内部，蒸汽压力不能降低得多，蒸汽温度也就降得很少，故排汽温度上升。

☞ 141. 进汽温度过高或过低，对汽轮机运行有什么影响？

蒸汽温度高过设计值，虽然从经济上来看是有利的，但应从安全条件上来看是否允许。因为在高温下，金属机械性能下降很快，会引起汽轮机各部件使用寿命缩短，如调速汽门、速度级及压力级前几级喷嘴、叶片、轴封及螺栓等。还可能使前几级叶轮套装松弛。因此，进汽温度过高是不允许的。

蒸汽温度低于设计值则会使叶片反动度增加，使轴向推力增大。在蒸汽温度过低下运行，会增加汽耗，影响经济效益。此外蒸汽温度降低，将使凝汽式汽轮机后面几级叶片发生水蚀，缩短使用寿命。

☞ 142. 进汽压力过高或过低，对汽轮机运行有什么影响？

汽轮机在设计时是根据额定主蒸汽压力来考虑各部件的强度的，因此在主蒸汽压力高于额定值时，将使主蒸汽管及管道上的阀门、调速汽门的蒸汽室和叶片等过负荷，甚至会引起各部件的损坏。另外，汽压超过额定值，会使汽轮机末几级蒸汽工作温度增加，造成末几级叶片工作条件恶化。

汽压低于设计值时，将使汽轮机的效率降低，在同一负荷下所需的蒸汽量增加，引起轴向推力增加。同时，使后面几级叶片所承受的应力增加，严重时会使叶片变形。另外，汽压过低将使喷嘴达到阻塞状态，使汽轮机功率达不到额定数值。

☞ 143. 汽轮机机室压力为什么时高时低？

(1) 抽气器的真空度大，机室压力下降；真空度小，机室压力大。

(2) 汽轮机负荷大，机室压力大；负荷小，机室压力小。

☞ 144. 蒸汽压力下降时，汽轮机为什么要降负荷？

在同样的负荷下，蒸汽压力下降，流量要增加，会造成汽轮机过负荷，特别是最后几级叶片受水冲蚀严重，所以在蒸汽压力下降时要降负荷。

☞ 145. 汽轮机超负荷运行会产生什么危害？

(1) 由于进汽量增加，叶片上所承受的弯曲应力增加，同时隔板、静叶片所承受的应力与引起的挠度也增加。

(2) 由于进汽量增加，轴向推力增加，使推力瓦钨金温度升高，严重时造成推力瓦块烧毁。

(3) 当调速汽门开度达到接近极限的位置，油动机也到了最大行程附近，造成调速系统性能变坏，速度变动率与迟缓率都会增加，使运行的平稳性变坏。

由于有以上几个问题产生，所以不允许汽轮机长期超负荷运行。

☞ 146. 汽轮机通流部分结垢有什么危害？

如果蒸汽质量不好，会使汽轮机通流部分结盐垢，尤其是高压区结垢比较严重。汽轮机通流部分结垢的危害性有以下几点：

(1) 降低了汽轮机的效率，增加了汽耗量。

(2) 由于结垢，汽流通过隔板及叶片的压降增加，工作叶片反动度也随之增加，严重时会使隔板及推力轴承过负荷。

(3) 盐垢附在汽门杆上，容易使汽门杆产生卡涩。

☞ 147. 凝汽器的作用是什么？

凝汽器是凝汽式汽轮机的重要辅助设备，其作用大致有 3 个：

(1) 冷却汽轮机的排汽，使之凝结为水，再由凝结水泵送回锅炉。

(2) 在汽轮机排汽口造成高度真空，使蒸汽中所含的热量尽可能地多做功，提高汽轮机的效率。

(3) 在正常运行中凝汽器有除气作用，并有除氧作用，提高水质，防止设备腐蚀。

☞ 148. 凝汽器怎样工作？

汽轮机的排汽进入凝汽器后，受到铜管内冷却水流的冷却而凝结成水，其比容急剧减小，因而形成高度真空。凝结水不断由凝结水泵送入给水回热系统再返回锅炉，否则，水位升高，会降低凝汽器的效率。

为了保证凝汽器内的高度真空，除了保证凝汽器尽可能地严密，以防空气漏入外，还装设抽气器以抽出从凝汽器和汽轮机等任何不严密的地方漏入的空气和蒸汽带入的空气。

☞ 149. 什么是凝汽器的极限真空和最有利真空？

凝汽器真空的高低，主要决定于冷却水的温度和流量。要提高真空，主要靠降低冷却水的温度或加大流量。当凝汽器的真空提高时，汽轮机的可用热焓降受到汽轮机末级叶片膨胀能力(压力比)的限制。当蒸汽在末级叶片中的膨胀达到最大值时，与之相当的真空就叫作极限真空。超过这个真空，蒸汽就在末级叶片出口处继续膨胀，造成涡流损失。

然而汽轮机在极限真空下运行并不是最有利的。因为要造成这样的高度真空，就必须消耗相当多的能量(包括电、水、汽)。因此，对于每台汽轮机来说，都应该用试验方法确定出最有利的真空。所谓最有利的真空，是指超过这个真空时，提高真空所消耗的能量大于因真空提高汽轮机多做的功。因此凝汽器真空过高过低对汽轮机经济性均不利，在操作时，必须对凝汽器的真空严密监视，以维持最合适的真空。

☞ 150. 凝汽器铜管泄漏有哪些原因？

(1) 对于用胀管法固定的铜管，其原因有胀口松动和胀管工艺不当。

(2) 由于振动使铜管断裂，其原因是：①铜管与汽轮机发生共振。汽轮机排汽中含有较大的水珠，撞击铜管而发生振动。②凝汽器中间隔板孔过大，不能起支架作用，或管板边缘太锋利，使铜管产生裂纹。③因汽轮机超负荷，蒸汽流量大，引起上部铜管振动。

(3) 机械性损伤的原因是：机械清洗时损伤铜管内壁。汽轮机叶片断落击伤铜管。运行操作不当，疏水冲击凝汽器铜管。

(4) 铜管严重脱锌。

(5) 汽轮机组接地不良，引起电腐蚀。

☞ 151. 凝汽器为什么要有热井？

热井的作用是集中凝结水，以方便地控制凝结水水位，有利于凝结水泵正常运行。如无热井，凝汽器内的水位就会不稳定，使部分冷凝铜管浸入水内，造成凝结水过冷却，影响运行的经济性。

☞ 152. 凝汽器运行时，应经常监视和分析哪些指标？

凝汽器运行情况好坏反映在真空上面，但真空是各方面因素的综合结果。为了便于分析，应经常监督以下指标：

(1) 温升，即冷却水进出口温度差。在汽轮机负荷相同，亦即排汽量相同的情况下，一般是由于受热面污染或漏空气引起的。

(2) 端差，即排气温度与冷却水出口温度之差。端差增加说明传热系数下降，一般是由于受热面污染或漏空气引起的。

(3) 过冷度，即排汽温度与凝结水温度之差。经常性过冷度大，表示凝汽器结构有问题。过冷度突然增加，一般是由于凝汽器漏水到铜管，或漏空气引起的。

(4) 冷却水出口虹吸降低。虹吸作用降低一般是由于管板堵塞造成的。

☞ 153. 抽气器空气管应从凝汽器何处接出？

抽气器从凝汽器里抽出去的蒸汽及空气的混合物中，假使蒸汽占的比例太大，将使抽出的空气绝对值减小，影响抽气效率及真空，因此空气管应从凝汽器冷却区域接出。这样能使气体经过冷却区域冷却，使气体中蒸汽的比例很小。

☞ 154. 凝结水泵为什么要有空气管？

凝结水泵是在高度的真空下把水从凝汽器中抽出，所以进水管法兰盘和盘根较容易漏入空气。同时进入的水中也可能带有空气。因此把水泵吸入管与凝汽器的蒸汽空间相连，使泵在启动与运行时，顺此管抽出水中分离出的空气，以及经过某一不严密的地方偶尔漏入泵内的空气，以免影响水泵运行。水泵运行期间，必须使水泵与凝汽器之间的这一空气管的阀门保持在稍微开启的状态。

☞ 155. 为什么当凝结水泵运行时，水位过低会发生噪声？

汽轮机凝结水泵入口侧是在很高的真空下工作，为了保证凝结水泵正常工作，在入口侧要求保持一定高度的水位。但凝结水泵的流量大大超过原设计数值时，凝结水位就会降低，从而引起水泵发生汽蚀，一旦发生汽蚀，水泵内就发生异常噪声。此外凝汽器内凝结水的温度，就相当于凝汽器内绝对压力下的饱和温度。因此要使凝结水泵内水不致汽化，就必须维持水位在一定的高度，用水的静压力来补偿凝结水在管路中的水压损失，维持凝结水在泵入口压力略高于该温度的饱和压力。当凝结水泵汽蚀现象严重时，会引起水泵中断送水，叶轮受损破坏，因此凝汽器热井中的水位不应过低。

☞ 156. 启动抽气器时，为什么先启动第二级后启动第一级？

第二级抽气器的排气是直接排向大气的，而第一级抽出的空气必须经过第二级后再排向大气，第一级流水采用U形管疏水，如果先启动第一级再启动第二级，因U形管两面的压力差增加，会使U形管中的水冲掉，造成第一级抽出来的空气经过U形管又回到凝汽器，也就是说第一级抽气器等于不起作用，所以启动抽气器时必须先启动第二级，再启动第一级。

☞ 157. 影响抽气器正常工作的因素有哪些？

（1）蒸汽喷嘴堵塞。由于抽气器喷嘴孔径很小，故比较容易堵塞，因此一般在抽气器前都装有滤网。

（2）冷却器水量不足。这是因为在启动过程中，再循环阀门开度过小而引起的。

（3）疏水器失灵或铜管漏水，使冷却器充水，影响蒸汽凝结。

（4）汽压调整不当。因为抽气器蒸汽阀门一般都关小节汽，有时阀门由于汽扰动作用而自行开大或关小，影响汽压。

（5）喷嘴或扩压管吹损。

（6）汽轮机严密性差，漏入空气太多，超出抽气器负载能力。这可由空气严密性试验进行判断。

（7）冷却器受热面脏污。

☞ 158. 凝汽式汽轮机真空下降的原因是什么？有什么危害？

凝汽式汽轮机真空下降的原因较多，一般有以下几方面：

（1）凝结水泵抽空，使凝汽器水位升高，淹没了部分铜管和抽气口。

（2）真空抽气器故障，不能正常抽汽。

（3）凝汽器铜管脏污，降低了传热效率，或者堵塞铜管。

（4）冷却水量减少或中断。

（5）真空系统不严密，漏入空气。经常漏入空气的地方有轴封处、排气室与凝汽器的联接部分、抽气管联接处、气缸接合面、凝汽器水位表、真空表等联接处。

真空下降的危害性很大，主要有以下几个方面：

（1）真空下降等于背压增大，会使蒸汽焓降减少，增大汽耗，降低经济性。

（2）真空下降会增加级的反动度，使轴向推力增加，严重时会使推力瓦钨金熔化。

（3）真空下降同时会造成排气温度上升，造成低压缸部分热胀，使汽轮机动、静部分摩擦碰撞。

（4）使凝汽器铜管内应力增大，以致破坏凝汽器的严密性。

☞ 159. 凝汽式汽轮机在启动前为什么要抽真空？

汽轮机在启动前，汽轮机内部都存在着空气，机内的压力等于大气压力。如果不抽真空，空气就无法排除，因而使排气压力增大。在这种情况下开机，必须要有很大蒸汽量来克服汽轮机及气压机各轴承中的摩擦阻力和惯性力，才能冲动转子，使叶片受到较大冲击力。转子被冲动后，由于凝汽器内存在空气，降低了传热速度，冷却效果差，使排汽温度升高，造成后气缸及内部零件变形。凝汽器内背压增高，也会使真空安全阀动作，所以凝汽式汽轮机在启动前必须抽真空。

☞ 160. 凝汽式汽轮机启动时为什么不需要过高的真空？

汽轮机启动时，不需要过高的真空。因为真空越高冲动汽轮机需要的进汽量就越小，进汽量太小不能达到良好的暖机效果。

真空维持在67~80kPa比较适宜。真空降低些，也就是背压提高些，在同样的汽轮机转速下，进汽量增多，排汽温度适当提高，能达到较好的暖机目的。

☞ 161. 凝汽式汽轮机启动前向轴封供汽要注意什么？

汽轮机启动前，由于气缸内处于真空状态，向轴封供给的蒸汽一部分就要被吸入气缸内部。如果气封蒸汽压力过高就会有大量蒸汽进入气缸内。由于热气上升，就会使气缸及转子的上部比下部温度高，转子就会渐渐地向上弯曲变形。因此在向轴封供汽时应特别注意蒸汽压力不要过大，使汽封冒汽管微微冒汽即可。另外也要注意盘车，使转子受热均匀。

☞ 162. 凝汽式汽轮机停机时，为什么要等转子停止转动时才将凝汽器真空降到零？

汽轮机停机时，除非是紧急停机要破坏真空使其迅速停止转动，一般情况是真空逐渐低，当转子停止转动时，真空接近于零。这样，将每次停机时转子的惰走时间相互比较，便可发现汽轮机组内部有无不正常现象。如真空降低快慢没有标准，由于压缩机损失有大小，影响惰走时间长短，就不能根据惰走时间来判断设备是否正常。另外，保持真空，还有利于停机后保持气缸内部干燥，防止发生腐蚀。

☞ 163. 凝汽式汽轮机停机时，为什么不立即停止向轴封供汽？

停机尚有真空时，若立即关闭轴封供汽，则冷空气通过轴封吸入气缸内，会使轴封骤冷而变形，在以后的运行中会使轴封磨损并产生振动。因此必须等真空降低到零，气缸内压力与外界压力相等时，才关闭轴封供汽。这样，冷空气就不会从轴封处漏入气缸，引起变形，损坏设备。

☞ 164. 背压式汽轮机启动前为什么要开汽封抽气器和汽封冷却器？

背压汽轮机因排汽压高，启动前如不先启汽封抽气器与汽封冷却器，会使大量蒸汽由轴端漏出机外，并且有部分蒸汽窜入轴承润滑油内，使润滑油内带水乳化。因此必须先开启汽封抽气器与汽封冷却器，形成一定的真空度，将汽引出，冷却变为冷凝水。

☞ 165. 背压式汽轮机启动前为什么要将背压汽引到汽轮机排汽隔离阀后？

背压汽轮机的排气是排入蒸汽管网后再送到各用户的，从汽轮机排气隔离阀后到管网这段管线同样需要启动前暖管。暖管的要求与汽轮机进口主要蒸汽隔离阀前管线暖管要求相同，逐渐使这段管线的压力达到正常的排气压力值。因此背压式汽轮机启动要先将背压汽引到汽轮机排气隔离阀后，在操作时要注意排凝，防止产生水击现象。

☞ 166. 透平油有什么作用？对透平油的质量有哪些要求？

在机组运行中，透平油有三个作用：一是使润滑机组各轴承、联轴节及其他传动部分上形成一层油膜，大大减小了摩擦阻力。二是带走因摩擦而产生的热量和高温蒸汽及压缩后升温的气体通过主轴传到轴颈上的热量，以保证轴及轴颈处温度不超过一定值(如一般不超过 60℃)。三是通过透平油进行液压和作为各液压控制阀的传动动力。四是如果机组封油也采用透平油，还起密封作用。

机组对透平油的质量有着严格的要求，以 L-TSA32 汽轮机油(N32 透平油)为例，主要有以下几项指标。

(1) 黏度：黏度是判断透平油流动性的标准，以动力黏度作为测定单位，常用透平油黏度为 22.8~35.2mm^2/s(40℃)。黏度过大轴承易发热，过小使油膜破坏。油质恶化时，黏度增大。

(2) 酸价：酸价表示油中含有酸分的多少，以每 1g 油中用多少 mg 氢氧化钾才能中和来计算。新油酸价不大于 0.3KOHmg/g。油质劣化，酸价上升。

(3) 酸碱性反应：这是指油呈酸性或碱性。良好的透平油呈中性。

(4) 抗乳化度：这是油能迅速和水分离的能力，良好的透平油应不大于 15min。油中含有机酸时，抗乳化度就下降。

(5) 闪点：透平油蒸气可以点燃的温度叫闪点，因汽轮机温度高，故闪点应不低于 180℃。

此外，油的透明度、凝点和机械杂质都是判断油质的指标。

☞ 167. 劣质透平油对机组有什么危害？

透平油由于和空气混合会出现泡沫过多，结果使油泵效率下降，油压降低，使调速系统动作缓慢。

由于油的氧化使酸价增高，呈现酸性，使同油接触的各个部件发生腐蚀，同时生成大量铁锈，使轴承啮毛发热，调速系统卡涩，危急保安器因锈住而不动作。

由于油中带有水和机械杂质，使油的色泽极不透明，变为乳状液，增大黏度，失去润滑作用，使轴承钨金熔化。

由于油中混入低沸点的液态烃和汽油等，使油的黏度下降，造成油的润滑及密封的性能下降，甚至会引起机组振动。

☞ 168. 轴承上的润滑油膜是怎样形成的？影响油膜的因素有哪些？

油膜的形成主要由于油有一种黏附性。轴转动时将油粘在轴与轴承上，由间隙大到小处产生油楔，使油在间隙小处产生油压，由于转速的逐渐升高，油压也随之增大，并将轴向上托起。

影响油膜的因素很多，如润滑油的黏度、轴瓦的间隙、油膜单位面积上承受的压力等等，但对一台轴承结构已定的机组来说，最主要的因素就是油的黏度。因油质劣化，造成油的黏度上升，或下降，都可能使油膜被破坏。

☞ 169. 润滑油箱为什么要装透气管？

油箱透气管能排出油中气体和水蒸气，使水蒸气不在油箱凝结，保持油箱中压力接近于零，使轴承回油顺利流入油箱。如果油箱密闭，那么大量气体和水蒸气就会在油箱中积聚而产生正压，使回油困难，造成油在轴承两侧大量漏出，同时也使油质劣化。

☞ 170. 轴承进油管上的节流孔起什么作用？

轴承进油管都装有节流孔，一般都装在下瓦上。通过节流孔来控制进油量，使油的温升维持在12~15℃，以保证轴瓦工作正常。

☞ 171. 为什么机组启动时润滑油温不能低于25℃，升速时不能低于30℃？

透平油的黏度受温度影响很大，当油温过低时，油的黏度很大，会使油分布不均匀，增加摩擦损失，甚至造成轴承摩擦，故启动时油温规定不得低于25℃。升速时摩擦损失随转速增加而增加，故对润滑要求更高，因此油温要求更高一些，不能低于30℃。

☞ 172. 机组在启动前，为什么必须拆卸润滑油临时过滤网？

在机组新安装或检修以后，为将油管路中残留的少量棉纱头、金属屑及泥沙等物清洗干净，一般采用油循环冲洗的方法。为了防止上述杂物进入轴承，都在各轴承进口法兰中临时加入了过滤网。并在每个过滤网前安装了压力表，根据压力上升情况，清洗各进油滤网，直到油压不再上升，滤网上没有杂物为止。在机组启动前，必须将上述各轴承进口的滤油网拆除，不可忘记。否则，在长期运转后，滤网上或多或少会积存杂物造成阻力增加，使轴承前油压下降致轴承因缺油而烧毁，或者被迫停机。

☞ 173. 如何控制润滑油温度？

控制润滑油温度的方法有两种：

（1）由人工控制冷油器的冷却水量来调节润滑油的温度。

（2）自动控制润滑油的温度。方案有两种；

一种方案是通过开关润滑油箱内的电加热器来自动调节润滑油温度。当温度$T \leq 20℃$时，油温开关动作，接通加热器的电源，将润滑油加温；当$T \geq 25℃$时切断电加热器电源，停止加热。当油箱液位低于50mm时，电加热器不能启动。

另一种方案是用温度调节阀调节进入冷油器的润滑油量来控制润滑油温度。冬季气温较低，经冷却后油温会更低，这样油黏度增加，流动性降低，影响润滑效果。温度调节阀使全部或部分润滑油旁通，不经过冷油器，减少热量散失，提高润滑油温度，改善流动性能。

☞ 174. 调速与润滑油系统由哪几部分组成？

调速与润滑油系统对于汽轮机和气压机(或主风机)有时是一个系统，具体组成部分及作用如下：

(1) 主油泵、辅助油泵：正常转动时由主油泵产生高压油，一般>0.8MPa(表压)。当主油泵发生故障或开、停机时由辅助油泵提供高压油。

(2) 蓄压器或减压阀、等压器等：将高压油变为压力稳定的高压油，供调速器、脉冲油泵及轴位移指示器用。

(3) 脉冲油泵：一次调速油压发生器，通往调速器以调节转速。

(4) 调速器、错油门、油动机：汽轮机调速装置。

(5) 磁力断路油门、危急断路油门、主汽门操纵座、汽轮机自保停机装置。

(6) 注油器：当主油泵与汽轮机主轴联在一起时，供给主油泵入口一定的油压，以保证主油泵不抽空。

(7) 低压油减压阀：将主油泵出口高压油减压至0.2~0.3MPa，供各轴承和联轴节润滑用。

(8) 高位油箱：当润滑油突然中断时，高位油箱内的油靠自压对轴承进行润滑。

(9) 油箱：保证油系统存储一定的油量和对油进行加热。

(10) 油过滤器与冷油器：过滤油中机械杂质及冷却润滑油。

(11) 管路及管件包括阀门、单向阀、看窗等组成油系统，联成一个整体。

☞ 175. 封油系统由哪几部分组成？

对于采用浮环密封的气压机，为了保证气体不泄漏，均设有封油系统，具体组成及作用如下：

(1) 封油泵(包括备用泵)：供给具有一定压力的密封油。

(2) 过滤器与冷却器：过滤与冷却密封油，因为浮环与轴的间隙比轴的轴承的间隙小，因此对封油过滤器的要求比对润滑过滤器的要求还要严格。

(3) 封油流量调节阀：通过调节封油泵出口到油箱旁路流量大小，保证封油的流量满足密封需要。

(4) 高位油罐：在浮环密封系统中油气压差是一个关键参数，为保证密封同时又不使封油大量流向气封(这样会增大油气分离器负荷，及使封油品质下降)，要求封油压力比气封气体的压力高50kPa，控制高位罐的液面就可控制油气压差值恒定。高位油罐距压缩机中心线6~7m，液面波动值要求在±100mm的范围内。

另外，在因事故密封油突然中断时，高位罐内的油可暂时维持轴封所需的密封油。

(5) 气液分离器：由于一部分密封与密封气体接触，形成油气混合介质，故在回油箱前于油气分离内进行油气分离。

(6) 油箱：保证系统存储一定的油量和对封油进行加热。

(7) 管路、管件(包括阀门、看窗等)：组成油系统并联成一个整体。

☞ 176. 轴承温度为什么升高?

部分轴承温度升高的原因是：

(1) 轴承进油管线堵，轴瓦合金损坏。

(2) 接合面不平，轴承间隙过小。

所有轴承温度升高的原因是：

① 油压过低，油量减小，如油管破裂、堵塞、油泵失常等。

② 冷却水中断，冷却水压力下降，冷却水管线堵，造成油温过高。

③ 润滑不良，油质变化。

☞ 177. 油箱的容量根据什么决定? 油的循环倍率多少合适?

油箱的贮油量决定于油系统的大小，它应满足机件所需的润滑及调速系统的用油量。

油的循环倍率指主油泵每小时的出油量与油箱总油量之比。一般应小于10，以8~8.5为好。如果油的循环倍率过大，将促使油的使用寿命缩短，因为油箱的容量不足，使油在油箱内停留的时间减小，来不及排除油中的水和空气，促使油质迅速恶化。

☞ 178. 什么是汽轮机的主油泵和辅助油泵?

汽轮机组一般自带主油泵，为叶片式离心泵，主油泵是调节系统、保安系统及轴承润滑油系统的主要供油设备。但在汽轮机没有转起来或转速较低时，主油泵无法正常工作，因此，汽轮机还必须配高压辅助油泵。机组启动过程中，两泵并列运行。另，系统中还装一台专供机组润滑、冷却用的电动润滑油泵，当润滑油压降低到一定值时它能自动启动，仍可以保证汽轮机的安全。

☞ 179. 机组启动时，辅助油泵什么时候停用?

对于主油泵联在汽轮机轴上的机组，在机组启动前必须先开启辅助油泵，以保证调速油压及润滑油压。待机组达到额定转速，主油泵出口压力达到额定值并稳定后，则可以停用辅助油泵。在停用辅助油泵时，应特别注意主油泵能否建立正常油压，防止因突然停用辅助油泵造成油压跌落。对于汽动辅助油泵，应慢慢关小辅助油泵汽门，待油压正常时，才可完全停用，并应检查辅助油泵已肯定停止转动，防止因汽门漏气过多而停不下来的现象。对于电动辅助油泵，在停用辅助油泵时，易发生油压突然波动现象，这时在停泵前可先关闭辅助油泵出口阀(离心泵可以，容积泵不可关出口阀)就可避免油压波动。但当主油泵已运转正常后应立即将辅助油泵的有关阀置于规定位置，这一点切不可忘记！避免自动启动时发生差错。

☞ 180. 为什么有时会发生辅助油泵与主油泵切换失效？

汽轮机升至额定转速前，在高压辅助油泵未停运，形式上两泵并列运行，而实际上主油泵仍处于空载状态，仅高压辅助油泵向系统供油。因为，高压辅助油泵出口油压一般调至1MPa，主油泵在额定转速下的出口油压一般为0.9MPa。且主油泵出口的逆止阀在开启前，高压辅助油泵出口油压作用在逆止阀瓣上的面积，大于主油泵出口作用油压作用在逆止阀瓣上的面积。显然，如不停用高压辅助油泵，逆止阀是打不开的，这时，主油泵只有少量压力油进入调速器，主油泵维持空转，会使泵内少量的油因搅拌发热，产生汽泡。此外，从注油器到主油泵入口有一段外接管道，容易存积空气，形成气囊，一旦高压辅助油泵停运过快，势必迫使主油泵的进油要在瞬间填补这空间，油压陡降，此时入口油管等处的空气亦随之涌入泵中，使主油泵进口不能维持正压而空转，至无高压油输出，直到断油。主油泵断油后，速关阀失去控制油压而立即自行关闭，注油器亦因无压力油无法工作，也就中断了主油泵入口和润滑油系统的供油，形成恶性循环，最终可能造成停机或烧毁轴瓦巴氏合金。

☞ 181. 防止汽轮机主、辅油泵切换失效的措施有哪些？

(1) 最为简便的措施是在现有设备状况下，对高压辅助油泵停运操作方式做一些要求，即缓慢关小高压辅助油泵的出口阀门，使油压逐渐降低至0.7MPa左右，确信主油泵向系统可靠供油后，再切断高压辅助油泵电源。此时备用的润滑油泵亦应处于良好备用状态。万一主油泵断油，即可迅速自行启动，向润滑油系统供油，防止事故扩大。

(2) 如有可能，可在主油泵进油管上部加装排气装置，排气口可接入油箱，机组启动后，开启排气管上的放空阀，排尽油管路中的空气，待高压辅助油泵停运，主油泵正常供油后，再将放空气阀关闭。

☞ 182. 背压式汽轮机系统排汽安全阀的作用是什么？

排汽安全阀的作用是保证排汽压力衡定。采用这类安全阀一般都是弹簧全启式安全阀。

当机组排汽压力不变化时，充满阀座内的蒸汽压力与弹簧的预紧力相平衡，安全阀瓣不启开。当机组的排汽压力大于弹簧的预紧力，蒸汽顶开阀瓣进入阀体，通过阀体排汽口相接的管道，蒸汽可直接排向大气。

☞ 183. 背压式汽轮机系统排汽逆止阀的作用是什么？

排汽逆止阀的作用是防止汽轮机卸负荷时从排汽管去热用户的蒸汽逆向流入汽轮机。在机组排汽管道上常用的是旋启式的。

来自机组排汽管道的蒸汽进入阀体，由于进汽口压力大于出汽口压力，阀瓣被顶开。而当机组卸负荷时，进汽口的压力小于出汽口的压力，阀瓣就合上，即能阻止蒸汽倒流，防止进入汽轮机组。这种旋启式逆止阀结构简单，工作可靠，被广泛采用。

☞ 184. 汽轮机汽封冷却器的作用是什么？

汽封冷却器的作用是回收来自前、后轴汽封的蒸汽，使之凝结成为水，供锅炉使用。

其工作原理及结构比较简单。从冷却水进口来的水，进入前水室后分成两路，分别进入第一、第二凝汽室铜管束等，转而从冷却水出口抽出。当汽轮机前后汽封来的蒸汽，从汽封蒸汽进口进入第一凝汽室后，大部分蒸汽在经过铜管外壁时释放大量的凝结热量而被凝结成水，凝结水从凝结水出口排出，进入疏水管道。有些不能凝结成水的空气和少量残余蒸汽由喷管、混合室、扩压管组成的抽气装置抽入第二凝汽室，在第二凝汽室中，这部分蒸汽与铜管束外壁接触再进行一次热交换，部分蒸汽凝结成水，从凝结水出口排出，也进入疏水管道。由于抽气装置在将空气和蒸汽抽入凝汽室时，它的压力大于大气压，此时还存在不凝结的空气和极少量残留蒸汽的混合物，从排汽口排入大气。

☞ 185. 什么叫作机组的惰走时间和惰走曲线？有什么作用？

惰走时间是指汽轮机在额定转速下，速关阀关闭开始至汽轮机转子完全停止所经过的时间。惰走时间内，转速与时间的关系曲线为惰走曲线。

为了判断机组设备运转有无异常，在汽轮机停机时常常测绘出惰走曲线，以便与原先的曲线进行比较。当出现惰走曲线与以前有很大差别时，就表明机组有异常，应在停机后及时查找原因并消除，以免事故扩大。

典型的惰走曲线如图 6-28 所示，图线应平滑无突变。

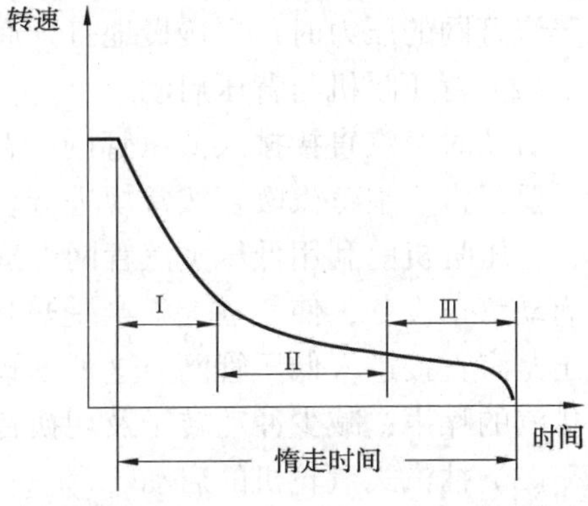

图 6-28 大型机组惰走曲线

Ⅰ—鼓风摩擦损失；Ⅱ—轴承和传动齿轮等摩擦阻力；Ⅲ—转速小至油膜破坏，摩擦阻力剧增

当真空情况一定时，惰走曲线是一定的，因为与之有关的因数即转子的转动惯量、摩擦、鼓风损失都是不变的。

转子的转动惯量因不同的机组而不同，摩擦、鼓风损失与真空值成反比、与转速的立方成正比。轴承摩擦与转速成正比。不过当转速降到一定程度后，轴承油膜不能建立起来，摩擦力增大，惰走曲线又变陡。

为了简化操作，一般情况下，停机时只要准确测定惰走时间即可。大小修停机时应绘出惰走曲线。大小修后第一次停机也应绘出惰走曲线，以后则把它当基准，与以后停机进行比较。根据经验，对于容量在3000kW以下的凝汽式汽轮机，惰走时间一般在8~10min，背压式机组为3~4min。

对所有的大型机组(如主风机-烟机机组等)都有一个惰走时间和惰走曲线问题，其基本概念是基本相同的。

☞ 186. 背压式、凝汽式及抽汽式机组在启动特点上有些什么不同?

背压式汽轮机启动时润滑油系统、调节系统、保安系统的主要仪表的检查及投入使用方式与凝汽式汽轮机的启动要求是一样的。启动时汽轮机转子因温度不均造成弯曲与凝汽式汽轮机有类似的情况，但也有不同之处，如背压式常用排大气启动或直接在背压下启动。此外还有背压蒸汽暖机与背压启动。不管用何种方式，均要求背压式汽轮机安全阀动作正常。下面对几种方式做简要说明。

(1) 排大气启动

这种方式多为小型背压式机组采用。在暖机前，首先把通大气排汽阀门打开，而通向低压蒸汽系统的阀门关闭，打开速关阀，冲动转子即可。其他要求与凝汽式机组相同。

当机组到达额定转速后，进行有关的配套试验。合格后将排大气运行方式切换到背压运行方式。切换时先逐步关小排大气阀门，待排汽产生的背压稍高于低压蒸汽管网的压力时，再慢慢地打开通向低压管网阀门，排大气阀门逐渐关闭。

(2) 背压暖机与背压启动

启动时蒸汽直接排入低压管网。背压启动时应注意排汽安全阀动作可靠性。盘车要正常。主蒸汽暖管按常规进行。

背压暖机前利用低压蒸汽管网中蒸汽从排汽口通入汽轮机进行暖机，暖机时应启动盘车设备，使气缸上下半受热均匀。暖机结束后可打开速关阀冲动转子，排出蒸汽直接进入低压管网。这种方式有下列优点：减少排出的汽、水损失；减少排汽的噪声；减少冲动转子及切换背压时的热冲击，从而减少热应力。

(3) 抽汽式汽轮机的启动

抽汽式汽轮机的启动和凝汽式汽轮机基本一样。启动正常后，带上部分负荷，在抽汽口的压力达到规定值时，可逐步开启速关阀，开始送汽，并用调压器将抽汽压力调整至热用户要求值。

☞ 187. 离心式气压机的工作原理是什么?

离心式气压机是依靠高速旋转的叶轮所产生的离心力来压缩气体的。由于气体在叶轮中的运动方向是沿着垂直于气压机轴的径向进行的，因此叫离心式气压机。当气体流经叶轮时，由于叶轮旋转使气体受到离心力的作用而产生压力，与此同时气体也获得速度；而后又通过扩压器使气体速度变慢又进一步提高气体的压力。

☞ 188. 离心式气压机有哪些保护装置?

离心式气压机主要有以下几个保护装置：

(1) 低油压保护装置：与汽轮机为一个系统，作用相同。

(2) 轴向位移保护装置：与汽轮机的保护装置作用相同。

(3) 反飞动控制装置：当气压机流量下降，发生飞动时，迅速打开出口旁路排气，以增大流量，使喘振尽快消除。

(4) 对于有浮环密封的气压机的油气压差控制装置：保证密封油压比气体压力高 0.09~0.1MPa，使气体不泄漏到机外，同时也使密封油不能进入气压机内，以保证气压机安全运转。

☞ 189. 气压机的密封有哪些?起什么作用?

气压机(压缩机)密封的作用是防止气体在级与级之间的倒流及向机器的外部泄漏，因此密封可分为内密封及外密封。

内密封是防止通流部分中间级的泄漏，如隔板和轮盖之间，回流器、隔板和套筒(或轴)之间都属于内泄漏。

内密封一般采用梳齿形密封。密封片和密封齿有平滑式、迷宫式和阶梯式。平滑式漏气量比迷宫式大 80%。迷宫式与阶梯式密封效果好。

外密封是为了减少或杜绝机器内部的有压力气体向外泄漏。外密封的形式有迷宫式气封、浮动环式油封。

迷宫式密封仍有少量泄漏，因此多用在出口压力不高，气体没有什么危害(如空气)的压缩机上。如果气压较高且气体是易燃易爆(如裂解气)或有毒气体，就必须严加控制气体外漏，可以在多级迷宫封中间通入压力高于气体压力 0.05MPa 的惰性气体(如氮气)或在多级迷宫封的中间用抽气器将泄漏出的气体抽出，送到入口或放空。

浮动环式油封是借助于高压油在轴与浮环的间隙中形成压力油膜来隔绝气体。浮环靠油的浮力与轴颈自动对中，因而可采用较小的间隙，且不会磨损。这种密封的优点是可以实现无泄漏，缺点是结构复杂，需要专用的密封油系统。

☞ 190. 气压机出入口阀、放火炬阀为什么采用风动闸阀?

气压机出入口阀一般不作流量调节用，其主要的用途是在开、停工及两台气压机并机时使用。而放火炬阀是当气压机出现故障紧急停机时，要求迅速打开，将裂化气放火炬以保证分馏塔顶的压力不变。上述的几项操作都要求迅速可靠、另外因介质为裂化气，是易燃易爆气体，为保证密封可靠及安全，故选用了风动闸阀。风动闸阀具有密封可靠、开关迅速(一般全开、全关时间不大于30s)的特点，且能有效地防燃防爆。

☞ 191. 气压机使用中间冷却器有什么好处？

早期的气压机没有中间冷却器，出口温度约为175~200℃。温度较高不仅容易造成气体分解和增大结焦倾向，而且增加了气压机的功耗。增加中间冷却器后，可使一部分 C_5 及 C_6 组分冷凝，减少压缩机在冷却器后面各段的质量流率，节省了功率。例如：KA11V 和 DA250-72 气压机相比，两者设计参数基本相同，轴功率却相差 820kW，除了压缩机效率的原因外，主要原因是因为 KA11V 气压机使用了中间冷却器。

☞ 192. 气压机使用中间冷却器有什么问题？如何解决？

气压机使用中间冷却器有冷凝液分离问题。如果二段进口气体中夹带冷凝液，则极易造成对入口汽封的冲刷及平衡管压力的提高。例如，从国外引进的 DEMAG 公司的几种型号的气压机曾发生过因中间冷却器凝液分离不好而造成事故。防止夹带凝液的方法有：

(1) 提高冷却器标高，并增加分液罐。

(2) 在中间冷却器后用捕雾器分离冷凝液，并从出口引一股热气体通入混合器，以控制二段入口温度。

☞ 193. 压缩机运转振动过大的原因是什么？

压缩机在安装试运转中，造成振动过大的原因甚多，各种因素往往交错在一起，因此具体检查这些原因就比较复杂，一般常见的原因有以下几方面：

(1) 转子不平衡

转子的偏心质量在高速转动产生方向不断变更的离心力，通过轴承面传给机身，使机身产生过大的振动。这种振动的特征是比较有规律，一个转子的两个轴承都发生较强的振动，振动频率等于风机转速，振幅与转速的平方成正比。

造成转子不平衡的原因有：

① 转子在制造时就留有较大的不平衡。

② 由于转子出厂后，在运输等过程中造成主轴弯曲。

③ 风机在运转过程中使转子产生变形。

④ 运转中，叶轮受损伤，掉了铆钉或在叶轮中进入脏、杂物。

以上这些原因都可能造成转子不平衡质量的增加，从而使振动增大。在使用刚性联轴器时，联轴器、增速器的不平衡，都可能通过联轴器而传给风机。

判断振动的原因是否是由于转子不平衡，主要看振动频率与转速频率是否同步。

（2）安装不良

如发现联轴器两侧的两个轴承有强烈的振动，则可能是联轴器的不平衡或转子的找正不正确。如两个转子用刚性联轴器联结时，转子旋转至不同角度时，位于联轴器两侧的两个轴承，受到不同的周期性的作用力，从而引起机组的振动。如两个转子由三个轴承支撑时，若两个转子找正不正确，则使其中一个转子不能按其本身的中心线转动，形成不平衡并引起振动。如两转子由齿形联轴器联接，若找中不正确，则会引起联轴器套筒和转子的接触情况恶化，并引起套筒的振动。

（3）支承轴承工作条件不良

润滑油温度过低，轴承间隙过大或过小，都可能导致轴承工作的恶化。若润滑油温度过低（低于30℃时），润滑油黏度太大，润滑油就不可能很好地充满轴承间隙，造成油膜厚度不稳定而引起转子振动。反之，若轴承侧间隙和顶间隙过大，也会使轴颈在轴孔内的位置不稳定，润滑油的减振作用减弱而引起转子的振动。此外，轴瓦压盖没有紧力而松动，也能导致运转中的振动加剧。

由于轴承工作恶化而引起的振动，往往发生于某一个轴承，且其振动频率与转子不等而多数是较低的。

（4）轴颈椭圆度过小

由于轴颈椭圆度的存在，使转子在轴承中做周期性的升降运动而引起机组的振动。因此，一般轴颈椭圆度控制在0.02mm以内。

（5）转子与定子碰撞摩擦

这主要是密封齿相碰，也有叶轮与隔板相接触的。如碰擦发生在转子中段，则两端轴承处均有振动；如在某一轴承附近相碰，则只有一个轴承振动较强烈。属于这种因素所造成的振动，可由倾听内部切削声音来加以鉴别。

（6）喘振时发生振动

这种振动可从气体出口压力、流量的大幅度波动、风机的异常声响等现象中判断出来。消除这种振动的办法是立即开大排气阀或旁路阀，减少出口压力，增大风机流量，以消除喘振现象。

（7）产生油膜振荡

这种振动常发生在圆筒形轴承上。

除了上述原因以外，其他一些因素也可能引起振动加剧。

如风机底座与基础间垫铁接触不良，有效接触面减少，这样，风机通过底座传给基础的振动能量相应地减小，从而引起振动的增强。

风机的振动频率与基础的自然振动频率相同，风机的自由膨胀受到限制等等均会造成振动的增强。

对于增速器，除引起风机振动的有关因素外，齿轮啮合不良等也能造成振动增强。

电动机的磁路不对称，转子磁级绕组松动(同步电动机)、绕组位移等均可造成电动机的振动。

上述各点仅是引起风机组振动的主要原因，要确定某一风机振动真实的原因，则必须对具体情况进行具体分析，采取逐个问题淘汰的办法，先易后难地一个一个进行细致检查。

☞ 194. 反应压力高而气压机进口压力低有哪些原因？

(1) 分馏塔顶油气分离器液面超高造成液封。

(2) 分馏塔顶油气空冷或冷却器堵。

(3) 分馏塔底液面超高，浸没大油气管线，造成液封。

(4) 反应器出口大油气管线结焦。

☞ 195. 气压机为什么会抽负压？如何处理？

气压机抽负压的原因有：

(1) 反应深度小，入口富气量小，转速相对较高。

(2) 分馏塔顶油气冷后温度过低，富气量减少。

(3) 分馏塔顶油气分离器液面过高，造成液封。

(4) 分馏塔顶油气空冷或冷却器堵。

(5) 分馏塔顶大油气管线及反飞动管线堵。

(6) 汽轮机转速相对较高。

(7) 分馏塔底液面超高，浸没大油气管线，造成液封。

气压机抽负压时，应降低汽轮机转速，如果不是带油，则应加大反动量，并立即和其他岗位联系，找出原因。

☞ 196. 气压机入口温度的变化对气压机有什么影响？

(1) 入口温度升高，使富气量增多，增大了气压机负荷。

(2) 入口温度升高，导致出口温度升高，出口温度到一定程度便要超标，非停机不可。

(3) 入口温度过低，除富气量减少外，还影响气体组成，气体相对分子质量太低，气压机出口压力降低。

☞ 197. 如何进行气压机的正常操作和维护？

(1) 严格执行规定的操作指标，密切注意各温度、压力、液面、流量、真空、汽封及转速的变化。

(2) 经常注意机组声音及振动情况。

(3) 保持汽封有少量蒸汽冒出。

(4) 经常检查润滑油系统。

① 油箱油位。

② 润滑油质量每月至少定期分析一次。

③ 调节冷油器水压低于油压，温度在35~40℃以内。

④ 当过滤器压降达0.05MPa时，应切换并进行清洗。

⑤ 各轴承温度及回油量正常。

(5) 注意气压机入口排凝及凝缩油罐液面，应及时排送。

(6) 经常注意气压机出口压力、流量、转速的变化，保证平稳操作。

(7) 注意气压机轴封的真空度保持在20kPa，以保证瓦斯不外漏(使用抽气密封时)。如用油封则应注意封油系统运行情况。如用氮气密封则应注意氮气压力。维持气封压差。

(8) 保持通风良好，注意瓦斯气味，决不允许有发生火花的危险性存在。

☞ 198. 气压机运行中发生飞动的原因是什么？怎样处理？

目前绝大多数催化裂化装置所用的气体压缩机是离心式压缩机。根据离心式压缩机性能曲线，在一定转速下有一个飞动点，即一定压力下的最小流量点。等于或低于这个最小流量点即发生飞动进入飞动区。如果流量恒定，转速升高，压力达到某一数值后，即达到飞动点，气压机亦会发生飞动。

因此，在实际运转中凡是工况达到上述条件，均会发生飞动，例如：

(1) 气体压缩机出口压力突升(吸收解吸塔压力突升)此时压缩机转速恒定，流量必然下降，达到飞动点即飞动。

(2) 气体压缩机入口流量突降，转速不变，出口压力变化上升达到飞动点亦即飞动。

催化裂化富气压缩机反飞动控制一般采用单参数调节，也就是用规定压缩机的最小流量值作为防护最小流量，如富气压缩机入口流量低于此值时，即打开反飞动阀，增加反飞动流量，保证富气压缩机入口流量不低于飞动点的最小流量。

在实际操作中，一是对于气压机出口压力，也就是吸收稳定系统再吸收塔的压力要控制稳定，切忌突升。二是对于气压机入口流量要保持恒定，注意调节反飞动量，如发现富气来量减小或机出口的压力上升时，即应联系有关岗位查明原因采取措施。最经常遇到的起因是再吸收塔压力失控、反飞动流量控制出现故障，其次是汽轮机转速下降或调速器失灵。

另一问题是富气组成变化，特别是相对分子质量变小，例如油气分离器温度过低或富气中氢气增多，相对分子质量较气压机设计参数低得多时，在气压机级数一定情况下，出口排压受到限制，达不到额定出口压力，这时再吸收塔若还维持正常的压力富气就排不出去，此时压缩机也会出现“飞动现象”，采取的措施应是提高油气分离器的温度，使富气相对分子质量增大或降低再吸收塔压力，使压缩机正常排量。也可以在紧急情况下采取临时的气压机出口排火炬措施以保证控制好反再吸收系统压力，然后再进一步调整吸收解吸塔、再吸收塔操作条件和气压机运行工况。另一个紧急措施是气压机入口放火炬，将气压机切出系统停下，然后再将操作调整好后，再投入运行。一般以采取前者为好。

☞ **199. 机组为什么会超速飞车？危害性是什么？**

如果在气压机和主风机甩负荷时(如气压机因裂化气太少或抽空引起入口流量下降，主风机入口阀突然关闭)，汽轮机调速系统失灵或危急保安器卡涩，或者虽然危急保安器动作，而主汽门及调速汽门由于结垢卡涩、填料过紧、门杆弯曲等原因而卡住，就会造成机组超速或飞车。当转速超过额定转速的110%时即为超速。

超速时的现象是转速表指示大大超过危急保安器动作转速，机组发出超速的怪声，振动剧增甚至有冲击声、金属响声。

超速或飞车的危害性极大，使机组转子、叶片、叶轮变形，严重时使叶片、叶轮破裂，打破气缸飞出，损坏机房或造成人身伤亡事故。

☞ **200. 气压机启动时为什么要先开反飞动阀？**

气压机在启动时，入口阀全开，出口阀处于全关、出口放火炬调节状态。由于装置开工过程中，处理量是慢慢增大的，所以气体量开始比较少；为保证气压机入口有一定流量，需开启出口放火炬调节气压机出口压力，并开启反飞动阀及时增加气压机入口的流量，以保证气压机脱离飞动状态。这样开机平稳，并可避免机组飞动。

☞ **201. 机组启动冲动转子时，为什么有时转子冲不动？**

冲转时转子冲不动的原因如下：

(1) 因调速油压过低或操作不当，应开启的阀门未开，如危急遮断阀、调速汽门等。

(2) 进口蒸汽参数比要求的低或者凝汽器真空低(对凝汽式汽轮机)及背压太高(对背压式汽轮机)。

(3) 在用主汽隔离阀的旁路阀启动时，由于蒸汽量小或气温低，使蒸汽在管道及气缸内很快冷却凝结，转子不易冲动。

(4) 转子与机壳有发生摩擦的部位，特别是汽封齿与轴颈发生摩擦。

(5) 整个机组负载过大，不是在低负载状态下启动。

☞ **202. 凝汽式汽轮机驱动的气压机启动前应做什么准备？**

现以DA220-71型气压机为例说明如下：

(1) 一般准备工作

① 全面检查主机及附属设备的零件是否齐全好用，温度计、压力表是否安装好。

② 清除无用物件，搞好室内外卫生，并准备好消防设施。

③ 润滑油箱加够合格的润滑油。

④ 联系仪表岗位检查所有测量、控制、指标、记录仪表以及所有阀门，保证全部灵活好用。

⑤ 联系水、电、汽、风供应。

(2) 润滑油系统的准备及启用

① 检查辅助润滑油泵是否符合使用条件，并做好启用前的准备工作。

② 检查润滑油、过滤器、冷油器及回油管线的阀门开关是否正确，保证油路畅通。

③ 启动润滑油泵建立循环，注意冷油器及过滤器在循环正常后各停一只，以作切换备用。

④ 调整轴承油压和高压油压力在正常范围内，并仔细检查各轴承回油情况，保证无泄漏情况。

(3) 主机准备

主机在检修、调试合格的基础上做以下准备：

① 自动主汽门、危急保安器、电磁三通阀经检验动作灵活后，恢复到启动前的位置。

② 检查调速连杆是否灵活好用。

③ 校对好自动调速输出电流与风压的关系。

④ 转速表加好合格的仪表油。

⑤ 连杆的转动摩擦部分加入气缸油，低温处加透平油润滑并盘车轻松。

(4) 主蒸汽系统的准备工作及引汽暖管

① 关好主汽门，关好汽水分离器出口闸阀，打开底部排凝阀。

② 上述准备工作做好之后，从总蒸汽网上慢慢引汽到汽水分离器。注意排凝，防止管线水击。保持压力 0.1～0.2MPa，暖管 30min 后，升压到 0.8～1.0MPa。

③ 打开主汽门前管线上排空阀，慢慢引流暖管。15min 后将汽水分离器出口开大，升起压力。

(5) 复水系统的准备及启用

① 向复水器加水至液面计 50%～70%。关闭排水阀，稍开进水阀，检查有无泄漏情况，如无问题时即打开排水阀。

② 检查复水器液面，自控风压是否正常，控制阀副线是否关闭。

③ 检查复水器是否符合使用要求，并做好使用前的准备工作。

④ 改好复水循环流程，分别试运两台复水泵，一台使用，一台备用。

(6) 气压机瓦斯系统准备

① 气压机出口安全阀前手阀全开。

② 气压机出口去稳定的风动闸阀全关，放火炬阀稍开。

③ 入口风动闸阀开 10%~15%。

④ 联系分馏岗位，充瓦斯，对入口管线及机体赶空气。

⑤ 瓦斯采样分析，O_2 含量≯1%后停赶空气。

（7）向汽封送汽

① 引汽至汽封前，注意脱水，并注意盘车。

② 检查管路确认无问题后，打开前后汽封阀，并调到适宜汽量，同时经常盘车。

（8）抽气器的准备及启用

① 全面检查抽气系统，要使系统严密不向内漏空气。

② 启动辅助抽气器，20min 后真空度应达 20kPa。

③ 启动主抽气器，20min 后真空应达 33kPa（注意：启用主抽器时先开二级，后开一级）。

☞ 203. 凝汽式汽轮机驱动的气压机如何启动？

凝汽式汽轮机驱动的气压机的启动步骤如下：

（1）慢慢开启主汽门冲动转子。转子冲动后，调节主汽门到适当开度以后，逐渐升速至 600~800r/min。

（2）在 600~800r/min 范围内暖机 20min。

（3）以 200r/min 升速至 2200r/min，暖机 20min。

（4）以 300r/min 升速至 3600r/min，暖机 15min。

（5）迅速越过 3700~3900r/min（临界速度），将转速升到 4050r/min。

在暖机升速中应注意：

（1）超越临界转速时应迅速。

（2）经常检查主机运转情况、声音及各辅助设备的运转情况。

（3）随转速上升提高真空度到 231kPa，停用辅助抽气器。

（4）经常检查各轴承温度及回油情况，当轴承温度升高到 35℃时，冷油器开入冷却水，保持油温在 35~40℃之间。

（5）在临界转速附近和超越临界转速时，如发生显著振动，则应立即把转速降到 800r/min，停留 10min 后再按升速规定升速，如还有显著振动，则停机检查。

（6）注意调节汽封、轴封，轴封真空度应保持在 20kPa。

（7）做好与反应岗位的联系，反飞动流量由反应投入自动，以保证反应压力平稳。

（8）注意出口压力，升速过程中出口压力应控制在 0.5~0.6MPa，用出口放火炬阀调节。

(9) 根据主油泵工作情况，停辅助油泵。

(10) 汽轮机升速到4050r/min时，调速器投入工作。

(11) 适当开大主汽门，用二次风压控制转速。

(12) 机组一切正常以后，在出口压力0.6MPa时，可与反应及稳定岗位联系，向吸收稳定送压缩富气，并关小放火炬至全关，将出口压力调至0.8~1.0MPa。

(13) 机组运转正常以后，投入自控，并转给操作室控制。

☞ 204. 背压式汽轮机驱动的气压机如何启动？

现以汽轮机NG32/25/0型背压式汽轮机(功率为3600kW)、气压机2MCL456型两段离心式压缩机(功率为1810kW)为例介绍机组的开车步骤。

首先要做好启动前的准备工作。准备工作如下：

一般准备：

(1) 全面检查主机、附属设备的零件、温度计和压力表是否齐全好用。

(2) 清除无用物件，搞好场内卫生，备好消防设施。

(3) 润滑油箱、密封油箱加好合格润滑滑。

(4) 联系好仪表，检查所有测量、控制、指示、记录仪表以及各调节阀是否灵活好用。

(5) 联系水、电、汽、风、氮气供应。

(6) 关闭气压机组系统所有阀门。

润滑油系统准备及启用：

(1) 开动油加热器，使油箱的油温达到30~40℃。

(2) 开启油泵的进出口截止阀。

(3) 开启油泵与冷却器之间润滑油压力控制阀；开启轴承润滑油压力控制阀。

(4) 检查压力开关、压力表、压力变送器、液位计和开关的截止阀是否打开。

(5) 稍开油冷却器的冷却水进出口阀。

(6) 改好润滑油流程，各阀门的开关位置正确，保证油路畅通。

(7) 启动主润滑油泵建立循环。

(8) 两个冷却器、两个滤油器都进油循环，正常后各停用一只，以作备用。

(9) 检查并调整各点油压：在油泵出口至油过滤器的管路上油压为0.8MPa；润滑油总管油压为0.25MPa；到径向轴承的润滑油压为90~130kPa；到止推轴承的润滑油油压为25~35kPa；当止推轴承出口油温与进口油温差超过20℃时应增加油压。

（10）通过流量计检查从径向轴承和推力轴承流出的流量是否正常。检查通过过滤器油压力降。

（11）把辅助油泵启动开关放在自动位置，停止主油泵，油压降至0.15MPa，检查辅助油泵是否启动，低油压是否报警。

（12）再将辅助油泵启动开关放在手动位置，并手动停止辅助油泵，油压降至70kPa，检查主油管线上跳闸开关动作情况。然后重新启动主油泵，并把辅助油泵的启动开关仍转到“自动”位置上。

（13）当主油泵运转时，打开高位油箱的入口阀门，直至溢流管线上的回油检视计有油通过为止，然后关闭入口阀门，如果油箱的油位没有达到要求的油位，低油位报警开关便发出报警。

（14）主油泵启动循环后，将危急保安装置挂钩。

密封系统的启用：

（1）启动加热器使油箱油温升至30~40℃，油温不低于25℃。

（2）打开油泵进出口截止阀。

（3）关闭过滤器旁通阀。

（4）打开压力开关、压力表、压力变送器、液位计、液位变送器和开关的截止阀，打开蓄能器顶部与底部截止阀。

（5）打开过滤器出口控制阀的截止阀。

（6）关闭冷油器、过滤器、液位计的各个排油阀。

（7）冷油器的冷却水进出口阀可稍开。

（8）打开密封高位油罐液位控制阀的旁通阀，试验高液位（>80kPa）报警后，关闭此阀。

（9）关闭密封差压引压阀、引氮气、建立气封，压力控制在0.25MPa左右。

（10）启动密封主油泵，检查并调整各点油压：密封油总管压力0.6MPa；密封油进口压力0.23MPa。

（11）把辅助密封油泵启动开关放在自动位置，停主密封油泵。密封高位油罐液位低于45kPa时，检查辅助密封油泵自启动情况和低液位报警。

（12）将辅助油泵改手动，停泵、密封高位油罐液位低于25kPa时，检查过低液位报警、跳闸开关动作情况，再重新启动主密封油泵，并把辅助密封油泵的选择器开关改到自动位置上。

（13）启用密封高位油罐液位控制阀，控制密封高位油罐液位在45kPa。

（14）检查内回油路中油气分离器系统阀门，特别要保持排气管的孔板畅通，防止憋压而使封油流入机内。

（15）脱气槽见液面后进行加温，先开蒸汽出口阀，再开蒸汽入口阀，温度控制在80℃。

(16) 打开惰性气体(氮气)阀，流量大小以油合格为准。

气压机瓦斯系统准备：

(1) 气压机出口安全阀前后手阀全开。

(2) 气压机出口去稳定的阀关，出口放火炬阀稍开。

(3) 入口阀开 10%。

(4) 用瓦斯赶空气。

(5) 反飞动阀全开。

(6) 气压机中间冷却器给上冷却水。

汽轮机准备：

(1) 蒸汽轮机在检修调试合格的基础上，将危急保安装置挂钩，并与电磁阀用油路相连。

(2) 检查调速器连杆是否灵活好用，消除阀杆上的污垢。

(3) 启动汽轮机运行所需的各种测量、控制、指示、记录仪表和报警仪表。

(4) 转子盘车灵活、无卡、无轻重感。

(5) 保安装置中的速关阀、手动阀、电磁阀处于完好备用状态。

在做好上述准备工作的基础上，才能开机。开机步骤如下：

(1) 启动装置和调节器手轮转到关闭位置，速关阀处于关闭位置。

(2) 打开中压蒸汽至速关阀之间两个排凝阀，打开速关阀阀体排凝阀。

(3) 缓慢打开中压蒸汽阀，先以 50~500kPa 压力进行暖管，使管路缓缓受热。暖管 30min 以后，以每分钟 0.1~0.51MPa 的升压速度，逐渐升压到额定压力 3.4MPa，温度 400℃。

(4) 打开汽轮机本体疏水阀，前后汽封疏水阀。

(5) 打开汽轮机排凝放空阀。

(6) 利用启动装置开启速关阀，从速关阀后油压表中看到速关油压上来以后，再缓慢调节启动装置手轮逐渐冲动汽轮机转子。

(7) 汽轮机转子冲动以后，转速控制在 300~500r/min，进行低速暖机，转速由启动调节手轮控制。

(8) 升速要求：

0~300r/min 或 500r/min	3min
300r/min 或 500r/min	20min
升至 10261r/min	7.5min

注意转速在 1000r/min 以下时间不宜过长，转速在 1500r/min 以上不准停留。

(9) 当转速达 8755r/min 时，调速器投入工作。将给定值调节器给定放在最低值，然后将启动调节器调至终点位置后，用给定值调节器升速至额定转速 10261r/min。

(10) 当进汽稳定、汽轮机的进汽温度大约有50℃的过热度时，即可关小和关掉进汽管上的疏水阀。

(11) 打开汽轮机排汽至低压蒸汽阀，关闭放空阀。

(12) 调节气体冷却器的冷却水量，控制气压机二段入口温度在43℃左右。二段出口温度≯100℃。

(13) 油气分离器见油后，启动泵向气压机出口凝缩油罐送油。

(14) 启用油气分离器液位控制阀，使液位控制在正常范围，防止气压机二段带油。

(15) 检查机组各点温度、压力、监测机组振动，监听机组内部有无异常磨刮声响，观察气压机密封使用状况。

(16) 将反飞动控制改为中心控制室控制。

☞ 205. 机组停机时为什么要先切除系统？

主风机组与气压机组在停机时均先切除系统，即关闭出口阀与打开旁路放空阀(气压机打开放火炬阀)。这是因为：

(1) 避免因主风机、气压机停机对整个装置带来压力波动，以稳定生产。

(2) 将机组切除系统后，就可以用减少出口压力的方法来降低机组的负载。停机过程是机组工况发生急速变化的过程，降低负载对保护转子、轴承是有利的。

☞ 206. 凝汽式汽轮机驱动的气压机如何正常停机？

凝汽式汽轮机驱动的气压机的正常停机步骤如下：

(1) 联系反应、稳定岗位，做好停机前准备工作。

(2) 试验辅助油泵，良好后处于备用。

(3) 随着反应降量，富气量减少。减少去吸收稳定量，增加反飞动量，同时适当降低转速，按操作规程指标，富气量已较小时，将富气切出吸收稳定系统改为机出口放火炬。此后再继续降低转速，直至停机。富气由入口放火炬。

(4) 当转速降到较低时，调速风信号为20kPa时，启用辅助润滑油泵。

(5) 辅助油泵正常后，关主汽门停机。

(6) 停抽气器(先停一级、后停二级)，使复水器真空度下降到零。

(7) 真空度为零时，停汽封蒸汽。

(8) 待转子停后，关闭气压机入口、出口阀门，打开机组各排凝阀，待机壳内压力为零，停轴封抽气器。

(9) 停机15min后，见复水器液面低时，可停复水泵及复水器冷却水。

(10) 停机后，辅助润滑油泵继续运转，半小时内应继续盘车，要求每5min盘车180°。1h后再隔30min盘车180°，至轴承温度降到35℃以下时，停止盘车，停辅助油泵，停冷油器供水。

(11) 放净汽轮机、气压机及蒸汽系统管线内凝液。

(12) 关汽水分离器出口蒸汽阀，底部放空。

☞ 207. 背压式汽轮机驱动的气压机如何正常停机？

现以汽轮机 NGS40/23/0-3DA 型背压式汽轮机、气压机 2MCL-606 型离心式压缩机及 4500kW 电动/发电机组成的三机组为例，介绍机组的正常停车步骤如下：

(1) 联系反应试验气压机入口放火炬阀，应灵活无卡阻现象。

(2) 联系热工岗位作好准备后，逐步关小调节汽门，将电机工况由发电转向电动工况，如此时进汽压力节流至小于 1.5MPa(表压)，且电机工况为不发电工况，则应将排汽放空阀逐渐打开；若进汽压力≤1.0MPa(表压)，则排汽应完全放空且全关速关阀和并 1.0MPa(表压)管网阀。若电机工况为电动工况，则不需先关调节汽门。

(3) 停电机，由汽轮机单独驱动机组。

(4) 逐渐关小调节汽门，降低机组转速，当进汽压力节流至小于 1.5MPa(表压)时，应将排汽放空阀逐步打开；当进汽压力<1.0MPa(表压)时应将排汽放空，此时气压机入口压力由反飞动流量控制改为入口放火炬控制。

(5) 打开气压机出口放火炬阀，关闭去稳定系统阀。

(6) 全关调节汽阀和冷却蒸汽阀，待转子完全停止运转后，关闭汽轮机和汽轮机进出口阀门。

(7) 用氮气置换机体内富气后，停蒸汽密封系统。

(8) 气压机入口液包，中间分液罐，中间冷却器的凝缩油压送阀均关闭。

(9) 润滑油继续循环，并启动盘车。

(10) 轴承温度<45℃时，停盘车，停润滑油循环。

☞ 208. 气压机在哪些情况下要紧急停机？

(1) 机组剧烈振动，并有金属撞击声音。

(2) 轴承温度大于 75℃或冒烟时。

(3) 轴承及汽封冒火花时。

(4) 汽轮机发生水击。

(5) 主油泵故障，轴承油压下降到 30kPa 以下。

(6) 真空度下降到 40kPa 以下，并无法提起来。

(7) 油箱液面下降，无法补油时。

(8) 严重火灾及重大事故发生。

(9) 工艺操作条件突变引起机组飞动、短时内无法查清原因消除飞动时，应紧急停机。

209. 气压机如何紧急停机？

气压机紧急停机时，采取的步骤如下：

(1) 通知反应岗位。

(2) 手击保安器，同时关闭主汽阀。

(3) 立即启动辅助润滑油泵(不要等自启动)。

(4) 停止抽气器，并破坏真空。

(5) 关闭气压机去吸收稳定出口阀门，同时打开出口放火炬阀。

(6) 其他均按正常停机处理。

210. 停机后为什么润滑油泵尚需运行一段时间？

当机轴静止后，轴承和轴颈受气缸及转子高温传导作用，温度上升很快，这时如不采取冷却措施，会使局部油质恶化，轴颈和轴承钨金损坏。为了消除这种现象，停机后油泵必须再继续运行一段时间以进行冷却。油泵运行时间的长短，视气缸与轴承的降温情况而定，要求气缸温度降低到 80℃以下，轴承温度降低到 35℃以下，方可停泵。

211. 干气密封系统工作原理

干气密封是基于现代流体动压润滑理论的一种新型非接触式气膜密封。气膜密封动环或静环端面上通常开出微米级流槽，主要依靠端面相对运转产生的流体动压效应在两端面间形成流体动压力来平衡闭合力，实现密封端面非接触运转。工程实际中使用较为广泛的流槽形式有雷列台阶式、斜平面式和螺旋槽面式，其中尤以螺旋槽面式密封性能最佳。

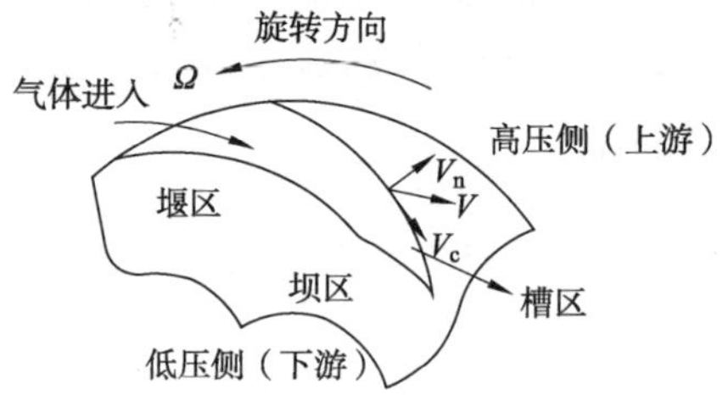

图 6-29　螺旋槽干气密封工作原理示意图

螺旋槽干气密封工作原理如图 6-29 所示。动环端面上开有螺旋槽，整个端面分为槽区、台区和坝区。槽区主要提供必需的流体动压力，坝区主要阻挡气体向内侧流动，以实现气体被压缩形成动压效应，增大气膜刚度，还可在密封停车时起密封作用。干气密封工作原理为：当动环按图示逆时针方向旋转时，由于黏性作用气体以速度 V 进入螺旋槽：速度 V 可分解为垂直于螺旋槽速度和与螺旋槽相切速度，其中主要提供流体动压力，而气流以速度运动到坝区后被压缩体积减小、压力升高使密封面打开，从而实现非接触运转。干气密封正常工作时，端面间气膜一方面提供开启力来平衡闭合力，另一方面可起润滑冷却作用，因而省去复杂的封油系统。该图示干气密封为泵入式(气体从上游向下游流动)结构。

理想设计工况下，密封端面气膜开启力等于闭合力(密封介质压力和弹簧力)。若密封受到外界扰动端面间隙减小，则流体动压效应增强，开启力大于闭合力，密封增大间隙重新恢复原来工作状态；反之，如果在外界干扰下间隙增大，则流体动压效果减弱，开启力小于闭合力，密封减小间隙并恢复到设计工作状态。如果设计合理，密封受到外界扰动可以自行恢复到原来的工作状态，可见螺旋槽干气密封对外界扰动不敏感。

☞ 212. 干气密封系统结构布置有哪些?

螺旋槽干气密封结构布置主要取决于密封工况条件(包括被密封气体组分、压力、温度，轴的转速等)、安全性以及环保要求等。典型的结构布置有单端面、双端面及串级结构。

(1) 单端面干气密封

单端面干气密封是最基本的密封结构形式，主要用于被密封气体压力较低且允许少量气体泄漏到大气侧的场合，因此要求工艺气体对环境无污染，如空气、二氧化碳或蒸汽等。

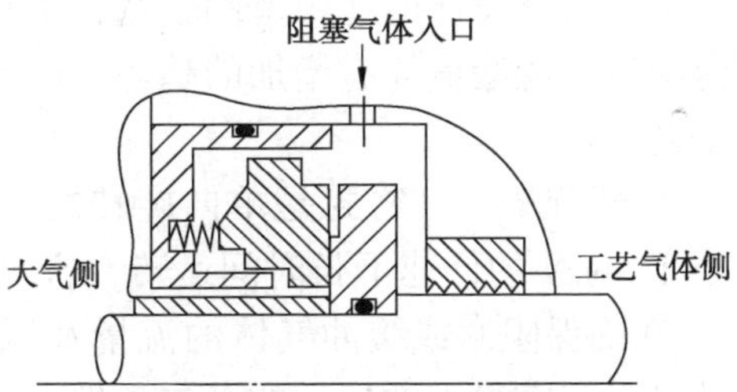

图 6-30　单端面干气密封

图 6-30 为典型单端面干气密封，其中阻塞气体压力一般比工艺气体高 0. 2MPa 左右，这样既可阻止工艺气体泄漏，又可使螺旋槽密封端面实现非接触干运转。梳齿密封在工艺气体和螺旋槽干气密封间建立了一个缓冲区。

(2) 双端面干气密封

双端面干气密封主要用于不允许工艺气体向大气侧泄漏的场合，因此适用于密封有毒、有害或易造成环境污染的介质。双端面干气密封两静环共用一个动环，并且引入压力比工艺气体压力高的惰性气体作为阻塞气体。由于阻塞气体压力较高，一方面阻塞气体向工艺气体侧泄漏，另一方面阻塞气体向大气侧泄漏。图 6-31 为典型双端面干气密封，阻塞气体压力一般高于工艺气体 0. 2 ~ 0. 3MPa，允许少量阻塞气体泄漏到工艺气体中，因此要求阻塞气体为惰性气体。

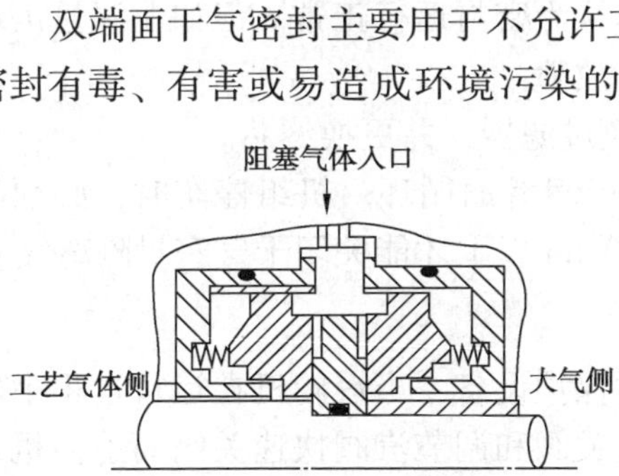

图 6-31　双端面干气密封

(3) 串级式干气密封

当被密封气体压力超过单端面密封使用范围时，可以考虑使用串级式密封结构。串级式密封普遍应用于压缩机轴封，是可靠性较高的一种结构形式。串级式密

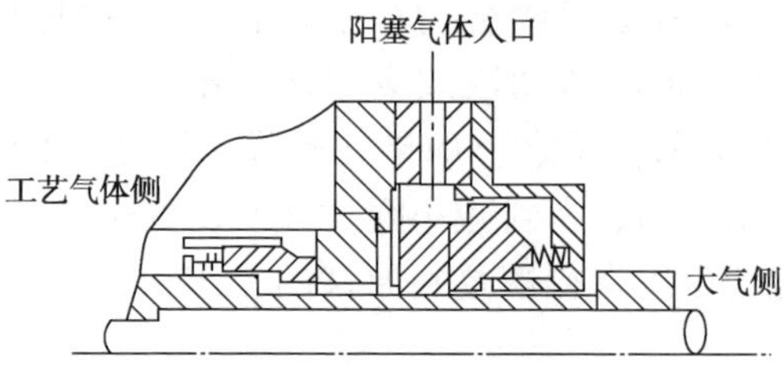

图 6-32 串级式干气密封

封一般同时使用两套单端面密封，一套作为主密封，承受全部工作压力载荷，另一套作为辅助密封，主密封和辅助密封间通入阻塞气体，防止工艺介质向外界泄漏。如果被密封介质压力非常高，则可使用三级结构，前两级分别承受工作压力，第三级则作为辅助密封。图 6-32 为典型两级式干气密封，主密封为一接触式机械密封，干气密封作为辅助密封。

☞ 213. 干气密封系统使用时的维护有哪些？

干气密封设计的适用范围较宽，正常情况下不需要维护。一般应每天观察密封泄漏量。泄漏量如有增加的趋势，可能预示着密封有失效的可能。通常应注意以下几点：

① 螺旋槽干气密封是单向旋转的，因此一定要避免反向旋转，同时应避免在小于 5m/s 的低速下长时间运转，这两种情况均有可能损坏密封端面。

② 确保阻塞或缓冲气体的流量及压力稳定。维持密封气源的稳定性和不间断性是干气密封正常运行的基本条件。

③ 避免密封的负压操作。双端面密封如出现负压，在静压条件下能导致泄漏量的大幅增加，而在动压条件下能导致密封端面的损坏。串联式密封则可能引起密封被未净化的工艺气污染而很快失效。

④ 随时监控密封泄漏量的变化情况。泄漏量的变化直接反映出干气密封的运行状态。引起泄漏量变化的因素很多，如工艺气的波动、轴窜、喘振、压力、温度和速度的变化等。只要不持续上升，则认为密封运行正常。但如泄漏量出现不断上升的趋势，则预示着干气密封出现了故障。

⑤ 过滤器压差达到报警值时应及时切换过滤器，并更换滤芯。

⑥ 开机阶段必须先投用隔离气才能进行润滑油循环。机组停车时，必须等待机组完全停止运行并在滑油系统停止后 10min 以上才能关闭干气密封隔离气。

☞ 214. 汽轮机危急遮断油门的作用？

机械或液压式危急遮断油门是汽轮机的保护设备，当汽轮机在运行过程中出现故障时，危急遮断油门泄放速关油引发速关阀和调节汽阀快速关闭而迫使机组紧急停机。

机组启动时，在供油系统正常运行时，便可使危急遮断油门复位，通常采用拉起手柄建立速关油压。当压力油压力≥0.7MPa 时，正常情况下速关阀开启时间<1min。油门中装设节流孔板是在满足这一要求的同时为油门的快速遮断提供保证。注意：随意加大节流孔板孔径会使油门丧失快速遮断功能而危及机组安全。

☞ 215. 汽轮机危急遮断油门有几种情况会动作保护机组?

汽轮机在发生下述情况或操作时危急遮断油门将动作：

(1) 危急保安器动作。当机组转速超过危急保安器跳闸转速设定值时，危急保安器飞锤击出，撞击挂钩爪，将速关油泄放。

(2) 轴位移保护动作。当汽轮机转子轴向位移≥1mm时，转子上的轴位移凸肩撞击挂钩爪。

(3) 手动停机。揿下手柄拨动挂钩逆时针方向偏转，拉动滑阀左移，油路切换过程同前。

(4) 速关油失压。当速关油压力≤0.28MPa时，滑阀上的油压不足以克服弹簧作用力，于是滑阀被推向左端而泄放速关油。

☞ 216. 气压机组带液的原因有哪些?

气压机组带液有以下原因：

(1) 粗汽油罐满罐造成气压机一段带液；

(2) 粗汽油罐破沫网损坏造成气压机一段带液；

(3) 分馏塔冲塔严重造成气压机一段和二段带液；

(4) 分顶冷却器断冷却介质造成气压机一段和二段带液；

(5) 气压机组中间冷却器断循环水造成气压机二段带液；

(6) 气压机中间凝缩油罐满罐造成气压机二段带液；

(7) 气压机一段入口液包满溢造成气压机一段带液。

☞ 217. 塞阀的结构是怎样的?

塞阀主要由阀体部分、传动部分、定位及阀位变送部分和补偿弹簧箱组成，结构见图6-33。阀体又包括阀座、阀头和阀杆。

☞ 218. 什么是补偿弹簧箱?

与塞阀阀头接触的塞阀阀座连接在立管上，在开停工过程中，由于温度的变化，立管有很大的膨胀和收缩。补偿弹簧箱就是用来吸收(或补偿)这一较大的膨胀(或收缩)量的。补偿弹簧箱的示意图见图6-34。

补偿弹簧箱吸收膨胀量的过程主要是基于当阀在开启状态时，弹簧完全卸载这一事实。阀头、阀杆通过螺套与压缩弹簧连在一起，组成一个可伸长(或缩短)的系统。当阀在开启状态时，阀头和阀座不接触，各自的膨胀(或收缩)彼此无关。阀头的运动仅仅是通过螺套的正反转实现，弹簧完全卸载。但当阀关闭时，立管的膨胀就推动阀头，阀杆向下，由于螺套上的滑键导向，使弹簧压缩而吸收膨胀。反之，当立管收缩时，在弹簧力的作用下，使阀杆、阀头一起向上运动。由于立管的膨胀量较大，如果全部膨胀都是由弹簧一直被压缩所吸收，则不仅使弹簧力过大，而且在需要开阀时弹簧应先卸载(回到原位)，即有一段空程后阀才能开启，这样就造成时间上的滞后，所以必需使弹簧处在不断复位又不断被压缩的状态。我国自行设计的塞阀采用了立管膨胀量补偿的自动(软、硬)跟踪系统。

图 6-33　塞阀结构简图

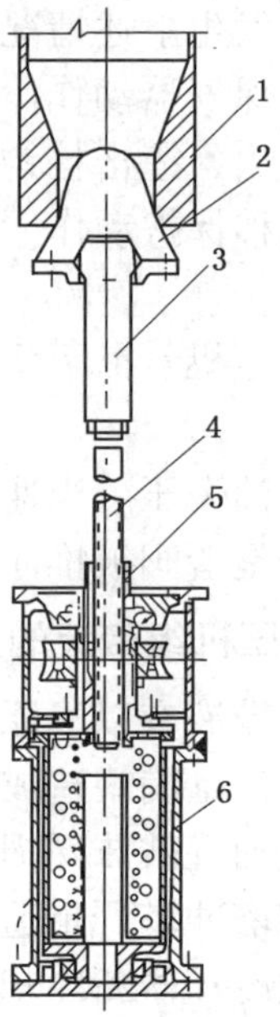

图 6-34　补偿弹簧箱

1—阀座；2—阀头；3—上段阀杆；
4—下段阀杆；5—螺套；6—补偿弹簧箱

☞ 219. 冷壁滑阀的主要部件是什么？

冷壁滑阀主要由阀体、阀盖、节流锥、阀座圈、阀板、导轨和阀杆等部件组成(见图 6-35)。

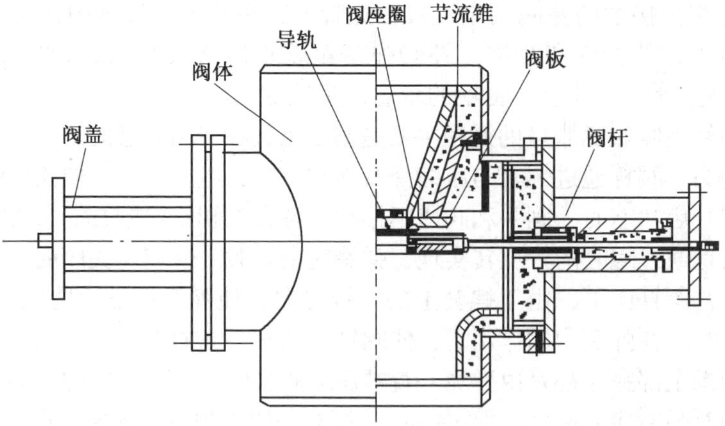

图 6-35　双动滑阀结构简图

（1）阀体。冷壁单双动滑阀的阀体为20g或16MnR钢板焊接的圆型同径三通和异径四通结构。阀体内部衬有无龟甲网隔热耐磨双层衬里。阀体的安装采用焊接形式，并与安装管线采用相同内径的同类材料连接。现场焊接方便、质量易保证，且介质流动平稳，避免了变径处衬里的局部磨损。

阀体与阀盖连接采用标准圆形法兰结构，其受力均匀，密封面加工质量易保证，并配用标准缠绕垫片，密封可靠，解决了原热壁滑阀矩形法兰容易泄漏的问题。

（2）阀盖。阀盖采用组焊结构，材质与阀体相同。阀盖法兰内表面衬有单层衬里。阀盖法兰两侧和填料函上分别设有导轨和阀杆的吹扫口，正常操作时通入吹扫风，以防催化剂阻塞阀板和阀杆。

阀盖上的填料函采用串联填料密封结构，即在一个填料函内串联装入两种不同材料和规格的填料，内侧为备用填料，外侧是工作填料。正常操作时，备用填料松套在阀杆上，并不压紧，当工作填料失效或需要更换时，可通过填料函上备用填料外的注入口向内注入液体填充，将备用填料充实并压紧，使该填料起到密封作用，在阀门正常调节状态下，可方便地更换外侧的工作填料。

（3）节流锥。节流锥位于阀体内部，是滑阀的重要受力部件，它承受介质压差及阀座圈、导轨和阀板等的全部重量。由于处在高温区，节流锥用高温合金钢铸造，与碳钢阀体的连接采用螺栓连接结构，节流锥上端法兰坐落在焊于阀体的碳钢环形座圈上，用螺栓固定及导向。

（4）阀座圈、阀板与导轨。冷壁滑阀的阀座圈和导轨采用可预组装的整体结构形式。为避免高温介质对导轨的直接冲刷，导轨远离阀口布置。

阀座圈、阀板和导轨均为高温合金钢铸造结构。导轨采用L型截面，结构简单，便于喷焊硬质合金和磨削加工。阀座圈的阀口和阀板头部均衬有衬里。阀座上表面全部衬里，阀座圈与阀板有相对滑动的衬里表面。

（5）阀杆。阀杆为高温合金钢锻造结构，与阀板连接的头部采用集T型接头和后密封台阶于一体的圆柱形球面连接形式。阀杆与阀板的连接采用滑动配合，以适应阀板随节流锥、阀座圈热胀冷缩时的位移。

阀杆表面喷焊硬质合金，其表面硬化层厚而均匀，经磨削后几何精度高，表面光滑，有利于提高填料的密封性能。

☞ 220. 冷壁滑阀的特点是什么？

冷壁滑阀是按冷壁结构设计的一种滑阀，阀体材质采用碳钢，外部不加保温，内部衬隔热耐磨双层衬里。其主要特点是：

（1）外壁温度低，热损失小，改善了滑阀附近的环境条件。

（2）仅需更改滑阀内件即可满足更高操作温度的要求。

（3）阀盖采用标准圆形法兰，无泄漏问题。

（4）便于现场与管线的焊接安装，质量易保证。

（5）降低了外壁的热膨胀和热应力，有利于管线设计。

☞ 221. 电液滑阀有什么优点？

（1）灵敏度高，响应速度快

电液滑阀的控制信号为电信号传输，响应速度快，不像气动滑阀那样有滞后现象。原气动滑阀在小信号和阀位接近全关位置时，滑阀灵敏度很低，调节性能也差。而采用电液滑阀后，在小信号及接近全关位置时仍然具有很高的灵敏度。在开工过程中，缩短了装置达到稳定的时间。

（2）推动力大，行程速度快，调节平稳

电液滑阀的推动力大，在输入信号变化不足0.25%时就能达到最大推力，消除了气动滑阀经常出现的卡阻现象。行程速度是气动阀的5倍以上，且操作过程平稳。

（3）具有自保和锁位功能

当输入信号丢失时，在主控室有声光报警，同时使阀就地锁位，可避免因信号丢失而引起的生产波动。

（4）控制精度得到了提高

电液滑阀在控制精度上有了大幅度提高，减少波动。

（5）改进阀体外壳材质

壳体由不锈钢改为碳钢，有利于与管道的焊接。由于阀体内部结构的改进，使得抗冲刷性、耐磨性均比气动滑阀有所提高。

☞ 222. LBZN II 电液执行机构由哪些结构组成？

（1）iSA 控制器及其辅助部件（红外遥控器、电气控制箱、接线箱等）。

（2）油源及液压控制回路，包括液位/温度开关、压力传感器、卸荷电磁阀、点动电磁阀、电液比例阀、锁位电磁阀、电机-泵组合等。

（3）执行机构，包括油缸、手动机构、位移传感器等。

☞ 223. LBZN II 电液执行机构有哪些特点？

（1）使用了高度智能化的 iSA 控制器，使阀门综合控制功能得到大幅度提升。

（2）无须打开防爆箱，即可通过红外遥控器设置和浏览运行参数，充分保证了产品和装置的防爆安全性。

（3）电机-泵以间歇或连续方式运行，大大降低了系统温升和耗能，也延长了泵的使用寿命。

（4）带有自加热技术，低温适应性强。

（5）调节(远程+本地)、备用调节、本地点动和手动等操作方式独立并联，提高了产品的安全性。

（6）使用高性能电液比例阀，将液压油的清洁度要求由 7 级降低为 9 级，且通过比例阀驱动技术，使位置控制灵敏度和综合精度达到 0.1%以上。

（7）参数备份和恢复功能，使 iSA 控制器的备件更换无须调校。

（8）报警事件存储功能，有助于故障原因的追溯。

☞ 224. 双动滑阀的作用是什么？

双动滑阀安装在再生器出来的大烟气管道上。阀内有两块向相反方向移动的阀板，分别由两个马达带动。双动滑阀的主要作用是通过调节它的开度来控制再生器的压力，使再生器与反应器的压力差维持在某个稳定值。实际生产中反应器的压力也会发生波动。因此，双动滑阀的开度是根据两器差压变化的信号来进行动作而不单纯根据再生器来的压力信号。除了调节两器差压外，在发生事故时，可通过双动滑阀放空以防止再生器超压。

在高低并列式催化裂化装置上，再生器压力不是由两器差压控制，而是由再生器压力单参数自动控制的，两器差压只是一个参考数。

有的装置采用烟气轮机后，正常时，用烟机入口蝶阀控制再生器压力，双动滑阀全关；而在发生事故时，自动由双滑阀放空来调节再生器压力或两器差压。

☞ 225. 双动滑阀为什么关不死？

双动滑阀即使在全关时，也因留有一空隙而关不死。这是为了防止因双动滑阀全关而使再生器超压，引起恶性事故。这一空隙是根据主风机停机后，再生器内的事故蒸汽量和其他蒸汽量一并考虑设计的。

☞ 226. 滑阀定期保养维护的内容是什么？

（1）经常检查和定期紧固接头、法兰、液压元件及阀门的螺钉，以防止松动造成渗漏。

（2）定期更换密封件，密封件一般应一到两年更换为宜。

（3）阀杆密封填料容易失效，应定期关注填料是否泄漏。如果泄漏，适当上紧填料压盖螺栓直至不漏；如果继续泄漏，要求更换填料。依照图 6-36 填料结构示意图，更换填料的步骤如下：

① 切断执行机构主电源。

② 上紧挡圈紧定螺栓。

③ 松开填料压盖螺栓允许完全泄漏。

④ 打开截止阀，在液体填料注入口挤压注入等效的一次液体填料，连续注入直到不漏为止，然后关闭截止阀。填料注入器可用手拧式或液压式。

⑤ 取出填料压盖和填料压盖螺栓。

⑥ 取出并更换原来的二次填料，二次填料可用其他同类填料代替。

⑦ 更换填料压盖和填料压盖螺栓，按正常维护适当上紧填料压盖螺栓。

⑧ 再次打开截止阀以泄出一次填料中的压力，然后关闭截止阀。

⑨ 再次拧紧填料压盖螺栓以防止任何泄漏。

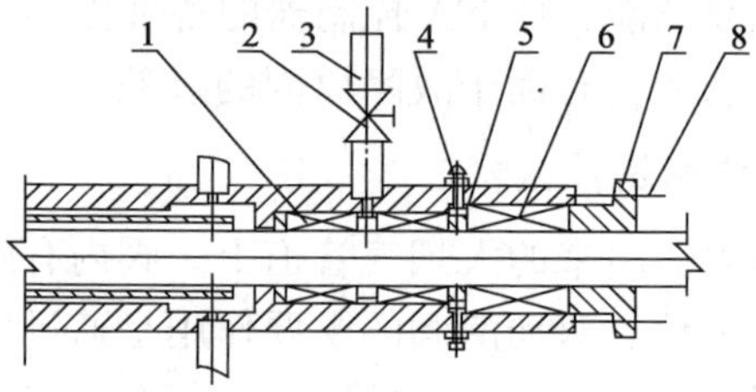

图 6-36　填料结构示意图

1—一次填料；2—截止阀；3—液体填料注入口；4—挡圈紧定螺栓；5—挡圈；6—二次填料；7—填料压盖；8—填料压盖螺栓

☞ 227. 滑阀维护注意事项有哪些？

（1）装置开工及正常运行阶段要求保证填料部位连续吹扫，吹扫介质为干过热蒸汽，要求不含冷凝液，吹扫蒸汽的压力一般为 1.0MPa，最低必须超过阀体管道操作压力 0.1 MPa。

（2）采用定压控制，要求阀吹扫蒸汽压力保证高于阀进口压力。

（3）导轨吹扫仅在开工时催化剂流化前以及当阀发生卡阻时才进行，要求全量吹扫每次 3min。催化剂流化后，导轨吹扫可以停止。（如不设导轨吹扫的滑阀，其导轨为最新设计，可省略设置吹扫气体。）

（4）从开工起到检修为止，阀杆吹扫必须连续不能间断，吹扫流量由节流孔板控制，当阀发生卡阻时，则应打开节流孔板副线全量吹扫 3min。

☞ 228. 长行程气动蝶阀如何进行手动或自动切换？

（1）手动改自动。

① 扳动把杆，将蝶阀开至所需的开度，将卡子旋紧。

② 将手操器切换开关扳向“手动”，且将输出电流调至与实际开度相应的位置。

③ 请仪表工送仪表风。

④ 将卡子旋松。

⑤ 将就地切换开关扳至自动位置。

⑥ 联系反应一操，将主操作室主手操器电流和三机操作室电流对准后，将手操器切开关扳向“自动”。

（2）自动改手动。

① 将卡子旋紧。

② 把就地切换开关扳至手动。

③ 请仪表工关风。

④ 根据一次表读数，用把杆调节蝶阀开度。最后将卡子旋紧。

229. 气缸式蝶阀如何进行手动或自动切换?

(1)“手动”改“遥控”。

① 使手操器输出电流和蝶阀开度对准。

② 开动力风。

③ 稍摇手轮，拔出销子。

④ 将手轮逆时针摇至终点，使丝杆升至最上端。

⑤ 调节手操器输出电流，使蝶阀开至所需位置。

(2)“遥控”改“手动”。

① 摇动手轮降下丝杆，使丝杆上的孔与阀杆上的孔对准，然后插上销子。

② 关动力风。

③ 摇动手轮，使蝶阀开至所需位置。

230. 薄膜式蝶阀如何进行手动或自动切换?

以气关阀为例。

(1)“遥控”改“手动”。

① 摇动手轮，看蝶阀开度是否变化，一旦蝶阀开度变化，即停止摇动手轮。

② 关掉进入气动继动器的仪表风。

③ 摇动手轮，使蝶阀开至所需刻度。

④ 用卡子将手轮卡住。

(2)“手动”改“遥控”(需二人配合)。

① 打开卡子，摇动手轮，使蝶阀开至所需开度。

② 将手操器输出电流调至 4mA。

③ 打开进入气动继动器的仪表风。

④ 由蝶阀开度粗估一个输出电流，一人将输出电流从 4mA 开始缓慢地、逐步地增大，使之略小于粗估电流值。与此同时，另一人注意蝶阀开度，一旦蝶阀动作，即通知停止增加输出电流，将手轮摇至中间位置，并用卡子将手轮卡住。

⑤ 手动输出电流，使蝶阀开至所需位置。

第七章　余热回收系统

☞ **1. 为什么要设取热器？**

一般情况下，当生焦量在5%左右时，催化裂化装置本身可以维持热平衡，但当焦炭产率超过这一界限时，热量就会过剩而产生超温现象。这将引起再生器内温度升高，设备器壁超温。同时，会使催化剂破裂，活性下降。其后果是，裂解过度，产生大量气体，液体收率反而下降等。这些现象都是不允许的。蜡油裂化中，一般不存在热量过剩的问题，当掺有部分渣油或全部渣油后，焦炭产率就明显地提高。例如一个年产处理量0.80Mt的常压渣油催化裂化装置，过剩的热量达83.6MJ/h以上。设置取热器的目的就在于将这些多余的热量取出来，发生蒸汽以供他用，并维持好反应再生系统的热平衡。

☞ **2. 什么是内取热器？什么是外取热器？**

在再生器密相床层内，安装盘管取热，叫内取热。取热的盘管及其他相应的构件组成“内取热器”。它的工作过程是：床层中的催化剂与盘管外壁接触，以对流和辐射的方式，将热量传递到管壁，水流经管内部，吸收热量后成为蒸汽。

外取热器装在再生器外面。催化剂从再生器密相床引出来，进入外取热器，加热给水，使水汽化后将热量带走，催化剂冷却后再回到再生器。这种外取热器有时称为“外部催化剂冷却器”。这种取热方法叫外取热。

☞ **3. 如何确定取热方式和取热器种类？**

内取热器或外取热器，可以单独采用，也可以同时采用，应根据实际需要来定。一般而言，取热方式应根据取热量的大小和热负荷的变化是否频繁而定。而取热量的大小和热负荷的大小，又取决于掺炼渣油的比例、焦炭产率和处理量的大小。

当一个装置要转移出去的热负荷大而恒定，在再生器内装设盘管即可将多余的热量全部取走，便可选用内取热器。如国内第一套常压催化裂化装置初期选用的取热器形式就是内取热器。反之，如果炼油装置多余的热量较大，即使在再生器周围排满了盘管，仍无法将过剩的热量取走；或者原料性质变化很大，处理量也不恒定，在再生器内部装设盘管就难于应付了。在这种情况下就应选用外取热器。内取热器的负荷较为恒定，可以将一部分热量取走，然后用外取热器将多余的热量取走，作为调节取热量的设施。

☞ **4. 内取热器的优缺点是什么？**

内取热器设置在再生器密相床层内，沿再生器周边布置，不用增设输送催化剂的斜管和单动滑阀，节省设备投资，尺寸紧凑，布置合理。其缺点是操作弹性小，盘管浸没在床层内，取热的面积是固定的。因此，在再生器内它的取热量较为恒定，要调节取热量大小就比较困难。这种取热方法，对于装置的处理量或原料性质经常变换的场合是不适应的。此外，因设置在再生器床层内部，温度较高，操作时或开工初期，干烧现象较难避免。因此，通常选用低合金耐热钢作为取热盘管材料。

☞ 5. 影响内取热器传热系数的因素有哪些？

影响传热系数的因素很多，例如：床层温度、床层气体线速、催化剂料面高度即取热管埋入深度、床层催化剂密度、管内汽化率等。在原料性质和处理量固定后，主要影响因素就是床层料面、床层催化剂密度和管内的汽化率。

☞ 6. 内取热器的结构形式有哪些？

根据盘管在再生器内的布置方式，内取热器的结构形式可分为水平式盘管和竖直管式两种。水平盘管是指取热管沿再生器内壁水平布置，盘管沿着器壁固定，在同一水平面上可排二至四根盘管。沿再生器壁高度方向布置的排数，视催化剂密相床层的高度而定，但应使所有的盘管均浸没在密相床层内。取热过程是：给水进入汽包，经循环泵送至床层盘管。水受热后部分汽化，汽水混合物进入汽泡，进行汽水分离。蒸汽被送给过热器（如需要的话）或直接送给用汽单位，水继续循环至床层盘管。为了平衡操作，补给水量应等于或者稍大于排出蒸汽量。

竖直管式内取热器是将取热管沿再生器壁垂直布置。取热管采用双程，上部固定，下端自由膨胀，操作过程与水平式内取热相同。

☞ 7. 内取热管子受到破坏的主要原因是什么？

内取热管子受到破坏的主要原因是：

（1）应力腐蚀破坏。在高温水中存在微量氯离子和溶解氧的条件下，在盘管内表面的腐蚀坑周围，发现有高达几十，乃至数千 μg/g 的氯离子局部浓缩，这大大超过了一般奥氏体不锈钢出现点蚀的临界氯离子浓度。同时，由于盘管内出现汽水分层现象，造成管子内外表面的温差而引起热应力。所以，当盘管选用奥氏体不锈钢时，是完全存在引起应力腐蚀破裂的介质和应力条件的。

（2）应力疲劳破坏。在水平式盘管的入口段，由于流速较低，容易产生汽水分层。加热中产生的蒸汽积聚在管子上部，汽泡增大后又被水带走，管壁出现干湿交替，引起管壁温度呈周期性的变化。随着流速的提高，形成的汽泡变小，停留时间变短，使该处管子又产生温度交变，引起交变应力疲劳破坏。

☞ 8. 内取热管子破坏的特点是什么？

内取热管子破坏的特点是：

（1）不管是水平式盘管还是垂直式盘管，其破坏点均在进水管端。水平式盘管距入口约5~8m。垂直式盘管在水入口的水平段，靠近弯头焊缝处。两者大部分发生在管子上部表面。

（2）管子的破裂，往往先从管子内表面发生裂纹开始。裂纹沿晶界逐渐向外扩展，有些裂纹穿透管壁，并在管内高压蒸汽作用下，使裂纹逐渐形成穿孔。

（3）母材和焊缝均有破坏，而以在母材上的点数为多。

（4）盘管破坏均发生在饱和蒸汽管上，过热蒸汽盘管没有发生破坏。

☞ 9. 如何防止内取热管破坏？

防止内取热管破坏要注意：

（1）合理选用材质。推荐采用具有较高抗高温氧化的能力和抗应力腐蚀能力的Cr5Mo管子。

（2）合理选取工艺参数。一是提高水汽比，加大管内介质的质量流速。水平式盘管水汽比≥10，垂直管取8~10。二是减小取热盘管直径。减小直径有利于消除汽水分层流动，提高管内介质流速，延长使用寿命。水平管采用*DN*80mm管子，垂直管采用*DN*80~100mm管子。对水平式取热盘管，若汽包压力为2.0MPa时，流速应为4m/s以上；汽包压力4.4MPa时，流速应为3m/s以上。三是严格控制水质。

（3）提高制造、安装质量，降低应力水平。在结构设计上，要很好地解决取热盘管本身的热补偿问题。

（4）提高焊接质量。对Cr5Mo管必须用氩弧焊打底，采用热507焊条，并严格遵循现行的Cr5Mo加热炉管道的焊接规程。焊缝进行100%射线探伤检查。焊后进行热处理，以消除焊接残余应力。

（5）加强操作管理。一是每组盘管入口均设流量计；二是加强管理，建立检修和运行档案；三是投运时要慢，避免震动，最好和再生器一起升温；四是要避免干烧。

☞ 10. 外取热器的优缺点是什么？

外取热器的优点是：

（1）取热量的可调节范围大。通过调节单动滑阀的开度，控制通往外取热器催化剂的流量，可以对取热负荷从0~100%进行调节。因此，当处理量不同、原料性质不同或操作条件改变时，能维持反应再生系统的热平衡，保证装置平稳操作。

（2）通过调节取热量的大小，可以有效地控制再生床层的温度，为反应-再生系统的热平衡提供了条件。

（3）外取热器的取热量是通过调节催化剂的流量来达到的，可以保证外取热器的给水不中断，取热管壁能达到及时冷却，可控制壁温不超过碳钢允许的界限。所以，外取热器可以选用碳钢制造，减少合金钢的用量。

外取热器的缺点是增加了与外取热器相连接的管道和阀门，因此，增加了投资和维护费用。

☞ 11. 影响外取热器传热的因素是什么？

影响外取热器传热的因素是：管径、管长、催化剂颗粒的形状和粒度、管子排列方式、气体速度、催化剂质量速度、流化床当量直径和床层温度等。

☞ 12. 外取热技术有何发展？

外取热技术的改进与发展主要体现在以下几个方面：

（1）采用鼓泡床密相传热。这样，不仅传热效率高，而且风耗低、取热量调节灵敏、设备磨蚀小。

（2）催化剂部分返混传热。不但解决了流化风的出路问题，也有效地利用了气体产生的催化剂返混，改善了取热器内的传热状况。

（3）采用大直径且可单独切断的翅片传热管。由于取热管数目少、弯头少、接点少，从而增强了取热器的可靠性。其他形式的取热管由于管子多、变头多、接点多而容易产生泄漏。由于取热管外传热系数 300～400W/(m^2·K) 远小于管内传热系数，故增加管外传热面积是很有效的。翅片管可大大提高传热效率。

（4）采用气控调节取代滑阀调节。根据固体催化剂在不同线速下具有不同的流化状态的特点，利用调节风量大小来调节催化剂的流化及输送，从而达到调节取热量的目的。从应用情况来看，气控调节完全可起到原有滑阀的调节作用。另外，滑阀造价昂贵，事故多。尽管从理论上讲，滑阀可使取热器与再生器切断隔离，实际上做不到，即使完全关闭了，也不允许就地检修。

（5）对小型气控式外取热器，尽量使取热器用风主风化，提高外取热器运转的经济性。

☞ 13. 气控式外取热技术的工艺流程是怎样的？

热催化剂由再生器淹流管靠催化剂重力向下与由壳体经分布器进入的向上的流化风逆流接触，使催化剂在流化状态下进入提升管，催化剂循环量由增压机来的提升风调节。循环催化剂和提升风由再生器中心的分配器引出，如图 7－1 所示。

采用这种流程既可减少提升风对流化床层的影响，也可充分利用该部分提升风烧焦。催化剂流入壳程过程中脱除的烟气和壳程通入的流化风由淹流管的上部返回再生器，这股气体量不大，对再生器流化影响不大。

水汽循环系统除氧水由汽包自流进入取热管束的内套管向下流动，经套管底部回转，经内外套管之间环隙通道向上流入水汽集合管，进入汽包。

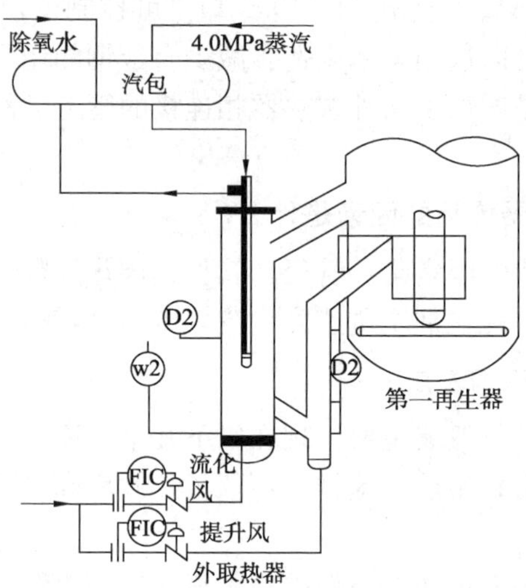

图 7-1　气控式外取热器工艺原则流程

☞ 14. 气控式外取热技术有何特点？

这种形式的外取热器，催化剂流动采用下流式，取消了与再生器相连的催化剂下料管和催化剂返回管上的滑阀。与其他形式的外取热器相比，有其独特之处。

（1）用提升风代替滑阀调节催化剂循环量。再生器和外取热器之间的催化剂循环是靠外取热器内的催化剂密度（500～600kg/m^3）和提升管内循环催化剂密度（150～300kg/m^3）的密度差来实现的。用改变提升管内气体线速的方法来改变催化剂循环量，以达到调节再生器取热量的目的。改变外取热器内的流化风量也可改变取热量。利用两者的综合效果，取热量的调节范围可达 0～100%，在灵敏区内取热量的可调范围在 50%以上。

（2）与 UOP 公司的返混式取热器相比，该取热器冷热催化剂各行其道，取热器壳体的高径比可加大（目前已运行的取热器壳体高径比有 3、3.5、5 和 5.6 等），这样可增加取热能力。

（3）为了强化传热，取热管束采用洛阳石油化工工程公司开发的套管式翅片管。此种取热管束抗事故能力强，在几个炼油厂的使用中，汽包曾发生干锅事故也未使取热管损坏，使用寿命长，传热系数高达 600～650W/（m^2·K）。

（4）在再生器框架标高低时也能满足压力平衡要求。取热器可直接悬挂在再生器裙座上，不需另设基础，并可用弹簧支架来吸收外取热器与再生器壁之间的热膨胀量，节省催化剂引入管上昂贵的波形补偿器等。

（5）采用密相传热。外取热器的线速很低（0.3m/s），因此，催化剂颗粒对取热管束的磨蚀很小；提升管也处于低速密相输送状态(3~6m/s)，提升管的磨损也小。两者均有利于延长取热器的使用寿命。

(6) 取热器壳程所需流化风量及提升管输送风量均小，与风耗较低的下流式相当，仅占第一再生器(一再)总风量的55%~10%。同时流化风和输送风可继续在再生器内发挥烧焦作用。在循环催化剂返回口设有分配器，减少了流化及提升风对再生器内催化剂流化的影响。

(7) 取热器开停工方便。和一般取热器一样，根据两器热平衡或事故的需要，可随时开停。催化剂可长期在取热器内存放或成死床，也不需用单动滑阀与再生器切断，需启用时也较方便。

(8) 水汽自然循环，操作方便，安全可靠，且节省了投资与能耗。

☞ 15. 如何调节外取热器的取热量？

外取热器的取热量的调节是通过调节外取热器的催化剂循环量、外取热器流化风量及提升风量来改变外取热器的催化剂平均密度、流化床线速来实现的。

☞ 16. 如何进行外取热器冲洗？

要按设计图纸中指定的有关施工验收规范，对外取热器系统逐项进行验收。合格后，在投入试运前应对外部系统进行水冲洗(汽包至取热管不冲洗)。在分段冲洗管道时，不得将污物冲入汽包和取热管内。冲洗应使用软化水或合格的锅炉给水。冲洗水的流速应不小于1.0m/s。当冲洗出的水清净且与入口水质接近时，即为合格。

☞ 17. 如何进行外取热器的衬里烘烤？

采用烘烤再生器的热风或烟气作为热源，外取热器的衬里烘烤及煮炉与再生器的衬里烘烤同时进行。衬里烘烤的步骤如下：

(1) 取热管不能采用蒸汽保护的烘烤方案。取热管任何工况都不能干烧。整个系统需充入合格的锅炉给水。充水至汽包正常水位线以下50mm处。如果无水烘烤，虽然管壁温度可能没有超过材料的允许温度，但是肋片管受热不均匀会造成取热管变形，投用时可能出现漏水。

(2) 汽包压力随烘炉曲线升高，最高可达正常操作压力。但应严防超压。取热管内的水汽饱和温度随汽包压力的提高而升高，有利于烘烤温度的提高。

(3) 外取热器烘衬里的烟气温度以取热器中部温度为准。通过烟气放空量的增大提高烘烤温度。上部和下部的放空口不能同时打开。对于进料口和出料口都接自再生器的同一床层区段的取热器，由下部放空口放空。升温升压曲线见图7-2。

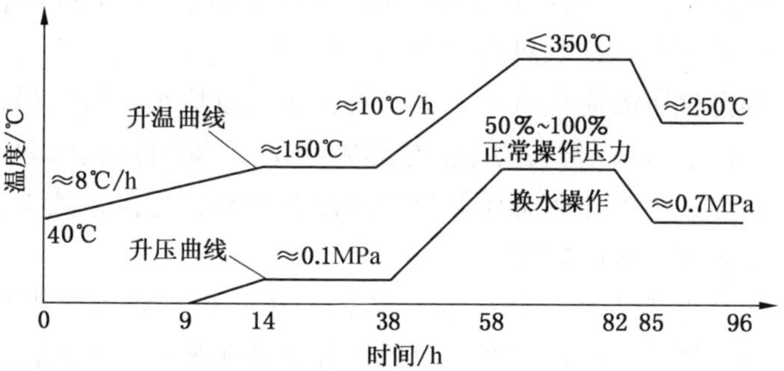

图 7-2　外取热器衬里烘烤与煮炉升温升压曲线

18. 如何进行外取热器的煮炉？

外取热器煮炉的步骤如下：

(1) 整个系统充入合格的锅炉给水后，加入氢氧化钠和磷酸三钠。加药量按每立方米水各加入 3~5kg(100%纯度)计。应将药品溶解后加入，不得加入固体。在加药操作中应有防护装备，以免发生烧伤事故。药品一次加够，然后补充给水至汽包正常水位线以上 50~75mm 处。

(2) 汽包升压速度应控制在汽包水饱和温度升温速度不大于 50℃/h。汽包压力升至 0.4~0.5MPa 时，应对所有的阀门、法兰、人孔和手孔等接合部进行一次热紧；汽包压力升至正常压力的 50%~60%(当煮炉与烘衬里同时进行时，最高升至正常压力)，由放空汽量来维持汽包压力(放空量一般为设计产汽量的 10%~15%)。在此压力下煮炉时间不少于 24h。在此期间汽包水位维持在正常水位线以上 50~75mm 处。煮炉期间只对汽包水取样化验，不进行排污操作。

(3) 煮炉 24h 后，减小放空量，增大给水量，对系统进行换水操作。操作中应连续化验汽包水的水质，直至水质达到正常汽包水水质要求，换水操作完毕。在此之后，可进行汽包安全阀整定及蒸汽严密试验工作。在外取热器煮炉后第一次投入运行时，应再次进行换水操作，使第一次换水操作中因热负荷不足而不能充分换水的部分彻底换水。

(4) 如果煮炉推迟到喷油后进行，应用掺炼重油量来维持再生温度。上水、加药及煮炉按前述进行。外取热器底部的流化风量调至取热器空塔流速为 0.07~0.1m/s，以催化剂取热提供煮炉所需热量。汽包压力由放空汽量来维持。换水操作完毕后，进行安全阀整定。

19. 外取热器正常操作要注意什么？

(1) 外取热器在任何工况下都不能干烧。对于已出现漏水的取热管应切除，并在大检修时更换。

(2) 对于汽包与取热器分开布置的外取热器，取热管组进出口的阀门应处在全开状态，只有该组发生漏水事故时才能关闭，并且同时打开该组出口的放空小阀。

（3）汽包的升压和降压操作应力求平稳。升压速度应控制在汽包水饱和温度升温速度不大于50℃/h，降压时不大于70℃/h。

（4）汽包水位应维持在正常水位线上下50mm（一般水位指示为42%~58%）范围内，不得以放水或排污量来维持水位。每班应对仪表水位指示和就地水位进行核对，并且对就地水位计进行一次冲洗操作。

（5）紧急放水阀是为处理事故满水而设置的，不得以此阀来调节水位。事故满水处理完毕后，应尽快关闭该阀。否则，虽然水位不再急降，但将有大量饱和蒸汽被放掉，而且会发生蒸汽过热管烧坏事故。

（6）外取热器壳体上各处松动风只是备用措施，应尽可能不用（1997年以后设计的外取热器筒体不再设松动风）。一旦投用时，一定要投用限流孔板，并且要注意限流孔板的旁通阀一定要关闭，尤其长时间开启旁通阀将吹坏取热管，造成漏水事故。在停运期间不能投用松动风，否则松动点周围的催化剂会吸附松动风所含的水蒸气而结块，给以后的投用带来困难。

（7）流化与提升风管靠器壁处的压缩空气管是启用外取热器的备用手段。该管上的阀门不要关死，总要有少量空气流过。以便万一流化与提升风突然中断，催化剂也不会堵塞风管，可给下次启用带来方便。

☞ **20. 外取热器的负荷如何调节？**

外取热器的负荷调节要点：

（1）根据再生温度的变化调节取热器的负荷，力求做到平稳，负荷变化速度不能过大，一般控制在每分钟的变化量为设计取热能力的3%~5%为宜。

（2）气控式外取热器是通过调节流化风量来改变传热系数、调节提升风量来改变催化剂循环量，从而改变传热温差以调节取热负荷。所以，流化风和提升风要配合起来调节，对应每一个流化风的空塔速度都有一条随提升风量而变化的热负荷曲线。

（3）流化风变化使传热系数变化的敏感区很小。一般流化风空塔速度为0.05~0.3m/s，在此范围内影响比较平缓。流化风空塔流速不宜大于0.3m/s，否则会减小催化剂的循环推动力和阻碍催化剂入口管的进料能力。

（4）取热负荷在设计能力的50%~100%范围内变化时，控制流化风空塔流速为0.2~0.3m/s不变，改变提升风量以调节取热负荷。

（5）取热负荷在设计能力的50%~25%范围内变化时，固定流化风空塔流速为0.05~0.07m/s，改变提升风量以调节取热负荷。

（6）取热负荷在设计能力的30%以下时，关闭流化风，只改变提升风量以调节取热负荷。

☞ **21. 外取热器如何停运?**

外取热器停运的步骤如下:

(1)缓慢降低取热负荷直至流化风和提升风完全关闭。

(2)取热器处于热备用状态时,用外取热器提升管底部的流化环流化风或再用极小的提升风来维持取热器有少量的催化剂循环。汽包与饱和蒸汽母管连通,汽包给水采用手动间断进水。

(3)外取热器长期停运时,流化风和提升风及其备用的压缩空气都关闭,汽包进满除氧水,维持汽包水压力为0.2~0.3MPa,防止空气进入汽包造成腐蚀(湿法保护)。

(4)外取热器在冬季长期停运时,用外取热器提升管底部的流化环流化风或再用极小的流化风来维持取热器有少量的取热,维持汽包顶部的放气口有极少量的饱和蒸汽冒出(汽包压力0.01~0.02MPa)。汽包给水采用手动间断进水,以此保证汽水系统不发生冻结和取热器底部不发生结露冻结或结块。

☞ **22. 取热器漏水现象是什么?**

在其他参数未变化的情况下,出现以下现象:

(1)再生压力和两器差压有上升趋势,烟机入口蝶阀或双动滑阀自动开大;

(2)再生器密相床密度有波动或下降趋势;

(3)再生器密相床温度下降,需要提高掺渣比或降低取热负荷来维稳;

(4)旋风分离器压力降上升;

(5)催化剂跑损增加,烟机入口催化剂浓度上升;

(6)汽包给水流量不正常,大于发生蒸汽流量;

(7)就地泄漏组蒸发套管管束压力表较其他组低。

☞ **23. 取热器漏水的原因是什么?**

(1)松动风较长时间启动,或启动松动风旁路将取热管吹破;

(2)因断水或缺水,取热管被过热干烧;

(3)取热管母材有缺陷或应力损坏;

(4)取热管超过使用寿命(使用寿命一般为8年),管壁磨损减薄、破裂。

☞ **24. 取热器漏水如何处理?**

取热器漏水的处理方法如下:

(1)利用取热器筒体上的温度测点,分析、确定漏管的方位;

(2)利用探针听诊,有异常声音的取热管发生漏水的可能性极大;

(3)利用每组取热管出入口阀门的关闭,巡查漏水管,并切除漏水管;

(4)漏水管切除后,反应部分视情况调整。

☞ 25. 取热器爆管的现象和处理方法是什么？

取热器爆管的现象：

（1）再生压力大幅上升，两器差压大幅上升；

（2）再生器密相床密度下降；

（3）再生器密相床温度下降；

（4）旋风分离器压力降上升；

（5）催化剂跑损增加，烟机入口催化剂浓度上升；

（6）汽包给水流量不正常，大于发生蒸汽流量，严重时汽包水位难以维持正常。

处理方法：

（1）依据就地压力表或温度计，判断出爆管套管管束，切断其水路和汽路；

（2）若是外取热器爆管则降低负荷，减少其对反再系统的冲击，提高再生温度；

（3）再生温度较低情况下，可以考虑通过喷燃烧油的方式短时间维稳；

（4）若主风机三机组的电机功率够大则考虑停用烟机，功率偏小可以适当关小烟机入口蝶阀；

（5）若两器差压、再生温度、藏量及或其他操作参数不足以保证安全，则紧急停车。

☞ 26. 外取热器蒸发管的结构特征有哪些？

外取热器蒸发管如图 7-3 所示，结构特征如下：

图 7-3　外取热器蒸发管

（1）每一组蒸发管束均为套管式换热器；

（2）除氧水走套管内管，水汽混合物走外管；

(3) 每一组蒸发管束均为翅片式换热器；

(4) 翅片为与管束通向长条断开状翅片；

(5) 每一组蒸发管束一端为自由端。

☞ 27. 外取热器蒸发管为何要设置成上述结构？

原因如下：

(1) 设置成单组套管的优点：泄漏时可以单组切出、给催化剂提供流化通道；

(2) 除氧水走套管内管可以提高换热平均温差；

(3) 蒸发管束设置为翅片式的目的是提高换热面积；

(4) 由于翅片设置为长条断开状的目的是防止翅片不受管束膨胀而拉断或将管束拉裂；

(5) 由于蒸发管束的长度为20m左右，它有常温升温至600℃以上，管束设置为自由端是为了消除热膨胀应力对管束的伤害。

☞ 28. 取热器汽包干锅的现象是什么？

(1) 取热器及再生器密、稀相床温度急剧上升；

(2) 汽包水位指示回零；

(3) 给水流量回零；

(4) 给水流量不正常，小于蒸汽流量；

(5) 汽包低水位报警；

(6) 汽包假性满液位。

☞ 29. 取热器汽包干锅的原因是什么？

(1) 除氧水装置故障造成供水中断；

(2) 给水泵故障，造成给水中断；

(3) 给水泵回流水量过大或给水管路漏水严重；

(4) 定期排污阀未关或其他误操作；

(5) 汽包假性满液位，自控状态下造成断水。

☞ 30. 取热器汽包干锅如何处理？

取热器汽包干锅的处理方法如下：

(1) 立即关闭催化剂滑阀，调节流化风和提升风量，降低取热负荷直至停止取热；

(2) 反应部分立即降低进料量和重油掺入量，防止再生器超温；

(3) 查明干锅原因后，应对处理，并做好重新启动准备；

(4) 注意取热器温度降至150℃以下才能给汽包上水，严防发生取热管破坏或取热系统爆炸的恶性事故。

☞ 31. 再生器燃料油雾化蒸汽的作用是什么？

利用一定压力的雾化剂的冲击和搅拌作用，使燃料喷成雾状，从而使燃料与室气混合充分，燃烧完全。雾化剂量过小，雾化就不好，燃烧不完全，火嘴处容易结焦，烟囱冒黑烟；雾化剂量过大，雾化虽好，但容易缩火，同时带走的热量也多。因此，雾化剂量必须适当，过大和过小都不适宜。

☞ 32. 开工阶段再生器喷燃料油的条件有哪些？

（1）燃烧油喷嘴处的热载体（平衡催化剂）的密度在 200kg/m^{3}以上；

（2）再生器主风流量正常，即有氧环境；

（3）密相流化正常不偏流；

（4）密相温度大于燃烧油的自燃点（燃烧油一般为轻柴油，故一般温度≮400℃）。

☞ 33. 瓦斯罐为什么要加蒸汽夹套或盘管？

因为一般瓦斯温度是 40℃左右，高于大气温度。当瓦斯温度降低时，便会有凝缩油冷凝下来。瓦斯带油会使燃烧恶化，使炉温超高，工艺条件破坏，操作混乱。因此，在瓦斯进火嘴前要设瓦斯罐，并加热，以防瓦斯带油。因为蒸汽来源方便，又安全，所以，一般采用蒸汽夹套或盘管来加热。

☞ 34. 上下汽包自然循环的组成设备有哪些？工作原理是什么？

上下汽包自然循环系统主要由汽包、上升管、下降管、下汽包（泥包）、管束联箱组成。

工作原理：锅炉在冷态下，汽包水位标高以下的蒸发系统内充满的水是静止的。当上升管在锅炉上升管处于烟气温度较高的上游，受热时部分水就生成蒸汽，形成了密度较小的汽水混合物。而下降管处于烟气温度偏低的下游，生成蒸汽少，故管中水分密度较大，这样在两者密度差的作用下就产生了推动力，汽水混合物在水冷壁内向上流动，经过上联箱、导管进入汽包，下降管中由汽包来的水则向下流动，经下联箱补充到下汽包内，这样不断地循环流动，就自然形成水汽循环流动。

☞ 35. 汽包的作用主要有哪些？

（1）汽包是工质加热、蒸发、过热三个过程的连接枢纽，同时作为一个平衡容器，保持水冷壁中汽水混合物流动所需压头。

（2）汽包容有一定数量的水和汽，加之本身的容积很大，因此有相当的蓄热量，在锅炉工况变化时，能起缓冲、稳定汽压的作用。

（3）装设汽水分离和蒸汽净化装置，保证饱和蒸汽的品质。

（4）装置测量表计及安全附件，如压力表、水位计、安全阀等。

☞ 36. 汽包内部主要有哪些装置？它们的布置位置和作用怎样？

发汽设备随参数容量的不同，其汽包内部装置也不完全一样。现以高压和超高压锅炉的汽包为例，介绍其内部装置、它们的布置位置及主要作用。

沿汽包长度在两侧装设若干旋风分离器，每个旋风分离器筒体顶部配置有百叶窗(波形板)分离器，它们的主要作用是将由上升管引入的汽水混合物进行汽和水的初步分离。在汽包内的中上部，水平装设蒸汽清洗孔板，其上有清洁给水层，当蒸汽穿过水层时，便将溶于蒸汽或携带的部分盐分转溶于水中，以降低蒸汽的含盐。靠近汽包的顶部设有多孔板，均匀汽包内上升蒸汽流，并将蒸汽中的水分进一步分离出来。汽包中心线以下 150mm 左右设有事故放水管口；正常水位线下约 200mm 处设有连续排污管口，再下面布置加药管。下降管入口处还装设了十字挡板，以防止下降管口产生漩涡斗造成下降管带汽。

☞ 37. 旋风分离器的结构及工作原理是怎样的？

旋风分离器由筒体、引入管、顶帽、溢流环、筒底导叶和底板等部件组成。旋风分离器是一种分离效果很好的汽水分离设备，其工作原理及工作过程是：较高流速的汽水混合物，经引入管切向进入筒体而产生旋转运动，在离心力的作用下，将水滴抛向筒壁，使汽水初步分离。分离出来的水通过筒底四周导叶，流入汽包水容积中。饱和蒸汽在筒体内向上流动，进入顶帽的波形板间隙中曲折流动，在离心力和惯性力的作用下，小水滴被抛到波形板上，在附着力作用下形成水膜下流，经筒壁流入汽包水容积，使汽水进一步分离，而饱和蒸汽从顶帽上方或四周引入汽包蒸汽空间。

☞ 38. 汽包百叶窗(波形板)分离器的结构及工作原理是怎样的？

百叶窗分离器是由许多平行的波浪形薄钢板组成，波形板厚度为 0.8～1.2mm，相邻两块波形板之间的距离为 10mm，并用 2～3mm 厚的钢板边框固定。

工作原理及过程是：经过粗分离的蒸汽进入百叶窗分离器后，在波形板之间曲折流动。蒸汽中的小水滴，在离心力、惯性力和重力的作用下抛到板壁上，在附着力的作用下，使水滴黏附在波形板上形成水膜。水膜在重力作用下向下流入汽包水容积，使汽水得到进一步分离。由于利用附着力分离蒸汽中细小水滴的效果好，所以百叶窗分离器被广泛地用来作为细分离设备。

☞ 39. 上汽包左右旋的旋风分离器在汽包内如何布置？为什么要如此布置？

旋风分离器虽然能使分离出来的水经过筒底倾斜导叶平稳地流入汽包水容积，但并不能消除其旋转动能，水的旋转运动可能造成汽包水位的偏斜。因此，采用左旋与右旋旋风分离器交错排列的布置方法，可将排水的旋转运动相互抵消，使汽包水位保持稳定。

40. 连续排污管口一般装在何处？为什么？排污率为多少？

连续排污管口一般装在汽包正常水位（40%左右）下 200～300mm 处。锅水由于连续不断地蒸发而逐渐浓缩，使水表面附近含盐浓度最高。所以，连续排污管口应安装在锅水浓度最大的区域，以连续排出高浓度锅水，补充以清洁的给水，从而改善锅水品质。排污率一般为蒸发量的 1%左右。

41. 汽包内锅水加药处理的意义是什么？

防止锅内结垢，若单纯用锅炉外水处理除去给水所含硬度，需用较多设备，会大大增加投资；而加大锅水排污，不但增加工质热量损失，也不能消除锅水残余硬度。因此，除采用锅炉外水处理外，也在锅炉内对锅水进行加药处理，清除锅水残余硬度，防止锅炉结垢。其方法是在锅水中加入磷酸盐，使磷酸根离子与锅水中钙镁离子结合，生成难溶于水的沉淀泥渣，定期排污排除，使锅水保持一定量的磷酸根，既不产生结垢和腐蚀，又保证蒸汽品质。

42. 定期排污的目的是什么？排污管口装在何处？

由于锅水含有铁锈和加药处理形成的沉淀水渣等杂质，并沉积在水循环回路的底部，定期排污的目的是定期将这些水渣等沉淀杂质排出，提高锅水的品质。定期排污口一般设在下联箱、集中下降管的下部及泥包的底部。

43. 什么是汽包液位三冲量控制方案？

三冲量控制系统从结构上来说，是一个带有前馈信号的串级控制系统，见图 7-4。三冲量是指锅炉汽包液位、蒸汽流量和除氧水给水流量这三个测量信号，其中锅炉汽包液位是主要冲量，蒸汽流量和除氧水给水流量是辅助冲量。锅炉汽包液位控制器 LIC1001 与除氧水流量控制器 FIC1001 构成串级控制系统，锅炉汽包液位是主变量，除氧水流量是副变量。副变量的引入使系统对给水压力的波动有较强的克服能力。蒸汽流量的波动是引起汽包液位变化的因素，因此在蒸汽波动时，通过引入前馈控制，当蒸汽流量产生变化时，马上对控制回路产生调节，

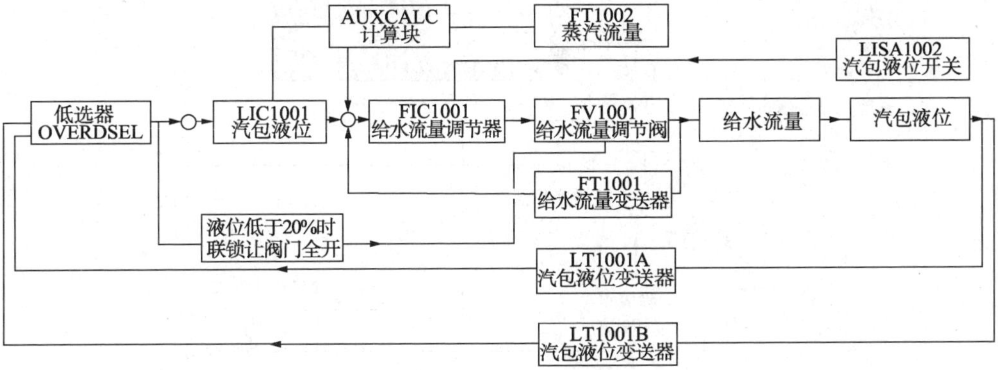

图 7-4　汽包液位三冲量控制方案

使除氧水流量作相应的变化，所以这是按干扰进行控制的，通过把蒸汽流量信号作为前馈信号引入到汽包液位与除氧水给水流量的串级控制，就组成了三冲量控制。

☞ 44. 如何提高烟气余热锅炉的热效率？

提高余热锅炉热效率的方法有：

（1）再生烟气不走旁路放空，确保全部进入余热锅炉。

（2）定期对过热管束、蒸发管束和省煤器管束表面进行吹灰。

（3）优化反再系统的操作，有效控制烟气中的催化剂浓度与粒度。

（4）做好省煤器的防腐工作，确保省煤器长周期运行。

（5）有效优化SCR脱硝模块的操作，防止其催化剂箱体积灰和堆积硫酸氢铵。

☞ 45. 余热锅炉哪个部位最容易发生露点腐蚀？防治措施有哪些？

再生烟气中的组分：NO_x、N_2、CO_2、O_2、SO_2、SO_3、CO、H_2O（蒸汽）、催化剂细粉，等等。当烟气中的水蒸气遇到省煤器低温部位的管束，水蒸气降温至其露点温度时，水珠析出，烟气中的NO_2、SO_2和SO_3溶解于水后为硝酸、亚硫酸和硫酸电解液，进而在管束表面形成原电池，对管束进行电化学腐蚀和化学腐蚀，我们叫它露点腐蚀。防治措施就是将高温省煤器出口的180℃以上的热水与低温省煤器102℃的进水换热，将低温省煤器的进水提高到145℃左右，有效杜绝省煤器的露点腐蚀，流程见图7-5。

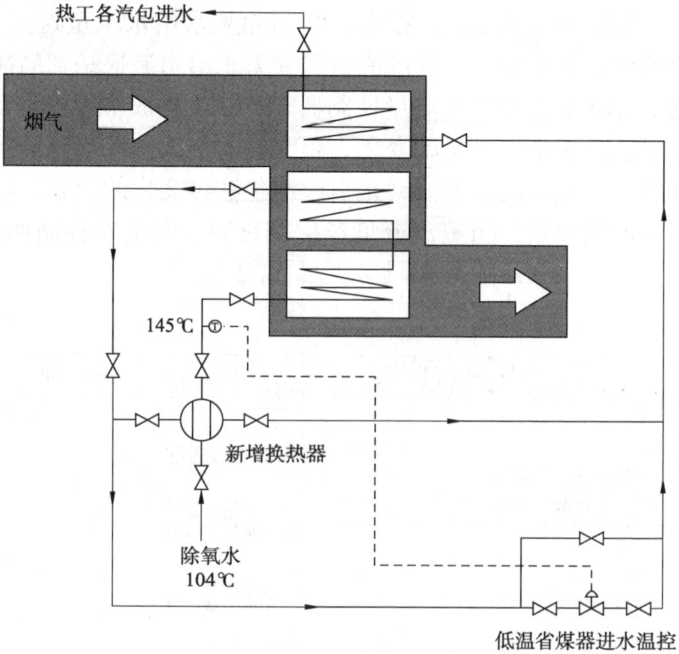

图7-5　烟气余热锅炉省煤器防止露点腐蚀技改流程图

☞ 46. 再生烟气水封的结构作用及投停用注意点有哪些?

再生烟气水封结构如图 7-6 所示，由大筒体、烟气进出口大管道、小水封及江水系统组成，其作用是：正常状态作为低压降的烟气通道，非正常时作为切断烟气实现零泄漏的阀门，即用水产生的压力封住烟气。

投停用的注意点如下：

(1) 投用水封罐开启大水封进水阀时，严禁操作人员离开现场，看到放空口大量出水时，代表大水封已经满溢，应当快速切断江水大阀，严禁江水满溢后损坏其他设备或引发憋压。

(2) 大水封投用后要考虑内部水受热蒸发后液位降低，存在水封被击穿的风险，故定期要往大水封内补水。

(3) 大水封不论投停与否，只要系统内有烟气，小水封必须投入水封，且保持小水封小剂量补江水，补水量必须大于蒸发量。

(4) 停运大水封时，开启底部放空阀后放尽筒体内存水，而且必须见烟气才能确定水放完。考虑到烟气存在窒息性，所以必须双人操作。停用后一段时间要加强巡检，判断无漏水、不漏烟气，调整小水封补水量及筒体温度。

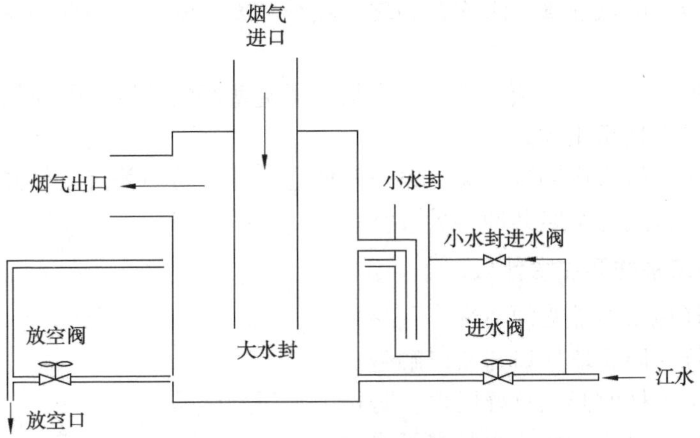

图 7-6　再生烟气水封结构示意图

☞ 47. 装置开工热工系统试压阶段的注意事项有哪些?

(1) 热工系统用中压水泵打除氧水进水汽系统进行憋压抓漏，由于液体的不可压缩性，所以一般都用发汽设备过热蒸汽出口放空憋压维稳试压压力。

(2) 热工系统试压前，要关闭安全阀手阀(无手阀的重锤式安全阀由阀门组临时加码)。

(3) 试压过程严禁超压，原则上不大于最高工作压力的 1.25 倍。

(4) 憋压前必须赶尽热工水汽系统内的空气。

（5）憋压后要疏通连排管线、定排管线、加药管线、采样管线及冲洗液位计。

（6）重点关注汽包倒门、本体法兰及检维修阶段修理部位的检查。

（7）关注与 1.0MPa 蒸汽管网连接部位，防止阀门内漏造成大量水倒入 1.0MPa 蒸汽管网。

☞ 48. 为啥要控制适当的余热锅炉排烟温度？

余热锅炉排烟温度是判断锅炉热效率好坏、管束是否结垢、防止省煤器露点腐蚀及锅炉设备是否异常的有效判断依据。通常我们控制排烟温度在 180～200℃之间，控制≮180℃是为了防止省煤器露点腐蚀；控制≯200℃是保证 SCR 脱硝模块的正常操作，减少硫酸氢铵生成的需要，同时也是判断催化剂堆积及热效率的需要。

☞ 49. 汽包水位计冲洗的注意要点有哪些？

（1）操作人员必须站位于上风口，面向水位计侧面，侧身操作，注意脚和腿不得靠近放空口，避免被放空口放出的高温水汽烫伤。

（2）液位计放空阀放水时，不要开得过大，否则会造成汽、水流速过高，剧烈膨胀而使液位计爆裂。

（3）水位计的汽连管、水连管和玻璃板全部要冲洗，并确保冲洗干净、不留死角。

（4）在冲洗作业时，须注意每一步骤三通旋塞阀的位置。作业结束后应检查液位计液位是否指示正常。

（5）冲洗时按次序冲洗：关水路→开放空→冲汽路→关汽路→开水路→冲水路→开汽路→汽路与水路共冲→关放空。

☞ 50. 热工采样要注意什么？

（1）取样瓶及瓶盖必须清洗。

（2）取样时防止取样口与瓶口触碰。

（3）雨天取样时必须打好雨伞，防止雨水污染样品。

（4）取样口呈连续性流水状方可取样。

（5）取样口呈蒸汽喷射状不可取样。

（6）取样口水呈黑色或褐色不可取样。

☞ 51. 什么叫卧式、火管式、水管式锅炉？

锅筒轴线和水平线平行的锅炉叫卧式锅炉。

烟气走管程的锅炉叫火管式锅炉。

水走管程的锅炉叫水管式锅炉。

☞ 52. 蒸汽锅炉内的汽空间有什么作用？

蒸汽锅炉运行时，只有一部分装了水，其余部分叫作汽空间。汽空间是用来把水和蒸汽分离开来的场所，并储存尚未通过管道输出的蒸汽。

☞ 53. 锅炉给水不纯有哪些影响?

(1) 引起泡沫和汽水共腾。

(2) 结垢。

(3) 腐蚀。

(4) 锅炉给水中通常含有下列杂质:

① 结垢性物质：钙、镁的硫酸盐和碳酸盐;

② 起泡沫的物质：苏打、有机物质、泥渣类物质和腐蚀性物质。

☞ 54. 什么是硬水和软水?

硬水中含有过多的结垢性杂质，而软水中只含有极少或不含结垢性杂质。硬度主要是由于水中含有钙、镁的碳酸盐所引起的。根据水和肥皂的作用效果，很容易识别哪些是硬水，哪些是软水。硬水需要更多肥皂才能起泡沫。

☞ 55. 什么是暂时硬度? 什么是永久硬度?

只含有钙和镁的碳酸盐的水，叫作具有暂时硬度。因为在沸点时，这些杂质可能成为一种松软的泥渣沉淀下来。

含有钙和镁的硫酸盐的水，叫作具有永久硬度。因为，即使加热到沸点以上，甚至达 150℃ 以上，此类杂质还不能以固体形式沉淀。

☞ 56. 硬度对锅炉运行有什么影响?

水中的钙镁盐类形成的硬度会造成：①锅炉结垢，使锅炉传热系数减少。②锅炉结垢后出现局部过热，烧坏管子，有碍于安全运行。③水垢、水渣会堵塞管子，恶化锅炉的水循环。

☞ 57. 碱度对锅炉运行有什么影响?

碱度的大小反映了水中 HCO_3^-、OH^-离子含量的多少。当水中无氧气时，对防止锅炉腐蚀是有效果的。但炉水碱度过大，当相对碱度(NaOH/溶解固形物)大于 0.2 时，会产生晶间腐蚀，即所谓苛性脆化，对锅炉安全运行危害较大。此外，炉水碱度过大，恶化蒸汽品质，严重时会造成汽水共沸。

☞ 58. pH 值对锅炉运行有什么影响?

pH 值对锅炉的运行有下列影响:

(1) 当 $pH<7$ 时，锅炉金属表面腐蚀后产生的松软氧化层没有起到保护金属继续被腐蚀的作用，所以氧对金属的腐蚀仍然进行很快。当 $pH>7$ 时，才能形成较稳定的保护膜，使腐蚀缓慢下来。

(2) pH 值与水中游离 CO_2 含量关系很大，当 pH 为 4.3 时，水中全部碳酸都形成 CO_2，pH 增高，CO_2 含量的比例减少，HCO_3^- 增加。当 $pH<8.3$ 时，水中游

离 CO_2不存在了，碳酸全部形成 HCO_3^-，这样游离 CO_2的腐蚀可以大大减少。

（3）给水经过除氧后，pH 值对腐蚀起显著影响，pH 值小，腐蚀性大，因为 H^+是金属腐蚀的原电池中阴极的去极化剂。

（4）pH 值低，会使钠离子交换剂工作容量降低，这是因为 H^+离子也被离子交换剂吸收的缘故。

（5）pH 值同水中硅盐的存在形式有关。pH≤8 时，水中硅盐几乎都是 SiO_2（H_2SiO_3）；pH>8 时，有一部分 $HSiO_3^-$，pH>11 时，则几乎全部是 $HSiO_3^-$；pH 更高时，即有一部分成为 SiO_3。所以炉水中常出现 Na_2SiO_3。

59. 含盐量对锅炉运行有什么影响？

不同盐类对锅炉腐蚀所产生的影响不同，对锅炉安全运行的影响也不一样。

（1）钙盐，主要有 $Ca(HCO_3)_2$、$CaCl_2$、$CaSO_4$和 $CaSiO_3$等。钙盐是造成锅炉结垢的主要成分，氯化钙还会使蒸汽品质恶化和腐蚀锅炉金属。

（2）镁盐，主要有 $MgCl_2$和 $MgSO_4$。镁盐同样能形成水垢，恶化蒸汽品质。其中硫酸镁和氯化镁更会造成锅炉金属的严重腐蚀。氯化镁的腐蚀是一个循环过程，因此只要水中有少许氯化镁即可形成严重腐蚀。其反应过程如下：

$$MgCl_2+2H_2O \longrightarrow Mg(OH)_2+2HCl$$

$$Fe+_2HCl \longrightarrow FeCl_2+H_2$$

$$FeCl_2+Mg(OH)_2 \longrightarrow Fe(OH)_2+MgCl_2$$

（3）钠盐，主要有 NaCl、Na_2SO_4和 $NaHCO_3$。氯化钠一般不形成水垢，但如果水中同时含有镁盐，尤其当硫酸镁与氯化钠反应生成氯化镁，如前所述，可以引起严重腐蚀。其反应为：

$$2NaCl+MgSO_4 \longrightarrow Na_2SO_4+MgCl_2$$

碳酸钠在锅炉中虽不形成水垢，但过量的碳酸钠常常促使炉水蒸发而发生泡沫和引起汽水共腾。在高温高压下，碳酸钠分解成氢氧化钠，有使锅炉金属发生苛性脆化的危险。如硫酸钠含量过高，常被蒸汽携带出来附在管道附件或热力设备上，使阀门等失灵，影响安全经济运行。

（4）铁盐，在水中的铁盐主要是 $Fe(HCO_3)_2$和 $FeSO_4$。地下水中因为 CO_2含量大，铁离子较多，由水中除掉 CO_2时，$Fe(HCO_3)_2$即分解成 $Fe(OH)_2$：

$$Fe(HCO_3)_2 \rightleftharpoons Fe(OH)_2+2CO_2$$

$Fe(OH)_2$再被氧气化成为 $Fe(OH)_3$沉淀：

$$4Fe(OH)_2+O_2+2H_2O \longrightarrow 4Fe(OH)_3\downarrow$$

这些铁化合物会沉积在锅炉中成为水垢，并引起腐蚀。

60. 悬浮物对锅炉运行有什么影响？

锅炉水中如含有较多悬浮物，这些悬浮物会同钙镁盐沉积物结合而直接助长水垢的产生。如果悬浮物主要是工业废物，则可使锅炉内部金属表面腐蚀。同时悬浮物也会引起汽水共沸，使蒸汽品质恶化。

☞ 61. 溶解氧对锅炉运行有什么影响？

氧对腐蚀的作用，表现于下述几个方面：

（1）氧的气体腐蚀是一种电化学腐蚀。

（2）在电化腐蚀中，氧是阴极去极化剂，加速了腐蚀。$O_2+4e^-+2H_2O \rightarrow 4OH^-$。

（3）$Fe(OH)_2$沉淀在金属表面，形成紧密的保护膜，有氧存在时，则破坏此保护膜，生成三价铁沉淀，加速腐蚀。$4Fe(OH)_2+O_2+2H_2O \rightarrow 4Fe(OH)_3\downarrow$。

（4）由于氧有夺取电子的能力，夺得电子后和水中H^+合成OH^-，炉水中含氧浓度不均匀时，在高氧浓度和低氧浓度部位的金属就产生电位差（高氧浓度部位的金属为阴极，低氧浓度部位的金属为阳极）而发生腐蚀。虽然氧有时能与金属氧化成保护膜，使腐蚀减弱，但总的说来氧的存在是加剧腐蚀的主要因素。

☞ 62. 二氧化碳的存在对锅炉运行有什么影响？

水中存在的二氧化碳大部呈分子状态，另一部分与水形成碳酸，使H^+浓度增加，而H^+是腐蚀原电池阴极的去极化剂。H^+获得电子或氧气析出，使腐蚀过程加剧。CO_2还能阻碍在金属表面形成氧化保护膜，而使腐蚀顺利进行下去。水中存在CO_2时，铁和氧的腐蚀会形成游离碳酸，造成循环过程，使少量CO_2即会大大增加腐蚀速度，其反应如下：

$$Fe(OH)_2+2CO_2 \longrightarrow Fe(HCO_3)_2$$

$$4Fe(HCO_3)_2+2H_2O+O_2 \longrightarrow 4Fe(OH)_3+CO_2$$

☞ 63. 假定温度不变，装有蒸汽的封闭容器内压力突然升高或突然降低，将会产生什么现象？

压力上升时，如果温度没有相应地提高，则使部分蒸汽凝结成水，因为温度将低于该压力下的沸点。降低压力时，将使蒸汽变成过热蒸汽，因为蒸汽温度将高于该压力下的沸点。

如果锅炉内的蒸汽与炉水相互接触，而引起压力下降，这将使部分水蒸发为汽，因为降低了沸点。如果由于锅炉某一部分破裂，致使压力突然下降，这时锅炉里大量的水会急速地变为蒸汽，由此引起灾难性的爆炸。因为一升的蒸汽在大气压力下所占的空间为一升水的1600倍，因此压力突然下降所释放的爆炸能量是很可怕的。

☞ 64. 水位表为什么要进行冲洗？

锅炉运行中含有杂质及盐类的水或蒸汽，会进入水位表的汽、水连管及水位表内。如果不将这些杂质及盐类冲洗掉，会黏结和聚积在汽、水连管内壁上，时间长了，会使汽、水连管流通面积越来越小。这时，水位表就不能真实反映出锅筒内的水位，甚至连水位表内也造成假水位。另外，当汽、水旋塞式玻璃板(管)的填压部分不严密、经常发生渗漏时，则表内液体的浓度增大，加快了液体内的杂质及盐类的凝聚，可导致汽、水连管的堵塞和沾污玻璃板(管)，使水位表模糊不清，难以观察水位。

为了保持水位表的灵敏度，保证水位表工作的可靠性，锅炉在运行中，要经常冲洗水位表。

☞ 65. 锅炉在什么情况下应立即停炉？

(1) 锅炉汽压超过允许压力，经安全阀启动，加强给水到高水位等措施后，压力仍继续上升。

(2) 锅炉缺水，经采取关闭水位表的上汽旋塞的方法叫水，仍看不到水位。

(3) 锅炉满水，使水位超过锅筒水位表上部的可见水位。

(4) 给水设备全部损坏。

(5) 不断加大向锅炉给水及采取其他措施，但水位仍继续下降。

(6) 所有水位表和安全阀全部失效。

(7) 锅炉汽水管线爆破，威胁设备及人身安全。

☞ 66. 锅炉缺水的危害是什么？其现象是什么？

锅炉严重缺水，是锅炉运行中的重大故障。如果在严重缺水的情况下进水，就会扩大故障造成锅炉爆炸，这是因为锅炉缺水后钢板(或钢管)已过热(甚至烧红)。温度越高，金属的膨胀越大。若在缺水时进水，由于水与过热的钢板温差大，先触水的部位会遇冷急剧收缩而撕裂(或龟裂)，在压力的作用下，撕裂处将会出现大的破口，汽水从破口处冲出来，即造成严重的爆炸。

锅炉缺水时的现象是：

(1) 锅炉水位低于水位下限值。

(2) 水位表玻璃板(管)上呈白色。

(3) 水位不波动，形成假水位。

(4) 水位警报器鸣叫，低水位信号明亮。

(5) 有过热器的锅炉，过热蒸汽温度升高。

(6) 给水流量不正常地小于蒸汽流量。

☞ 67. 锅炉缺水的常见原因是什么？

(1) 给水自动调节器失灵，调节阀故障。

(2) 水位表、蒸汽流量表或给水流量表指示不正确，使运行人员误判断而操作错误。

(3) 锅炉负荷剧增，给水一时供不上。

(4) 给水泵故障。

（5）水源中断。

（6）排污量过大，管道阀门泄漏。

（7）排管、省煤器破裂。

（8）调节不及时。

☞ 68. 锅炉缺水的处理方法是什么？

锅炉缺水分为严重缺水和轻微缺水两种，用“叫水法”还能见到有水在水位表内出现时，叫轻微缺水。可增加锅炉给水，并注意恢复水位。用“叫水法”仍见不到水在水位表内出现时，则为严重缺水。严禁向锅炉上水，并立即停炉。

☞ 69. 锅炉叫水的方法是什么？

（1）先开启放水旋塞使水位表得到冲洗。

（2）关闭汽旋塞，单独冲洗水连通管。

（3）关闭放水旋塞，观察水位表内是否有水位出现。

☞ 70. 锅炉满水有什么危害？

锅炉满水将造成蒸汽大量带水，有过热器的锅炉，水进入过热器后，使炉管内结盐垢。

满水有的严重，有的不严重。如果水位虽超过最高水位线以上，但还能见到水位时，属于不严重满水。如果水位虽超过最高水位表上部可见边缘，在水位表内已见不到水位，则属于严重满水。

☞ 71. 锅炉满水时的现象是什么？

（1）锅筒水位高于最高水位。

（2）水位表玻璃板（管）内颜色发暗。

（3）水位警报器鸣叫，高水位信号灯明亮。

（4）装有过热器的锅炉，过热蒸汽温度明显下降。

（5）蒸汽含盐量增大。

（6）给水流量不正常地大于蒸汽流量。

（7）严重满水时，蒸汽管道内发生水冲击现象。

☞ 72. 锅炉满水的常见原因是什么？

（1）给水自控调节器失灵，调节阀故障。

（2）水位表、蒸汽流量计或给水流量计指示不正确，判断失误进而操作失误。

（3）锅炉负荷骤减，给水一时减不下来。

（4）给水压力突然升高。

（5）对水位控制不及时或误操作。

☞ 73. 锅炉满水的处理方法是什么？

当锅炉汽压及给水压力正常，而锅筒水位超过最高水位时，应采取下列措施：

（1）检验水位表是否正确。

（2）若是调节阀故障即应改就地副线控制。

（3）若水位继续升高，应开大排污阀。

经上述处理后，锅筒水位仍上升，应采取下列措施：

（1）立即停炉。

（2）停止向锅炉上水。

（3）加大排污量。

停炉后，利用锅筒水位表按下列程序查明水位。

（1）缓慢开启放水旋塞，注意观察水位，水位表中有水位线下降，表示轻微满水。

（2）若不见水位，则关闭汽旋塞，使水部分得到冲洗。

（3）缓慢关闭放水旋塞，注意观察水位，水位表中有水位线上升，表示轻微缺水。

（4）如仍不见水位，关闭放水旋塞，再开启放水旋塞，水位表中有水位线下降，表示严重满水；无水位线出现，则表示严重缺水。

☞ 74. 锅筒水位表损坏的处理方法是什么？

（1）当锅筒水位表损坏时，应立即停用已损坏的水位表，关闭水阀及汽阀，开启放水阀。如锅筒水位表只损坏一只，可应用另一只锅筒水位表监视水位，并采取措施修复损坏的水位表。

（2）如锅筒水位表全部损坏，应立即停炉。

☞ 75. 汽水共沸有什么危害？

锅炉发生汽水共沸后，蒸汽必然大量带水。含盐分浓度较高的水滴带到过热器内时，水被蒸发，大量的垢结在进口处，使过热器管壁过热，严重时发生爆管。

☞ 76. 汽水共沸的现象是什么？

（1）蒸汽和炉水的含盐量增大。

（2）锅筒水位表发生急剧波动并看不清水位。

（3）过热蒸汽温度急剧下降，饱和蒸汽的温度加大。

（4）严重时，蒸汽管道内发生水冲击。

☞ 77. 汽水共沸的常见原因是什么？

（1）炉水质量不符合标准，炉水碱度过大。

（2）没有按规定进行排污。

☞ 78. 汽水共沸的处理方法是什么？

（1）适当降低锅炉蒸发量，并保持稳定。

(2) 全开连续排污阀门。

(3) 维持锅炉筒水位表略低于正常水位。

(4) 开启过热器及蒸汽管道疏水阀。

(5) 采样分析水质，设法改善之。

(6) 在炉水质量未改善前，不允许增加锅炉负荷。

(7) 故障消除后，应冲洗锅筒水位表。

☞ 79. 省煤器损坏的现象是什么？

(1) 给水流量不正常地大于蒸汽流量，严重时，锅筒水位下降。

(2) 排烟温度降低。

(3) 省煤器不严密处冒汽、冒水。

(4) 烟囱中冒出水蒸气。

☞ 80. 过热管损坏的现象是什么？

(1) 蒸汽流量不正常地小于给水流量。

(2) 过热器后的烟气温度降低。

(3) 过热蒸汽温度发生变化。

(4) 过热器附近有异声。

☞ 81. 水冲击时的现象是什么？原因是什么？

水冲击时的现象是：

(1) 给水管道水冲击时，给水压力表指示不稳；蒸汽管道水冲击时，过热蒸汽压力表指示不稳。

(2) 管道内有水击响声，严重时管道振动。

水冲击的原因有：

(1) 给水压力或给水温度剧烈变化。

(2) 给水管道充水时，没有排尽空气。

(3) 冷水上水过快，水温过高。

(4) 蒸汽管道排水未尽。

(5) 蒸汽带水。

☞ 82. 锅炉腐蚀的原因是什么？如何防止？

腐蚀是对锅炉部件金属表面的侵蚀破坏，可以分为外腐蚀和内腐蚀两种。所谓外腐蚀，指的是由于水落在锅炉外表面上，或漏进保温层或耐火砖墙所覆盖的部位，而引起的锈蚀过程。腐蚀也可能发生在火管和烟道上，这时的腐蚀是因为烟气中的水分和二氧化硫生成硫酸所引起。内腐蚀是给水中的酸、氧或其他气体，或者由于电解作用所造成的。

保持金属外表面及管子、烟道清洁干燥，可防止外腐蚀。对于省煤器来说，重要的是要使烟气温度高于露点温度。采取适当的水处理和去除水中的可溶性气体，特别是去除氧气，可以防止内腐蚀。

☞ 83. 如何控制烟气余热锅炉的蒸汽压力？

烟气余热锅炉的蒸汽压力一般采用蒸汽压力定值控制方案，锅炉蒸汽压力信号给蒸汽压力调节器，蒸汽压力调节器调节蒸汽压力控制阀，从而达到控制蒸汽压力的目的。若自控回路失灵，则需人工调节蒸汽压力控制阀副线。

☞ 84. 如何控制烟气余热锅炉的液面？

烟气余热锅炉的液面一般采用三冲量控制方案，烟气余热锅炉的液面信号、蒸汽流量信号和给水流量信号同时进入三冲量调节器，然后控制给水流量控制阀，从而达到控制液面的目的。若自控回路失灵时，则需人工调节控制阀副线。

☞ 85. 锅炉给水如何除氧？

烟气余热锅炉的给水一般通过热力除氧器除氧。水从除氧器头部进入，经过喷雾头，使水喷成雾状或细小的水珠，与由下而上的加热蒸汽接触，被加热至104℃，在200kPa的压力下，水中的氧气和CO_2随未凝结的蒸汽，从除氧器顶部放空排汽阀排掉，除氧后的水，由除氧器头部下流至除氧水箱，由泵抽送至烟气余热锅炉。

除氧器液面由进水量控制，除氧器压力用进汽量来控制。

☞ 86. 除盐水除氧的方法有哪些？原理是啥？

锅炉水汽系统中的溶解氧是引起热力设备腐蚀，威胁锅炉安全运行的主要因素。一般采用化学除氧、抽真空除氧及热力除氧的方式。

（1）化学除氧是将联氨(N_2H_4)加入除氧水中，联氨是一种剧毒的强还原剂，具有极佳的亲氧性。联氨的加药量要求控制严格，加药量过少，保证不了除氧效果，因而达不到防止锅炉管束氧腐蚀的目的；而加药量过多，不仅造成不必要的浪费，而且还会导致环境污染。

（2）抽真空除氧与热力除氧都是一种物理除氧，气体在水中的溶解度与该气体在水面上的分压、温度和气体种类有关。根据亨利定律可知，当水温达到相应压力下饱和温度时水就开始沸腾，它在水中的溶解度就等于零，就不再溶解气体，此时水面上的蒸汽压力和外界压力相等，气体的分压力等于零。水的沸点和水所处的压力成正比，例如在常温压力下，水100℃沸腾，压力降低时，水的沸点也降低。真空除氧的原理就将水面上的压力抽成真空，使常温水沸腾，达到除氧的目的。而热力除氧就是将蒸汽与水逆向接触，水被加热沸腾而析出氧气。

☞ 87. 正常生产除氧水中断的原因？

除氧水中断的原因有：

（1）除氧水生产装置故障造成除氧水停止供应；

(2) 除氧水管网上游用水量过大或总管开裂；
(3) 除氧水过滤器堵塞；
(4) 除氧水管线衬胶管内衬胶脱落堵塞管道；
(5) 除氧器内除氧水分配喷嘴堵塞；
(6) 除氧水进除氧器控制阀阀芯脱落；
(7) 除盐水泵故障停运；
(8) 除盐水泵因水温过高、入口压力过低或泵入口窜入蒸汽而抽空。

☞ 88. 除氧器压力平稳的重要性有啥?

除氧器压力平稳的重要性：
(1) 能维持良好的除氧效果；
(2) 能防止除氧水罐水封击穿；
(3) 能保持除氧水恒定的水温(102~104℃)；
(4) 能防止除氧水泵抽空及汽蚀；
(5) 能保证各汽包供水量的平稳。

☞ 89. 余热锅炉激波吹灰器的工作原理是什么?

余热锅炉是常用的余热回收设备，用于回收再生器烟气的热量产出蒸汽和给饱和蒸汽加热使之成为过热蒸汽。由于烟气中携带的催化剂粉尘被吸附在管束翅片上，造成取热效率下降，增设激波吹灰器就是为了除去这些粉尘，提高余热锅炉的效率。激波吹灰器是通过燃气爆燃生成激波的，工作原理如图 7-7 所示。燃料(通常是催化装置自产的干气)在一个特殊的装置中被高能点火器点燃，产生爆燃；剧烈的爆燃使火焰锋面后的燃烧气体在瞬时升至高压，并在火焰的锋面前形成压缩波；在经过火焰导管时，压缩波被不断地加强，最后形成一道稳定的激波；这道激波进入激波发生器后，一方面作为点火激波点燃罐体内的可燃混合

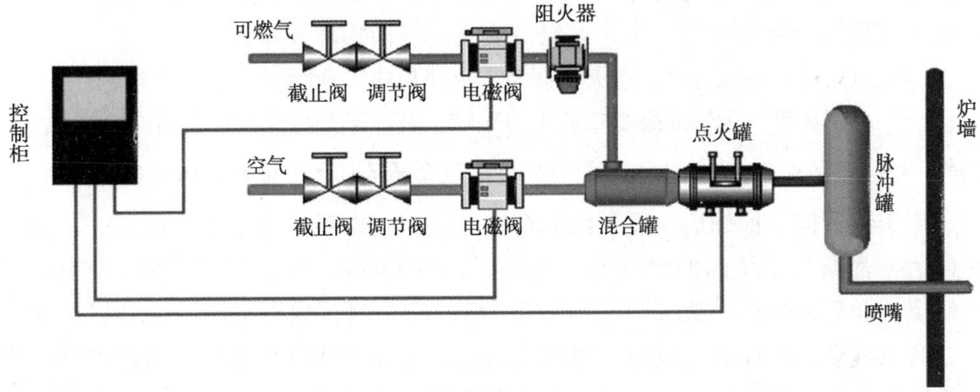

图 7-7 激波吹灰器的工作原理示意图

气，另一方面受到罐内特殊结构的调制而进一步加强；最终，调制好的激波从激波发射喷口发射出来进入炉膛，作用于炉内受热面上的积灰，使之在激波的冲击下破碎剥落，脱离锅炉的受热面。通过控制激波的强度，可以适应锅炉受热面上不同类型的积灰，使锅炉的积灰在合适和足够强度的激波冲击下碎裂。

由于干气的爆炸界限较为宽泛为5%～16%，故极为容易引爆。且干气属于催化裂化装置的自身产品，能稳定供应。干气爆炸产生激波能量较大，有利于震落吸附在管束上催化剂粉尘。

☞ 90. 再生器辅助燃烧室的作用？

再生器辅助燃烧室的作用如下：

(1) 为反应再生系统加热升温；

(2) 烘烤去除反应器和再生器耐磨内衬里的普通水和结晶水；

(3) 烧结反应器和再生器内衬里，提高其硬度；

(4) 加热催化剂，提供初始的反应能量和燃烧油起始能量；

(5) 正常状态下也是主风的通道。

☞ 91. 再生器辅助燃烧室主要部件的作用？

再生器辅助燃烧室是卧式全封闭正压炉，用瓦斯或轻柴油作为燃烧介质。整体套筒式结构，外筒是炉子的外壳。内筒内壁镶嵌耐高温耐火砖，内筒在燃烧期间走一次风和瓦斯，属于燃烧的高温区域。内外筒之间的夹层中空走二次风，属于冷却保护层。各部件作用如下：

(1) 一次风蝶阀：用于调节燃料气(油)的燃烧供氧量，是调节辅助燃烧室热负荷的主要手段之一；

(2) 二次风蝶阀：用于冷却燃烧室内外筒钢材，防止其过热变形；

(3) 一次风风门：均匀分布一次风进入炉膛的主风，使其形成平推流，可以使火焰平稳居中完全燃烧，防止火焰偏流或旋流而损坏设备；

(4) 点火棒：将电打火、点火瓦斯及点火风集成组合后用于辅助燃烧室的点火；

(5) 环形火嘴：为辅助燃烧室的主力火嘴，其环形开孔结构将火焰均匀分布。

☞ 92. 再生器辅助燃烧室点炉前分析瓦斯氧含量的目的？使氧含量合格的方法？

由于装置停工检修后，设备内部存在空气，瓦斯系统内也是如此。开工引入瓦斯后，瓦斯与系统内的空气混合若在瓦斯爆炸的浓度范围5%～16%内直接点火的话，会引发爆炸事故。当瓦斯浓度达到9.5%时，遇有火源，混合气体中的瓦斯和氧气全部参加氧化反应，爆炸力最强，称为最强爆炸浓度。所以点炉子之前必须将系统瓦斯在炉前放火炬，点炉前瓦斯炉前采样连续两个样品氧含量<1%方能点炉。

☞ 93. 辅助燃烧室瓦斯阻火器的结构和作用有哪些？堵了如何处理？

在炼化行业中各类燃气加热炉瓦斯火嘴的上游总管都安装有阻火器，其作用是防止炉火沿燃料气管线回火而引起燃料气系统的火灾及爆炸事故。阻火器内装满了波纹金属网(见图 7-8)，当火焰逆向进入阻火器时，因金属网导热系数高，吸热分散热量，使温度降低，火焰熄灭，从而起到阻火作用。由于阻火器内波纹金属网易被颗粒杂质堵塞，使瓦斯压力下降，继而影响加热炉的正常工作，所以阻火器的压降>0.15MPa 时，需要进行切换清洗。

切换时应保持瓦斯畅通，先开备用阻火器上下游阀；再关现用阻火器上下游阀。拆下此阻火器，将内部波纹金属网用蒸汽吹扫干净后回装。阻火器回装完毕，稍开该阻火器上游阀，用肥皂水做气密，确认无泄漏后，关闭该阻火器上游阀备用。

图 7-8　阻火器

☞ 94. 点再生器辅助燃烧室的准备工作有哪些？

(1) 炉前瓦斯采样分析氧含量，连续两个以上氧含量<1%；

(2) 点火瓦斯用风炉前放空脱水阀稍微常开，确保干净无水；

(3) 点火瓦斯用风往炉内吹扫点火杆，确保流道及点火风限流孔板畅通；

(4) 就地试压点火棒高压电完好；

(5) 确认辅助燃烧室前后 3 个看火窗玻璃洁净、流道畅通及切断手阀完好，并开启看窗手阀；

(6) 分别拆装清洗两组瓦斯阻火器，回装后气密完好无泄漏；

(7) 两器气密期间开启点火瓦斯、升温瓦斯及环形火嘴器壁阀引风，做瓦斯管线气密，确保无泄漏；

(8) 两器气密期间脱开环形火嘴金属软管，用主风倒吹环形火嘴，将内部焦块及杂质吹干净，防止火嘴堵塞，回装后气密完好无泄漏；

(9) 推拉点火棒，确保点火杆灵活且锁紧夹兰无泄漏；

(10) 调试辅助燃烧室一次风和二次风蝶阀动作灵活无卡涩；

(11) 调试辅助燃烧室一次风风门动作灵活无卡涩；

（12）瓦斯罐加强切水切液，若瓦斯引入丙烷必须开启加热盘管，防止拉霜及瓦斯带液。

☞ 95. 点再生器辅助燃烧室过程中的注意点有哪些？

（1）点炉前关闭瓦斯放火炬阀，确保炉前瓦斯压力≮0.45MPa；

（2）点炉前将一次风的蝶阀及风门全关；

（3）点炉前关小二次风蝶阀时，注意阀前压力不超过主风机喘振切出的设定值；

（4）点火杆瓦斯点燃后，立即开启升温瓦斯或环形火嘴确认其点燃后，关闭点火杆瓦斯和电打火开关，全开点火杆用风，将点火杆拉出锁紧夹兰；

（5）若点火失败则关闭点火瓦斯和电打火开关，将一次风的蝶阀及风门、二次风蝶阀全开，吹扫炉膛至少5min以上；

（6）升温瓦斯或环形火嘴点火成功后，开启一次风蝶阀时速度要慢，防止火焰被腾空吹熄。

☞ 96. 再生器辅助燃烧室燃烧期间二次风蝶阀开得过大有啥危害？

二次风的作用是冷却保护燃烧室内外部钢材使其不变形，由于一次风通道多了风门压降和燃烧压，所以二次风通道的压降要比一次风流道压降小。二次风在燃烧腔体后端与高温一次风(烟气)汇合，如若二次风蝶阀开得过大，必然将一次风(烟气)顶住，也就降低了一次风的流量，而炉膛的热量是依靠一次风的流量带至再生器的，一次风被顶住势必造成炉膛温度飙升，严重时温度超过1000℃以上，会把燃烧室烧得变形损坏。

☞ 97. 如何判断再生器辅助燃烧室环型火嘴燃烧期间堵塞？如何处理？

若在瓦斯压力及组分正常的情况下，环形火嘴的进瓦斯手阀全开且阀后压力与阀前压力及瓦斯罐压力基本等同的情况下，再生器辅助燃烧室环型火嘴燃烧期间温度升不上去，另外观察火焰时发现其偏心、闪烁飘摇，可以判断为环形火嘴堵塞。

处理方法分为前馈处理及在线处理两种。前馈处理就是在检修期间，需要疏通环形火嘴的分布孔，并用锤击环形火嘴的外壁，通过震荡将内壁的焦块震落下并清理，还要在两器气密期间倒吹环形火嘴。在线处理就是熄炉后用主风倒吹。

☞ 98. 再生器辅助燃烧室燃烧期间瓦斯带油有何现象？如何处理？

再生器辅助燃烧室燃烧期间瓦斯带油的现象：

（1）炉膛忽明忽暗，炉膛火焰呈暗红色；

（2）炉膛温度也是忽上忽下，有瞬间飙升现象；

（3）炉前环形火嘴手阀后瓦斯压力波动；

（4）瓦斯罐没有及时压油，凝缩油液位偏高或满液位；

（5）气温较低或充入丙烷后，瓦斯罐没有及时投用加热盘管；

（6）瓦斯管网内凝缩油被大量涌入瓦斯罐内。

处理：

（1）降低燃烧室瓦斯用量，使炉膛热负荷降低；

（2）加强瓦斯罐的脱液及巡检工作；

（3）投用瓦斯罐的加热盘管；

（4）联系瓦斯管网组加强切液；

（5）加强对燃烧室炉膛温度、瓦斯罐压力、瓦斯炉前压力的监控及调节。

99. 再生器辅助燃烧室燃烧期间突然熄火的原因及处理？

原因：

（1）在燃烧室低负荷阶段，一次风风门定位销因故障未锁定突然全开；

（2）在燃烧室低负荷阶段，瓦斯管网压力暴跌；

（3）阻火器压降突升堵塞，引起瓦斯中断；

（4）瓦斯大量带凝缩油或水进入火嘴；

（5）主风机故障停机或反应内操操作不当导致主风机喘振保护，引发燃烧室突然熄火；

（6）在燃烧室低负荷阶段，反应内操操作不当导致主风太高，吹熄火焰。

处理：

（1）检查并加固一次风风门定位销；

（2）加强瓦斯管网压力监控及稳压；

（3）关注阻火器压降，发现压降上升及时切换清洗；

（4）关注瓦斯罐液位及时切液；

（5）稳定系统顶水试压阶段防止水窜流程至瓦斯系统；

（6）反应内操要平稳控制再生压力，提再生压力时要关注主风机喘振工况；

（7）在燃烧室低负荷阶段，反应内操提高主风量时，要与外操协同操作，防止吹熄燃烧室。

100. 开工阶段熄灭再生器辅助燃烧室的条件有哪些？

（1）再生器装入催化剂并封住旋风分离器料腿；

（2）将再生器密相温度提高至450℃以上，满足大于燃烧油自燃点的条件；

（3）再生器密相燃烧油点燃后能维稳再生温度。

101. 开工阶段熄灭再生器辅助燃烧室要做哪些工作？

（1）首先关闭所有火嘴的瓦斯，熄灭燃烧室；

（2）关闭两组阻火器上下游手阀；

（3）全开一次风和二次风蝶阀；

（4）全开一次风风门。

第八章　仪表与控制

☞ 1. 什么是石油化工自动化？

石油化工自动化是石油化工等生产过程自动化的简称。在生产装置上配备必要的自动化仪表及自控装置，代替了操作人员的部分直接劳动，使生产在不同程度上自动地进行，这种用自动化装置来操作、管理、控制生产过程的方法，称为石油化工自动化。而在石油化工自动化过程中起到重要作用的就是仪表。

☞ 2. 石油化工生产过程自动化的意义

提高产品产量和质量，降低生命周期成本。在人工操作过程中，由于人对外界直接的观察与控制的精确度和速度是有限度的，而且由于体力的关系，人直接操纵设备的功率也是有限的，如果用自动化装置代替了人的操作，则上述情况可以改善，通过自动控制系统，使生产过程在规定的条件下进行，从而可以提高产品产量和质量，降低能耗，最终实现优质高产。

减轻劳动强度，改善劳动条件。多数石油化工生产过程是在高温高压或低温低压下进行的，加工的原料和生产的产品也多是易燃易爆或有毒有害的，进行生产自动化，有效减少了操作人员直接从事危险操作的工作量。

保证生产安全，防止或减少事故发生或扩大，延长设备使用寿命，提高设备利用效能。如对一些机组的控制，实现了自动化就可以防止或减少事故的发生。

生产过程自动化的实现，能根本改变劳动方式，提高工人文化技术水平。

☞ 3. 什么是测量误差？测量误差分哪几类？测量误差通常的表示方法有哪些？

测量的目的就是希望能正确地反映客观实际，也就是要测量参数的“真实值”。但是在实际测量过程中无法测得真实值。只能无限地接近它，也就是说，测量值与真实值之间始终存在有一定差值，这个差值就是测量误差。

测量误差按其产生原因的不同，可以分为三类：

（1）系统误差。主要是仪表本身的缺陷、观测者的习惯或偏向造成的。这种误差容易消除和修正，如读数不当、视觉误差。

（2）疏忽误差。主要是由于测量者在测量过程中疏忽大意造成的。这种误差比较容易被发觉，可以避免，如看错刻度线、精神不集中写错数据等产生的误差。

（3）偶然误差（随机误差）。就是在同样的条件下反复多次，每次结果都不重复的误差。这种误差是偶然的原因造成的，不易被发觉和修正，如对一个参数重复测试而数值不同产生的误差。

测量误差通常有两种表示方法：绝对误差和相对误差。

(1) 绝对误差。测量值与真实值之间的差值，即：绝对误差=测量值-真实值。

(2) 相对误差。测量的绝对误差和真实值之比，即：相对误差=绝对误差/真实值。

☞ 4. 衡量现场仪表性能指标有哪些？

(1) 精确度。仪表精确度可称精度，又称准确度。精确度和误差可以说是孪生兄弟，因为有误差的存在，才有精确度这个概念。仪表精确度简言之就是仪表测量值接近真值的准确程度，通常用相对百分误差(也称相对折合误差)表示。所谓标准值是精确度比被测仪表高3~5倍的标准表测得的数值。

(2) 复现性(重复性)。测量复现性是在不同测量条件下，如不同的方法、不同的观测者，在不同的检测环境对同一被检测的量进行检测时，其测量结果一致的程度。测量复现性必将成为仪表的重要性能指标。测量的精确性不仅仅是仪表的精确度，它还包括各种因素对测量参数的影响，是综合误差。可以用仪表复现性来描述仪表的抗干扰能力。

(3) 稳定性。在规定工作条件内，仪表某些性能随时间保持不变的能力称为稳定性(度)。仪表稳定性是化工企业仪表工十分关心的一个性能指标。由于化工企业使用仪表的环境相对比较恶劣，被测量的介质温度、压力变化也相对比较大，在这种环境中投入仪表使用，仪表的某些部件随时间保持不变的能力会降低，仪表的稳定性会下降。表征仪表稳定性现在尚未有定量值，化工企业通常用仪表零漂移来衡量仪表的稳定性。仪表投入运行一年之中零位没有漂移，说明仪表稳定性好；相反仪表投入运行不到3个月，仪表零位就变了，说明仪表稳定性不好。

(4) 可靠性。仪表可靠性是化工企业仪表工所追求的另一重要性能指标。可靠性和仪表维护量是相反相成的，仪表可靠性高说明仪表维护量小，反之仪表可靠性差，仪表维护量就大。对于化工企业检测与过程控制仪表，大部分安装在工艺管道、各类塔、釜、罐、器上，而且化工生产的连续性，多数有毒、易燃易爆的环境，这些恶劣条件给仪表维护增加了很多困难，一是考虑化工生产安全，二是关系到仪表维护人员人身安全，所以化工企业使用检测与过程控制仪表要求维护量越小越好，亦即要求仪表可靠性尽可能地高。随着仪表更新换代，特别是微电子技术引入仪表制造行业，使仪表可靠性大大提高。仪表生产厂商对这个性能指标也越来越重视，通常用平均无故障时间MTBF来描述仪表的可靠性。

☞ 5. 节流式流量计的原理是什么？

节流式流量计是由节流装置（孔板、喷嘴、文氏管）、引压导管和差压计三部分所组成。流体通过孔板或其他节流装置时，流通面积缩小，流速增加。依据能量守恒定律，当流体不可压缩时：

$$\frac{P_1}{\rho}+\frac{V_1^2}{2g}+Z_1=\left(\frac{P_2}{\rho}+\frac{V_2^2}{2g}+Z_2\right)+h_f$$

式中 $\frac{P}{\rho}$——压头；

$\frac{V^2}{2g}$——速度头；

Z——位头；

h_f——阻力损耗。

因此，静压必然减少，依据节流装置两侧的压差，可以测出流速，并可折算为流量。节流装置的流量方程式是：

$$Q=\alpha\varepsilon F_0\sqrt{2\Delta P/\rho}$$

$$G=\alpha\varepsilon F_0\sqrt{2\Delta P\rho}$$

式中 α——流量系数，取决于节流装置的几何形状、孔径与管径比值等因素，当 Re 数很小时，还与 Re 数有关，α 的数值可查阅有关手册；

ε——膨胀校正系数，如将流体作为不可压缩来看待，则 $\varepsilon=1$。换句话说，对于液体或者 $\Delta P/P$ 很小的气体和蒸汽可以不作修正；

F_0——节流装置的开孔截面积；

ρ——介质流体密度；

ΔP——压力差；

Q——体积流量；

G——质量流量。

由于流量 Q 与压力差 ΔP 成平方根的关系，所以用这种流量计测量流量时，流量标尺为不均匀刻度。

目前在许多工业生产部门中，这种节流式流量计应用比较广泛。这种方式的特点是适用对大流量的测量，成本较低，在流量变动不大的情况下，可以获得相当高的测量精度。但是它测量小流量比较困难，尤其很难用于测量高黏度、含有大量固体微粒的流体。

☞ 6. 平衡流量计测流量的原理是什么？

平衡流量计和其他差压式流量计都是基于能量转换的基本工作原理，也就是平衡流量计是在标准孔板流量计的技术基础上发展演变而来的一项新型节流式流量计。像标准传统孔板流量计一样，平衡流量计遵循流体力学定律和伯努利方程，即在理想工作状态下，流体在管道中的流量和差压的平方根呈线性关系，然后根据伯努利方程结合测得的前后差压值就可以得到流体在管道中的流量。然而，多孔平衡流量计结合了多孔整流器和标准孔板的测量原理，多孔整流器在节流板中心一个圆孔的基础上，对称分布数量不等的圆孔，这些圆孔的分布和尺寸是根据测试数据而特殊设计的，当介质流过圆孔时，流体被平衡调整，涡流被最小化，形成近似理想流体，从而将传统的差压式流量计的优势发挥到极致状态，并通过取压装置和变送器，可获得稳定的差压信号，然后根据伯努利方程计算出流体流过管道的体积流量或质量流量。而平衡流量计的流出系数、传感器多孔孔径位置、形状设计和开孔数量均通过独特的研发数据演算，并对各种工况进行优化，使测量精度、重复性、量程比、永久压损等综合指标达到最佳，成为目前最先进的差压式流量计。

☞ **7. 转子流量计测流量的原理是什么?**

转子流量计由一根上粗下细的锥形管和一个能上下浮动的转子所组成。流体从转子和锥形管内壁之间的环隙中通过，由于转子在不同的高度时，环隙面积不同，所以它是一个截面积可变的节流元件。由于流体通过环隙时突然收缩，所以在转子的上下两侧产生了压差，当压差所形成的力恰好与转子在流体中的重量相等时，转子就不再上下浮动，达到平衡，稳定在某一高度上。我们知道，转子的重量是恒定的，因此在平衡时的压差也是恒定的。换句话说，它是一个定压降式流量计，根据转子的高度来测出流量。

转子流量计是一种非标准化仪表，制造厂生产的转子流量计都是个别进行流量标定的。液体用20℃的水标定，气体用20℃、常压的空气标定。

一般的转子流量计，采用玻璃锥形管，结构简单，价格低廉，广泛用于小流量测量。但因玻璃管不耐高压，工作压力只能在0.3MPa以下，而且只能就地指示，不适于远传、记录和调节。近年来，已有带电远传和气远传装置的转子流量计，可与单元组合式仪表配套应用。

☞ **8. 超声波流量计测流量的原理是什么?**

超声波流量计是通过检测流体流动对超声束(或超声脉冲)的作用以测量流量的仪表。超声波流量计常用的测量方法为传播速度差法、多普勒法等。传播速度差法又包括直接时差法、相差法和频差法。其基本原理都是测量超声波脉冲顺水流和逆水流时速度之差来反映流体的流速，从而测出流量；多普勒法的基本原理则是应用声波中的多普勒效应测得顺水流和逆水流的频差来反映流体的流速从而得出流量。

时差法测量流体流量的原理是利用声波在流体中传播时因流体流动方向不同而传播速度不同的特点，测量它的顺流传播时间 t_1 和逆流传播时间 t_2 的差值，从而计算流体流动的速度和流量。

多普勒法测量原理是依据声波中的多普勒效应，检测其多普勒频率差。超声波发生器为一固定声源，随流体以同速度运动的固体颗粒与声源有相对运动，该固体颗粒可把入射的超声波反射回接收器。入射声波与反射声波之间的频率差就是由于流体中固体颗粒运动而产生的声波多普勒频移。由于这个频率差正比于流体流速，所以通过测量频率差就可以求得流速，进而可以得到流体流量。

超声波流量计可做非接触式测量；为无流动阻挠测量，无压力损失；可测量非导电性液体，对无阻挠测量的电磁流量计是一种补充；超声波流量计是一种非接触式测量仪表，可用来测量不易接触、不易观察的流体流量和大管径流量。超声波流量计不会改变流体的流动状态，不会产生压力损失，且便于安装；可以测量强腐蚀性介质和非导电介质的流量，各种液体和污水流量；超声波流量计的测量范围大，管径范围从20mm~5m；超声波流量计测量的体积流量不受被测流体的温度、压力、黏度及密度等物性参数的影响，可以做成固定式和便携式两种形式。

☞ 9. 涡街流量计测流量的原理是什么？

涡街流量计是基于卡门涡街原理(karman vortex street)进行测量。如图8-1所示，当流体通过漩涡发生体时，发生体两侧会交替出现有规则的漩涡，这种旋涡称为卡门涡街。而且两侧漩涡的旋转方向相反，每个漩涡将产生一个低压区，传感器监测压力变化并转换成脉冲信号。在流量计的允许量程范围内，涡街的形成具有一定的规律。因此，涡街频率与体积流量成比例关系。标定系数(K系数)为比例常数，也就是通常所说的仪表系数。K系数为流量计流量系数，其物理意义是每立方米流体的脉冲数。K系数=脉冲数/流体体积。在流量计的允许量程范围内，K系数仅仅取决于流量计的几何尺寸，与流体流速和物理特性(如黏度和密度)无关。因此，K系数与被测介质类型无关。

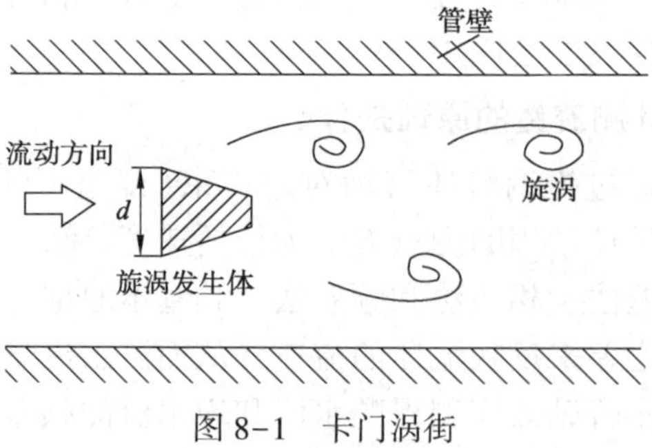

图8-1　卡门涡街

涡街流量计无可动部件，测量元件布局简单，功能可靠，运用寿命长。涡街流量计的体积流量不受被测流体的温度、压力、密度或黏度等物性参数的影响。

它通常不需独自标定，能够丈量液体、气体或蒸汽的流量。其形成的压力丢失小，并且，涡街流量计拥有准确度高的优点，重复性为 0.5%，且维护工作量小。

☞ 10. 电磁流量计测流量的原理是什么？

电磁流量计(以下简称 EMF)是利用法拉第电磁感应定律制成的一种测量导电液体体积流量的仪表。EMF 的基本原理是法拉第电磁感应定律，即导体在磁场中切割磁力线运动时在其两端产生感应电动势。如图 8-2 所示，导电性液体在垂直于磁场的非磁性测量管内流动，与流动方向垂直的方向上产生与流量成比例的感应电势，电动势的方向按“弗来明右手规则”，其值如下式：

$$E = kBD\bar{V} \tag{1}$$

式中 E——感应电动势，即流量信号，V；

k——系数；

B——磁感应强度，T；

D——测量管内径，m；

$\bar{V}$——平均流速，m/s。

设液体的体积流量 q_v(m^3/s)为：

$$q_v = \pi D^2 \bar{V}/4$$

则

$$E = \frac{4kB}{\pi D} q_v = K q_v \tag{2}$$

式中 K——仪表常数，$K = \frac{4kB}{\pi D}$。

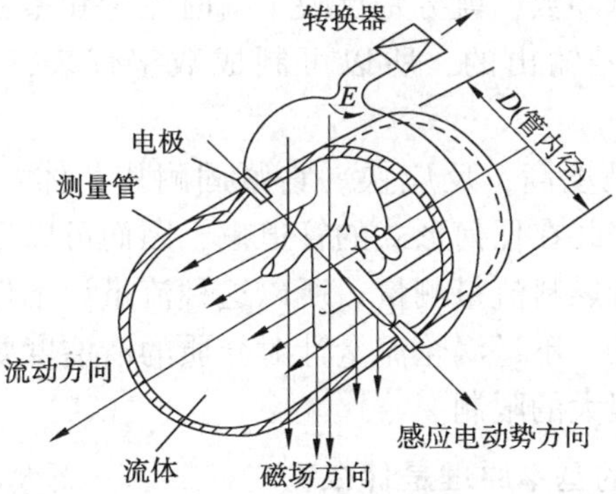

图 8-2 电磁流量计测量原理

电磁流量计的测量通道是一段无阻流检测件的光滑直管，因不易阻塞适用于测量含有固体颗粒或纤维的液固二相流体，如纸浆、煤水浆、矿浆、泥浆和污水等。EMF 不产生因检测流量所形成的压力损失，仪表的阻力仅是同一长度管道的沿程阻力，节能效果显著，对于要求低阻力损失的大管径供水管道最为适合。

EMF 所测得的体积流量，实际上不受流体密度、黏度、温度、压力和电导率(只要在某阈值以上)变化明显的影响。与其他大部分流量仪表相比，前置直管段要求较低。EMF测量范围度大，通常为(20~50)：1，可选流量范围宽。满度值液体流速可在0.5~10m/s内选定。有些型号仪表可在现场根据需要扩大和缩小流量(例如设有4位数电位器设定仪表常数)，不必取下作离线实流标定。

EMF不能测量电导率很低的液体，如石油制品和有机溶剂等。不能测量气体、蒸汽和含有较多较大气泡的液体。通用型EMF由于衬里材料和电气绝缘材料限制，不能用于较高温度的液体；有些型号仪表用于过低于室温的液体，因测量管外凝露(或霜)而破坏绝缘。

☞ 11. 涡轮流量计测流量的原理是什么？

在流体流动的管道里，安装一个可以自由转动的叶轮，当流体通过叶轮时，流体的动能使叶轮旋转，流体的流速越高，动能就越大，转速也就越高。因此测出叶轮的转数或转速，就可确定流过管道的流量。我们在日常生活中，使用的某些自来水表、油量计等，都是利用类似的原理制成的。这种仪表，称为速度式仪表。由于它结构简单，原理清晰，早已在生产实践中应用。但是它也有很大的缺点，由于仪表表面必须用密封装置与被测介质隔开，这就使它们不能用在高压介质的管道内。另外，叶轮是通过齿轮传到显示表面上的，这种摩擦的影响，使它们不能应用在精确测量的场合。而涡轮流量计正是利用相同的原理，在结构上加以改进后制成的。

在涡轮流量计中，测量元件涡轮将流量 Q 转换成涡轮的转数 ω，磁电装置又把转数 ω 转换成脉冲数 N，通过放大后，送入二次仪表进行显示和计数。单位时间内的脉冲数和累积脉冲数，就分别反映了瞬时流量和累积流量。由于涡轮流量计的转数是以频率信号输出的，所以可制成数字仪表，也便于与数控装置相配合。

涡轮流量计测量精度高，反应快。它紧固耐用，体积紧凑，能在高温下使用。它可以很方便地安装在任何形式的管道里，因而可以适用于火箭和喷气发动机中的高速管道，进行燃料流量测量。所以这种流量计不仅在一般工业上，而且在国防上也有很大意义。不过涡轮流量计对介质的清洁度要求很高，因而它在工业上的应用范围受到很大的限制。

☞ 12. 质量流量计的基本原理是什么？

科里奥利质量流量计(以下简称CMF)是利用流体在直线运动的同时处于一旋转系中，产生与质量流量成正比的科里奥利力原理制成的一种直接式质量流量仪表。

如图8-3所示，当质量为 m 的质点以速度 v 在对 P 轴作角速度 ω 旋转的管道内移动时，质点受到两个分量的加速度及其力的作用。

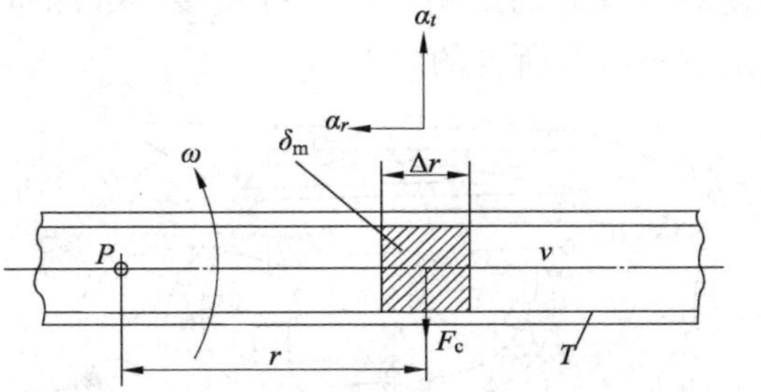

图 8-3　科里奥利力工作原理

（1）法向加速度，即向心力加速度 α_r，其量值等于 $\omega^2 r$，方向朝向 P 轴。

（2）切向加速度 α_t，即科里奥利加速度，其量值等于 $2\omega v$，方向与 α_r垂直。由于复合运动，在质点的 α_t方向上作用着科里奥利 $F_c = 2\omega v_m$，管道对质点作用着一个反向力 $-F_c = -2\omega v_m$。

当密度为 ρ 的流体在旋转管道中以恒定速度 v 流动时，任何一段长度 Δx 的管道都将受到一个 ΔF_c的切向科里奥利力的作用。

$$\Delta F_c = 2\omega v\rho A\Delta x \tag{3}$$

式中　A——管道的流通内截面积。

由于质量流量计流量即为 δ_m，$\delta_m = \rho vA$，所以

$$\Delta F_c = 2\omega\delta_m\Delta x \tag{4}$$

因此，直接或间接测量在旋转管道中流动流体产生的科里奥利力就可以测得质量流量，这就是 CMF 的基本原理。

然而通过旋转运动产生科里奥利力是困难的，目前产品均代之以管道振动产生的，即由两断端固定的薄壁测量管，在中点处以测量管谐振或接近谐振的频率(或其高次谐波频率)所激励，在管内流动的流体产生科里奥利力，使测量管中点前后两半段产生方向相反的挠曲，用光学或电磁学方法检测挠曲量以求得质量流量。

又因流体密度会影响测量管的振动频率，而密度与频率有固定的关系，因此 CMF 也可测量流体密度。

CMF 由流量传感器和转换器(或流量计算机)两部分组成。图 8-4 为流量传感器一例，主要由测量管及其支撑固定桥架、测量管振动激励系统中的驱动线圈 A、检测测量管挠曲的光学检测探头或电磁检测探头 B、修正测量管材料杨氏模量温度影响的测温组件等组成。转换器主要由振动激励系统的振动信号发生单元、信号检测和信号处理单元等组成。

CMF 直接测量质量流量，有很高的测量精确度。可测量流体范围广泛，包括高黏度的各种液体、含有固形物的浆液、含有微量气体的液体、有足够密度的中高压气体。测量管的振动幅度小，可视作非活动件，测量管路内无阻碍件和活动件。对迎流流速分布不敏感，因而无上下游直管段要求。测量值对流体黏度不

敏感，流体密度变化对测量值的影响微小。可做多参数测量，如同期测量密度，并由此派生出测量溶液中溶质所含的浓度。

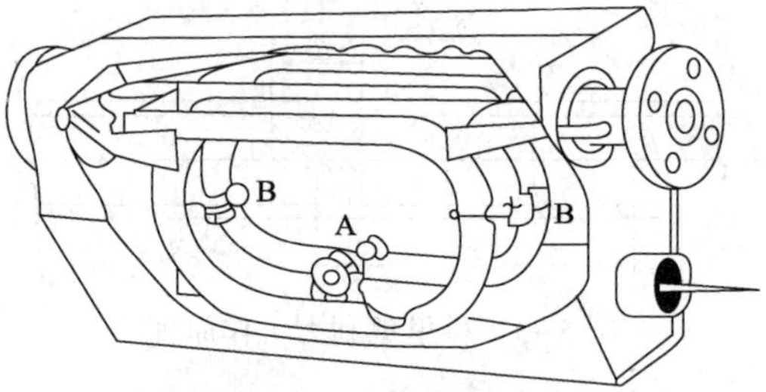

图 8-4　科里奥利质量流量传感器一例

A—驱动线圈；B—检测探头

☞ 13. 热氏气体流量计的基本原理是什么？

热式气体质量流量计是利用热传导原理而设计的，即流动中的流体与热源之间热量交换关系来测量流量的仪表，采用这种原理有两种实现方法：一是恒功率法，二是恒温差法。可用表达式来具体说明：

$$P/\Delta T=A+B(Q)M$$

其中，P 表示消耗功率；ΔT 表示两个传感器之间的温度差；Q 表示质量流量；M 表示指数系数，A、B 是与气体物理性质有关的常数。从上述公式可以看出，加热功率与热源的温度差的比值可以得出质量流量 Q。在实际的工作中，我们把加热功率或温度差任一个参数固定来测量流体的质量。前者为恒功率法；后者为恒温差法。

热式气体质量流量计可测量低流速(气体 0.02~2m/s)微小流量；也可测量低~中偏高流速(气体 2~60m/s)；热式气体质量流量计是无活动部件、无分流管的热分布式仪表，无阻流件，压力损失很小；带分流管的热分布式仪表和浸入性仪表，虽在测量管道中置有阻流件，但压力损失也不大。热式气体质量流量计使用性能相对可靠。与推导式质量流量仪表相比，不需温度传感器、压力传感器和计算单元等，仅有流量传感器，组成简单，出现故障概率小。

☞ 14. 双金属温度计的工作原理是什么？

双金属温度计的工作原理是利用两种不同温度膨胀系数的金属，为提高测温灵敏度，通常将金属片制成螺旋卷形状，当多层金属片的温度改变时，各层金属膨胀或收缩量不等，使得螺旋卷卷起或松开。由于螺旋卷的一端固定而另一端和一可以自由转动的指针相连，因此，当双金属片感受到温度变化时，指针即可在一圆形分度标尺上指示出温度来。这种仪表的测温范围一般在-80~500℃间，允许误差均为标尺量程的1.5%左右。

双金属温度计主要分为普通双金属温度计、耐震型双金属温度计、电节点双金属温度计。

按双金属温度计指针盘与保护管的连接方向可以把双金属温度计分成轴向型、径向型、135°向型和万向型四种。

☞ 15. 热电偶测温度的原理是什么？

用热电偶测量温度的基本原理是基于两种不同成分的导体连接处所产生的热电现象。

取二根不同材料的金属导线 A 和 B，将其两端焊在一起，这样就组成一个闭合回路。如将其一端加热，也就是说，使其一个接点处的温度 t 高于另一个接点处的温度 t_0。那么，在此闭合回路中就有热电势产生。

当 A、B 材料固定后，热电势是温度 t 和 t_0 的函数之差。如果一端温度 t_0 保持不变，则热电势就成为温度 t 的单值函数，而和热电偶的长短及直径无关。这样，只要测出热电势的大小，就能判断测温点温度的高低，这就是利用热电现象来测量温度的原理。

☞ 16. 热电阻测温度的原理是什么？

热电阻温度计是利用金属导体的电阻值随温度的变化而改变的特性来测量温度的。

热电阻的电阻值与温度的关系，一般可用下式表示：

$$R=R_0[1+\alpha(t-t_0)] \qquad 或 \qquad \Delta R=\alpha R_0\Delta t$$

式中 R_0——温度为 t_0(通常为 0℃)时的电阻值；

α——电阻温度系数；

Δt——温度的变化；

ΔR——电阻值的变化。

可见，由于温度的变化，导致了金属导体电阻的变化。实验表明，大多数金属在温度升高 1℃时，电阻值增加 0.46%~0.6%。设法测出电阻值的变化，就可达到温度测量的目的。

☞ 17. 常见的有哪几种压力传感器，它们的工作原理是什么？

常见的压力传感器有如下：

(1) 霍尔片式压力传感器。霍尔片式压力传感器是根据霍尔效应制成的，即利用霍尔元件将由压力所引起的弹性元件的位移转换成霍尔电势，从而实现压力的测量。

(2) 应变片式压力传感器。应变片式压力传感器利用电阻应变效应原理。电阻应变片有金属和半导体应变片两类，被测压力使应变片产生应变。当应变片产生压缩(拉伸)应变时，其阻值减小(增加)，再通过桥式电路获得相应的毫伏级电势输出，并用毫伏计或其他记录仪表显示出被测压力，从而组成应变片式压力传感器。

(3) 压阻式压力传感器。压阻式压力传感器利用单晶硅的压阻效应而构成。当压力发生变化时，单晶硅产生应变，使直接扩散在上面的应变电阻产生与被测压力成比例的变化，再由桥式电路获得相应的电压输出信号。

(4) 电容式压力传感器。是一种利用电容作为敏感元件，将被测压力转换成电容值改变的压力传感器。电容式压力传感器是一种开环检测仪表，具有结构简单、过载能力强、可靠性好、测量精度高等优点，其输出信号是标准的4~20mA(DC)电流信号。

☞ 18. 常见的玻璃板液位计、玻璃管液位计、磁翻板液位计的工作原理是什么？

玻璃板液位计可以很好地用来直接反应密闭容器中的液面高度，具有读数清晰、直观、维修方便、经久耐用等特点，其构造由碳钢、不锈钢、蒸气夹套接头、钢球等材质连接而成，结构非常简单，主要是根据连通器原理设计而来的，主要从安全角度以及抗压角度来考虑选材。

玻璃管液位计是比较传统的现场液位测量工具，直接就可以读出数据。这种玻璃管液位计适用于工业生产过程中一些容器设备的现场检测，其结构也是非常简单，测量也很准确，但是有很多的局限性，比如说一些大的容器以及一些压力容器等，都是不好测量的。其原理也是连通器原理，仪表上下阀门都有两个螺纹接头，通过法兰与容器链接构成连通器，然后通过玻璃管就可以清晰地看到容器里面的液位高度。在仪表上下阀门内都有钢球，目的是防止玻璃管意外破裂时液体往外流，当玻璃管破裂时液体压力就会自动把通道阻塞住，阻止液体继续往外流。

磁翻板液位计又叫磁浮子液位计、磁翻柱液位计。其原理也是连通器原理，根据浮力原理和磁性耦合作用研发而成。当被测容器中的液位升降时，浮子内的永久磁钢通过磁耦合传递到磁翻柱指示面板，使红白翻柱翻转180°，当液位上升时翻柱由白色转为红色，当液位下降时翻柱由红色转为白色，面板上红白交界处为容器内液位的实际高度，从而实现液位显示。这种液位计也是很直观很方便的，测量范围大，安装维护都很方便，比玻璃板、玻璃管液位计更为实用，而且可以远程控制。但是也有很大局限性，比如比较黏稠或者易结晶的物质就不适用。

☞ 19. 测量大型机组的轴的位移、振动及转速采用电涡流传感器，电涡流传感器的构成及工作原理是什么？

电涡流传感器系统由三个部分组成，分别是传感器探头、延伸电缆、前置放大器。传感器探头内部含有一个线圈，探头的端部由聚苯撑硫(PPS)材料组成，线圈被厚实地封装到探头的端部，探头壳体材料为不锈钢，线圈与75Ω宽带同轴电缆相连，同轴电缆中心是导体芯，由中心向外展开依次为绝缘层、内屏蔽层、外屏蔽层(网状屏蔽层)和外护套，内屏蔽层和线圈相连，外屏蔽层不和线圈相连。延伸电缆同样为同轴电缆，两端的接头分别与探头和前置放大器相连接。前置器是一种内部装有振荡电路和调制解调器测量电路的密闭金属盒，接收电涡流传感器和延伸电缆的信号，需要给前置器的电压VT端和公共端COM端输入-17.5~-26V(DC)驱动电压。前置器的VOUT端为输出端。

电涡流传感器是一种相对式非接触传感器，前置器的振荡电路产生的高频振荡电流流入探头内部线圈，线圈中便会产生交变的磁场。当被测金属转轴靠近这一交变磁场时，就会在转轴表面产生感应电流，同时，该感应电流也产生一方向与探头内部线圈方向相反的交变磁场，两个磁场相叠加，将改变线圈的阻抗。该线圈阻抗可近似看成是探头顶部到金属表面间隙的单值函数，即两者之间成正比例关系。当探头与被测金属物体表面间隙最小时，线圈阻抗最小，反之，线圈阻抗最大。通过前置器调制解调电路检测探头线圈的阻抗变化，再经放大电路将阻抗变化量变换放大，输出正比于探头与被测导体表面之间的距离的电压信号。

☞ 20. 什么叫阀门定位器？它在什么场合使用？

阀门定位器是气动执行器的辅助装置，它与气动执行机构配套使用。它可以使阀门位置按调节器送来的信号正确定位，使阀杆位移与送来的信号压力保持线性关系。它的使用场合大体如下：

(1) 阀门的两端压降大于1.0MPa或大口径*DN*100mm以上的调节阀。

(2) 为了防止泄漏，使阀杆的填料压得很紧、摩擦力增大的场合，如：高压、高温、低温、有毒、易燃易爆的介质。

(3) 含悬浮颗粒物、高黏度、或呈胶状的流体，使阀杆移动产生阻力的场合。

(4) 滞后大的调节系统，如温度和pH值调节系统或气动调节器与调节阀之间距离大于100m以上。

(5) 隔膜阀、蝶阀、三通阀、大口径(*DN*50mm以上)的单阀座等不平衡力大的场合。

(6) 一个调节器可控制两个定位器而实现分程控制。控制两个调节阀，分别在20~59kPa及59~99kPa的信号范围内作全行程移动。

(7) 阀门定位器可实现正反作用，即定位器输入信号为20~99kPa时，输出可为20~99kPa(正作用)或99~20kPa(反作用)。这样，正作用的调节阀就可不必改变阀芯、阀座的位置，通过配用定位器就可实现反作用了。

(8) 定位器可用来改变调节阀的流量特性。这是通过定位器反馈凸轮来实现的，例如线性阀可通过定位器凸轮改为等百分比特性。

☞ 21. 气动薄膜调节阀的结构和动作原理是什么？

气动薄膜调节阀由两部分组成，上部为驱动机构(也称膜头)产生推力，下部为

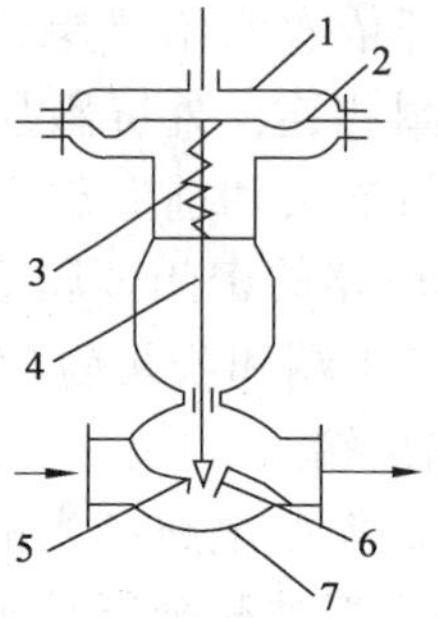

图 8-5 气动薄膜调节阀示意图

1—上盖；2—薄膜；3—平衡弹簧；4—阀杆；5—阀芯；6—阀座；7—阀体

阀门调节机构(也称阀体)，调节介质流量。其简单结构如图 8-5 所示。

在图示结构形式中，当调节器来的风压信号 P 增大时，作用在橡胶膜片上的向下推力就增大，通过托板压缩弹簧，使阀杆下移，直至与弹簧反作用力相平衡为止。也就是说，阀杆下移的距离和信号压力 P 成比例。这样，当 P 增大时，阀杆下移使调节阀关小，反之则开大，当信号压力在 20~99kPa 范围内变化时，阀杆作全行程动作，阀门则从全开到全关。

22. 什么叫单座阀和双座阀？其优缺点是什么？

只有一个阀芯的阀叫作单座阀。当流体流过时，阀杆会受到由于阀芯前后的压差所产生的附加作用力(即上下方向的不平衡力)，而使阀杆产生附加位移。所以单座阀一般用在小口径的场合(DN<25mm)。有两个阀芯的阀，叫作双座阀，流体在阀芯前后产生的压差作用在上下阀芯上，向上和向下的作用力方向相反而大致抵消(不平衡力小)，故大口径的调节阀都做成双座的。但双座调节阀的缺点是关闭时泄漏量较大，因为上下阀芯不易保证同时关闭。由于单座阀是单座阀芯，在结构上容易保证关闭，所以泄漏量可小些。

23. 调节阀的“风开”和“风关”是怎么回事？如何选择？

有信号压力时阀关，无信号压力时阀开的为风关阀。反之，为风开阀。风关、风开的选择主要从生产安全来考虑，当信号压力中断时应避免损坏设备和伤害操作人员，如此时阀门处于打开位置的危害性小，便应选用风关式气动执行器，反之则选用风开式。例如，调节进入加热炉内的燃料油流量时，应选风开阀。这样，当调节器发生故障或仪表供气中断时，便停止了燃料油进入炉内，以免炉温继续升高而烧坏炉子。

24. 调节阀的“正”“反”作用是什么意思？调节器的“正”“反”作用是什么意思？

当阀体直立、阀芯正装时，阀芯向下位移而阀芯与阀座间流通截面减少的，称为正作用式。反之，称为反作用式。

正作用时，正偏差越大则调节器的输出越大；反作用时，负偏差越大则调节器输出越大。

25. 自力式控制阀的技术特点有哪些？

自力式压力控制阀(见图 8-6)不需要其他外来能源驱动(例如电源、气源)，仅靠介质自身的压力能来驱动实现自动控制。安装完毕设定给定值后即可投入自动控制，所以在缺乏动力源且对控制精度要求不高的场所得到了广泛的使用。

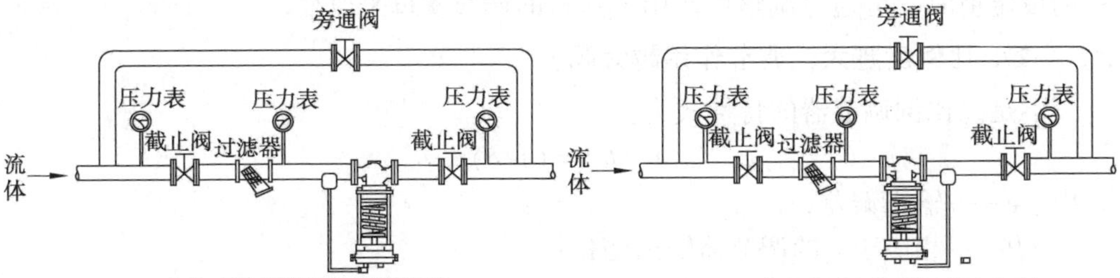

自力式压力控制阀（阀前型）　　自力式压力控制阀（阀后型）

图 8-6　自力式压力控制阀

自力式压力控制阀最大特点：节能；环保；压力设定值在运行中可随意调整；采用快开流量特征动作灵敏；密封性能好。因此它广泛应用于各种工业流体介质稳压(用于阀后调节)、持压(用于阀前调节)、减压、泄压的自动控制。但在使用过程中，一定要注意选型的特殊性，否则容易引起事故。在使用过程中要注意使用的选型和安装环境，需详细了解自力式压力调节阀的工作原理和结构。

☞ 26. 自力式控制阀的工作原理是什么？

自力式控制阀工作原理如图 8-7 所示。工艺介质的阀前压力 P_1 经过阀芯、阀座的节流后，变为阀后压力 P_2。P_2 经过控制管线输入执行器的上膜室作用在顶盘上，产生的作用力与弹簧的反作用力相平衡，决定了阀芯、阀座的相对位置，实现阀后压力的控制。当阀后压力 P_2 上升时，P_2 作用在顶盘上的作用力也随之增加。此时顶盘的作用力大于弹簧的反作用力，使阀芯下移关向阀座的位置，直到顶盘的作用力与弹簧反作用力相平衡为止。这时阀芯与阀座之间的流通

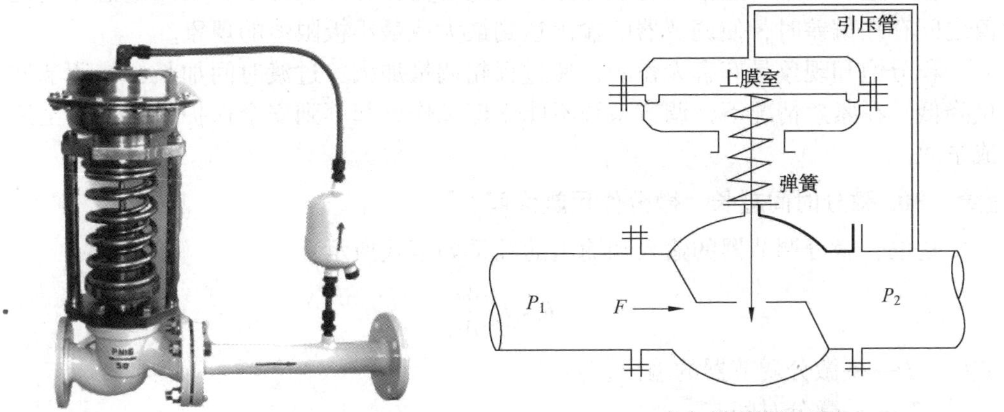

自力式控制阀原理图

图 8-7　自力式压力控制阀工作原理

面积减少流阻变大，从而使 P_2 下降为设定值。同理，当阀后压力 P_2 下降时，作用方向与上述相反，这就是阀后压力调节时的工作原理。当需要改变阀后压力 P_2 的设定值时，可通过调整反作用力弹簧的调节螺母来改变。

☞ 27. 比例度越大，调节作用越大吗？

不是。比例调节器的特性式为：

$$P=K_c e=(1/\delta)e$$

式中 e——输入偏差；

P——相应于 e 的调节器输出变化；

K_c——调节器的放大倍数；

δ——比例度。

由上式可见，比例度越大，则调节作用越小。

☞ 28. 积分时间越长，调节作用越大吗？

不是。当调节器的输入偏差 e 是一常数 A 时，积分调节作用的输出信号和输入偏差信号的关系如下式所示：

$$P=K_I At=(1/T_i)At$$

式中 K_I——积分比例系数；

t——积分时间；

P——输出信号变化；

T_i——积分时间；

A——偏差常数。

由上式可见，积分越长，则积分调节作用越小。

☞ 29. 什么叫积分饱和？它有什么坏处？

积分饱和现象，是指具有积分作用的调节器在开环状态下，当测量值与给定值之间存在偏差时，使调节器的输出达到最大或最小极限值的现象。

积分饱和现象是有害无益的，使过程超调量加大，过渡时间加长，使调节质量降低。在紧急情况下，调节系统不能立即工作，起不到安全保护作用，甚至造成事故。

☞ 30. 微分时间越长，微分作用越大吗？

是的，微分调节器的输入和输出的关系如下式所示：

$$P=T_d\frac{de}{dt}$$

式中 P——微分调节器的输出；

T_d——微分时间；

$\frac{de}{dt}$——偏差 e 的变化速度。

由此式可见，当偏差 e 的变化速度不变时，微分时间 T_d 越长，则微分调节作用越大。

☞ 31. 什么叫串级调节系统？

凡用两个调节器串接工作，主调节器的输出作为副调节器的给定值的系统，称为串级调节系统。

主参数是工艺控制指标，在串级调节系统中起主导作用的被调参数。副参数是为了稳定主参数，或因某种需要而引入的辅助参数。

主对象是由主参数表征其主要特性的生产设备，副对象是由辅助参数表征其特性的生产设备。

主调节器按主参数与工艺规定的给定值的偏差工作，其输出作为副调节器的给定值，在系统中起主导作用。副调节器按副参数与主调节器来的给定值的偏差工作，其输出直接操纵调节阀动作。

主回路是由主测量变送器，主、副调节器，执行器和主、副对象构成的外回路，亦称外环。副回路是由副测量变送器，副调节器，执行器和副对象所构成的内回路，亦称内环。

☞ 32. 串级控制系统的特点有哪些？

(1) 在系统结构上组成两个闭合回路。主、副调节器串联，主调节器的输出作为副调节器的给定值。系统通过副调节器控制调节阀动作，来达到控制被调参数在给定值上的目的。

(2) 在系统特性上，由于副回路的作用，有效地克服了滞后，可大大地提高调节质量。

(3) 主、副回路协同工作，克服干扰能力强，可用于不同负荷和操作条件变化的场合。

☞ 33. 液位－流量的串接均匀控制系统和串接控制系统的参数整定有何不同？

液位-流量的串接控制系统的目的，一般是为了快速克服干扰，严格控制液面，确保其无余差。流量是为液位而设置的，允许它在一定范围内波动。主调节器一般选用 PI 调节规律，副调节器也选用 PI 作用。

液位-流量串接均匀控制系统的目的是为了使液位和流量都在一定范围内均匀缓慢变化。主调节器一般选用比例作用，必要时才引入积分作用，防止偏差过大超出允许范围，副调节器一般用比例作用。

☞ 34. 分程控制的特点是什么？

分程控制系统的特点是一个调节器的输出同时控制几个工作范围不同的调节阀，例如一个调节阀在 20～59kPa 范围内工作，另一个在 59～99kPa 范围内工作。

分程控制方块图如图 8-8 所示。

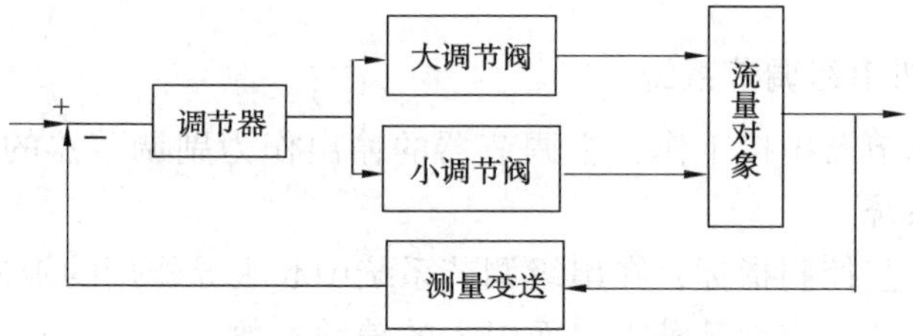

图 8-8 分程控制方块图

☞ 35. 反馈调节是按照什么进行控制的?

反馈调节是按照被调参数与给定值的偏差进行调节的，因有反馈回路而构成了闭环调节系统。调节器接受到偏差信号后进行校正，使调节阀动作，改变调节参数，克服干扰，消除偏差。如果干扰已经发生，而被调参数尚未变化，调节器是不会发生作用的。

☞ 36. 前馈调节是按照什么进行控制的?

前馈调节是按照干扰变量进行调节的。由于被调参数不反馈到比较环节，因而是开环调节系统。当干扰一出现，虽然尚未影响到被调参数变化，而干扰测量信号已传送到前馈调节器，前馈调节器就进行校正，克服干扰对被调参数的影响。

☞ 37. 什么是选择性控制?

选择性控制是将工艺过程的操作条件所构成的选择性逻辑规律叠加到自动控制系统中去。它的工作过程是这样的，当过程趋近于“危险”极限区，但还未到达危险区(称为安全软限)时，用一个取代调节器(又称为超驰调节器)，自动取代正常情况下工作的调节器(称为正常调节器)通过取代调节器的调节作用，使过程脱离危险区而回到安全区，这时取代调节器自动“退出”而变为备用等待状态，正常调节器又重新恢复工作。所以选择性控制系统也称取代控制，有人也称它为“超驰”控制系统。

这种系统在结构上的特点是使用选择器，它可以接在两个或更多个调节器的输出端，或接在几个变送器的输出端，对信号进行选择，以适应不同情况的需要。

☞ 38. 电动仪表与气动仪表相比有哪些优点?

(1) 电动仪表灵敏度高，反应迅速，滞后小，信号传送容易。

(2) 电动仪表更换元件和部件比较容易。

(3) 电动仪表同电子计算机及其他计算装置、数据处理装置等连接起来比较方便。

(4) 安装比较简便，不需要压缩空气那套相当庞大的附属设备，如空压机、净化器及干燥器等。

随着我国电子工业的发展，技术水平的不断提高，电动仪表的工作可靠性和稳定性亦正在不断地提高，获得越来越广泛的应用。

39. 流化床测压点设置反吹气系统的目的是什么？一般采用什么介质？

流化床测压点设置反吹气系统的目的是防止流化床测压点被催化剂堵塞。再生器系统的反吹气采用净化压缩空气；反应器系统的反吹气一般采用水蒸气，有条件时也可采用惰性气。

40. 流化床测压点反吹气流速度一般控制多少？

反吹气流在流化床内测压管中的线速度《埃索研究工程公司工业设计准则》规定为 0.61m/s，美国石油学会的《炼油厂仪表和控制系统安装手册(ARJ、RP-550—1974)》推荐为 0.23~0.93m/s，我国一般采用 0.5~1m/s。

41. 流化床测压点反吹气流流量采用什么控制方法？如何进行计算？

流化床测压点反吹气流流量采用限流孔板来控制。反吹气流量及限流孔板可按下式进行计算：

$$G=1.2522 \cdot \Psi \cdot d^2 \cdot \sqrt{P \cdot r}$$

式中 G——反吹气质量流量，kg/h；

Ψ——流量系数，一般可取 0.35~0.4；

d——限流孔板锐孔直径，mm；

P——反吹气气源压力，kg/cm^2；

r——反吹气操作密度，kg/m^3。

42. 反应－再生系统一般采用什么形式的热电偶？

(1) 为了保证热电偶保护管即便被磨穿孔也能继续应用，反应-再生系统的温度测量一般都应采用耐磨热电偶。

(2) 其保护管端部长度为 200mm，采用 1Cr18Ni9Ti 棒料制成，外表面加工至 8 级光洁度以上，光洁度愈高，耐磨性能愈好。在提升管反应器等高速稀相气流中的耐磨热电偶保护套管表面还应喷焊 Ni+WC35 硬质合金。

(3) 外部配有强力切断旋塞阀，当生产中热电偶保护管端部磨穿时，用以剪断热电偶芯，停用该热电偶。

43. 磁氧分析仪的作用原理是什么？

氧气有一个特性，即它在磁场中容易被磁化，也就是说它的磁化率比其他气体要大得多，而且磁化率随温度的升高而下降得很快。磁氧分析仪就是根据这个特点工作的。它的发送器是一个有中间通道的环形气室，如图 8-9 所示。在中间

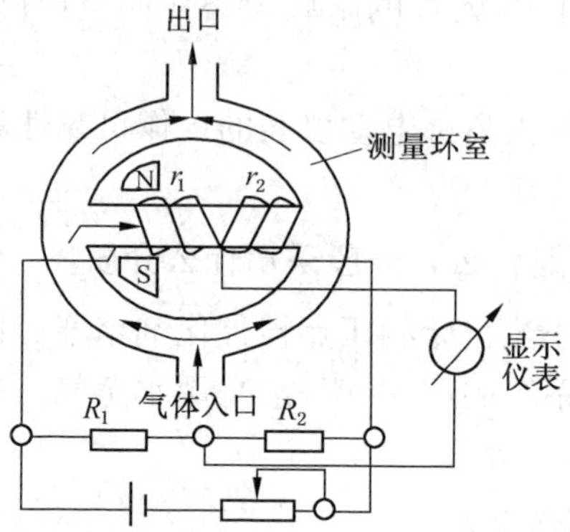

图 8-9　磁氧分析原理图

通道外面均匀地绕以热敏电阻(如铂丝)加热丝，它在发送器中既起电阻加热丝的作用，又起温度变化的感温元件作用。将它分为两部分 R_1 和 R_2，分别作为测量桥路的两个桥臂，以测量中间通道两端的温度差。当中间通道中无气体流过时，两端温度相同，测量桥路无输出信号，当通以被测气体时，中间通道中的气体因被加热，温度就比环室的高，故中间通道的气体磁化率就要比其左边环室的小，受外磁场的吸引力也就小，于是较冷的左环室气体就对中间通道的热气体产生排挤力，把它推向通道右侧，经右环室排出，从而形成磁风。磁风的大小与气体中氧含量有关，氧含量高，磁风就大。由于气体在中间通道中从左向右流通，使电阻 R_1 被气体带走的热量比 R_2 多(因冷气体先经过 R_1)，故电阻值随之发生变化，破坏了电桥的平衡，产生输出信号，这信号就反映了气体中氧含量的多少。

磁氧分析器是一种连续分析的仪器。不过，它只能用来分析氧的含量。

☞ 44. 如何用氧化锆测氧含量?

氧化锆是一种新型的测氧元件，但是在高温下(如高于 1150℃)会产生相变。为此，掺入一定数量的氧化钇与氧化钙经高温烧结，可以得到一种稳定的结晶体。锆是四价的，被二价的钙或三价的钇置换以后产生氧的空穴，在高温下成为氧离子的良好导体。阴极在一定温度下，氧分子受热变成氧原子，并从铂片夺取自由电子形成氧离子，即

$$O_2+4e \longrightarrow 2O^{2-}$$

这时铂片带正电。若两个铂片处于不同的氧浓度中，则 O^{2-} 可以通过氧化锆中的氧离子空穴到达阳极，并释放出自由电子，还原为氧分子，即：

$$2O^{2-}-4e \longrightarrow O_2$$

这时阳极与阴极之间产生一个电位表，这就是所谓的浓差电池。如果将氧化锆的结构做成内外管壁的形式，内管通以纯净的空气，外管为测量气体介质，则可以用来测量介质的氧含量。

☞ 45. 瓦斯报警仪的工作原理是什么?

国产瓦斯报警仪一般都用接触燃烧法和感气半导体法来测量瓦斯泄漏量，其原理如下：

(1) 接触燃烧法的原理

此法是用气敏元件作为检测元件，把精确地相等且固定不变的电阻作为补偿元件，组成惠斯登电桥，见图 8-10。

检测元件和空气接触，当空气中无可燃气体时，$r_1=r_2$，$R_1=R_2$，检测器输出为零；当空气中含有可燃性气体时，由于催化作用而产生无焰燃烧，元件铂丝温度升高，阻值增大，因此，电桥有偏差信号输出。在一定范围内，此偏差信号的幅值与被测气体的浓度成正比。根据不同的设定值，发出相应的报警信号或开关信号。

(2) 感气半导体法的原理

在一定的温度下，检测(气敏)元件在清洁空气中的电阻值一定，而当被测气体接触气敏元件时，会在元件表面产生吸附，使元件的电阻随气体浓度发生变化。利用它这种吸附或解吸氧气、蒸汽(还原性、氧化性)的不同能力，把检测元件信号引入惠斯登电桥，测出元件的电阻变化，用电流表显示出来，再通过放大电路即可发出声光信号或开关信号，这就组成了一种可燃气体报警器。见图 8-11。

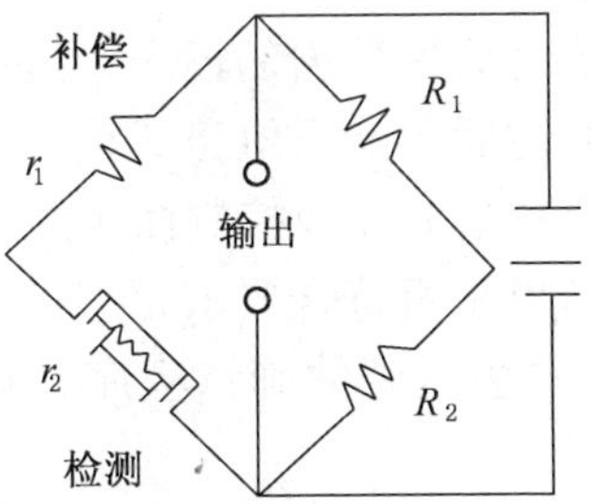

图 8-10　接触燃烧法原理图

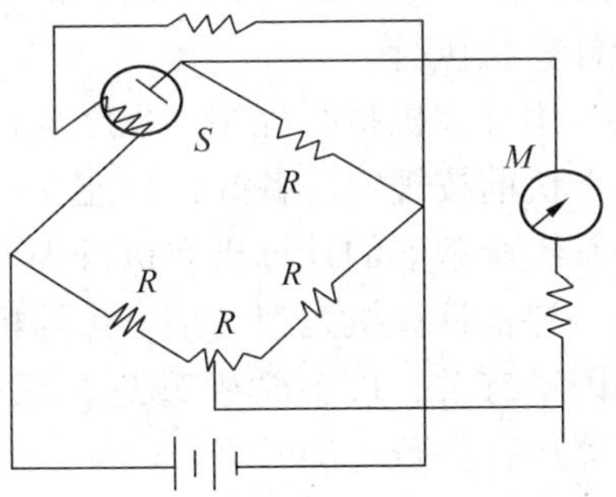

图 8-11　感气半导体法原理图

这类可燃气体报警器的关键部位，采用了半导体气敏元件用作气-电转换器件，制成测量各种不同气体、蒸汽的仪表。

46. 什么是轴位移监测仪和测振仪？

轴位移监测仪由安装在轴向但又不和轴接触的一个探头、一个引近器和一台监测仪所组成。探头和引近器测出探头端头和轴顶头的空隙，并将此距离转换成一个成正比的电信号。监测仪把此信号转换成轴位移读数。

测振仪由三个分别安装在轴的水平方向和垂直方向，但均不和轴表面接触的探头，两个引近器和一台监测仪所组成。两只探头和引近器分别产生与探头尖端和轴表面之间距离成比例的电信号。监测器将这两个电信号变为水平振动和垂直振动读数。

47. 如何用计算机解决问题？

应用计算机解决实际问题，一般需经过这么几个阶段。

(1) 提出和分析问题。因为任何实际问题都是由一定的规律和变量支配的过程，量和量之间有一定的数值关系。所以应用计算机前，处理问题目的要明确，能给出什么样数据，要求结果是什么都要心中有数。

（2）决定处理问题的方式。这一阶段包括建立数学模型、选择计算方法、决定数据输入输出方式。建立数学模型就是将一个实际问题转化成一个可以用数学公式来表达的模式，它要求尽可能真实地反映出量与量之间的数值关系。数学模型建立后，需要选择适用于计算机直接求解的计算方法，这些方法就是一般计算方法书中讨论的内容，它要求在计算精度和时间上满足过程要求。数据输入方式决定于数据种类、性质及所能使用的输入设备类型。数据输出方式根据对输出结果的利用方法和所能使用的输出装置类型来决定。

（3）编写和调试程序。首先要将处理问题的顺序用流程图来表述：先设计整体概况用流程图，然后再分别用各部分详细流程图表示清楚，流程图应该用一些规定的符号来表示；然后再用程序设计语言把它改写成计算机能编译的源程序；程序编好以后一般依靠计算机语言处理程序来排除错误，直到再也没有错误以后才能让计算机执行。

（4）用计算机执行程序。程序执行时往往要有原始数据的输入，这些原始数据要在上机前按规定准备好，只能在程序调试通过后才能上机正式作业。对一些在操作系统管理下的计算机在执行程序时，还要准备好作业控制命令。

（5）评价计算机处理结果。计算机得出的结果是否符合要求要进行分析。它与下列因素有关，即数学模型是否正确，计算方法是否精确，程序设计是否正确，机器运行是否正确。

使用计算机处理问题的全过程经常是上述各个阶段的循环反复，渐趋正确的过程。

☞ 48. 一个完整的计算机系统由哪些部分组成？

一个完整的计算机系统由硬件和软件组成。在硬件的基础上，配置了一些必要的软件后，计算机才能正常、有效地工作。

硬件包括运算器、控制器、存储器和输入/输出装置。

（1）运算器是计算机中直接完成算术运算和逻辑运算的部件。

（2）控制器是用来对计算机的各个组成部分的动作进行控制的部件。它能按照人们事先规定的计算顺序向有关部件发出各种控制命令，指挥它们有节奏而协调地工作。例如，从内存储器取信息、按计算程序执行各种指令、控制内存储器与运算器或输入/输出装置之间的信息传递等。控制器一般由指令寄存器、指令计数器、译码器、时序电路和控制台组成。

（3）存储器是用来存放原始数据、处理这些数据所需的程序及中间结果的部件。

（4）输入/输出设备是把数据输入计算机或把计算机处理过的数据送到外界

记录下来的设备。最常用的输入/输出设备有终端、行式打印机和模/数转换器等，新型的输入/输出设备有磁性墨水、光学字符输入/输出机、绘图仪、光笔图像显示器等。

软件就是人们指挥计算机工作的各种程序。软件又分为应用软件(用户为解题而编写的程序)和系统软件(使用计算机和发挥计算机作用的程序)两类。

☞ 49. 什么叫集散控制系统?

集散控制系统又称分散型控制系统，简称集散系统。它以分散的控制适应分散的过程对象，同时又以集中的监视、操作和管理达到控制全局的目的，既发挥了计算机高智能、速度快的特点，又大大提高了整个系统的安全可靠性。集散系统可在分散控制的基础上，将大量信息通过数据通信电缆传送到中央控制室，控制室用以微处理机为基础的屏幕显示操作站，将送来的信息集中显示和记录，同时可与上位监控计算机配合，对生产过程实行集中控制监视和管理，构成分级控制系统。

炼油工业应用集散系统始于20世纪70年代末、80年代初。

集散系统不仅可完成任一物理量的检测，进行自动和手动调节控制，而且可向用户提供多种应用软件，如工艺流程显示、各种报表的制作，还提供过程控制语言，可完成顺序程序控制、数据处理、自适应控制、优化控制等程序编制。系统可采用积木组件式结构，根据用户规模任意组合，从只控制一个回路到控制几百个回路。采用集散控制系统不仅使生产过程实行安全、稳定、长周期运行，而且可实现优化控制和管理。

☞ 50. 什么叫最优化控制?

所谓最优化控制，就是指在生产过程客观允许的范围内，力求获得生产过程的产品质量最好、产量最高、收益最大的一种控制方法。换句话说，就是在一定约束条件下(如工艺参数的限制，工艺参数间相互间依赖关系，设备条件的限制，控制作用的限制等)，选择一个表征过程的目标函数(如产量最高，收率最高，消耗最小，控制品质最好，达到给定值的时间最短等)，再确定一个最佳的控制函数，以使目标函数取得极大值或极小值。

☞ 51. 用最优化方法解决实际问题的步骤是什么?

用最优化方法解决实际问题，一般分三步进行：

(1) 提出最优化问题，叙述目标是什么?约束条件是什么?求什么变量?把优化问题表示成数学模型，确定变量，列出目标函数及约束式(等式或不等式)。

(2) 分析模型，选择合适的求解方法。

(3) 编程序，用计算机求最优解，对算法的收敛性(是否最终能收敛到最优解)、通用性与简便性、效率(计算时间)及误差等，作出评价。

因此，设计一个优化控制系统要完成两项任务：

（1）在不同的工况下，要确定系统有关回路的设定值，以保持目标函数最优。

（2）确保为实现最优控制目标的最优控制规律。

☞ 52. 催化裂化常见的优化目标有哪些？

（1）在进料量一定的条件下，使汽油产率最大。

（2）固定汽油产率，使进料量最少。

（3）在气体压缩机和再生器负荷约束内，使转化率最大。

（4）固定进料量，维持最佳经济产率。

（5）固定循环油量，使汽油产率最大。

（6）经济最佳产率，进料量及产值。

（7）固定产率分布，使加工量最大。

（8）使炼厂自用燃料油最大或最小。

（9）使汽油和供烷基化用的烯烃最多。

☞ 53. 现有的催化裂化先进控制有哪些？

国内外现有的催化裂化先进控制策略和优化模块有下述方面：

（1）压力平衡控制。在保持装置压力平衡方面应用先进的约束控制概念，控制目标由装置经济性来决定，关键因素由与主风机、气压机和滑阀压降有关的再生器压力控制，通过调整再生器压力使气压机和主风机操作优化。

（2）再生器燃烧控制。目的是平稳反应器/再生器操作，提供装置热平衡和物料平衡控制。它应用多变量预测控制技术，以烟气组成和再生器的约束条件为基础，通过调节空气流率、裂化强度和进料速率，控制焦炭的生成和再生器内烧焦。它包括接在线气体分析结果提前计算热平衡，通过调整与催化剂循环量有关的变量准确地预测焦炭生成量。在达到最高再生器温度的约束条件下，它使低温装置再生剂碳含量最小，使高温装置烟气中过剩氧最少。

（3）裂化控制。使裂化最优化，它是一组动态方程式和线性化函数。它亦应用多变量预测控制技术，依据进料组成和进料速率决定的反应停留时间，预测进料转化率、汽油和轻柴油生成量。焦炭的生成率预测，还要考虑到进料中残炭、待生剂中没汽提出去的烃、焦炭中氢含量、金属含量、催化剂藏量、稀密相温度、烟气组成、空气流率、气压机和主风机负荷、分馏塔负荷、提升管出口温度、催化剂循环速率以及再生器设计等诸多因素的影响。优化结果就是通过动态计算值，给出提升管出口温度和催化剂循环量最优值。

（4）裂化产品质量控制。应用进料特性，如比重指数（API度）、折光指数，和工艺参数，如压力、温度，来预测产品质量的理论模型，和应用在线分析仪数据对模型修正，达到经济上优化目标。

（5）主分馏塔控制。在没有使用分析仪情况下调整产品质量，并使目的产品产率最大。并操作调整塔热平衡，达到最好的能量回收效果和最有效的产品分离，保持分馏塔底温度被控制在约束范围内，控制监测塔的淹塔。

（6）能量管理控制。保证工艺产生的热量最大限度地被利用，排出最少的热，包括循环回流量约束控制、分馏塔底重沸器约束控制、CO 锅炉控制、汽提蒸汽流率的调节、加热炉控制和能量回收系统控制。

（7）操作调节控制。主要提供最大的装置操作稳定性，保证因扰动和操作变更引起的经济损失最小，它包括：反应温度解耦控制，再生器出口烟气组分控制，CO 锅炉控制，气压机反飞动保护和分馏塔顶循环回流控制。

（8）在线预测控制。从操作条件预测产品产率和质量、转化深度、进料预热温度、反应器顶温度和压力对产率的影响，它还包括优化反应器、再生器、分馏塔操作条件。

☞ 54. 什么叫自适应控制？

自适应控制能够自动地修改调节器参数，以满足被调量的某些函数要求，或者说用以补偿过程特性的某些变化。一句话，系统可“适应”过程的需要。

适应性控制又分为动态适应性控制和静态适应性控制。前者的主要功能是给控制回路一个始终如一的稳定度；后者则谋求静态回路增益不变。两者的区别就在于规定被调量的目标函数。一个过程的目标函数可以是被调量的衰减度，即回路动态增益，因此被称作动态适应。一个过程也可能提出一种静态增益的目标函数，为满足这指标而设计的即静态适应。

在适应性控制中除目标函数外，另一个是关于在机理上如何把适应性控制付诸实现。如果对于过程的情况了解很充分，能够把参数的调整与引起过程性质变化的变量联系起来，就可按一定程序实现适应性控制。

适应控制的例子就是燃烧控制。为了获得最高燃烧效率，需要调整燃料-空气比。空气或燃料过量均会降低燃烧效率。这里，真正的被调参数是燃烧效率，而真正的调节量是燃料-空气比。

☞ 55. 什么叫多变量控制？

所谓多变量控制就是代替通常的一个变量操作一个调节阀的控制方式，同时通过两个或多个相关变量来操作两个或多个调节阀的调节方式。例如，为了控制碳平衡，在调节再生滑阀改变催化剂循环量来影响反应温度的同时，必须进行进料预热或回炼油调节，以便在反应温度上亦产生影响，从而保持反应温度稳定，以实现对转化率控制。其效果是把操作的不平稳减小到最低限度。

☞ 56. 什么叫快速响应控制？

快速响应控制往往不是设计来改变操作条件，而是用来减少操作波动。

例如，由再生床温度测量信号与其给定值比较，由此对提升管温度产生一个响应信号；再由这响应信号产生一个控制信号，然后由它去控制进入提升管的催化剂流量，从而保持再生床温度和提升管温度的稳定。

☞ 57. 什么叫作软仪表？

所谓软仪表是指不使用在线检测的方法，而是用经验公式、工艺机理和数学模型等办法来预测工艺参数或产品质量，并且实时显示、记录或打印。目前，国内已有剂油比、催化剂停留时间、再生催化剂残炭、催化剂活性、焦炭产率、空速、烧焦时间、催化剂循环量、反应热、汽油辛烷值、汽油干点、汽油蒸气压和轻柴油凝点等催化裂化软仪表。

☞ 58. 什么叫 ESD？

ESD 是自动保护联锁系统的英文简称(Emergency Shutdown Devices)，是催化裂化安全生产、预防重大事故、保护人身安全的重要设施。主要包括开工停工和生产过程中可能危及生产安全造成重大设备事故、重大经济损失和人身安全事件的紧急自动保护，特别是反再系统的自动保护、大型机组的自动保护应予精心配置、重点维护和严格管理。

☞ 59. 催化裂化 ESD 基本内容是什么？

催化裂化 ESD 基本内容可用表 8-1 来表示。

表 8-1 催化裂化 ESD 基本内容

措施	进料切断	反再切断	主风机组		增压机停车	气压机停车	切断燃料
			保安运行	停车			
反应进料低流量	△						
反应温度低限	○						
反再差压超限	△	△					
主风低流量	○	○	☆		○		
主风机组故障	○	○		☆	○		
增压机故障	△	△			☆		
气压机故障	△					☆	
余热锅炉故障							☆
辅助燃烧室故障							☆
加热炉故障							☆

说明：①☆—主要联锁动作，○—全自动，△—半自动。

②气压机停车后，富气放火炬由软保护定值控制。

③主风机组、富气压缩机组的 ESD 应包括启动条件的确认。

☞ 60. 反应－再生系统各自保阀门状态及相互间的逻辑关系是如何关联的？

反应-再生系统各自保阀门状态及相互间的逻辑关系可用表 8-2 表示。

表 8-2　反应-再生系统各自保阀门状态及相互间的逻辑关系

<table>
<tr><th rowspan="3">项　　目</th><th rowspan="3">正常位置</th><th rowspan="2">进料流量低限</th><th rowspan="2">反应温度低限</th><th rowspan="2">两器差压超限</th><th rowspan="2">主风流量低限</th><th colspan="4">风机-烟机机组</th><th rowspan="2">增压机停车</th><th colspan="3">富气压缩机组</th></tr>
<tr><th>风机喘振</th><th>风机阻塞</th><th>烟机切除</th><th>紧急停车</th><th>入口超压</th><th>喘振</th><th>紧急停车</th></tr>
<tr><th colspan="3">半　自　动</th><th colspan="9">全　自　动</th></tr>
<tr><td>进料系统</td><td></td><td colspan="4"></td><td></td><td></td><td></td><td></td><td></td><td colspan="3"></td></tr>
<tr><td>新鲜原料进料阀</td><td>开</td><td colspan="4">关</td><td>—</td><td>—</td><td>(—)</td><td>关</td><td>关</td><td colspan="3">—</td></tr>
<tr><td>新鲜原料返回阀</td><td>关</td><td colspan="4">开</td><td>—</td><td>—</td><td>(—)</td><td>开</td><td>开</td><td colspan="3">—</td></tr>
<tr><td>回炼油进料阀</td><td>开</td><td colspan="4">关</td><td>—</td><td>—</td><td>(—)</td><td>关</td><td>关</td><td colspan="3">—</td></tr>
<tr><td>回炼油返回阀</td><td>关</td><td colspan="4">开</td><td>—</td><td>—</td><td>(—)</td><td>开</td><td>开</td><td colspan="3">—</td></tr>
<tr><td>回炼油浆进料阀</td><td>开</td><td colspan="4">关</td><td>—</td><td>—</td><td>(—)</td><td>关</td><td>关</td><td colspan="3">—</td></tr>
<tr><td>降温汽油阀</td><td></td><td colspan="4"></td><td></td><td></td><td></td><td></td><td></td><td colspan="3"></td></tr>
<tr><td>进料加热炉燃料阀</td><td>调节</td><td colspan="4">关</td><td>—</td><td>—</td><td>(—)</td><td>关</td><td>关</td><td colspan="3">—</td></tr>
<tr><td>进料事故蒸汽阀</td><td>关</td><td colspan="4">开</td><td>—</td><td>—</td><td>(—)</td><td>开</td><td>开</td><td colspan="3">—</td></tr>
<tr><td>两器系统</td><td></td><td colspan="4"></td><td></td><td></td><td></td><td></td><td></td><td colspan="3"></td></tr>
<tr><td>待生塞(滑)阀
再生塞(滑)阀</td><td>自调</td><td colspan="2">—</td><td colspan="2">关</td><td>—</td><td>—</td><td>(—)</td><td>关</td><td>关</td><td colspan="3">—</td></tr>
<tr><td>主风及风机-烟机系统</td><td></td><td colspan="4"></td><td></td><td></td><td></td><td></td><td></td><td colspan="3"></td></tr>
<tr><td>主风阻尼单向阀(含增压风)</td><td>开</td><td colspan="3">—</td><td>关</td><td colspan="2">—</td><td>(—)</td><td>关</td><td>(关)</td><td colspan="3">—</td></tr>
<tr><td>主风事故蒸汽阀</td><td>关</td><td colspan="3">—</td><td>开</td><td colspan="2">—</td><td>(—)</td><td>开</td><td>—</td><td colspan="3">—</td></tr>
<tr><td>反阻塞调节阀</td><td>关</td><td colspan="5">自　调　开</td><td>自调
关小</td><td>(—)</td><td>—</td><td>—</td><td colspan="3">—</td></tr>
<tr><td>反喘振调节阀</td><td>关</td><td colspan="3">自调关</td><td colspan="2">自调开大</td><td></td><td></td><td></td><td></td><td colspan="3"></td></tr>
</table>

续表

<table>
<tr><th rowspan="2">项　　目</th><th rowspan="2">正常位置</th><th rowspan="2">进料流量低限</th><th rowspan="2">反应温度低限</th><th rowspan="2">两器差压超限</th><th rowspan="2">主风流量低限</th><th colspan="4">风机-烟机机组</th><th rowspan="2">增压机停车</th><th colspan="3">富气压缩机组</th></tr>
<tr><th>风机喘振</th><th>风机阻塞</th><th>烟机切除</th><th>紧急停车</th><th>入口超压</th><th>喘振</th><th>紧急停车</th></tr>
<tr><td></td><td></td><td colspan="3">半　自　动</td><td colspan="9">全　　自　　动</td></tr>
<tr><td>风机放空阀</td><td>关</td><td colspan="3">—</td><td></td><td colspan="2">—</td><td>(—)</td><td>开</td><td>—</td><td colspan="3">—</td></tr>
<tr><td>风机出口止回阀(含增压机)</td><td>开</td><td colspan="3">—</td><td></td><td colspan="2">—</td><td>(—)</td><td>关</td><td>(关)</td><td colspan="3">—</td></tr>
<tr><td>风机入口可调静叶</td><td>自调</td><td colspan="3">—</td><td>关至最小</td><td colspan="2">—</td><td>(—)</td><td>开至最大</td><td>—</td><td colspan="3">—</td></tr>
<tr><td>烟气轮机入口调节阀</td><td>自调</td><td colspan="6">—</td><td colspan="2">关</td><td>—</td><td colspan="3">—</td></tr>
<tr><td>烟气轮机入口切断阀</td><td>开</td><td colspan="6">—</td><td colspan="2"></td><td></td><td colspan="3"></td></tr>
<tr><td>烟气轮机旁路阀</td><td>自调</td><td colspan="6">—</td><td colspan="2" rowspan="2">自动调节</td><td>—</td><td colspan="3">—</td></tr>
<tr><td>双动滑阀</td><td>自调</td><td colspan="6">—</td><td>—</td><td colspan="3">—</td></tr>
<tr><td>增压机主风旁路阀</td><td>关</td><td colspan="8">或增压风事故蒸汽阀</td><td>开</td><td colspan="3"></td></tr>
<tr><td>富气压缩机系统</td><td></td><td colspan="8"></td><td></td><td colspan="3"></td></tr>
<tr><td>反喘振调节阀</td><td>关</td><td colspan="8">自　　调</td><td></td><td colspan="2">自调开大</td><td>—</td></tr>
<tr><td>入口放火炬调节阀
入口放火炬风动闸阀</td><td>关</td><td colspan="8">自　　调</td><td></td><td>自调开大</td><td>—</td><td>自调开大</td></tr>
</table>

说明：单独的“烟机切除”只能由人工按规定步骤将烟机从系统中隔离出来，而机组不停车，风机继续运行的工况。

☞ 61. 主风机机组和富气压缩机组机组自保联锁有哪些？

主风机机组和富气压缩机组机组自保联锁和报警项目可用表 8-3 来表示。

表 8-3　主风机机组和富气压缩机组机组自保联锁和报警项目

项　　目	主风机机组	富气压缩机机组
超速	自　　停	
轴向位移超限	报警或自停	
轴振动超限	报　　警	
润滑油低压	辅助油泵自启动及报警	
润滑油压低限	自　　停	
封油低压(或低液位)	—	辅助油泵自启动及报警
封油压力低限(或液位低限)	—	自　　停
气封压力低限	—	报　　警
冷却水压低限	报　　警	
蒸汽轮机背压超限	报　　警①	
润滑油超温	报　　警	
轴承超温	报　　警①	
出口气体超温	报　　警①	
入口烟气超温，入口主蒸汽超温(汽轮机)	报　　警①	
电机定子超温	报　　警①	
电机过负荷	跳闸及报警	
电机脱网	自停或报警③	报　　警
仪表电源故障	自停或不自停②	
仪表气源故障	尽可能不自停，设置事故空气罐	

① 根据装置和机组的具体情况也可以不报警。

② 由装置和机组电源的可靠性、电磁阀和有关执行机构的型式确定。

③ 对于回收发电功率较大的风机-烟机机组应根据脱网超速过渡过程计算来确定电机脱网时是否按全自动紧急停车处理。

☞ 62. 反应 - 再生系统自保项目的主要内容有哪些？

反应-再生系统自保项目的主要内容可以用图 8-12 来表示。

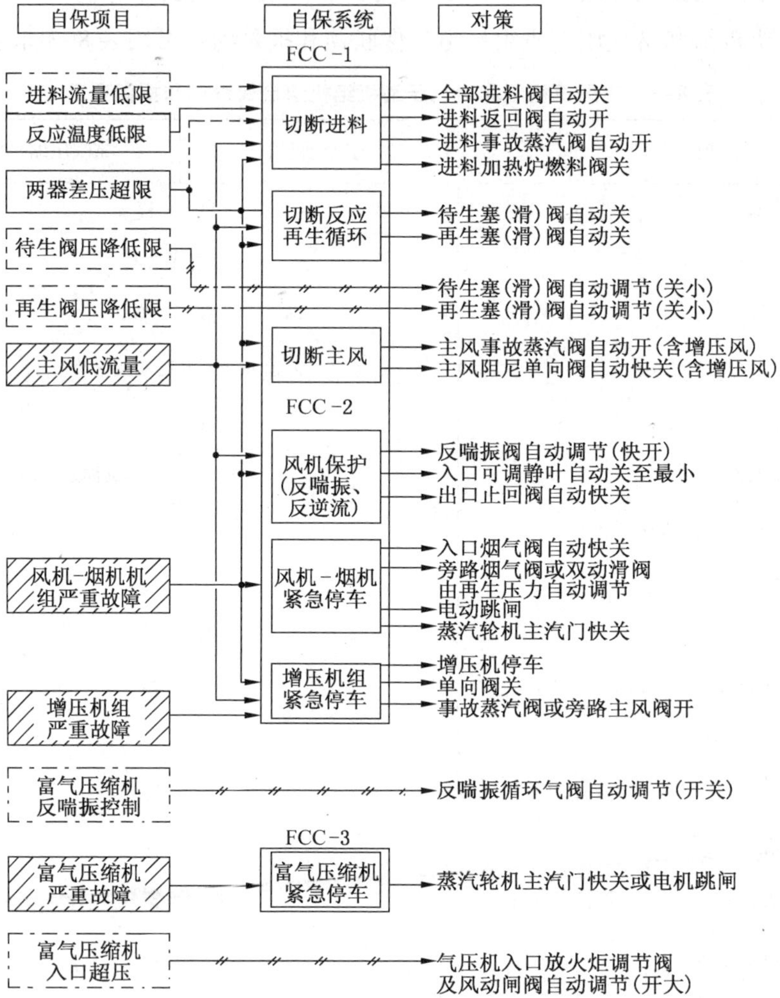

图 8-12 反应-再生系统自保项目框图

第九章　常 用 设 备

1. 提升管出口为什么要有快速分离装置?

提升管出口快速分离装置有三个作用:

(1) 将油气和催化剂在离开提升管后，迅速分离开，避免过度的二次裂化和氢转移等反应。提高目的产品的产量和质量。

(2) 让大部分反应油气直接从旋风分离器导出，减少沉降器内的热裂化反应和缩合反应，降低干气产率，减少沉降器内的结焦。

(3) 降低分离的催化剂夹带的油气。

2. 什么是提升管出口快速分离装置?

提升管出口快速分离装置的任务是：完成油气与催化剂快速分离，催化剂快速预汽提，油气快速离开沉降器，即所谓“三快”。油气与催化剂高效分离可降低单级旋风分离器负荷，降低油浆固含量。油气快速导出可降低油气在沉降器停留时间，减少热裂化反应，降低干气产率，降低结焦倾向。催化剂快速预汽提，可预先汽提出催化剂颗粒间的油气，避免被过度裂化，减少该部分油气在沉降器的停留时间。

目前我国常用的新型快速分离设备有改进型粗旋风分离器、预汽提挡板式粗旋快分(FSC)、预汽提旋流式快分(VQS)、密相环流快分(CSC)四种形式，见图9-1。这些分离设备除提高气固分离效率外，都重视和加强了油气快速导出和催化剂快速预汽提功能。

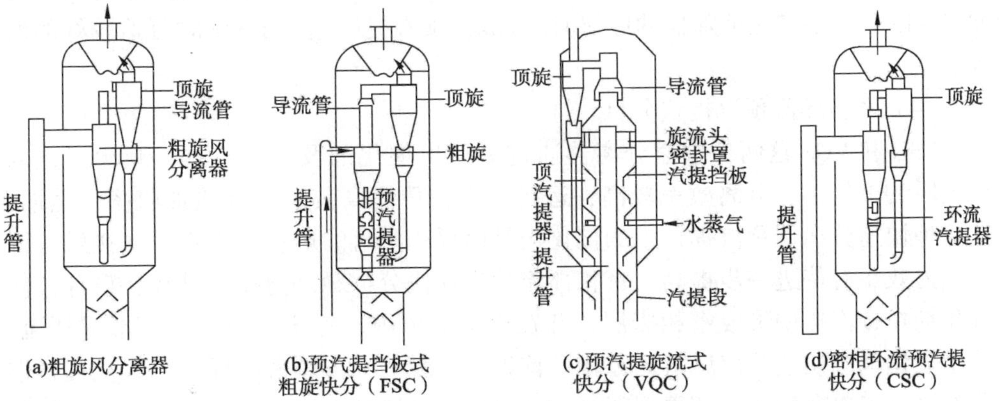

图 9-1　提升管出口快速分离装置示意图

(1) 粗旋风分离器(简称粗旋)

粗旋是一种传统的提升管出口快速分离设备，气固分离效率高(在95%以上)，同轴式外提升管和并列式内提升管装置均可使用。近几年又进行了改进，进一步优化本体设计提高效率，将粗旋升气管向上延伸到顶部单级旋风分离器入口附近，缩短了油气在沉降器内的停留时间，取得了一定效果。但由于粗旋是正压排料，粗旋内的压力比沉降器高(约0.5倍粗旋压降)，料腿排料时除催化剂外，还有约5%~10%的油气向下排出。该部分油气在沉降器中的停留时间为100s，使油气总平均停留时间变长，发生热裂化使沉降器结焦倾向增加。由于粗旋结构简单、弹性大、易于操作，目前仍被大最采用。

(2) 预汽提挡板式粗旋快分(FSC)

FSC是一种特殊结构的粗旋风分离器，在灰斗内设置挡板，使其具有预汽提功能。在粗旋排料口与汽提器连接处设置中心稳涡杆和消涡板，油气排出口与单级旋风分离器入口采用“紧连”开放结构。优化设计汽提器挡板结构，在获得高效汽提，不降低气固分离效率的同时，把粗旋的正压排料变为负压排料，让全部油气都从粗旋上口流出，使催化剂向下夹带的油气降到2%左右。预汽提器中线速0.1~0.2m/s，气固分离效率达99%以上，油气停留时间在5s以下。是一种结构简单，效果好的快分装置。同轴式和并列式装置均可使用(同轴式应用较多)。

(3) 预汽提旋流式快分(VQS)

VQS是专门为内提升管装置开发的一种结构紧凑、高效的快速分离装置。

在提升管上端安装数台旋流器，并在外侧设置封闭罩。封闭罩的顶端设有油气导出系统，与单级旋风分离器入口相连。封闭罩的下部设有预汽提挡板。反应油气自提升管上端旋流器喷出，沿封闭罩内壁旋转，催化剂沿器壁以螺旋线轨迹落入下部预汽提器，预汽提器下部进入蒸汽，对待生催化剂预汽提。油气在封闭罩中心区域向上流动，经油气导出系统进入单级旋风分离器。气固分离效率达98.5%以上，油气在沉降器的停留时间<5s，预汽提线速0.1m/s时可达较好的汽提效率。

(4) 密相环流预汽提快分(CSC)

FSC和VQS这两种快速分离器通过对待生催化剂及时预汽提，减少了进入汽提段的油气量，分离效率较高，运行可靠，可提高装置的轻质油收率。然而，这两种快速分离器预汽提器中的催化剂是以稀相洒落的形式与汽提蒸汽接触，因而汽提效率有待进一步提高。密相环流预汽提快分(CSC)通过一种独特设计，使催化剂在预汽提中形成密相床层，并在汽提器中内、外两个环形空间形成环流。待生催化剂被快速分离后落到密相中首先自行脱气，再经密相环流方式汽提，催化剂可以多次在床层底部得到新鲜蒸汽汽提。可提高汽提效率，大幅度降低待生催化剂携带的油气量。在内环线速0.1m/s时，气固分离效率达99%以上，油气在沉降器中的停留时间在5s以下。是一种结构新颖、效率高的快速分离设备，具有很好的应用前景。同轴式外提升管装置和并列式内提升管装置均可使用。

(5) 关于防止沉降器结焦

在采用快速分离器与顶部单级旋风分离器紧密连接后，沉降器温度大幅度下降(降低了130℃左右)，汽提油气在沉降器中停留时间不均衡会导致沉降器结焦。采用VQS(或VSS)的装置，在生产中有过沉降器结焦现象。改进措施是将汽提气移出口由沉降器中上部改到沉降器下部，汽提气直接从沉降器下部移出，防焦蒸汽从沉降器顶部流到下部并从移出口排出。大“蒸汽垫”充满沉降器，油气空间减小可避免上部区域结焦。

☞ 3. 喉管式喷嘴的雾化机理是什么？

喉管式喷嘴的结构如图9-2所示。其雾化机理是：利用高速喷射的蒸汽把液体进料冲击破碎，并使进料在进入提升管时形成强烈的紊流脉动的喷射流，与周围介质发生撞打击而破碎。

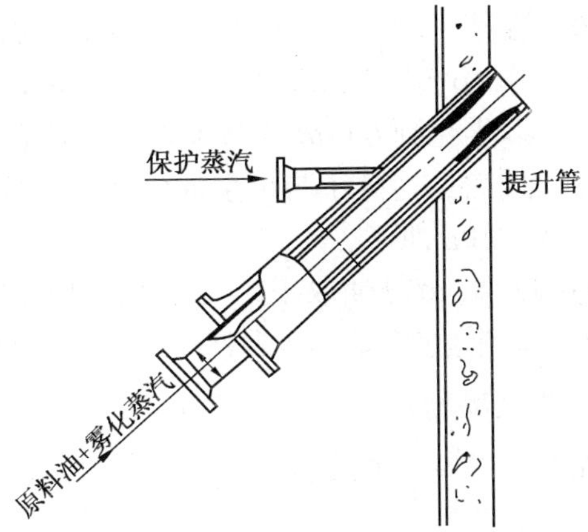

图9-2 喉管式喷嘴的结构示意图

☞ 4. 什么是BWJ型喷嘴？

BWJ-Ⅰ型喷嘴是一种新型的催化裂化进料喷嘴。它节能、高效，采用较低的油压和使用较少的雾化蒸汽就能使原料油得到理想的雾化效果。新型进料雾化喷嘴是双流体的液体离心式喷嘴，其核心部分是气液两相旋流器。

气液两相旋流器的工作过程如下：在喷嘴混合腔内形成的气液两相流体，在一定压力作用下进入涡流器的螺旋通道，被迫进行回旋流动。由于气液两相的激烈混合，黏度降低，在离心力作用下，液体被展成薄膜，在气流的冲击下，破碎雾化。在雾化室后面有一个加速段，以提高气液两相雾化流的轴向速度，再经过一个稳定段形成一个气液两相稳定的雾化流，为第二次雾化提供优越条件。第二次雾化是气液两相流在半球形喷头内进一步加速，并经扁槽形外喷口，以扇形喷出，实现原料的第二次雾化。

☞ 5. 什么是 KH 系列喷嘴？

KH 型喷嘴又称内混合式双喉道型进料喷嘴，其结构如图 9-3 所示。

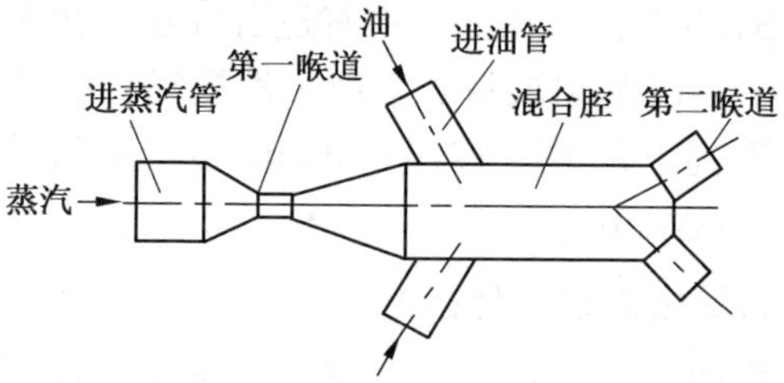

图 9-3　KH2、KH3 型喷嘴结构示意图

原料油以低的速度从侧面进入混合腔，雾化蒸汽通过第一喉道加速到超音速，冲击液体，利用气液速度差，使原料油得到第一次破碎。破碎后形成的气液混合相再通向第二喉道，在第二喉道气液两相进一步得到加速，利用气液两相新的速度差产生的气动压力作用产生第二次破碎，使进料雾化。据北京燕山石化公司炼油厂测定，进料油可以雾化到 60μm 的微细颗粒，比普通喉管式喷嘴雾化到 100μm 以上的粒度有很大改善，达到了与再生催化剂平均粒径相同的水平，压力降小，集合管压力维持 0.4MPa 即可。

KH 型喷嘴的蒸汽用量小（馏分油取 1%～1.2%，渣油取 2%～3%）。该喷嘴工业使用结果表明，可降低生焦率 0.7%～1.7%，增加轻油收率 1.3%～1.6%。

☞ 6. 什么是 LPC－1 型喷嘴？

LPC-1 型喷嘴的结构如图 9-4 所示。

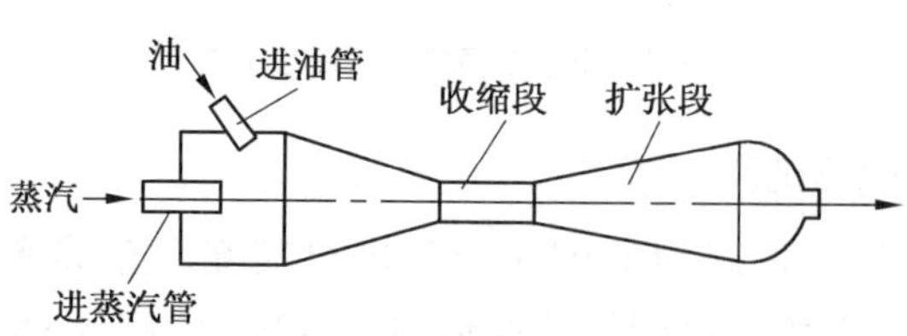

图 9-4　LPC 结构示意图

LPC-1 型喷嘴采用单孔鸭嘴形结构，雾化蒸汽经喉管加速后沿轴向进入混合室，原料油经喉管按一定角度从混合室侧面进入，出口为扁开孔并带有锋利的锐边，雾化油流呈扇状薄层喷出。

LPC-1 喷嘴（鸭嘴单孔型喷嘴）的雾化质量较为理想：油滴粒径小、粒度均匀、喷射雾化角稳定，而且能耗低。冷模试验中，当雾化气耗为 5%～7%时，平均雾化粒径约 60μm 左右。喷嘴压降为 0.3~0.4MPa 时就获得良好的雾化效果，因此，可采用炼厂通用的 1MPa 蒸汽作为雾化剂，喷射速度约 70m/s。该喷嘴工业使用结果表明，可降低生焦率约 0.3%，增加轻油收率约 0.5%，特别是增加汽油和液化气。

☞ 7. CS－II 喷嘴有什么特点？

CS-II 喷嘴以低速理论和提升管反应器进料混合段内气固两相流动理论为基础，采用油、气预混技术，防止偏流、抢量；采用变形文丘里结构，低压降、低流速雾化，雾化粒径分布均匀合理；采用二次雾化蒸汽多角度“消音爆破”，喷嘴出口上方设置汽幕孔，屏蔽射流形成低压液雾区。结构示意见图 9-5。

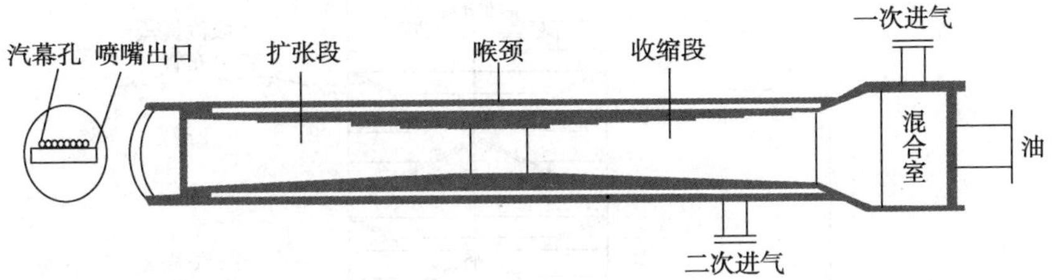

图 9-5　CS 喷嘴结构示意图

CS-II 喷嘴的研发思路是使物流在低流速的状况下取得较好的雾化，同时低速喷嘴喷出的有角度的物流被上行的催化剂携带向上，一起在提升管内做活塞流运动，不会在提升管的中轴线上相交碰撞。由于提升管的结焦是活塞流返混碰撞提升管内壁形成的，因此，在喷嘴出口附近设计了一排蒸汽孔道来消除返混碰撞，并且 CS-II 喷嘴的安装无须对中。

☞ 8. 什么是催化裂化装置高效汽提器技术？

（1）LPEC 采取了一种切实可行的提高汽提效率的办法，即融合结构因素及工艺条件两方面的优点，开发了汽提器新型结构加两段汽提新技术。该技术着眼于提高汽固接触空间，在内外环挡板上增设大孔结构，提高汽提器内固相催化剂的填充率，加大汽固接触面积，另外对裙板也做了较大改进。两段汽提工艺则注重汽提蒸汽在汽提器内上下区域的流向及分配，以提高汽提蒸汽的有效利用率。

图 9-6 为新型挡板式汽提器构型示意。在汽提器内设置两段（两级）汽提蒸汽，每段之间设置有高效环形挡板，构成组合式汽提器，以减小汽固返混，提高传质效率，从而实现对沉降器油气的高效汽提。

（2）LPEC 新型格栅填料式汽提器的结构如图 9-7 所示，在汽提器内放置两层以上格栅填料内件，每层填料用支撑架支撑于器壁，底部通入汽提蒸汽。催化剂自上向下流动，经过填料内件分布后，均匀向下与上升的汽提蒸汽逆流接触，进行油气介质置换。其技术特点是：①在汽提器内安装有两层以上专利格栅填料内件；②格栅填料具有均匀流化、破碎气泡、减少返混、延长停留时间的作用；③固体催化剂颗粒在汽提器内和汽提介质得到了充分接触和均匀的分配，提高了汽提效率。

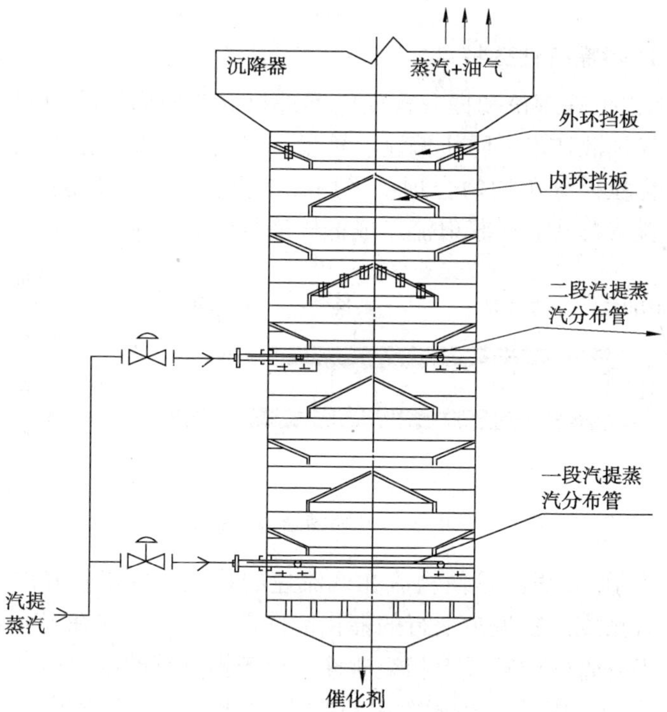

图 9-6　新型挡板式 FCC 汽提器示意图

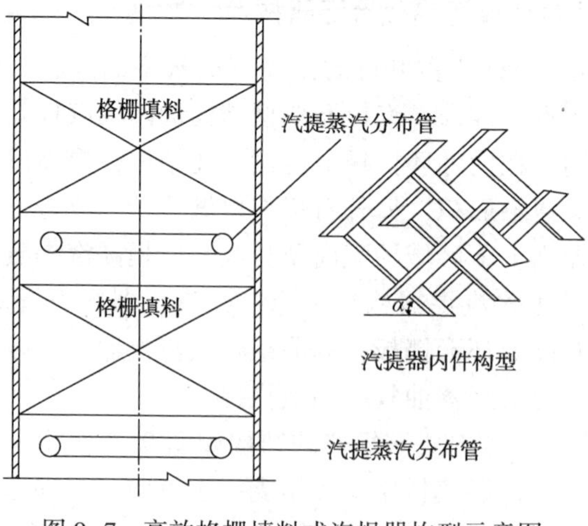

图 9-7　高效格栅填料式汽提器构型示意图

☞ 9. 两器同高并列式催化裂化装置的特点是什么？

（1）两器框架标高相同，再生器和反应器的总高度相近，操作压力相近。装置的总高度较低，一般约32~36m。

（2）用较长的内溢流管保证再生器内催化剂的料面，用增压风的流量调节催化剂循环量，待生和再生单动滑阀只在事故状态时作切断用，正常操作时滑阀全开，滑阀使用寿命长，不易磨损。

（3）由于采用床层反应器，有返混现象，对收率和产品质量有一定的影响。

（4）催化剂采用U形管密相输送。U形管同时还起到防止空气或反应油气倒窜的料封作用。U形管内由于受到床层和主管中催化剂的静压，为保持流化状态，需要蒸汽或空气松动。

☞ 10. 两器高低并列式催化裂化装置的特点是什么？

（1）由于反应器位置较高，两器压力不同，一般再生器比反应器的压力高20~40kPa。

（2）催化剂的循环量用滑阀调节。一般用反应温度控制再生滑阀的开度，用汽提段的藏量控制待生滑阀的开度。由于滑阀经常处于节流状态，滑阀的材质能满足耐磨要求，以保证开工周期。

（3）不像两器同高并列式的U形管能吸收膨胀量，在再生和待生斜管上应增设波形膨胀节。

（4）斜管内催化剂的输送一般都不需要松动。仅在需要降低滑阀压降时，才在滑阀上游补入松动气。

☞ 11. 两器同轴式催化裂化装置的特点是什么？

两器同轴式催化裂化装置的特点是：

（1）同轴式催化裂化在装置就是把两器重叠在一条轴线上，因此称为同轴式。

（2）按同轴的方式布置两器可省掉反应器的框架，布置紧凑，占地面积小，节省投资作钢材消耗少。

（3）同轴式催化裂化装置的环量可用塞阀调节，亦可用滑阀调节。

（4）由于反应器和再生器重叠在一起，因此必须采取各种措施来降低总高度，以便施工和检修。

☞ 12. 两器为什么有带吹扫孔的阀？

两器充满了催化剂，与它相连的管道阀门也容易堵塞。因此，大于*DN*50mm的闸阀，在阀底和阀盖上，设有吹扫接头，以便在阀门堵塞时作吹扫和放空用。

☞ 13. 再生器为什么要有衬里？衬里为什么要烘干？

再生器是一圆筒形焊接设备，其壳体一般是用 Q235 碳钢制作。由于再生器的操作温度已超过碳钢所允许的温度以及壳体受到流化的磨损，因此一般要在壳体内壁敷设隔热层和耐热耐磨衬里，使实际壳壁温度不超过 200℃并防止壳体的磨损。目前，大部分隔热层厚度为 74mm，是由矾土水泥、轻质耐火黏土(或陶粒)以及蛭石配成。耐热耐磨层一般厚 26mm，是由矾土水泥、矾土细粉和矾土热料配成。为了防止耐磨层的剥落，一般都采用 20mm×1.75mm 的扁钢带(1Cr13)冲成的六角形格网(龟甲网)来加固。

耐热耐磨衬里是由矾土水泥、矾土细粉和矾土熟料加水搅拌后，人工(或机械)涂抹或喷涂到设备上去的，如果不烘干就直接使用，高温会使衬里中水分升温汽化太快而使衬里破坏。

☞ 14. 分布器的作用是什么？

分布器的作用是：

(1) 必须具有均匀分布气体的作用，同时希望压降要最小。

(2) 必须使流化床有一个良好流态化状态，颗粒输入床层后应迅速完全流化，并在分布器附近创造一个良好的气-固接触条件，防止经分布器筛出大颗粒。

(3) 必须能在操作条件下有足够的强度，以抗变形，并能承受静床的负荷，能经受热膨胀等作用力，能长期操作不堵塞、不腐蚀和不漏料，易于启用。

(4) 分布器的设计应尽可能减少颗粒的粉碎。

分布器通常不能全部满足上述的要求。但上述内容相互间存在着一定关系，随着工况和催化剂性能的不同，对分布器的要求也会因之而异。总之，催化裂化装置中的分布器要考虑反应器总体效果如床层反应接触效率、稀相夹带等。

已经开发了许多类型的分布器，其中比较重要的有多孔板式、喷嘴式、泡罩式、风帽式和管栅式等，其中多孔板式和管栅式等是流化催化裂化装置再生器和反应器中常用的分布器。

☞ 15. 辅助燃烧室为什么要分一次风和二次风？

辅助燃烧室在开工时是用来加热主风和再生器内的催化剂。一次风进入炉膛，提供燃料燃烧需要的氧；二次风进入筒体夹层，起冷却作用，以防钢板超温。如果将主风全部进入炉膛，则风线速太高，影响火焰稳定，甚至吹灭火焰和无法点燃火焰。因此调节一次风量是主要考虑保证火焰燃烧稳定，燃烧完全。随着再生床层温度需要提高而加大燃料量时，必须及时调整好一次风量。一次风和二次风量的调节，除了保证燃料需要量外，还应保证炉膛不超温和再生器床层温度升高和降低的需要。

☞ 16. 再生器内旋风分离器的作用是什么?

再生器内旋风分离器的作用是回收烟气中的催化剂细粉。气体离开密相床层进入稀相段时必然携带出部分催化剂，因为气体线速大于某些细粉的终端速度；且由密相床层中上升的气泡在界面处破裂时将一些较大的催化剂颗粒带入稀相段。虽然一部分携带出床层的催化剂会在气流上升过程中沉降下来，但是还有相当数量的催化剂沉降不下来，稀相中催化剂含量约 5~15kg/m^3。

☞ 17. 翼阀的作用是什么?

由于旋分器有一定的压降，特别是二级出口采用缩径结构后压降增大，因此二级旋分器料腿内的压力低于床层压力，二级旋分器料腿顶部压力和再生器内稀相段压力差，接近于一、二级旋分器的总压力降。翼阀的作用就是避免由于这一压差的存在而使催化剂由料腿倒窜。正常的情况下，翼阀的翼板和阀座处于良好密阀的状态。当料腿内的催化剂量蓄积到料腿内的静压超过旋风器的压降，以及翼阀上方床层静压及打开翼阀所需压力这三者之和时，翼阀及时自行打开，料腿内的催化剂流入床层。若料腿内的静压低于上述三者压力之和，则翼阀自行关闭，防止催化剂倒窜。

翼阀的作用是为了保证料腿内有一定的料柱高度，其密封作用是依靠翼板本身的重量。料腿中能维持的料位高度与旋分器的压降及翼板与垂直线的夹角有关。

☞ 18. 料腿的作用是什么?

料腿的作用是输送旋风器分离下来的催化剂粉尘，并且起密封作用。采用分布板时，一级料腿延伸至分布板附近，料腿底部不设置翼阀或防倒锥之类的设备。在一级料腿的投影区 ϕ800mm 的范围不开孔，以使料腿底部保持比较平稳的状况。这样，催化剂能够顺利地从料腿流出，不受上升气流和床层的干扰。一级料腿至分布板距离在 330~820mm 之间，约为料腿直径加上膨胀长度。采用分布管时，一级料腿应采用翼阀或防倒锥作为防护措施。燃烧油、各种蒸汽及松动风的喷嘴较远地离开一级料腿。二级料腿伸至密相床界面或插入密相床内 1~2m。具体插入多少应根据计算数据确定。

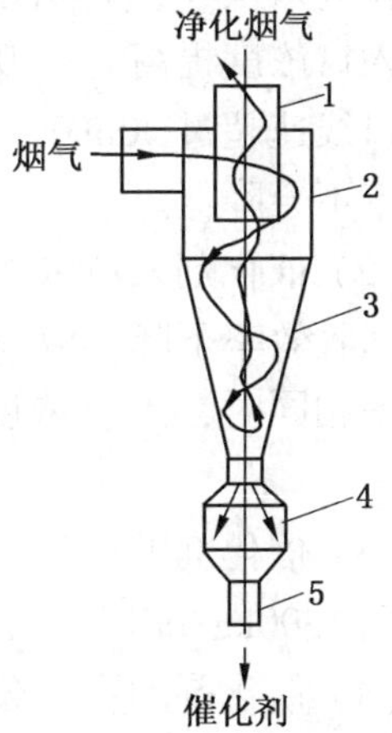

图 9-8　旋风分离器示意图

1—升气管；2—筒体；3—锥体；4—灰斗；5—料腿

☞ 19. 旋风分离器的工作原理是什么?

旋风分离器的工作情况如图 9-8 所示。含固体微粒的气流以切线方向进入，在升气管与壳体之间形成旋转的外涡流，由上而下直达锥体底部。悬浮在气流中的固体微粒在离心力作用下，一面被甩向器壁，一面随气流旋转至下方，最后落入灰斗内。净化的气体形成上升的内涡流，通过升气管排出。

☞ 20. 如何评价旋风分离器的效率？

评价旋风分离器的效率的指标是：

（1）总效率或质量效率：经旋风分离器回收的颗粒质量与进入系统的颗粒总质量之比称为总效率或质量效率。

$$\eta=\frac{\text{回收颗粒质量}}{\text{进入系统的颗粒总质量}}\times100\%=\left(1-\frac{\text{旋风分离器出口颗粒质量}}{\text{进入系统的颗粒总质量}}\right)\times100\%$$

（2）分级效率或组成效率。颗粒回收系统最好以颗粒尺寸和回收效率的变化关系来表示（称为分级效率曲线）。分级效率曲线的横坐标为颗粒尺寸，纵坐标为每一窄筛分的回收效率。将旋风分离器入口的颗粒进行筛分分析，然后再将回收的颗粒进行筛分分析。由此数值即可求得每一窄筛分的效率：

$$\eta=\frac{\text{回收到的 }i\text{ 筛分}}{\text{进入回收系统的 }i\text{ 筛分}}\times100\%$$

☞ 21. 影响旋风分离器效率的因素有哪些？

影响旋风分离器效率的因素有：

（1）入口线速。由临界颗粒直径分式可以看出，入口线速高，临界颗粒直径小，回收效率高。实际上入口线速有一上限，超过此上限，回收效率开始下降。因为入口线速过高，压降大，使灰斗负压增加，灰斗负压过大将妨碍已回收下来的颗粒进入灰斗，并引起颗粒的再带起。同时入口线速大说明稀、密相线速亦高，入口浓度提高。一般规定一级入口线速不大于25m/s，再生器一级旋风分离器入口线速超过30m/s，催化剂单耗将明显增加。入口线速不低于15m/s时，回收效率不会降低。

（2）催化剂入口浓度。催化剂入口浓度高，回收效率较高，但高至某一数值后，回收效率下降。应该指出，入口浓度高和入口浓度低相比，在旋风分离器回收效率相同时，入口浓度高的催化剂单耗大。因此，一般要求催化剂入口浓度低些。

（3）催化剂颗粒密度。颗粒密度大，回收效率高。当颗粒密度由1000kg/m^3增加到1300kg/m^3时，可分离的最小颗粒直径由20μm降低到16.8μm。

（4）催化剂的颗粒分布。催化剂颗粒越大，回收效率越高，但流化有困难。

（5）气体黏度。气体黏度增大，回收效率下降。

☞ 22. PV型旋风分离器的结构特点是什么？

PV型旋风分离器的结构特点是：

(1) 蜗壳式入口。PV 型旋风分离器采用蜗壳式入口，可以避免出现垂直流动。

(2) 筒体高径比大。PV 型旋风分离器的主体部分由圆筒加圆锥组成，其特点是筒体高径比大。PV 型的筒体长度为(3.3~3.5)D。较长的筒体可以增加气流在筒体内的停留时间，增加气流旋转次数，既提高了气固的分离效率，又加强了灰斗返混流在上升过程中的二次再分离作用。

(3) 灰斗及料腿。PV 型旋风分离器在灰斗上加一段直筒段及一级料腿全部衬耐磨衬里，延长使用寿命。

(4) 设置了翼阀及防倒锥。鉴于 PV 型旋风分离器一级料腿直径较粗的特点，为了防止烧焦风倒入料腿内，影响回收率，一级料腿设置了防倒锥，二级料腿设置了翼阀，既能保证催化剂顺利落入床层，又能减少正常生产及开停工时催化剂的损失。

☞ 23. PV 型旋风分离器关键尺寸是如何优化组合的?

影响旋风分离器效率的除结构特点外，还有以下各关键部位的尺寸：筒体直径与烟气出口管直径之比 D/D_e；入口管面积与筒体截面积之比 $K=\pi D^2/(4ab)$；烟气出口管伸入筒体的距离与出口管径之比 h_s/D_e；排尘口直径与筒体直径之比 d/D。

(1) D/D_e　旋风分离器的总效率直接与烟气出口管径有关。在允许的条件下，D_e 越小，旋风分离器的总效率越高。也就是说，出口缩径，提高旋风分离器的筒体直径 D 与烟气出口管直径 D_e 比，可以提高旋风分离器的总效率。PV 型 D/D_e 为 2.1~2.3，是提高旋风分离器总效率的一个手段。

(2) $K=\pi D^2/(4ab)$　PV 型旋风分离器的筒体直径小。从离心力计算公式及斯托克斯定律推导出来的粒子在旋风分离器内的沉降速度为：

$$u_{粒}=\frac{d^2r}{18mg}\times\frac{a^2}{R}$$

由上式可知，气体的旋转半径 R 越小，气固越易分离，旋风分离器的回收效率就越高。

(3) h_s/D_e　当旋风分离器出口管伸入筒体距离 h_s 和出口管管径之比略高于 1 时，回收效率最高。伸入筒体内的出口管下端应在入口下端附近，即使出现上下旋涡，出口管也近似在上下旋涡的分界面处，此时，回收效率最高。PV 型为 0.98~1.05。

(4) d/D 排尘口直径与筒体直径之比，表示了排尘口直径的大小。排尘口太小，不稳定的内旋流就会将已经沉积在壁上的粉尘重新卷入内旋流而从排气管中带走。PV 型为 0.49~0.52。试验证明，在排尘口较大的情况下，可以适当地加大筒体长度，从而提高回收效率。这也是 PV 型旋风分离器筒体长的一个原因。

☞ 24. 三级旋风分离器的作用是什么？

三级旋风分离器能进一步除去烟气中的催化剂，使烟机入口烟气中含尘浓度不大于 200mg/Nm^3(有的不大于 100mg/Nm^3)，粒度为 10μm 的不大于 5%，以保证烟机叶片的寿命。

☞ 25. 多管式旋风分离器的工作原理是什么？

多管旋翼式三级旋风分离器的结构见图 9-9。

再生烟气经中心管和保护网进入两管板之间，流向各个并联的小旋风分离器(以下简称单管)。保护网用钢筋焊制，其作用是除去烟气中所携带的大块衬里或碎片，以免堵塞单管。单管的个数根据气量而定。由各单管出来的净化烟气，再经过一道保护网去膨胀透平，这道保护网的作用是除掉烟气中可能携带的衬里碎片。单管的结构见图 9-10。

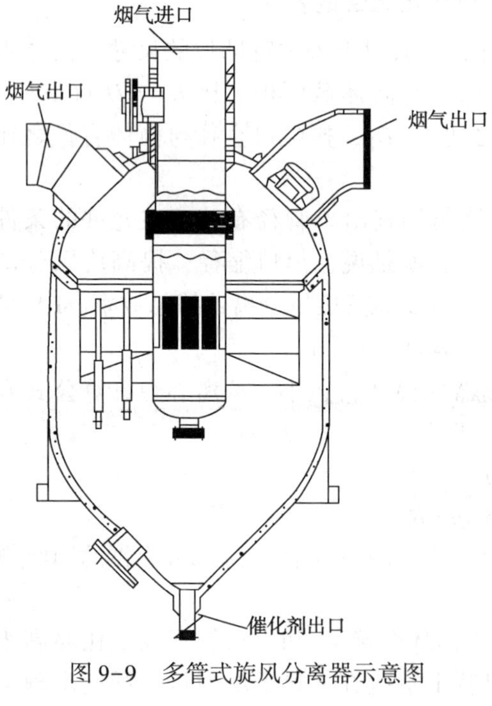

图 9-9　多管式旋风分离器示意图

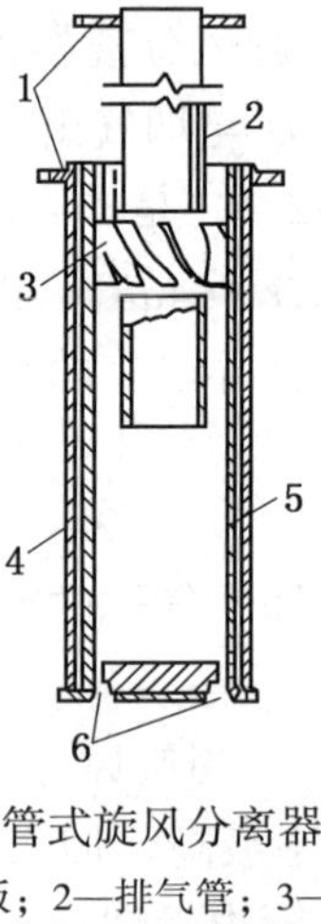

图 9-10　多管式旋风分离器单管示意图

1—管板；2—排气管；3—导叶；
4—外管；5—陶瓷内衬；6—排尘口

烟气经陶瓷衬里和中心出口管之间的环隙径向进入单管，在流经螺旋翼片时催化剂与烟气得到离心分离，催化剂与陶瓷内衬碰撞，并由底部的缝隙流出，净化后的烟气经中心管排出。陶瓷内衬之外尚有金属外壳保护。

回收下来的催化剂颗粒由单管底部的两个缝隙流出。与催化剂同时经缝隙下流的还有1%~3%的再生烟气，这部分下流烟气的量，由临界喷嘴控制在一定的数值之内。

单管的布置应保证各个单管的负荷均匀，相邻两个单管的螺旋翼片应该方向相反。

☞ 26. 多管式旋风分离器的结构特点是什么？

多管旋翼式三级旋风分离器的结构特点如下：

(1) 由两块拱形隔板和圆板组成的内筒，吊于壳体头盖上，分成净化集气室、进气分配室和底部除尘室。单管和排气管分别焊在上下隔板上。焊在排气管上的旋翼叶片，可在单管中自由滑动，很好地解决了单管和隔板的膨胀变形问题。

(2) 集合布置，气体分布均匀。每根单管有合理的压力降，足以克服气体分布不均的现象。排列单管时，各相邻单管的气体回转方向相反。即入口旋翼导向叶片反向布置，使集气室中净化气流不致形成强烈旋流而产生偏流，增加带出量。

(3) 采用特殊的下泄气机构，保持一定的泄气量。下泄气携带分离出的催化剂，以5~8m/s的速度顺利通过下泄料盘环隙。环隙很窄，二次夹带涡流扰动很小。环隙又能阻挡大块衬里等阻塞泄料槽口。

(4) 底部分用集尘室。各单管槽口排出被分离的固体颗粒，进入圆锥体的底部公用集尘室，以小于0.1m/s速度向下聚集，并被逐渐加速后离开三级旋分器。

(5) 单管轴向进气，有导向叶片。入口气体有向下分速度，可避免进入气体和旋转气体之间的干扰，克服涡流和消除进口环带垂直流。采用旋翼导向叶片时，通过叶片气体逐渐加速，离开叶片速度已不是进口的20~30m/s，到达壁面时，旋转速度已达60~80m/s，增加了离心力，从而提高了分离效率。

(6) 单管为圆筒形，没有锥形段。管内旋转切向速度相对比圆锥形小，但因采用环隙泄料，所以因二次夹带的带出量减少。

(7) 结构尺寸比例适当，保证分离效率。单管直径小，长径比大，有利于提高分离效率。

(8) 采用非金属衬里或表面硬化处理，增加了抗磨性。

☞ 27. 什么是卧管式多管旋风分离器？

卧管式多管旋风分离器的结构如图9-11所示。它由不同直径的三个圆筒组成集尘室、进气室和集气室。含尘气体从顶部横管进入进气室内，然后分别进入各卧置的旋风管，净化后的气体从各旋风管的排气芯管内排出，进入集气室内，由顶部排气管排出；经各旋风管分离的粉尘排入集尘室，然后由底部抽气排出。此结构具有以下优点：

(1) 结构对称，都是圆筒和锥型结构，在高温下热膨胀均匀，不会出现大的热变形而引起破裂，可承受短时间的超高温运行，这一点更适合于重油催化裂化的要求。

(2) 进气室具有一定的缓冲空间，可暂时缓冲一、二级旋风分离器在操作不稳定时，大量的催化剂以及因衬里脱落而进入旋风管内，可保证出口浓度不变。

(3) 若采用结构简单的旋风管时，可降低此设备的造价。当处理量越大时，此优点越突出。

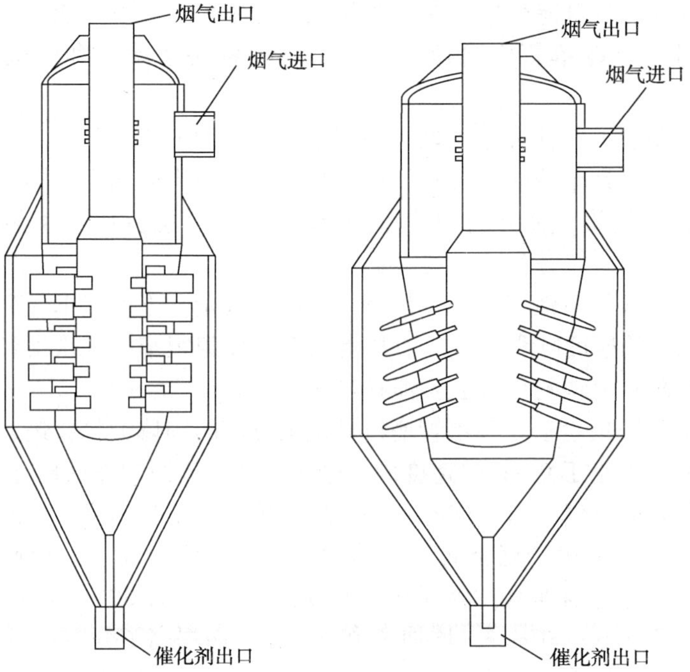

图 9-11　卧管式多管旋风分离器

☞ 28. 检修时，对多管式旋风分离器要检查些什么？

(1) 应弄清楚所有的槽孔是否畅通，所有外来的物料都要从分离器中清除掉，因此有必要采用真空清扫。

(2) 检查耐火衬里是否有开裂和空洞。如果必要，就需进行修理。

(3) 检查陶瓷管和不锈钢管之间充填物的情况。如果陶瓷衬里和钢管之间的环隙没有完全封住，那么催化剂就会从旁路通过。

(4) 检查内膨胀节是否开裂。

(5) 检查管板是否开裂。

(6) 检查陶瓷衬里是否有裂缝或空洞。如果有，则需在原位换上衬里管和钢管。

(7) 检查导管叶片是否有金属磨损。

☞ 29. 两器内部构件对催化剂损耗有什么影响？

（1）再生器分布器（分布板或分布管）。要求分布器能把进入床层的空气沿床截面分配均匀，不致发生涡流、沟流和偏流等。力求密相密度大，稀相密度小，以利于减少催化剂损耗。

（2）稀相沉降高度。适当增加沉降高度，降低稀相浓度，减轻旋分器负荷，对减少催化剂损耗是行之有效的措施。一般有增加稀相段高度和降低料位操作两种。再生器降低料位操作必须在满足催化剂再生的前提下进行。如果是溢流管，可降低溢流管高度。

（3）料腿、翼阀与床层的配合。旋风分离器回收的催化剂，经由料腿和翼阀返回床层。料腿、翼阀和床层之间的合理配合，对催化剂的回收有决定性的影响。

（4）翼阀的制造和安装角度。安装角度一般为5°~8°较合理。同时料腿的拉紧固定极为重要。若固定不好，因受热而倾斜，使翼阀角度变化，就无法起到单向阀的作用，将造成催化剂损耗增加。翼阀板的开启方向，一般朝向器壁，便于催化剂流出。对于旋转床，其翼阀板的开启方向应顺着床层的旋转方向，这样有利于床层旋转流化。

（5）设备内部结构的焊接及衬里。有些部位的焊缝容易裂开。裂开后，严重影响旋风分离器效率。若裂缝大，催化剂可以从裂缝部位直接跑至烟囱，使催化剂大量跑损。旋风分离器及再生器器壁的耐磨衬里表面必须光滑。否则，也会影响旋风分离器效率，增加催化剂破碎量，从而使催化剂消耗增大。

（6）再生器锥体段。再生器采用分布管后，分布管下的锥体形成一死区。如1.20Mt/a的催化裂化装置再生器的锥体段的死区，约存30t催化剂。这部位的催化剂在生产中不起任何作用，但是增加了开工装剂时间。由于当时料腿还未封住，因而就大大增加了开工装剂时的催化剂跑损量。有不少装置用珍珠岩保温材料填平死区，顶上铺一层钢板，其距分布管底约800mm，这样不仅减少了开工催化剂损失，而且停工时，催化剂卸得较干净。

（7）旋风分离器的回收效率。由于带入旋风分离器的催化剂量很大，对旋风分离器效率的要求很高，一般要求在99.99%以上。对于600kt/a的催化裂化装置，其旋风分离器效率如降低万分之一，则每天催化剂的损耗将增加2t左右。因此，只有旋风分离器的制造和安装的质量达到设计规范的要求，才能提高回收效率，降低催化剂损耗。如果由于旋风分离器入口线速过高或过低而影响回收效率，则应调整线速。如无法调整则应增加或减少组数。减少组数的有效措施是采取堵的办法，但应注意防止偏流。

☞ 30. 限流孔板的作用是什么？其原理是什么？

限流孔板为一同心锐孔板，用于限制流体的流量或降低流体的压力。

流体通过孔板就会产生压力降，通过孔板的流量则随压力降的增大而增大。但当压力降超过一定数值，即超过临界压力降时，不论出口压力如何降低，流量将维持一定的数值而不再增加。限流孔板就是根据这个原理用来限制流体的流量或降低流体的压力的。

☞ 31. 什么是恒力弹簧？

恒力弹簧适用于电站管道、化工装置和其他需要减少位移应力的地方。

恒力弹簧吊架主要由圆柱螺旋弹簧、固定框架、回转框架和弹簧套筒等组成。工作时，以力矩平衡原理为基础，由固定在固定框架上的圆柱螺旋弹簧来完成平衡系，当外载荷作用于回转框架产生位移时，回转框架将以吊架主轴为中心转动某一角度后停止。此时，外力矩与弹簧力矩相平衡，使位移应力适当减少。

☞ 32. 膨胀节的作用是什么？它为什么要用反吹风？

(1) 膨胀节的作用是：吸收设备或管道热胀而产生的膨胀余量，以防设备或管道变形而损坏。

(2) 因为膨胀节是随温度变化而自由伸缩的，如果其中充满催化剂，便不能活动而失去作用。因此，需用风或蒸汽吹扫，以防催化剂堵塞。

☞ 33. 膨胀节有哪些类型？

膨胀节按其形状可以分为：(1)轴向膨胀节；(2)铰链型膨胀节；(3)平衡环型膨胀节；(4)复式膨胀节；(5)压力平衡型膨胀节。

☞ 34. 如何防止U型波纹管膨胀节穿孔？

防止U型波纹管膨胀节穿孔要注意：

(1) 选超低碳不锈钢(C<0.03%)或双向不锈钢(Cr 21%~29%，Ni 6%~11%，C 0.025%~0.035%)，或Mo2Ti钢(加稳定元素)代替18-8材质。

(2) 波纹管制造成形后应进行稳定化热处理。稳定化热处理是利用Mo、Ti和Nb元素与C的亲和力比Cr强，因而用Mo、Ti、Nb这些稳定元素与钢中的炭先形成炭化物，以减少Cr的炭化物在晶界析出，这样可以提高钢材抗晶间腐蚀能力。

(3) 取消冷却蒸汽。

(4) 提高膨胀节制造质量。

(5) 设计时一定要防止膨胀节受剪力。

☞ 35. 如何预防再生设备的腐蚀开裂？

预防再生设备的腐蚀开裂要注意：

(1) 提高装置的壁温。根据发生开裂装置均为高露点的烟气设备的情况，将设备的壁温提高至烟气的露点以上(如160~170℃)，可避免开裂现象的发生。该措施已在国外一些炼油厂得到应用。

（2）消除设备的残余应力。在设备安装及检修施工中，应尽量消除设备的残余应力，以减少应力腐蚀开裂的可能性。对于新建装置，设计时应避免应力集中的结构，施工时避免强行组配，施工后进行消除应力处理。

（3）注意设备选材。在已发现应力腐蚀开裂的装置中，多数设备的壳体材质为16MnR或SPV36。这些钢材的强度级别较高，易发生应力开裂，故在设计选材时要尽量避免。应选用强度级别较低的钢材作为设备壳体材料，以减小应力腐蚀开裂发生的可能性。

（4）控制操作条件，降低烟气中SO_3气体的含量，进而降低烟气露点。由于已发生应力腐蚀开裂的设备均为高烟气露点的设备，都存在少量的SO_3气体，故可以从降低烟气中SO_3含量上调整操作条件，以降低烟气露点。可采取的措施有：降低烟气中的过剩氧含量，保证烟气中有一定量的NH_3气；进行原料油的预处理，降低原料中硫、氮及钒的含量。

（5）使用硫、氮转移催化剂或助剂，降低烟气中SO_x和NO_x气体的含量。通过使用硫、氮转移催化剂或助剂，可使原料油中的硫、氮元素更多地以H_2S及NH_3的形式进入干气，从而降低烟气中的SO_x和NO_x的含量。这样既可以减缓应力腐蚀开裂的速度，又可以减小因烟气排放造成的环境污染。

☞ **36. 分馏塔采用规整填料有什么优点？**

随着催化裂化技术的发展，原催化裂化装置经过改造，反应-再生系统处理能力大大提高，而催化裂化分馏塔受平面位置限制，往往不可能增大塔径。将原板式催化裂化分馏塔改为规整填料分馏塔，为催化裂化分馏塔的改造开辟了一条新途径。

规整填料分馏塔具有处理能力大、操作弹性大、分离精度高、压降低、分馏效率高、能耗低和规整填料传热系数高等优点。

☞ **37. 分馏塔为什么用人字挡板？**

催化裂化分馏塔的进料是温度在450℃以上，同时夹带催化剂粉尘的过热油气，这是和其他分馏塔显著不同的地方。催化分馏塔下部有一个油浆换热段。从塔底抽出循环油浆，经过换热和冷却后返回塔内和上升的油气逆流接触，一方面把油气迅速冷却下来，以避免结焦；另一方面也把油气夹带的催化剂粉尘洗涤下来。

油浆换热段由于温度较高，同时又有催化剂粉尘，因此，一般常用人字挡板而不用塔盘。

☞ **38. 分馏塔底人字挡板按3～4排列比按2～3排列的好处是什么？**

分馏塔底人字挡板是换热塔板，在传热系数、传热对数平均温差一样的情况下，传热量和传热面积成正比。而在人字挡板层数一定的情况下，3～4排列比

2~3 排列的传热面积大，塔底油浆循环取热量大，对分馏塔操作和回收高温位热量都有好处。

☞ 39. 汽提塔与分馏塔有什么区别?

汽提塔底通入过热水蒸气，在温度不变以及总压力一定时，降低油气分压，增加汽化率，即提高侧线产品中轻组分的拔出率，从而降低产品中轻组分的含量。

催化分馏塔底部进料，只有精馏段而没有提馏段。汽提塔是塔顶进料，相当于侧线产品的提馏段。

☞ 40. 什么叫部分抽出斗、全抽出斗以及升气管型抽出板?

在降液管下加一凹槽，降液管延伸至抽出斗内，以保证液封，这就是部分抽出斗。催化裂化分馏塔重柴油抽出斗为部分抽出斗。

在降液管与斗之间增设液封板，以保持降液管液封高度不低于 25mm。还设有较高的溢流堰，以防止液体流到下层塔板上。这就是全抽出斗，如轻柴油抽出斗。

带有全抽出斗塔盘的下一层塔盘的内回流由外回流提供。

升气管型抽出板又称为盲塔板或集油箱。这种抽出板只允许气体通过升气管，而不让液体下流。板上没有气液接触设施，没有精馏作用，纯粹起抽出斗的作用。

☞ 41. 为什么要设防涡器和破沫网?

为了使液相物料流出时不产生涡流、将气体带进泵里而使泵抽空，或为使液面稳定，需在设备的液体出料处设置防涡器。如分馏塔顶油气分离器为了使水和汽油分界液面稳定，在汽油抽出口设置了防涡器。

在某些不允许气相物料夹带雾沫的地方，例如分馏塔顶油气分离器，如果富气带油，则会损坏气压机，为了使气相物料流出时不带露雾，便在设备的气相出料处安装破沫网。

☞ 42. 分馏塔底为什么要设过滤网?

由于分馏塔底不可避免地会产生结焦，为避免焦粒及焦块进入油浆泵，使泵产生磨损甚至影响泵的操作，必须在塔底油浆抽出处安装过滤网。

☞ 43. 三通合流阀的结构是怎样的? 为什么要用三通合流阀?

催化裂化装置的分馏系统中各循环回流冷却器和吸收稳定系统中各重沸器多采用三通合流阀调节换热温度。其结构示意见图 9-12。

使用三通合流阀是在要求总流量不变的情况下调节换热器冷热流比例，从而达到调节换热器出口温度的目的。

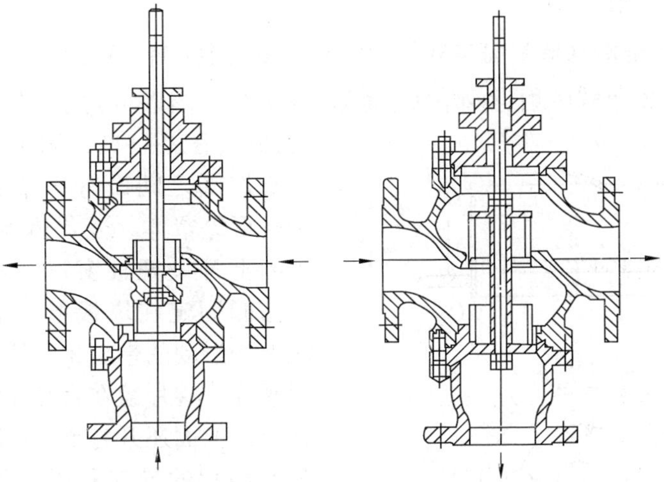

图 9-12　三通阀示意图

☞ 44. 浮阀塔的优点是什么?

浮阀塔与圆泡帽塔、筛板塔、舌形板塔等类型的塔比较，具有以下特点：

(1) 处理能力较舌形、筛孔塔板小些，比圆泡帽塔板的处理能力约大20%~40%。

(2) 操作弹性较圆泡帽、舌形、筛板大，在很宽的气液负荷变化范围内，浮阀塔板能保持较高的效率。

(3) 干板压力降较舌形、筛板大，比泡帽塔板小。塔板上的液面梯度也较小。

(4) 雾沫夹带量比舌形、泡帽小，比筛板略大。

(5) 结构较简单，安装较方便，制造费约为泡帽板的60%~80%，为筛板的120%~130%。

☞ 45. 什么是导向梯形浮阀塔板?

导向梯形浮阀的结构如图 9-13 所示。

导向梯形浮阀塔板与 F1 型浮阀塔板的性能相比具有以下优越性：塔板结构简单；浮阀在操作中不旋转、不脱落、不卡死；安装简便，造价低廉；塔板压降可降低 15%~20%，气相负荷下限可降低 1/3 左右，气相负荷上限可提高 10%~20%。它可广泛应用于化工、石油化工、炼油、

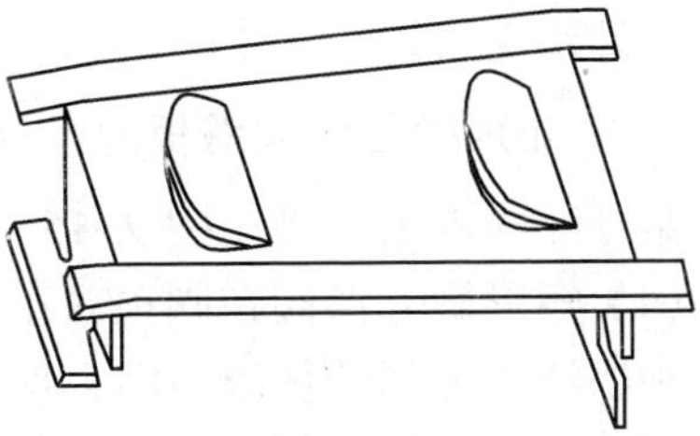

图 9-13　导向梯形浮阀示意图

化肥等工业生产装置中。

☞ 46. 什么是滑动阀片笼罩式喷射浮阀塔板(简称 WHY 型浮阀塔板)?

滑动阀片笼罩式喷射浮阀塔板(简称 WHY 型浮阀塔板)是具有固定架和阀片两部分(图 9-14),固定架在上、下两个支撑圈之间设有均布的支柱,构成圆柱形笼罩体。笼罩体顶部设有罩帽,罩帽上开设翘板窗口。固定架通过下支撑圈固定在塔板上,笼罩体内设有能上下滑动的带着 3 个外伸爪的平板圆形阀片,阀片盖在直径 49mm 的塔板阀孔上,上面还开有 5 个小圆孔。固定架起着阀片的导向和限位作用,以保持阀片的平稳升降。当气速较小时,阀片停在塔板上,气体直接从阀片上的小孔中通过,大部分由固定架的罩帽下进入液层,少量气体由罩帽上的翘板窗口进入液层。随着气量的增加,阀片由上升的气体托起,气体主要由塔板阀孔上升后,再从阀片升起的环隙进入液层,另一部分气体仍通过阀片上的孔由固定架的罩帽下进入液层和通过罩帽上的翘板窗口进入液层。当气量继续增大,阀片一直上升至固定架罩帽,这时气体大部分由阀片升起的环隙进入液层,少量气体通过阀片上的孔由罩帽的翘板窗口进入液层。可以看出,该塔板可以在一定范围内调节塔板的开孔率和阀孔气速,因而具有较大的操作弹性。在低气速时阀片不能升起,开孔率由阀片上的圆孔决定,比常规操作阀片升起后的开孔率数值大大降低,这对减少低气速下漏液十分有效。当气速逐渐增大时,阀片慢慢上升。由于两个支撑圈之间支柱的导向作用,阀片不会出现卡死或吹脱现象,从而保证了操作的稳定性和可靠性。另外,固定架上的罩帽保证气体水平吹入液层,强化了气液接触时的湍流作用。而从罩帽翘板窗口吹出的气体则增加了液体的推动力,减小了塔板上的液面梯度,使总压降和雾沫夹带均小于 F1 浮阀塔板。

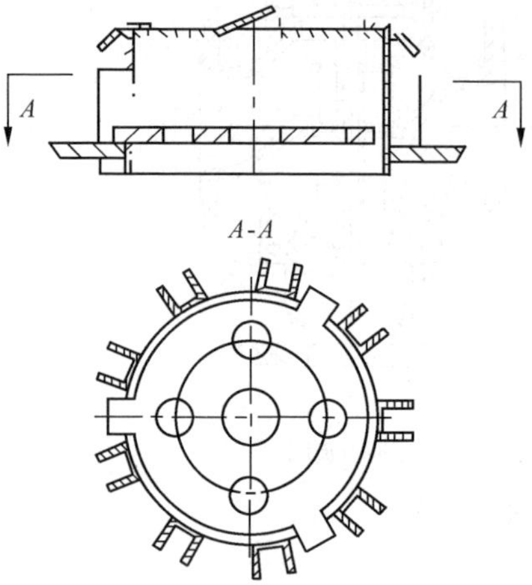

图 9-14 WHY 塔板结构图

☞ 47. 矩形微分浮阀塔板的设计思想是什么?

微分浮阀塔板结构见图 9-15。矩形微分浮阀塔板的设计思想如下:

(1) 矩形微分浮阀在阀顶开小阀孔,而且各个小阀孔的开口方向不同,以便充分利用浮阀上部的传质空间,使气体分散更加细密均匀,气液接触更充分。

(2) 通过改变浮阀上面小阀孔的方向和数量,并对浮阀进行适当排布,以消除塔板上的液体滞止区。

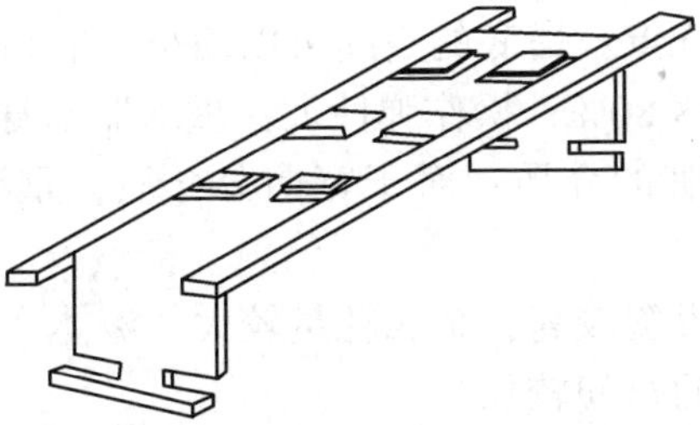

图 9-15　矩形微分浮阀结构示意图

(3) 由于浮阀上面有一部分小阀孔的开口方向与塔板上的液流方向一致，从这些小阀孔中喷出的少量气体推动塔板上的液体流动，从而可明显减小甚至完全消除塔板上的液面梯度。

(4) 矩形微分浮阀由于是矩形，在操作中，气体从浮阀的两侧吹出，气体吹出的方向垂直于塔板上的液体流动方向，因此矩形微分浮阀塔板上的液体返混是很少的。

(5) 由于矩形微分浮阀在操作中不转动，浮阀无磨损，不脱落。

☞ 48. 微分浮阀塔板性能是怎样的？

新型微分浮阀塔板可减小甚至消除塔板上的液面梯度和液体滞止区，提高鼓泡均匀度和分离效率，扩大处理能力。微分浮阀塔板在结构上十分可靠，不易磨损，不会脱落，操作安全可靠。具体性能如下：

(1) 实验研究表明，微分浮阀塔板比 F1 型浮阀塔板具有更好的流体力学和传质性能。

(2) 微分浮阀塔板比 F1 型浮阀塔板处理能力可提高 25%以上；传质效率比 F1 型浮阀塔板高 10%以上。

(3) 微分浮阀塔板比 F1 型浮阀塔板具有更大的操作弹性。

(4) 工业应用表明，对于常压或加压操作条件下的气液传质设备，用微分浮阀塔板代替 F1 型浮阀塔板或筛板，可获得显著的经济效益。

☞ 49. 热虹吸式重沸器和罐式重沸器有什么异同？

所谓热虹吸式重沸器，是指在重沸器中由于加热汽化，气液混合物的相对密度显著减小，使重沸器的入方和出方产生静压差，因而不必用泵就可以不断循环。塔底流体不断被“虹吸”入重沸器，加热汽化后再返回塔内。

卧式热虹吸重沸器的优点：传热面积大时，重沸器的金属耗量最低；出塔产品的缓冲容积较大，流量稳定性较高；可以使用较脏的加热介质；在加热段停留的时间较短。

缺点：汽化率一般不大于 30%；重沸器的分馏效果小于一块塔盘；循环时，

宽馏分物质重沸器的出入口温度高于罐式。

罐式重沸器的主要优点：塔底的空间可以缩小，塔和重沸器间标高差可以较小；允许汽化率高，可达80%，操作弹性大；重沸器本身有蒸发空间，相当于一块理论板；可以使用较脏的介质；对于宽馏分介质，重沸器出入口温度都要低一些。

缺点：重沸器本身投资较高，金属耗量较大，液体产品的缓冲容积小；占地面积大；在加热段停留的时间较长。

☞ 50. 离心泵的作用原理是什么？

离心泵在工作时，叶轮由电机等原动机驱动，作高速旋转运动，使叶片间的液体作旋转运动。同时，因离心力的作用，使液体由叶轮中心向外缘作径向运动。液体在叶轮内运动的过程中获得能量，并以高速离开叶轮外缘进入蜗形泵壳。在蜗壳中，由于流道的逐渐扩大而减速，又将部分动能转化为势能，最后沿切向流入出口管道。在液体被迫由叶轮中心推向外缘的同时，在叶轮中心形成低压，使液体能依靠吸液处和叶轮中心的势能差而源源不断地吸入叶轮，这就是离心泵的作用原理。

☞ 51. 离心泵由哪些部件组成？

离心泵由下列部件组成：泵壳（出入口、大盖和支架）、叶轮（前后轮盘和叶片）、轴（销子、背帽和联轴器）、密封装置（密封圈、动环和静环）、平衡装置（有平衡孔、平衡管和平衡盘等形式）、轴承托架（油、水箱轴承、挡水环和油环）和辅助设备（泵座、冷却水管道和油杯等）。

☞ 52. 电动机的作用原理是什么？

电动机的主要工作部分是定子和转子。定子绕组互成120°，通过三相交流电后能产生旋转磁场。当电动机接通电源后，在定子绕组所产生的旋转磁场作用下，转子就跟着旋转磁场一起转动（作切割磁力线运动）。若把三相电源的三条线中任何两条线的位置对调一下就改变了旋转磁场的方向，而转子的转动方向也就改变了，这就是电动机的作用原理。

☞ 53. 电动机由哪些部件组成？

电动机分转子和定子两部分，由下列零件所组成：

转子部分：电机风扇、转子绕组、前后轴承、轴和转子铁芯。

定子部分：后轮盘、定子绕组、机座、机罩、机壳和接线盒。

☞ 54. 离心泵的特性曲线是什么？

离心泵的主要工作性能参数包括泵的流量 Q_e、扬程 H_e、轴功率 N_a 和效率 η。它们之间相互存在着一定的关系，这种关系可用实验测定。将某一台离心泵在一定的转速 n 下的实验结果标绘于坐标纸上，可以得到 H_e-Q_e、N_a-Q_e 和 η-Q_e

三条曲线，这一组曲线就称为离心泵的工作性能曲线或特性曲线。此曲线通常由泵的制造厂测出，附在泵的样本或说明书中。其中：

（1）H_e-Q_e 曲线：表示泵的流量 Q_e 与扬程 H_e 的关系。一般情况下，离心泵的扬程在较大流量范围内是随流量增大而减小的。

（2）N_a-Q_e 曲线：表示泵的流量 Q_e 与轴功率 N_a 的关系。通常，N_a 随 Q_e 的增大而增大。

（3）η-Q_e 曲线：表示泵的流量 Q_e 与效率 η 的关系。此曲线有一个最高点，一般为泵的设计点，当泵在该点对应的流量及压头下工作时，效率最高。

☞ 55. 什么是泵的扬程？泵的实际扬程和什么有关？

泵施加给单位重量液体的能量叫作泵的扬程或泵的压头，常用符号 H_e 表示。

泵的扬程的单位常用所输送液体的液柱高度（m 液柱）来表示。

泵的实际扬程（压头）和泵的结构、尺寸（主要是叶轮直径的大小和叶片的弯曲情况等）以及泵的转速和流量有关。

☞ 56. 什么是泵的流量？泵的流量和什么有关？

泵的流量是指泵在单位时间内输送的液体体积，常用符号 Q_e 表示。

泵的流量的单位常为 m^3/h、m^3/s、L/min 和 L/s 等。

泵的流量的大小与泵的结构、尺寸（主要是叶轮的直径与宽度）和转速有关。

☞ 57. 什么是泵的功率和效率？它们是怎样计算的？

单位时间内液体从泵得到的实际机械能称为泵的有效功率，常用符号 N_e 表示。

泵的有效功率 N_e 的计算公式为：

$$N_e = \rho g V H_e$$

式中 N_e——泵的有效功率，W；

H_e——泵的有效扬程，m 液柱；

ρ——液体密度，kg/m^3；

g——重力加速度，其值为 $9.807kg/m^2$。

由电机输入离心泵的功率称为泵的轴功率，常用符号 N_a 表示。泵的轴功率 Na 的计算公式为：

$$N_a = M\omega$$

式中 N_a——泵的轴功率，W；

M——泵轴的扭矩，N·m；

ω——泵的旋转角速度，s^{-1}。

泵的有效功率与泵的轴功率之比值，定义为泵的效率，常用符号 η 表示。泵的效率 η 的计算公式为：

$$\eta = \frac{N_e}{N_a} \times 100\%$$

式中 η——泵的功率,%;

N_e——泵的有效功率，W;

N_a——泵的轴功率，W。

☞ 58. 离心泵内介质密度和泵的体积流量、压头及功率有关吗?

密度的差异与泵的体积流量、压头及效率无关，但是将对泵的质量流量、压强和轴功率产生很大影响。

在一定的转速下，液体所受的离心力与液体密度成正比，在离心力作用下产生的压强也与密度成正比。压头 $H_e = P/\rho$，消除了液体密度的影响。泵的 $H_e - Q$ 曲线保持不变，但轴功率将随液体密度不同而改变。

☞ 59. 什么是离心泵的汽蚀？它有什么危害?

如果叶轮进口处压力达到输送液体的饱和蒸气压时，液体就会汽化。体积骤然膨胀，扰乱叶轮进入口处液体的流动。大量气泡随液体进入高压区后又被压缩，突然凝结消失。在气泡凝结的一瞬间，周围液体以极大的速度冲向气泡中心的空间，在这些气泡的中心点上产生很高的局部压力，不断打击叶轮表面，使叶轮很快损坏，这种现象叫作离心泵的汽蚀。

离心泵发生汽蚀时，泵体发生震动、发出噪声；泵的流量、扬程和效率明显下降，泵无法正常工作，甚至损坏。

☞ 60. 什么是离心泵的汽蚀余量?

要使泵运转时不发生汽蚀，必须使单位重量的液体在泵吸入口处具有的能量超过液体的汽化压强，足以克服液体流到泵内压强最低处的能量损失。离心泵的汽蚀余量就是指泵吸入口处单位重量液体所具有的超过汽化压强的富余能量。离心泵的汽蚀余量的单位通常用 m 液柱表示。

☞ 61. 什么叫离心泵的“气缚”?

泵启动时，假如泵内存在空气，由于空气的密度比液体的密度小得多，产生的离心力亦小，此时叶轮中心只能造成很小的低压，形不成所需要的压强差，液体不能进入叶轮中心，泵也就送不出液体，这种现象叫作“气缚”。

☞ 62. 密封循环系统的功能是什么?

密封循环系统的功能是:

(1) 温度控制功能

温度控制是密封循环系统最主要的功能，因为对机械密封而言，需不断排除产生的摩擦热。此外，工艺介质有时是高温的，还有一些介质随温度变化会出现结晶、聚合或汽化等问题，所以必须采取各种不同的控制温度的方法和措施。常用的温度控制方法有冲洗冷却和背冷两种。

① 冲洗冷却。

冲洗是一种延长密封件寿命最常用的措施，冲洗的目的在于带走热量，降低密封室温度，防止密封面上液膜汽化，改善润滑条件，防止杂质沉积，防止气囊形成。

按冲洗液来源分为自冲洗和外冲洗。自冲洗是利用泵内部压力较高处的液体作为冲洗液，来冲洗密封室；外冲洗是利用外来的冲洗液注入密封室内进行冲洗。冲洗液应是与密封介质相容的洁净介质，冲洗液压力应比密封室内大0.05~0.1MPa，这种冲洗方式用于高温、腐蚀性强、含固体颗粒量大的工况。

采用冲洗方法控制密封室的温度，是利用冲洗液在压力差作用下流过密封室而带走热量。选用何种冲洗形式，应根据实际情况判断。对于温度高于250℃，含有颗粒，黏度较大，冷却易凝固的介质，建议采用外冲洗；对低于250℃的洁净介质，可采用自冲洗。

② 背冷。

背冷(又称作急冷)是将冷却液(通常是蒸汽或水)直接从外环背面送到摩擦副内表面的冷却方式。这种方式效果良好，常与冲洗结合使用。对于高温、高黏度、易凝固的介质(如油浆)，宜采用蒸汽作背冷介质，以防止密封面上温差过大产生热变形及介质凝固。对于易挥发的介质，如液态烃等，宜采用温水(40℃左右)作背冷液，以防止泄漏在密封面上结冰。

(2) 流体替代功能

在某些特殊工况下，单端面密封不能满足要求，这时就必须采用双端面密封或串联密封，引入阻塞流体来代替被密封的介质，例如以下情况：

① 具有毒性或爆炸危险性的介质；

② 强腐蚀性介质；

③ 润滑性差或无润滑性的介质；

④ 高压介质；

⑤ 真空下操作的介质。

(3) 清除杂质功能

在实际生产中，泵送的介质中往往含有杂质，如固体颗粒、污垢、结晶物等，这些杂质将会加速密封件的损坏，因此必须设法消除。

☞ 63. 如何选用关键泵的密封循环系统？

催化裂化装置中的油浆泵、液态烃泵等，许多企业在生产中就出现了由于这些泵的机械密封损坏而引起频繁切换操作，甚至停车的局面。如能配置合适的密封循环系统，控制与调整密封工况，便可大幅度地提高该类泵密封的寿命。表9-1是对一些典型泵需采用密封循环系统的分析和建议所采用的形式。

表 9-1 泵密封循环系统的分析

项　目	特　　点	措　　施	推荐 API 流程号
油浆泵	高温 350℃以上，易凝固，介质加含催化剂颗粒	采用本装置的产品，柴油作外冲洗液，进行外冲洗密封室设冷却夹套，采用蒸汽背冷以防凝固	P32/蜡油+T1+PI+P62/蒸汽
碱液泵	易结晶，易腐蚀	采用清水作外冲洗液和背冷以排除结晶物	P32/水+P62/水
液态烃泵	密度小（低于 0.65），饱和蒸气压低，易汽化，轴封箱压力高	采用串联密封，选用润滑油作阻断剂，用外部气源加压。主冲洗为自冲洗，也可用柴油作阻断剂	P11+PI+P53/油

64. 离心泵与往复泵各有什么优缺点？

离心泵与往复泵的优缺点比较如下：

(1) 流量

离心泵：①均匀；②量大；③流量随压头情况而变化。

往复泵：①不均匀；②量不大；③流量恒定，几乎不因压头变化而变化。

(2) 扬程

离心泵：①一般不高；②对一定流量只能供给一定的扬程。

往复泵：①较高；②对一定流量可供应不同扬程，由管路系统确定。

(3) 效率

离心泵：①效率较高；②在设计点最高，偏离愈远，效率愈低。

往复泵：①效率高；②供应不同扬程，效率仍保持较大值。

(4) 结构

离心泵：①简单，价廉，安装容易；②高速旋转，可直接与电动机相连；③同一流量体积小。

往复泵：①零件多，构造复杂；②振动甚大，不可快速，安装较难；③体积大。

(5) 操作

离心泵：①有气缚现象，开车前要充液，运转中不能漏气；②维护、操作方便；③可用出口阀很快、很方便地调节流量；④不因管路堵塞而发生损坏现象。

往复泵：①零件多，易出故障，检修麻烦；②不能用出口阀，而只能用支路阀调节流量；③扬程、流量改变时能保持高效率。

(6) 适用范围

离心泵：输送腐蚀性或悬浮液，对黏度大的流体不适用。一般流量大，而扬程不高。

往复泵：高扬程、小流量的清洁液体。

☞ 65. 离心泵的启动步骤是怎样的？应注意什么问题？

离心泵的启动步骤如下：

(1) 启动前的准备

① 认真检查泵的入口管线、阀门、法兰和压力表接头是否安装齐全，符合要求；冷却水是否畅通，底脚螺丝及其他连接部分有无松动。如有自冲洗，打开自冲洗阀。

② 向轴承箱加入润滑油(或润滑脂)，油面处于轴承箱液面计的三分之二。

③ 盘车，检查转子是否轻松灵活，检查泵体内是否有金属碰击声或摩擦声。

④ 装好靠背轮防护罩，严禁护罩和靠背轮接触。

⑤ 清理泵体机座，搞好卫生工作。

⑥ 开启入口阀，使液体充满泵体。打开放空阀，将空气赶尽后关闭。若是热油泵，则不允许开放空阀赶空气，防止热油窜出自燃。

⑦ 热油泵在启动前，要缓慢预热。应使泵体与管道同时预热，使泵体与输送介质的温差在50℃以下。

⑧ 热油泵引封油前必须充分脱水。

(2) 离心泵的启动

① 泵入口阀全开，出口阀全关。启动电机，全面检查机泵的运转情况。

② 当泵出口压力高于操作压力时，逐步开出口阀门，控制泵的流量、压力。

③ 检查电机电流是否在额定值以内。如泵在额定流量运转而电机超负荷时，应停泵检查。

④ 热油泵正常时，应打入封油。封油压力高于泵体压力0.10MPa以上。

应注意以下问题：

(1) 离心泵在任何情况下都不允许无液体空转，以免零件损坏。

(2) 离心热油泵一定要预热，以免冷热温差太大，造成事故。

(3) 离心泵启动后，在出口阀门未开的情况下，不允许长时间运行，应小于1~2min。

(4) 离心泵决不允许用入口阀门来调节流量，以免抽空。应该用出口阀门来调节流量。

☞ 66. 怎样进行离心泵的切换？

离心泵的正常切换步骤如下：

(1) 备用泵启动之前应做好全面检查及启动前的准备工作。热油泵应处于完全预热状态。

(2) 开泵入口阀，使泵体内充满介质。用放空排净空气。热油泵则不允许放空。

(3) 启动电机，然后检查各部分的振动情况、轴承的温度，确认正常。当电流稳定，泵体压力高于正常操作压力时，逐步将出口阀门开大，同时相应将正泵阀门关小直至关死，并停泵。热油泵应做好预热工作。

☞ 67. 泵出口为什么要装单向阀？单向阀有哪几种形式？

泵出口管线上装单向阀是为了防止液体返回泵，使泵倒转。

单向阀有两种：一种是升降式单向阀，适于水平地安装在管路上。另一种是旋启式单向阀，可以装在水平、垂直和倾斜的管路上。如装在垂直管线上，介质流向应由下而上。

☞ 68. 为什么不能用冷油泵打热油？

冷油泵不能打热油的原因如下：

(1) 冷、热油泵零件的材质是不一样的。如冷油泵泵体、叶轮是铸铁的，而热油泵泵体、叶轮是铸钢或合金钢的。铸铁零件不能在高温下工作。

(2) 冷油泵口环间隙小，热油泵由于膨胀的缘故，口环间隙大。若用冷油泵打热油，在高温下口环间隙变大，叶轮和泵壳易产生磨损。

(3) 热油泵可以上下左右自由膨胀。若用冷油泵打热油，由于膨胀不均匀。泵轴中心就会抬高，和电机轴不同心，会造成运转中的振动、杂音及磨损。

(4) 热油泵的轴封比较复杂而且还要打封油。如用冷油泵打热油，密封装置损坏，热油流出，容易发生火灾。

☞ 69. 热油泵为什么要预热？如何预热？

热油泵要预热的原因有：

(1) 温度高。热油泵的工作温度一般在200~350℃左右。如不预热，热油进入凉的泵体后，会使泵经受不住这种剧烈的温差变化，引起泄漏、裂缝、部件受损，或因零件的膨胀系数不一样，而使两个零件卡住等等。

(2) 黏度大。热油泵输送的介质黏度都较大，在常温下和低温下会凝固，甚至把泵体管线凝死，而造成启动不上量，流量、扬程小，并会使泵产生振动和杂音。

热油泵不预热就不具备使用条件。但在特殊情况下，如发生事故急需启动时，可缩短其预热时间。

预热方法为：

(1) 凡热油备用泵，平时均需处于热备用状态。即由泵出口预热管进油，通过泵体后由入口预热管排出到泵入口管线进入运行泵。切换泵时，随时可以启动。

(2) 如果备用泵要进行检修则不预热，需把泵内液体排净或扫空，泄压至零。检修完后，及时转入热备用状态。

(3) 处于预热的泵填料箱(大盖)冷却水套一定要通入冷却水，以免高温损坏零件、填料或造成泄漏，必要时可打上少量的封油。

(4) 热油还可以从出口进泵内，再通过入口管线进行预热。但绝对不允许倒转。

(5) 为使备用泵预热时不发生运转泵抽空，就要关闭出口阀，打开入口阀，把排凝打开，排出泵内空气后关上(要有人监视，防止热油流出发生事故)。再打开出口阀3~4扣进行预热(如有预热管则利用预热管)。

(6) 在预热中，每隔15~20min盘车180°，防止轴因预热温度不均匀而造成弯曲。预热时油量不要过大，以防叶轮反转。

(7) 热油泵出口管线的压力大于入口压力。因此，预热时，出口管线的油可使预热泵入口的油压回去，这样就起到预热作用。

(8) 在预热时，若运转泵抽空，应停止预热，先制止抽空后方可预热。

(9) 预热温度应逐渐上升，一般每小时升温50℃，特殊情况例外。也可拉根蒸汽带在泵外部进行辅助预热，以加快预热速度。

☞ 70. 热油泵预热快有什么害处?

热油泵预热应以50℃/h的速度升温。预热快的害处为：

(1) 对泵的使用寿命有较大的影响。

(2) 对泵的零件预热不均匀造成损坏或失灵。

(3) 端面密封漏，法兰、大盖漏。

☞ 71. 封油的作用是什么，如何调节封油量?

封油的作用是：密封作用、润滑作用、冷却作用、冲洗作用。

机泵在运转中，密封端面或盘根相互摩擦，特别是含有催化剂时，更易泄漏，而且会越漏越大，甚至造成火灾。为了防止这种情况发生，将封油通入端面、盘根处进行密封。漏得较大时，打封油也可将漏液压回去。它还有冷却、冲洗、润滑密封端面和盘根的作用。

封油量一般是根据泵体压力来进行调节，通常的封油压力应高于泵体压力0.10MPa以上。

☞ 72. 用油泵抽水时应注意什么?

用油泵抽水时，因为介质密度变大了，所以泵的轴功率会增大。因此，要注意控制水的流量，不要让电动机超负荷。

☞ 73. 泵盘车盘不动的原因是什么？如何处理?

泵盘车盘不动的原因及处理方法如表9-2所示。

表 9-2 泵盘车盘不动的原因及处理方法

序　号	原　因	处理方法
1	油品凝固	吹扫预热
2	长期不盘车	加强盘车
3	部件损坏或卡住	检修
4	轴弯曲严重	检修更换

74. 如何判断泵抽空？如何处理泵抽空？

泵抽空的现象有：

(1) 出口压力波动较大。

(2) 泵振动较大。

(3) 机泵有杂音出现。

(4) 管线内有异声。

(5) 因压力不够，轴向窜动引起泄漏。

(6) 仪表指示有波动。

(7) 压力、电流波动或无指示。

处理方法是：

(1) 当塔、罐、容器液面低或空时，关小泵出口阀或停泵，待液面上升后再开泵。

(2) 当油品带水、温度高、汽化时，降低油品温度，关小出口阀，进行排水。

(3) 当入口阀开得过小或出口阀开得过大时，开大入口阀，关小出口阀，并适时、适量给封油。

(4) 当封油开得太大或过早，使泵内油品汽化时，适时、适量给封油。

(5) 当两台泵同时运行、抢量时，关小泵出口阀，视操作需要，可停一台泵。

(6) 当泵入口阀未开或阀芯掉了时，开入口阀或换泵后检修。

(7) 当入口管线和叶轮堵了时，吹扫并检修。

(8) 当吸入口漏气时，检查入口管线及法兰。

(9) 当压头不够时，改善吸入口压头(与泵入口的塔器、容器的液面高低和压力有关)。

(10) 当泵内有空气时，用放空排空气(热油泵除外)。

(11) 当电机转向不对时，单机试验。

(12) 当出、入口蒸汽扫线阀漏时，换阀门。

☞ 75. 泵内有杂音是什么原因？如何处理？

泵内有杂音的原因和处理方法如表 9-3 所示。

表 9-3 泵内有杂音的原因及处理方法

序　　号	原　　因	处 理 方 法
1	轴承无油、少油、干摩擦	加油
2	部件损坏、松动或堵塞	更换
3	抽空引起	制止抽空
4	叶轮磨损	检修
5	流量过小	加大流量或开旁通循环线
6	转动部分磨损	检查修理
7	杂物进入	清除干净

☞ 76. 泵串轴是什么原因？如何处理？

泵串轴的原因及处理方法如表 9-4 所示。

表 9-4 泵串轴的原因及处理方法

序　　号	原　　因	处 理 方 法
1	压力过大、过小、不稳	保持压力平衡
2	平衡装置失灵或损坏	检修
3	部件损坏及脱落	检　修

☞ 77. 热油泵机械密封抽空破坏的原因是什么？如何解决？

机械密封抽空破坏与密封端面间的相态变化密切相关，即抽空是一种动态平衡问题。具体对热油泵机械密封的抽空破坏来说，主要是由于冷却水或油在端面间汽化造成的。从根本上说，机械密封的抽空破坏是由于泵抽空所致，故根本解决办法还是尽力保持稳定操作，减少离心泵本身的抽空现象。对易抽空的离心泵来说，应注意管线设计有无容易使气体聚集的结构。也可减小弹簧常数 K，增加补偿环的质量，就能减弱机械密封抽空时发生自激振动的倾向，从而减少机械密封抽空破坏。另外一个防止抽空破坏的方法是：在泵抽空时不让防转销脱出防转槽，也就是要限制动环轴向位移，使之小于防转销伸入防转槽内的长度。

☞ 78. 离心泵振动超标的原因是什么？

（1）安装和检修质量上存在问题：

① 原机组安装时垫铁及调正垫片选用不当，垫铁间、垫铁与基础面的平面未精加工或铲平，垫铁间未点焊定位，调正垫片数量过多，造成机泵运行一个阶段后中心位置发生偏移。

② 地脚螺栓未拧紧，或松动了未及时检查处理。

③ 轴承质量差，如轴承座孔与轴承外胶圈配合松动，造成转子跳动，引起超温超振，减短轴承使用寿命。检修时滑动轴承的间隙修刮偏大或上瓦盖紧力不足。

④ 转子质量不平衡(包括轴弯曲)，检修中未对转子作晃动度检测，对叶轮做静平衡测试，因此转子可能偏心造成振动。如机组部件在高速时有不对称的位移，则应在高速下找转子动平衡。

⑤ 检修中为拆装方便，将叶轮孔配合的间隙随便放大(如加大到0.10~0.15mm)，以致造成偏心振动。

⑥ 联轴节与泵轴的配合间隙太松。

⑦ 电机上的对轮拆装时敲打严重，并造成与它相配合的中间联接体外圆晃动度超过允许偏差(达0.80~1.20mm)，因此使机泵中心难以校准。

⑧ 多级离心泵由于平衡鼓(盘)与平衡套(板)材质接近甚至相同，有的还是碳钢的，安装稍不注意，在运行中经常发生咬合拉毛，而引起振动。

⑨ 机组校正中的错误：

a. 校正时粗心大意。比如较正对轮时已旋转圈，此时百分表指针也转了一圈，但看指示数时忽略了短针的大数变化，误差便是1mm以上。若投入运行即刻会发生振动。

b. 错误地利用悬臂下支架顶丝调节上下偏差值，这往往造成主轴弯曲。当然顶丝完全松脱也是不对的。

c. 使用校正工具，尤其千分表杆接触面不正确引起振动。

d. 没有充分考虑机组中心要求在工作状态下保持同轴度。一定要测定该泵热态和冷态中心差的数值。

⑩ 叶轮流道内夹杂物没有仔细检查和清除。

⑪ 叶轮口环与泵体口环配合间隙过小，运行中摩擦造成振动。

⑫ 主轴弯曲超标未进行校直修复便凑合装上，造成振动。

(2) 结构设计不合理：

① 目前使用的悬臂泵的轴承架是安装在泵大盖上的，很容易因螺栓受力不均或升温后热张力不均而使泵中心偏移。

② 泵的水平支腿强度不够。设计时没考虑到机泵的支腿还要承受进出口管道及阀门重量，热油泵还得加上升温后产生的巨大热胀冲力，而支腿设计得太单薄，使用后变形严重，泵中心便产生上提或下压偏移。

(3) 配管系统设计不合理：

设计时未充分考虑到热力管系在升温后对机泵轴中心推移的严重影响。由汽轮机带动的机泵没有考虑到由热膨胀引起从外部对汽轮机的附加作用力(如管道等)，使机组中心发生变化。处理办法可将管道作适当改装以补偿热膨胀。

(4) 操作上带来的问题：

① 如果机泵长期处于低负荷运行，即长期处于汽蚀条件下工作，会带来叶轮的严重破坏。

② 润滑油质量差，油里含有较多的杂质和水分，没有及时更换和冲洗。

☞ 79. 如何解决离心泵的振动超标？

解决离心泵的振动超标的方法是：

(1) 严格执行机泵的安装工艺技术程序，维护检修规程标准。细致地分析处理出现的问题，使振动值不超过允许值。

(2) 大检修时，在支腿薄弱处增设加强筋板并焊住，以增加机泵抗额外负荷的刚度。处理安装时遗留下来的易引起振动的缺陷。

(3) 合理选取泵型，使之在良好的工作特性区运行。做到精心操作，不抽空、不带水、不汽蚀等平稳生产。

(4) 建立和健全润滑油质量保证体系，确保机泵良好润滑。加强对机泵的巡回检查，经常检测和处理有关振动的苗头，使之不继续发展。

(5) 合理设计工艺配管，通过膨胀节或其他方法补偿热应力，设计合理的管道吊架及托架，减少泵承受额外负载。

(6) 做好转动设备转子的动平衡校验和修正。

(7) 要求设计部门改进结构设计，增强抗震性能。

(8) 建立机泵振动档案，绘制振动曲线，及时把握趋势，决定大修时消除振动的对策，确保生产安全。

☞ 80. 电动机启动时，电流为什么比平时大？

在启动瞬间，由于旋转磁场对静止的转子有很大的相对转速，此时转子的感应电动势为 E_{20}。设电动机额定转差率 $S_n=0.05$，则启动时的感应电动势 $E_{20}=E_2/S_n=E_2/0.05=20E_2$，即为额定转速时的 20 倍。所以启动时的转子电流也很大(但不是额定转子电流的 20 倍，因为这时转子感抗 $X_{20}>X_2$)。由于转子电流大，与变压器副绕组电流增加引起原绕组电流增加相似，使定子电流也很大，其值为额定电流的 4~7 倍。

$$I=\frac{E_{20}}{R_2^2+X_{20}^2}$$

式中 E_2——感应电动势；

E_{20}——起始感应电动势；

R_2——转子电阻；

X_2——转子静止感抗；

X_{20}——转子起始感抗。

☞ 81. 电动机的电流波动说明了什么？应采取什么措施？

电动机电流波动的原因及采取的措施如表 9-5 所示。

表 9-5　电动机电流波动的原因及采取措施

序　号	原　因	采取措施
1	系统电压波动	联系电工控制电压，必要时停机检修
2	电动机转子和定子摩擦，线路故障	停机检修
3	所带机械负荷变化(如流量不稳等)	调整操作，平稳负荷
4	电流表故障	检修或更换
5	其他泵启动时电压波动	注意加强检查
6	泵抽空	消除泵抽空

☞ 82. 电机温度高是什么原因？如何处理？

电机温度高的原因有：

(1) 绝缘不良，潮湿。

(2) 电流过大，超负荷。

(3) 电机电源线短路。

(4) 电机轴承安装不正。

(5) 电机内油脂过多或过少。

(6) 长期不清扫，通风散热不好。

处理方法：切换备用泵，断电，联系检修。

☞ 83. 泵耗功率过大的原因是什么？

如果经计算，泵配电机的功率安全裕量足够，而在实际运行中电机因超载而发热，则说明该泵的消耗功率过大。一般来说，泵消耗功率过大有以下几种原因：

(1) 输送液体的相对密度超过原设计值。

(2) 输送液体的黏度超过原设计值。

(3) 叶轮尺寸过大。

(4) 管路系统的阻力超出预定值(要与出口流量一起考虑)。

(5) 泵和驱动机不同心。

(6) 旋转零件与静止零件有摩擦。

(7) 轴承磨损或损坏。

(8) 填料安装不正确。

(9) 填料品种、规格不对。

(10) 机械密封对密封座的压力过大。

(11) 轴封压盖压得太紧。

(12) 轴承润滑不当。

(13) 轴承内润滑剂太多。
(14) 轴弯曲。
(15) 泵内不同零件的热膨胀不均匀。
(16) 测功仪表有毛病，造成测功不准。
(17) 测功仪表安装或接法不正确。
(18) 输送液体如需预热时，预热不足，因而黏度不满足规定值。
(19) 叶轮或泵壳部分被固体杂物堵塞。
(20) 叶轮或泵壳流过表面太粗糙。
(21) 叶轮损坏。
(22) 叶轮或泵壳铸件有缺陷。
(23) 叶轮在泵壳内位置不正确。
(24) 泵在扬程—流量性能曲线上运行远远超出规定范围。
(25) 吸入管线设计布置错误。
(26) 出口管线破裂。

☞ 84. 离心泵在出口阀关死时运转，会烧坏电动机吗？

离心泵在出口闸阀关死的工况下运行是否会引起电动机因过载而烧毁，这与泵的比转速、流量-功率曲线形状以及所选择的电动机有关。一般来说，离心泵的比转速 n_s<300，泵所消耗的功率在零流量时最小。随着流量的增加，消耗的功率也增大。而且选择离心泵用的电动机是以设计点功率为依据，留有相当的裕量。所以，一般来说，不会由于离心泵在出口阀关死时运行而使电动机过载。但是，应该指出，离心泵在关死工况下运行时，大部分功率转变为热能，使泵内的液体温度上升，发生汽化，这会导致离心泵损坏。因此，离心泵不能长期在出口阀关死工况下连续运行。

☞ 85. 节能调速装置是如何分类的？

用于机泵节能的调速装置可分为高效和低效两大类。在改变电动机转速时基本保持额定滑差，无滑差损耗。此种调速装置属于高效节能调速装置，其他则属于低效节能调速装置。

高效节能调速装置有：变极对数调速、变频调速、串级调速和可控硅电动机调速等装置。

低效节能调速装置有：绕线型电动机转子斩波调速、定子调压调速、电磁滑差电动机调速和液力耦合器调速等装置。

☞ 86. 变频调速的优缺点是什么？

变频调速的优点是：

(1) 无附加滑差损耗，效率高，调速范围宽。

（2）产品品种较多，选择的余地大。

变频调速的缺点是：

（1）技术复杂，投资大。

（2）需配备技术较高的维修工人。

变频调速适用于低流量运行时间较长或启动频繁的机泵，可用于拖动机泵的中小容量电动机。

87. 蒸汽往复泵如何开停？

蒸汽往复泵启动前的准备工作：

（1）检查基础螺丝和各部分结合螺丝有无松动，有问题及时处理。

（2）检查注油器和小油杯，并补充合格新油。各处加油点加入规定的润滑油（注意注油器油面的虚假现象）。

（3）打开放水阀，进行主汽、乏汽脱水。

（4）检查各部分有无泄漏。

（5）打开冷却水，调节好流量。

（6）转动注油器摇柄20~30转，向气缸内注油。

（7）打开蒸汽出口阀。

（8）清除杂物。

启动泵：

（1）打开排气阀和气缸下的放水阀，微开主汽（进口）阀，暖缸5~10min。

（2）打开泵入口、出口阀门，事先应进行预热（蒸汽吹扫）并排凝。

（3）慢慢打开主汽阀，使泵能慢慢运转，待上量正常后低速暖缸10~30min，然后再转入正常运转（注意压力指示情况）。

（4）检查注油器运转情况，调节注油量，使其在5~10滴/min范围内。

（5）紧急开车时，可提前预热气缸部位。

（6）如启动时泵拉杆不动，可使用撬杆撬动拉杆使其运行。

停泵：

（1）关闭泵的进汽阀，再关排气阀。

（2）打开气缸的放水阀，排净存水及残汽。

（3）关闭泵的出、入口阀门。

（4）热油停止半小时后，关闭冷却水入口阀。

（5）将油缸内的压力撤掉。

（6）根据需要扫尽出、入口及油缸内存油。

88. 蒸汽往复泵如何切换？

（1）蒸汽往复泵互相切换

① 做好开泵前的准备工作。

② 与有关岗位联系，注意流量、压力情况。

③ 打开备用泵的出、入口阀和蒸汽出口阀。

④ 打开蒸汽入口阀排凝低速暖泵。

⑤ 慢开备用泵蒸汽入口阀，使泵上量正常，同时慢关运转泵蒸汽入口阀，直至关死。

⑥ 运转泵操作平稳，防止波动及抽空。

⑦ 停泵操作步骤按正常停泵顺序。

(2) 蒸汽往复泵与电动泵互相切换

蒸汽往复泵切换至电动泵步骤：

① 打开电动泵入口阀门，排凝，使液体充满。

② 逐渐关小往复泵主汽阀，降低往复次数(注意出口压力)。

③ 启动电动泵，运转正常，逐渐打开电动泵出口阀，直至往复泵停运和电动泵正常运转。

电动泵切换至蒸汽往复泵步骤(电动泵指离心泵)：

① 打开往复泵出口、入口阀门。

② 逐渐打开蒸汽入口阀(此时出口阀早已打开)，使泵运行起来使之上量正常。

③ 逐渐关闭电动泵的出口阀并增加往复泵往复次数达到正常流量、压力，然后关闭电动泵出口阀停车。

④ 如往复泵是热油泵，应事先进行预热工作。

☞ 89. 齿轮泵如何开停？

(1) 齿轮泵的启动步骤：

① 做好与离心泵相同的各项启动前的准备工作。

② 入口阀门全开，出口阀门全开。

③ 启动电机，认真检查各部分振动和其他情况。

(2) 齿轮泵的停泵步骤：

① 停电机。

② 关闭出口及入口阀门。

☞ 90. 润滑油(脂)的作用是什么？

润滑油(脂)主要有以下几个方面的作用：

(1) 润滑作用和降低摩擦，减少摩擦磨损。润滑油(脂)在摩擦面间形成油膜，消除或减少干摩擦，改善了摩擦状况的作用叫润滑作用。润滑的必然结果是降低摩擦，减少磨损，这是润滑油的首要作用。在最好的液体润滑状况下，摩擦系数可达到0.001，甚至更低一点，因而磨损也很小。

(2) 冷却作用。在摩擦时所产生的热量，大部分被润滑油带走，少部分热量经过传导和辐射直接散发出去。

(3) 冲洗作用。磨损下来的碎屑被润滑油带走，称为冲洗作用。冲洗作用的好坏对磨损的影响很大，若在摩擦面间形成的油膜厚度很薄，金属碎屑停留在摩擦面上会破坏油膜，形成干摩擦，造成磨粒磨损。特别对于经过大修更换了摩擦件的设备，在最初运转时期的磨合阶段中，润滑油的冲洗作用更加重要。

（4）密封作用。有些润滑部位除了要求润滑油对摩擦面起润滑、冷却和冲洗作用外，还利用润滑油增强密封作用。蒸汽往复泵的气缸壁与活塞之间、活塞环与活塞槽之间，就是借助于润滑油对它们之间的间隙的填充作用，来提高密封效果的。

（5）减振作用。摩擦件在油膜上运动，好像浮在“油枕”上一样，对设备的振动起一定的缓冲作用。在齿轮运行时，润滑油连续陷入了两齿轮啮合的表面，并且不断通过极小的间隙挤出来，这样就使振动的动能消失至液体油的摩擦热中去，而使运行变得平稳。

（6）卸荷作用。由于摩擦面间有油膜存在，作用在摩擦面上的负荷就比较均匀地通过油膜分布在摩擦面上，油膜的这种作用叫卸荷作用。比如当摩擦面上的油膜遭到局部破坏而出现局部干摩擦时，由于油膜仍承受着部分或大部分负荷，所以作用在局部干摩擦点上的负荷不会像干摩擦时那样集中。

（7）保护作用。防腐蚀、防尘都属于保护作用。

润滑油除了以上在接触面间发挥的作用外，尚有一些其他的作用。比如在液压传动设备中，润滑油被作为传递动力的良好介质；在变压器、油开关等许多电器设备上则主要利用润滑油较高的绝缘性能。

☞ 91. 什么是油品的“黏温性能”？润滑油的黏度比大好吗？

一般润滑油的黏度随温度的升高而变小，随温度的降低而增大，这种特性叫作油品的“黏温性能”。

如果润滑油的黏度比越小，则说明该油品的黏度随温度变化的幅度越小。也就是说，该油品的黏温性能好。在使用中，希望润滑油的黏度比越小越好。这样，不但润滑油在低温下能保持应有的流动性，而且在高温下也能保持良好的润滑状态，而不致造成机械的磨损。

☞ 92. 什么叫机械杂质？润滑油中含有“机械杂质”有什么危害？

机械杂质就是以悬浮或沉淀状态存在于润滑油中，不溶于汽油或苯，可以过滤出来的物质。

润滑油的机械杂质是在油品加工时处理不净或在贮运、使用中，从外界掉入的灰尘、泥沙、铁屑等物质。这些物质不但影响油品的使用性能，如堵塞输油管线、油嘴、滤油器等，而且还会增大设备的腐蚀，破坏油膜而增加磨损和积炭等。因此，对于轻质油品绝对不允许有机械杂质存在，而对于重质油品则要求不那么严格，一般限制在0.005%~0.1%之间。

☞ 93. 什么叫作润滑油的三级过滤？各级过滤网应符合什么规定？

三级过滤：化验合格的油品在用到润滑部位以前，一般要经过几次容器的倒换。每倒换一次容器都要求有一次过滤以杜绝杂质。在炼厂中这种过滤一般都在三次或三次以上，故称为三级过滤，如图 9-16 所示。

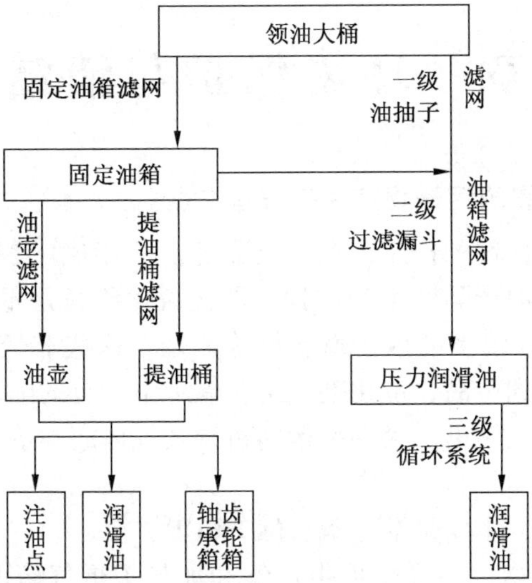

图 9-16　润滑油三级过滤示意图

各用具所装过滤网，应符合表 9-6 中所列的规定。

表 9-6　润滑油过滤的滤网规定、要求

油品品种	应用滤网目数
气缸油、齿轮油或其他黏度相近的油品	40~60
车用机油、压缩机油或其他黏度相近的油品	60~80
汽轮机油、机械油、冷冻机油及其他黏度相近的油品	80~100

注：目数为 1 英寸长度内滤网的孔数。

☞ 94. 如何选用润滑油？

选用润滑油一般根据下面的几条原则：

(1) 负荷越高，越不易形成流动油膜。为了保证油膜的必要厚度，应选用黏度较高的润滑油。

(2) 轴承正常温度高，应选用高黏度润滑油。

(3) 轴颈旋转的线速度越快，越有利于流动油膜的形成。对于运动速度较快的轴承，选用黏度较低的润滑油即可保证液体润滑。另外，速度高，摩擦阻力大，轴承容易发热，为了不使轴承温度过高，应选用低黏度润滑油。因此，速度越快，选用润滑油的黏度应越低。

(4) 轴瓦间隙大，润滑油容易挤掉，对形成油楔压力不利。为了保证必要的油楔压力以便形成足够厚度的油膜，轴瓦的间隙越大，选用的润滑油黏度应越高。

第十章 环境保护与清洁生产

☞ 1. 催化裂化装置的污染物产生有哪些特点？

催化裂化是靠催化剂的作用，在一定温度、压力下，使原料油经过一系列化学反应，裂化成轻质油产品的生产过程。催化裂化原料是重质馏分油和重油(常渣、减渣)，其中含有较多的硫、氮、氧等非烃，这些非烃元素和重金属元素，在生产过程中将转移到产品、催化剂、工艺废水中，有的随烟气和催化剂粉尘排放到周围环境中，造成污染。大功率运转机械及气体放空等，造成噪声污染。

其特点如下：

(1) 水的污染物，主要是油、硫、酸、COD、氰。

(2) 大气的污染物，主要是再生烟气和加热炉烟气硫的化合物、氮的化合物、CO、催化剂粉尘及泄漏和无组织排放的烃类等气体。

(3) 废渣的污染物，主要是汽油、柴油、液化气精制过程中排放的碱渣；再生器卸催化剂及再生烟气三级旋分器捕集回收的催化剂粉尘。

(4) 噪声的污染，主要是大功率的主风机、气压机、空冷风机、电机和气体放空等噪声源，其声级均超过 100dB(A)。

☞ 2. 渣油催化裂化与蜡油催化裂化相比，在污染物方面有些什么变化？

渣油催化裂化与蜡油催化裂化相比，原料中有害物质硫增加 1~2 倍，氮增加 4~12 倍，污染问题更突出，详见表 10-1。

随着原料油变重，装置排放的污水量增加 1~2 倍。含硫污水污染物的浓度也增加，其中硫化物增加 1~2.5 倍，挥发酚增加 1.5~4.5 倍；氨氮增加 2.6 倍；COD 增加 1 ~2.3 倍，详见表 10-2 和表 10-3。

表 10-1 不同原油中蜡油和渣油中的硫、氮含量

原油名称	原 料	S/%	N/%
大 庆	蜡油	0.05	0.04
	常压重油	0.16	0.38
任 丘	蜡油	0.21	0.05
	常压重油	0.40	0.49
	减压重油	0.47	0.59
中 原	蜡油	0.35	0.04
	常压重油	0.93	0.53

续表

原油名称	原料	S/%	N/%
鲁宁管输油	蜡油	0. 47	0. 14
	减压重油	1. 23	0. 70
	掺减压渣油 19. 6%	0. 62	0. 25
	掺减压渣油 23. 2%	0. 65	0. 27
	掺减压渣油 27. 8%	0. 80	0. 30
中原管输油	常压重油	0. 59	0. 20

表 10-2 不同原油催化裂化含硫污水水量

催化裂化原料	加工量/(kt/a)	含硫污水		备注
		t/h	kg/t 原料	
大庆油蜡油	650	4	49	
大庆 100%常压重油	600	10~12	133~160	
任丘蜡油	198	3. 6	145	
任丘掺 30%减压渣油	900	30~35	266~311	
任丘常压重油	560	15. 5	220	
鲁宁管输油蜡油	460	23	400	富气、粗汽油水洗水量大
鲁宁管输油掺 19. 6%减压渣油	960	24. 5	204	
鲁宁管输油蜡油	540	14	207	分馏塔顶水
鲁宁管输油掺 10%减压渣油		18	267	分馏塔顶水
鲁宁管输油掺 25%减压渣油		25	370	分馏塔顶水
中原管输油 100%常压重油	850	25	235	

表 10-3 不同原料催化裂化含硫污水水质情况

原油名称	催化裂化原油	污水来源	pH	污水水质/(mg/L)					
				油	硫	酚	氰	氨氮	COD
大 庆	蜡油	分馏塔顶	9. 0		669	193			3022
	常压重油	混合污水	8. 5		1762	480		850	6561
任 丘	蜡油	分馏塔顶	7. 8		1057	156		2944	
	常渣：减渣为 4：1	分馏塔顶	8. 9		2127	851		9556	
鲁宁管输	蜡油	混合污水		132	716	260		353	2253
	掺减渣 19. 6%	混合污水		183	2380	662	3. 3	1281	7200
	掺减渣 27. 8%	混合污水		150	2520	650	8. 7	1334	7500
中原管输	常压重油	分馏塔顶			3487	800	1. 6		4305
		富气水洗水			14688	674	0. 6		42885

掺炼渣油后，烟气中污染物浓度大大增加，加上生焦量大、排烟量大，使 SO_2 和 NO_x 的排放量剧增，详见表 10-4 和表 10-5。

表 10-4 蜡油催化裂化烟气排放物 mg/m³

项　目	炼油厂-1	炼油厂-2	炼油厂-3	炼油厂-4
标况下烟气量/(m^3/h)	130500	61062	51600	74000
标况下污染物浓度/(mg/m^3)				
SO_2	930	408	848	
NO_x	480	92	379	360
CO(加助燃剂)	5000	2500	3750	2500

表 10-5 渣油催化裂化烟气排放物

项目	炼油厂-5	炼油厂-6			炼油厂-7
	掺渣油 33%	蜡油	掺炼渣油 32%	掺炼渣油 52%	脱沥青油：减渣＝1：1
SO_2		130	1750	2030	2640
NO_x	1530				
CO	1075				
CO_2	246000				

掺炼渣油后，原料中重金属(Ni 和 V)的含量高，为维持平衡催化剂的活性，单靠再生烟气中催化剂的自然损失可能不足以维持催化剂中金属含量在允许值(8000~10000μg/g)以内。此时需人为地从系统排放平衡催化剂，补充新鲜催化剂。这样排出的废催化剂无论是数量上，还是重金属有害物的含量上，都将有较大数量的增加。

☞ 3. 催化裂化装置污水的主要污染物及来源包括哪些？

催化裂化装置污水的来源包括：

(1) 含硫污水。这种污水除含有大量硫化物、氨、氮外，酚含量也较多，还有氰化物等。主要来源于分馏塔顶油气分离器切水、富气洗涤水(或富气冷凝水)、液态烃水洗水、稳定塔顶油气分离器切水等。

(2) 含碱污水。污水中主要有游离态的 NaOH，还有较大量的油及少量的酚和硫。主要来源于汽油、柴油、液态烃碱洗后的水洗水。

(3) 含油污水。主要包括机泵冷却水、地面冲洗水等。

☞ 4. 含硫污水有哪些处理方法？各自的原理是什么？

含硫污水预处理方法有空气氧化法和蒸汽汽提法。空气氧化法适用于污水中硫化氢含量较低的工况；蒸汽汽提法适用于污水中硫化氢、氨含量变化幅度较宽的工况。目前，国内多采用蒸汽汽提法。

(1) 空气氧化法

含硫污水中的硫化物，一般都以铵盐和钠盐的形式存在，与空气中的氧接触后即发生氧化反应，首先氧化成硫代硫酸盐，然后少部分硫代硫酸盐进一步氧化为硫酸盐。其原理如下：

$$2HS^- + 2O_2 \longrightarrow S_2O_3^{2-} + H_2O$$

$$2S^{2-} + 2O_2 \longrightarrow S_2O_3^{2-} + 2OH^-$$

$$S_2O_3^{2-} + 2O_2 + 2OH^- \longrightarrow 2SO_4^{2-} + H_2O$$

此方法适用于加工低硫原油的含硫污水，但排气中的 H_2S，需经过焚烧或其他方法处理。

（2）蒸汽汽提法

含硫污水中的硫、氨元素，在水中以铵盐的形式存在，经加热即能分解成硫化氢和氨。当水蒸气通入液相，由于气相中硫化氢和氨组分的分压低于平衡时蒸气压，所以它仍由液相转入气相。

蒸汽汽提有单塔汽提、单塔汽提侧线出氨和双塔汽提流程，分别见图 10-1 至图 10-3。

单塔汽提法具有流程简单、操作方便、净化水质好、费用低的优点。该法虽不能分别回收硫化氢和氨，但汽提出来的混合气体仍可作硫回收装置的原料气。

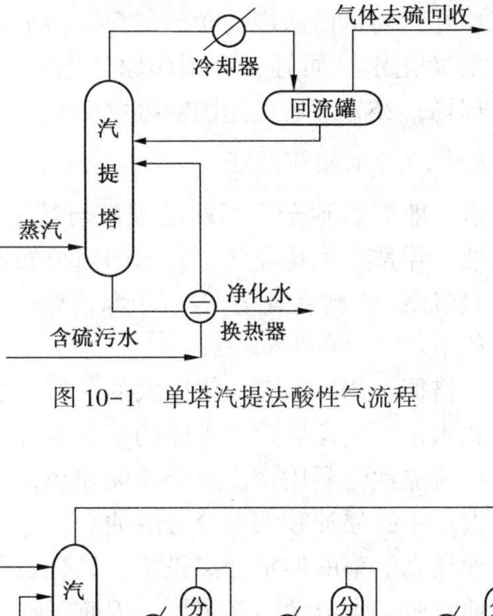

图 10-1　单塔汽提法酸性气流程

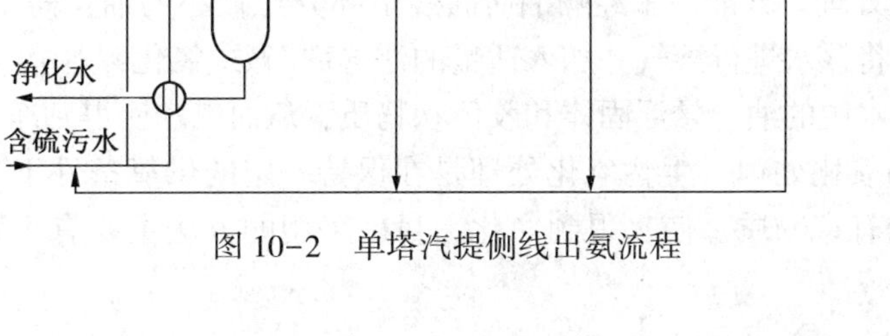

图 10-2　单塔汽提侧线出氨流程

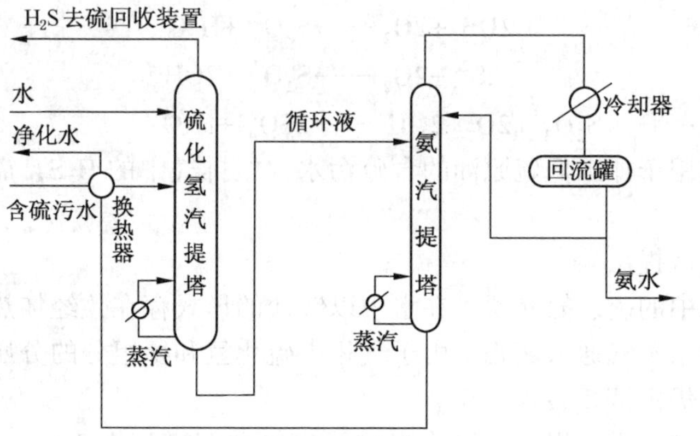

图 10-3 双塔汽提法流程

单塔汽提侧线出氨除具有上述各优点外，还具有能将硫化氢和氨分开，分别进行回收利用的特点。此法已在炼油厂应用。

双塔汽提法较单塔汽提法有更高的脱硫脱氨率，氨与硫化氢均能得到回收，产品纯度高，净化水质好，高、低浓度的含硫、含氰污水均可处理。

经过汽提处理后的净化水水质好，可用作原油电脱盐注水、催化富气洗涤水，也可进入污水处理场，经处理后可达国家排放标准。

☞ 5. 催化裂化装置含油污水如何处理？

催化裂化含油污水一般都送到全厂污水处理厂与其他装置的污水一起处理，处理过程大多采用隔油、浮选、生化曝气、砂滤的二级处理工艺。为了提高净化效果，有的采用活性炭吸附(或臭氧氧化)等三级深度处理工艺。

各处理工序分述如下：

(1) 前处理设施。格栅：用以截流污水中大的杂质、悬浮物体。调节池或均质池：用以调节水质和水量，确保后处理工序的正常运行。

(2) 隔油处理。平流隔油池利用密度差分离油和水，固体杂质沉于池底而得到去除。此法只能除去水中的浮油和大部分分散油。

斜板隔油池是一种较高效率的油水分离设施，具有表面负荷小、湿周大、配水均匀等优点，较好地克服了水流的不稳定性。因而，除油率高，出口油含量可达 40mg/L 左右。

(3) 浮选处理。含油污水经隔油后尚残留部分粒径小的油，需要进一步处理。溶气浮洗就是将该水进行溶气并加入适量的浮选剂(碱式氯化铝等)，然后释气、分离，以去除污水中的油、悬浮固体和胶体状物质，从而使水质得到净化。

(4) 生物氧化处理。生物氧化处理是在保持一定的供氧条件下，利用微生物来降解水中的有害物质，使水得到净化。目前采用的方法主要有生物滴滤法、活性污泥传统曝气法和加速曝气法等。

（5）砂滤。砂滤是为了去除污水中残余油和悬浮固体，以提高出水水质。

（6）活性炭吸附处理。主要是去除污水经二级处理后的残余 BOD、COD、油、酚、氰等有害物质。

☞ 6. 催化裂化装置含碱污水如何处理？

浓度较低的含碱污水中主要含有游离状态的碱（NaOH）、油及少量酚和硫化物。其处理方法是先经中和池中和后，再汇入含油或含盐污水，经隔油、浮选、生物氧化等处理。

浓度较高的含碱污水一般考虑与碱渣一起处理。

☞ 7. 催化裂化装置废气的主要污染物及来源包括哪些？

催化裂化装置废气的主要污染物及来源包括：

（1）CO、SO_x、NO_x和催化剂粉尘。主要来源于再生器烧焦产生的烟气和加热炉燃烧产生的烟气。

（2）H_2S。主要来源于干气、液化气脱硫塔。

（3）烃类。主要来源于机泵泄漏、阀门、法兰泄漏，采样，设备检修排放，中间贮罐。

重油催化裂化，由于掺炼重油，硫化物、氮化物、残炭和重金属含量均较高，再生烟气中 SO_x、NO_x 等有害气体的排放量增加，加重了对大气的污染。

☞ 8. 降低催化裂化烟气 SO_x 技术有哪些？

已经工业应用的降低 SO_x 技术主要有原料选择、原料加氢脱硫、SO_x 转移助剂和烟气脱硫，具体见表 10-6。

表 10-6　降低烟气 SO_x 技术

技术名称	技术介绍	特　点
原料选择	通过选取轻质含硫少的原油作为原料，控制原料中的硫含量，以减少烟气中硫化物的排放	受原油性质和二次加工装置类型和能力影响，选择余地较窄，在全球原油逐步偏向重质化的过程中，原料硫含量会越来越高，因此只有有条件的企业才可以考虑采取原料选择的措施
原料加氢脱硫	通过加氢处理可脱除原料中的部分硫和氮，原料加氢不但增加了催化裂化原料油的氢含量，而且可以降低重金属和残炭	要使焦炭中硫含量降至 0.5%以下，原料中硫含量则要在 0.2%以下，原料加氢会使加工费用较大幅度上升，但现阶段面临的问题是即使经过原料加氢预处理、催化原料硫降低到一般程度也难以满足新的催化烟气排放标准。因此，很多原料虽然经过脱硫，但是由于环保要求的严格，催化烟气需进一步进行脱硫

续表

技术名称	技术介绍	特　　点
SO_x转移助剂	SO_x转移助剂掺和在FCC催化剂内，一起在反应器和再生器内循环。在再生器内，SO_x转移助剂和SO_3发生反应，在转移剂表面形成稳定的金属硫酸盐。在提升管反应器的还原气氛中，硫酸盐中的硫以H_2S一起，作为硫黄回收装置的原料，进行硫的回收	该方法是最便宜的方法，不需要新的投资。但该方法也存在着只脱硫不除尘的弊病，由于环保的要求，对烟气中的含尘量也有要求，需增加烟气除尘设施等
烟气脱硫	通过将烟气中的SO_x吸收或中和，使烟气中的SO_x脱除，以实现达标排放的要求	该技术需要较多的投资和较高的操作费用，但该技术是降低烟气中SO_x的最后一道防线，也是最稳定的一个方法。烟气洗涤脱硫的脱除效率最高，而且达到了同时除尘的目的，在国内外普遍应用

☞ 9. 什么是氢氧化镁洗涤法烟气脱硫?

日本的柯斯莫(Cosmo)石油(土界)制油所和三菱石油水岛制油所等都有以氢氧化镁为吸收剂的FCC烟气脱硫装置。吸收塔分别为喷淋填料塔和喷淋塔等。

FCC烟气首先进入预洗涤器，与喷成雾状的吸收液并流向下，脱除催化剂粉尘和部分SO_x，然后折流进入填料吸收塔进一步洗涤脱硫后排放。

预洗涤器和填料吸收塔底部分别保持一定量的循环洗涤液，通过输入工业水和30%的$Mg(OH)_2$溶液，控制洗涤液pH值分别在5.8~6.2和6.5~7.0。

为防止吸收液中固体浓度过高，要不断从预洗涤器底部抽出部分吸收液送到中和氧化塔处理。在氧化塔中，溶解度较小的$MgSO_3$被氧化为溶解度较大的$MgSO_4$随液体排放。

$Mg(OH)_2$浆液产自海卤或由矿产MgO水解。我国的菱镁矿资源居世界首位，主要分布在辽宁、山东、河北三省，MgO含量80%~90%的氧化镁售价很低。因此，在我国，氢氧化镁洗涤烟气脱硫技术有良好的应用前景。

☞ 10. 什么是海水洗涤法烟气脱硫?

海水洗涤烟气脱硫是基于海水含碳酸氢钠，具有天然碱性和缓冲能力；烟气中的SO_2被海水吸收后，可转化为硫酸盐离子，是海水的一种天然组分。

1989年，挪威Mongstad炼油厂建成投产了一套海水洗涤烟气脱硫装置，烟气分别来自FCCU和Claus制硫装置，设计处理能力为55万m^3/h。来自FCC的烟气首先进入静电除尘器，脱除催化剂粉尘，然后在填料塔中与海水逆流接触脱硫，海水一次通过，SO_2去除率高达98.8%。该工艺简单，由于不消耗试剂，操作费用低廉。在具备自然条件的沿海炼油厂，可优先考虑这项技术。

☞ 11. 钠法、石灰石／石灰－石膏法、镁法脱硫技术各有什么优缺点？

钠法中所用的 NaOH 是炼油和化工行业烟气脱硫塔中使用最多的吸收剂。NaOH 与 SO_2反应生成可溶于水的 Na_2SO_3和 Na_2SO_4。Na_2SO_3和 Na_2SO_4溶解在脱硫塔排出的废水中，排到污水处理场或烟气脱硫装置中设置的氧化处理设施将其中的 COD 降低到污水处理场的进水水质要求。优点是：①炼油厂内都有碱液储存、配制和废碱渣处理设施可以依托；②采用 NaOH 溶液作为吸收剂不会在设备内产生碳酸盐结垢现象；脱硫塔连续运行周期长，装置建设投资低；③SO_2的脱除效率可达到95%以上。

镁法脱硫技术的稳定性也非常好，SO_2的脱除效果也很高，价格相对比较便宜。但缺点是会在洗涤设备中(主要是污水处理部分)结垢，造成操作难度增加，其装置占地较钠碱洗涤法大，受资源分布的影响，镁法脱硫技术在世界上应用相对较少。

石灰石石膏法大量用于电厂烟气脱硫，优点是石灰价格最低，废水中没有可溶性的固体物，但在催化裂化装置上还没有被广泛应用。主要原因是：①钙会在脱硫塔中有碳酸盐结垢，容易造成脱硫系统停工。在结垢过程中，脱硫系统的操作也会发生变化，使系统的操作稳定性降低。石灰石向设备中投放时会大量放热，可能有液体沸腾现象发生。②石灰石是以固体的形态进入系统，而且排放的副产品为固体的石膏，厂内需要有较大的固体储存堆放空间，且催化剂会进入石膏产品，使石膏很难作为产品使用，优点是脱硫剂的成本最低。

☞ 12. 用 NaOH 脱除烟气中的酸性物质的反应机理是什么？

NaOH 的脱硫机理与其他脱硫剂的脱硫机理相似，都是碱性物质与二氧化硫溶于水生成的亚硫酸溶液进行酸碱中和反应，并通过调节氢氧化钠的加入量来调节循环液的 pH 值。吸收二氧化硫所需的水气比和喷嘴数量的选择是依据二氧化硫的入口浓度、排放的需求和饱和气体的温度来决定。

$$SO_2+NaOH \longrightarrow NaHSO_3$$

$$NaHSO_3+NaOH \longrightarrow Na_2SO_3+H_2O$$

$$NaHSO_3+\frac{1}{2}O_2+NaOH \longrightarrow Na_2SO_4+H_2O$$

$$Na_2SO_3+\frac{1}{2}O_2 \longrightarrow Na_2SO_4$$

还包括一些副反应，如三氧化硫、盐酸与氢氧化钠反应，形成硫酸钠、氯化钠等混合物。

$$SO_3+2NaOH \longrightarrow Na_2SO_4+H_2O$$

$$HCl+NaOH \longrightarrow NaCl+H_2O$$

☞ 13. 什么是EDV湿法洗涤烟气脱硫?

EDV系统由急冷段、洗涤段、滤清模块和液滴分离器组成，所有设备元件全部安装集成在一个上流式的塔体内。EDV®湿法洗涤工艺采取阶段式的烟气净化处理程序，利用多层的喷嘴喷出的密集水帘来净化烟气，压降较低，它具有以下特点：

（1）不会产生浓雾。因为EDV®湿法洗涤工艺的喷嘴喷出的吸收剂是呈狭窄分布的大水滴，不易雾化。另外EDV®湿法洗涤工艺塔内气体的设计流速较低，也使得液体不易雾化。

（2）不易堵塞。首先EDV®湿法洗涤工艺的独特的喷嘴及喷淋方式使得系统有着较强的自清洗能力，使设备不易堵塞；另外，由于喷淋吸收液为氢氧化钠水溶液，杂质较少，也不易堵塞设备。

（3）系统稳定性，耐冲击。由于EDV®湿法洗涤工艺有较高的气水比，大量的喷淋水，可以承受运行不正常和污染物浓度不稳定的冲击。

☞ 14. EDV湿法烟气净化技术有哪些特点?

（1）EDV湿法烟气净化工艺安全可靠，即使在催化裂化装置烟机突然停机和热工系统的取热设备发生“爆管”的情况下也不会给催化裂化装置和EDV烟气净化系统带来严重威胁，较高的水气比以及事故下能大量喷水的自保系统保证了EDV烟气净化系统在催化裂化装置运行不正常和污染物浓度不稳定的状况下依然能够运行。

（2）EDV湿法烟气净化工艺可较好地适用于已运行的催化裂化装置，该工艺的除尘脱硫设备布置可充分考虑现场条件，尽可能地利用原有的设备和公用工程设施，其中脱硫塔和后处理设施PTU部分可因地制宜地分开布置，较好地利用催化裂化装置现场的小面积空地。

（3）EDV湿法烟气净化工艺的脱硫塔内结构简单、系统压降小、除尘效率高，能耗较低，脱硫除尘设备的器壁不容易结垢，能较好地实现长周期运行。

（4）EDV湿法烟气净化工艺操作弹性大，该烟气净化系统可以在50%～110%负荷下高效运行，甚至在负荷接近于零的情况下也可以正常运行。

（5）EDV湿法烟气净化工艺的专利喷嘴喷出的水滴大小合适并分布狭窄，形成水帘，它能与气体充分接触达到高清除率而又不会产生雾气腐蚀和阻塞洗涤塔。气体在塔内的速度并不快，水滴不会转化成浓雾。元件有自清洗功能，运行时不会有堵塞的现象。

（6）EDV湿法烟气净化工艺不会产生酸雾。湿法脱硫工艺要尽可能避免产生“雾”状气体，“雾”会携带酸性物质形成酸雾，一旦产生酸雾，酸雾的强腐蚀性就会对设备和环境造成极大的影响。

（7）在一个系统里一体化控制多种烟气污染物，如颗粒物、SO_2、NO_x和SO_3等。EDV湿法烟气净化工艺是采用分层式和模块式的设计，烟气净化部分可先增上脱硫除尘部分，当环保要求进一步降低烟气中的氮氧化物时，该工艺可在脱硫塔上再增上罗塔斯（LoTOx™）脱硝部分，罗塔斯（LoTOx™）工艺中的NO_x与臭氧反应形成的化合物可以很容易地在清除颗粒物和SO_2的过程中从烟气中清除掉。只需要改造脱硫塔就能够满足脱硝要求，后处理设施PTU部分不需要改动，改造过程施工简单。

☞ 15. 催化裂化烟气脱硝主要有哪些技术？

催化裂化烟气脱硝主要采用还原法和氧化法。还原法是一种在燃料基本燃烧完毕后通过还原剂把烟气中的NO_x还原成N_2的一种技术。在催化裂化烟气脱硝中，还原法有选择性催化还原法脱硝技术（SCR）和选择性非催化还原法脱硝技术（SNCR）。氧化法是使用氧化剂将NO_x氧化成可用水吸收成酸类物质，再用碱中和的方法。氧化法有臭氧氧化技术和液体氧化脱硝技术。此外，还有荷兰Paques Natural Solutions公司开发的生物反应器脱除NO_x技术，但是该技术目前难以适应日益严格的环保要求，脱除NO的效率为80%左右。

☞ 16. 选择性催化还原法（SCR）脱硝技术的原理是什么？

SCR脱硝技术使用$TiO_2/V_2O_5/WO_3/MoO_3$整装填料催化剂，在300～380℃时，作为还原剂的氨气和稀释空气混合，通过喷氨格栅喷入SCR反应器上游的烟气中；充分混合后的还原剂和烟气在SCR反应器中催化剂的作用下发生反应，大部分的NO_x被去除。选择性是指还原剂NH_3和烟气中的NO_x发生还原反应，而不与烟气中的氧气发生反应。

$$NO+NO_2+2NH_3 \longrightarrow 2N_2+3H_2O$$

$$4NO+4NH_3+O_2 \longrightarrow 4N_2+6H_2O$$

☞ 17. 选择性非催化还原法脱硝工艺（SNCR）的原理是什么？

选择性非催化还原法脱硝工艺（SNCR），是在没有催化剂存在的条件下，利用还原剂将烟气中的氮氧化物还原成无害的氮气和水的一种脱硝方法。该方法首先将含有氨基的还原剂喷入炉膛内适合的温度区域，在850～1020℃下，还原剂迅速分解为氨并与烟气中的氮氧化物进行还原反应生成氮气和水，过剩氨的浓度保持在10～50μL/L，NO_x的脱除率为30%～70%。

☞ 18. LoTOx技术的脱硝原理是什么？

LoTOx是一种低温氧化技术，通过将氧/臭氧混合注入再生器烟道，将NO_x氧化成高价态且易溶于水的N_2O_3和N_2O_5，然后通过洗涤形成HNO_3。主要的反应如下：

$$NO+O_3 \longrightarrow NO_2+O_2$$

$$2NO_2+O_3 \longrightarrow N_2O_5+O_2$$

$$N_2O_5+H_2O \longrightarrow 2HNO_3$$

☞ 19. 催化裂化再生烟气中的粉尘如何治理?

再生烟气颗粒物控制技术主要采用多级旋风除尘器技术、静电除尘器技术、反吹式陶瓷或烧结金属过滤器技术和湿法洗涤塔技术，此外从源头治理角度提高催化剂的抗磨损性能，也是减少烟气粉尘排放的有效手段。通常，湿法洗涤技术控制 FCC 再生烟气粉尘排放效果明显，可以同时去除 SO_x 和颗粒物，脱除效率高。经过这几年 FCC 再生烟气脱硫的改造，大部分装置已经采用了该技术。

☞ 20. 催化裂化装置烃类损失如何防治?

催化裂化装置的加工损失一般大多在 0.5%～1%。加强生产管理，消灭跑、冒、滴、漏，杜绝不合理的排放，是防止烃类损失的主要途径。

☞ 21. 催化裂化装置废渣的主要污染物及来源包括哪些?

催化裂化装置的废渣主要是碱渣和废催化剂。

(1) 碱渣。碱渣含有酚类、硫化物、游离碱，并有恶臭。主要来自汽油、柴油和液化石油气的碱洗。

(2) 废催化剂。对于重油催化裂化装置，因原料油中重金属含量高以及使用“金属钝化剂”，使平衡催化剂上重金属 Ni、Sb 含量将大大增加。主要由三级旋风分离器捕集回收而来，一个年加工量 100 万 t 的催化裂化装置，若催化剂单耗为 0.7kg/t 原料，三旋效率为 80%，则每年经三旋捕集回收的废催化剂近 600t。另外，再生器卸催化剂也是废催化剂重要来源之一。

☞ 22. 催化裂化装置碱渣如何处理?

目前，碱渣主要是通过综合利用的方法来处理。常用的方法包括：

(1) 从碱渣中回收硫化钠和硫氢化钠。催化裂化的液态烃中，含有大量的硫化氢，当用 13%～15%氢氧化钠洗涤时，其反应如下：

$$H_2S+2NaOH \rightleftharpoons Na_2S+2H_2O \qquad (1)$$

$$Na_2S+H_2S \rightleftharpoons 2NaHS \qquad (2)$$

$$2NaHS+NaOH \rightleftharpoons Na_2S+H_2O \qquad (3)$$

$$2NaHS \rightleftharpoons Na_2S+H_2S \qquad (4)$$

按反应式(1)用碱洗初期的碱渣回收硫化钠，在碱洗后期按反应式(2)回收硫化氢钠。又根据反应式(3)用碱洗末期排放的碱渣，再略加碱制取硫化钠。运用反应式(4)将碱洗后期生成的硫化氢钠溶液，加热还可获得固体硫化钠。

此外，催化裂化液化气碱渣的主要物质为硫化氢钠，是造纸、印染工业的原料，这样既可降低成本，又消灭了碱渣污染。

（2）CO_2中和生产碳酸钠和粗酚。催化裂化汽油碱渣比液化气碱渣难处理，酚含量有的高达20%，不能应用于造纸、印染等行业。目前多采用 CO_2中和法，回收重要化工原料粗酚。其化学反应如下：

$$2NaOH+CO_2 \rightleftharpoons Na_2CO_3+H_2O$$

$$Na_2S+CO_2+H_2O \rightleftharpoons Na_2CO_3+H_2S\uparrow$$

$$2RC_6H_4ONa+CO_2+H_2O \rightleftharpoons 2RC_6H_4OH+Na_2CO_3$$

将此法获得的副产品碳酸钠用于常减压装置“一脱四注”，节约了纯碱。但此法生产的粗酚，因带油和有臭味，较难销售。

（3）SO_2中和法。SO_2中和法工艺简单，通过碱渣与 SO_2气体在吸收塔内接触反应，控制 pH 值小于 6，可得到粗酚。有硫黄回收装置的炼厂，可利用尾气燃烧转化为 SO_2供回收粗酚用。这既处理了尾气，又可获得短线产品亚硫酸钠。但亚硫酸钠中酚含量较高，会带来二次污染。其原理如下：

$$2NaOH+SO_2 \rightleftharpoons Na_2SO_3+H_2O$$

$$Na_2S+SO_2+H_2O \rightleftharpoons Na_2SO_3+H_2S\uparrow$$

$$2RC_6H_4ONa+SO_2+H_2O \rightleftharpoons 2RC_6H_4OH+Na_2SO_3$$

（4）催化汽油碱渣在处理方法上通常也采用浓硫酸酸化回收酚的综合利用与处理相结合的方法。其处理流程见图 10-4。

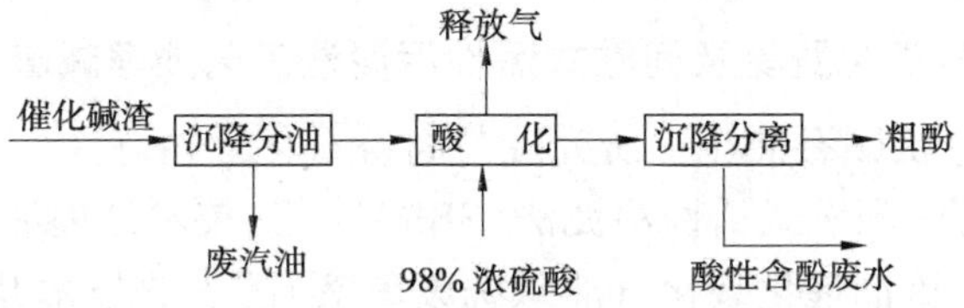

图 10-4　浓硫酸酸化回收酚的综合利用与处理流程

该流程以综合利用为出发点，回收粗酚的同时，大幅度减少碱渣酸性水中酚和 COD 浓度。排出的酸性水中酚浓度在 800～10000mg/L，COD 在 40000～50000mg/L。多数厂家采用了限流排入含油污水处理系统进行处理。而酸化过程排出的尾气含有高浓度的 H_2S。对这部分尾气的处理方法有：引入酸性气系统回收硫；由于它对硫回收系统的操作影响较大，在实际操作上难以实现。大部分厂家采用引入焚烧炉焚烧或高空排放的方法，这种方法会造成对大气的 SO_2或 H_2S严重污染。

（5）“缓和湿式空气氧化脱臭、间歇式活性污泥”处理技术。缓和湿式氧化工艺废碱液脱臭的处理，是在不同的温度和压力条件下，以空气中的氧为氧化介质，将废碱液中的无机硫化物和有机硫化物，在液相下氧化成硫代化合物、亚硫酸盐和硫酸盐的过程。与此同时，废碱液中的高浓度有机物也部分被氧化，转化为低分子有机酸类物质，从而改善污染物的生化处理性能。

此外，国外对于难处理的高浓度废液碱渣液等采取深进注入水位以下地层的办法，我国独山子炼油厂曾应用过。

☞ 23. 通过综合利用回收副产品的方法来处理碱渣存在什么问题？

通过综合利用回收副产品的方法来处理碱渣，其特点是在酚等副产品的回收上下了不少功夫，但对尾气所产生的二次污染问题处理方面没有提出更为妥当的办法。主要存在以下问题：

（1）采用不脱臭回收酚等副产品的工艺都存在 H_2S 和有机硫化物释放气造成对大气的二次恶臭污染问题。为了解决这个问题，尽管可以采用酞菁钴催化空气氧化脱臭工艺，但氧化不彻底，NaS 氧化为硫代硫酸钠，会影响进一步的处理，氧化尾气中还含有较高浓度的 H_2S 和有机硫化物，只是相对减轻了对空气的二次污染。

（2）回收的粗酚等副产品中，含有较高浓度的 H_2S 和有机硫化物，使回收的产品有恶臭气味，降低了粗酚等的使用价值，影响销路或滞销。

（3）碱渣处理后产生的高浓度污水，由于污染物浓度高，表面活性物质浓度高，尽管采取了限流排入含油污水处理系统，也对含油污水处理设施的效率产生破坏性作用，使污水处理合格率下降 50%左右。部分企业不得不禁止其进入含油污水处理场，而直接排放入接收水体。

☞ 24. 湿式空气氧化脱臭及间歇式活性污泥法工艺处理碱渣的特点有哪些？

1997 年开始，抚顺石油化工研究院与高桥石化公司炼油厂合作进行“湿式空气氧化（WAO）脱臭+间歇式活性污泥法（SBR）工艺”技术处理油品精制废碱液（液态烃碱洗废碱液、重油催化裂化汽油碱洗废碱液）的工业技术开发。该项目 1999 年被列为中国石化集团公司重点开发项目，获中国石化集团公司科技进步奖。

缓和湿式氧化工艺废碱液脱臭的处理，是在不同的温度和压力条件下，以空气中的氧为氧化介质，将废碱液中的无机硫化物和有机硫化物，在液相下氧化成硫代化合物、亚硫酸盐和硫酸盐的过程。与此同时，废碱液中的高浓度有机物也部分被氧化，转化为低分子有机酸类物质，从而改善污染物的生化处理性能。其主要化学反应为：

$$2S_2^- + 2O_2 + H_2O \longrightarrow S_2O_3^{2-} + 2OH^-$$

$$S_2O_3^{2-} + 2OH^- + 2O_2 \longrightarrow 2SO_4^{2-} + H_2O$$

$$\text{有机物} \xrightarrow{\text{氧化}} \text{醇} \begin{cases} \nearrow \text{醛} \rightarrow \text{酸} \rightarrow CO_2 + H_2O \\ \searrow \text{酮(酯)} \rightarrow CO_2 + H_2O \end{cases}$$

间歇式活性污泥法是在一个生物反应器内分步完成废水中污染物的生物降解反应；包含固相微生物与废水的固液分离两个单元。

经过湿式氧化装置脱臭的碱渣污水由泵打入 SBR 装置区的碱渣缓冲罐，混合后污染物浓度仍很高，尤其是其中的盐含量很高，生物不能降解吸收。盐含量过大，生物的代谢功能受到显著影响，生物活性明显降低，直至造成生物的死亡。因此，混合碱渣污水尚需进一步稀释处理后，才能进入 SBR 装置。

进水盐浓度小于 25g/L，SBR 装置的生物降解能力基本不受其影响。污泥具有较好的降解和絮凝沉降性能，装置运行稳定。

25. 湿式空气氧化脱臭及间歇式活性污泥法工艺处理碱渣的效果如何？

应用废碱液“缓和湿式空气氧化脱臭+间歇式活性污泥”处理技术，可以彻底消除炼油废碱液中的硫化钠和有机硫化物的恶臭对空气和水体的污染，去除废碱液中 90%以上的 COD、酚等污染物，为炼油厂废碱液处理提供了一项完整和适用的成套技术，大幅度减轻污水处理场的进入负荷，保证了现有污水处理系统的正常运转和达标排放。

该项技术应用于高桥石化公司炼油厂油品碱洗精制废碱液的处理的结果表明，可使废碱液中的硫化物从 8000mg/L 降低到小于 0.5mg/L，酚从 10000mg/L 降低到小于 2mg/L，COD 从 150000mg/L 降低到小于 500mg/L，符合炼油污水处理场进水水质标准；缓和湿式氧化排出的尾气中，硫化物小于 0.2mg/Nm^3，酚小于 0.5mg/Nm^3，总烃小于 50mg/Nm^3；脱臭后，废碱液中和及酸化尾气中硫化物小于 0.2mg/Nm^3。低于 GB 14554—93《恶臭污染排放标准》、GB 37822—2019《挥发性有机物无组织排放控制标准》中硫化氢、酚和总烃的排放限值，解决了长期存在的废碱液处理过程中对大气的恶臭污染和高浓度废水对炼油污水处理场的冲击问题。

26. 催化裂化装置噪声的来源包括哪些？

催化裂化噪声污染源主要来自再生烟气放空（120dB）及机泵电动机（100dB）、空冷器风机、加热炉火嘴、气体放空口、蒸汽放空口、调节阀、管道，尤其是主风机（103dB）、气压机的噪声危害最大。

27. 催化裂化装置噪声如何防治？

噪声源有各自的声学特征，了解和掌握它们的特征，就能采取有效的控制和防治措施。其防治步骤是先从噪声源的控制着手，再控制噪声的传播途径，最后是给噪声接受者做个人防护。具体针对各种噪声源的防治方法如下：

（1）加热炉。其噪声主要由燃料与空气混合高速喷射噪声和燃烧噪声组成。降低加热炉噪声的措施有：①采用低噪声喷嘴；②采用消声罩；③隔声围墙。

（2）主风机、气压机。其噪声主要是由叶片转动所产生的旋转分割声和涡流声组成，尤其是主风机的噪声。降低主风机噪声的措施有：①在风机进出口安装消声器；②隔声；③隔振；④阻尼；⑤吸声。

(3) 电机。其噪声由空气动力噪声、机械噪声和电磁噪声三部分组成，其中以旋转风扇引起的空气动力噪声为主。降低电机噪声的措施有：①安装隔声罩；②采用低噪声电机。

(4) 空气冷却器。其噪声主要是风扇造成的空气紊流和涡流噪声；空气通过翅片管的气流声以及传动系统引起的机械振动噪声。降低空气冷却器噪声的措施有：①设置隔声墙、吸声屏或隔声罩；②采用新型低噪声风机。

(5) 调节阀与管道。降低管路系统噪声的措施有：①管线的合理设计；②改进阀门结构；③阀后设置节流孔板；④适当分配压力降和调节辅助阀门；⑤在阀门下游设置消声器；⑥放空口；⑦在接受噪声源(点)时的防护。

☞ 28. VOCs 的定义是什么?

VOCs(volatile organic compounds)挥发性有机物，是指常温下饱和蒸气压大于133.32Pa、标准大气压101.3kPa下沸点在50~260℃的有机化合物，或在常温常压下任何能挥发的有机固体或液体。

☞ 29. 目前 VOCs 治理方法有哪些?

国内外VOCs的处理技术主要有吸收法、吸附法、直接燃烧法、催化氧化法和蓄热燃烧法等。根据VOCs排放源及种类和浓度的不同，可应用不同的方法进行VOCs的处理。吸收法和吸附法需对回收的VOCs再次解吸处理，工艺相对复杂且容易造成二次污染。直接燃烧法和蓄热燃烧法要求VOCs的浓度较高，催化氧化法则适用于不同浓度的VOCs处理，效果较好，但所用催化剂的活性组分一般为贵金属，其成本较高，且对所处理气中的杂质含量尤其是硫氮等含量要求严格，以免催化剂中毒失活。

☞ 30. 如何利用催化裂化再生器直接燃烧处理 VOCs? 请举例说明。

目前高桥石化炼油区域有五个VOCs废气排放点，分别为液化气脱硫醇装置、三苯装车站、12#罐区、酸性水罐区及15#罐区。其中液化气脱硫醇废气采用“低温柴油吸收+碱液脱硫”工艺进行治理，处理后的废气中非甲烷总烃浓度为23425~35186mg/Nm^3；三苯装车站废气采用“柴油吸收+膜分离技术”组合工艺进行治理，处理后的废气中非甲烷总烃浓度约为9000mg/Nm^3；12#罐区废气现采用“低温柴油吸收+碱液脱硫”工艺进行治理，处理后的废气中非甲烷总烃浓度约为10000mg/Nm^3；酸性水罐区废气现采用“低温柴油吸收+碱液脱硫+吸附”组合工艺进行治理，处理后的废气中非甲烷总烃浓度达1921~6926mg/Nm^3；15#罐区废气现采用“低温柴油吸收+碱液脱硫”工艺进行治理，处理后的废气中非甲烷总烃浓度达3829~14139mg/Nm^3。如图10-5所示，对以上五处VOCs废气进行收集，并利用3#催化装置(1.40Mt/a)FCC再生器直接燃烧处理VOCs废气，既不影响生产的正常运行，又实现了VOCs的高效脱除。利用催化裂化装置再生器高温、高氧的场所及 VOCs 易燃烧的特性，采用燃烧的方法将 VOCs 在催化裂化装置再生器内进行治理，燃烧 VOCs 所放出的热量由再生器设置的外取热器回收，燃烧后的产物随烟气一同进入催化裂化装置现有烟气脱硫脱硝系统进行净化，满足烟气排放的要求。其特点是：

（1）降低 VOCs 的治理成本；

（2）利用已有的取热设施，VOCs 燃烧后的热量直接利用；

（3）利用已有的烟气脱硫脱硝系统，以除去 VOCs 燃烧后所可能存在的有害物质。

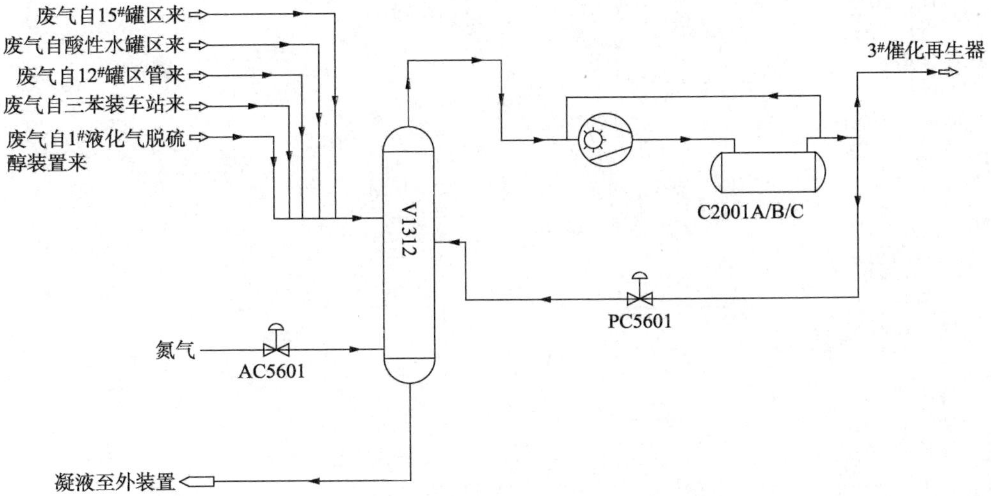

图 10-5　高桥石化炼油区域 VOCs 废气收集燃烧处理流程

参 考 文 献

[1] 陈俊武等．催化裂化工艺与工程[M].3版．北京：中国石化出版社，2015.

[2] 许友好．催化裂化化学与工艺[M]．北京：科学出版社，2013.

[3] 许友好，李宁，华仲炯．催化裂化工艺技术手册[M]．北京：中国石化出版社，2018.

[4] 梁凤印．催化裂化装置技术手册[M]．北京：中国石化出版社，2017.

[5] 张韩，刘英聚．催化裂化装置操作指南[M].2版．北京：中国石化出版社，2017.

[6] 侯芙生．中国炼油技术[M].3版．北京：中国石化出版社，2011.

[7] 中国石油化工信息学会.2015年中国石油炼制技术大会论文集[D]．北京：中国石化出版社，2015.